烟气气溶胶
理化特性表征
及调控技术

司晓喜　张　迪
韩敬美　崔华鹏　编著

YANQI QIRONGJIAO
LIHUA TEXING BIAOZHENG JI TIAOKONG JISHU

华中科技大学出版社
http://press.hust.edu.cn
中国·武汉

内 容 简 介

本书主要总结编著者在传统卷烟、加热卷烟、电子烟烟气气溶胶理化特性研究领域的系列成果,并总结国内外近年相关的研究进展。本书包括不同类型烟气气溶胶的概述及研究进展、理化特性表征技术、特性表征及影响因素、环境烟气评价等内容。本书结合烟草实际科学研究、产品应用需求,对烟气研究和产品开发具有指导作用和实用价值,也可为环境等领域提供技术经验借鉴。本书可作为烟草研究的科研工具书,同时可供从事气溶胶研究的工作者参考阅读。

图书在版编目(CIP)数据

烟气气溶胶理化特性表征及调控技术 / 司晓喜等编著. -- 武汉:华中科技大学出版社,2024. 12. -- ISBN 978-7-5772-1418-4

Ⅰ. TS41

中国国家版本馆 CIP 数据核字第 20242QH667 号

烟气气溶胶理化特性表征及调控技术
Yanqi Qirongjiao Li-Hua Texing Biaozheng ji Tiaokong Jishu

司晓喜　张　迪　韩敬美　崔华鹏　编著

策划编辑:吴晨希
责任编辑:段亚萍
封面设计:原色设计
责任监印:朱　玢
出版发行:华中科技大学出版社(中国·武汉)　　电话:(027)81321913
　　　　　武汉市东湖新技术开发区华工科技园　　邮编:430223
录　　排:华中科技大学惠友文印中心
印　　刷:湖北金港彩印有限公司
开　　本:889mm×1194mm　1/16
印　　张:17　插页:2
字　　数:546 千字
版　　次:2024 年 12 月第 1 版第 1 次印刷
定　　价:158.00 元

编 委 会

前言
PREFACE

传统卷烟、加热卷烟和电子烟分别通过燃烧、热解、雾化或汽化等方式产生不同的烟气气溶胶供消费者吸食,由于其来源、产生原理等的差异,形成的烟气气溶胶性质有明显区别。不同类型烟草制品气溶胶的粒径分布和大小、载带的化学成分不同,决定了其吸入的有效性、暴露量等。烟草生产企业和相关研究机构一直致力于增加对烟气气溶胶形成、传递、生物作用的基本科学认识,如关注烟气气溶胶粒度分布、化学成分释放量及随粒径大小的分配规律,以及如何通过配方和产品设计等来改变和调控烟气气溶胶物理、化学性质,以期为产品的改进、新产品(包括低风险产品)开发提供信息。

编著者在传统卷烟、加热卷烟和电子烟气溶胶理化特性研究领域积累了一定的成果和经验,剖析了国内外产品的气溶胶特性,系统考察总结了烟支结构和辅料参数、烟丝/加热卷烟芯材/电子烟烟油配方、加工工艺、烟具加热温度等对气溶胶理化特性的影响规律,识别出调控烟气气溶胶理化特性的一些关键因素,初步构建了其量化调控技术,形成具有一定系统性的研究成果。在此基础上进行系统整理,归纳国内外相关成果,结合烟草产品研究和应用需求,编著此书,以期增加对不同类型烟草产品气溶胶的认识,为产品开发提供信息。

本书第 1 章和第 2 章由司晓喜、张迪、韩敬美主持编著,第 3 章由司晓喜、张迪、崔华鹏主持编著,第 4 章由司晓喜、崔华鹏、韩敬美主持编著,第 5 章由韩敬美、司晓喜主持编著,第 6 章由崔华鹏、司晓喜主持编著。本书编撰过程中得到了本书副主编、编委会成员的协助和支持,在此表示诚挚的感谢。

书中主要内容来源于作者的研究工作,得到了云南中烟工业有限责任公司、昆明理工大学、郑州烟草研究院、临沂大学,以及中国烟草总公司、云南中烟工业有限责任公司科技项目(No. JB2022HX01、110201901002(XX-02)、2016JC04)的支持,本书的出版得到了云南中烟工业有限责任公司科技项目(No. JB2022HX01)的资助,在此一并表示感谢!

由于编著者水平有限,烟草制品和相关检测技术也在不断发展中,书中难于涵盖国内外最新研究进展,疏漏和不妥之处在所难免,恳请专家、读者批评指正。

目录
CONTENTS

第1章
烟气气溶胶概述及研究进展

1.1 气溶胶概述

1.1.1 气溶胶的定义

气溶胶(aerosol)是指液体或固体微粒均匀地分散在气体中形成的相对稳定的悬浮体系,或者是由固体或液体小质点分散并悬浮在气体介质中形成的胶体分散体系,又称气体分散体系。其分散相为固体或液体小质点,其大小为 $0.001\sim100~\mu m$(见图 1.1),分散介质为气体。液体气溶胶通常称为雾,固体气溶胶通常称为雾烟。从流体力学角度,气溶胶实质上是气态为连续相,固、液态为分散相的多相流体。

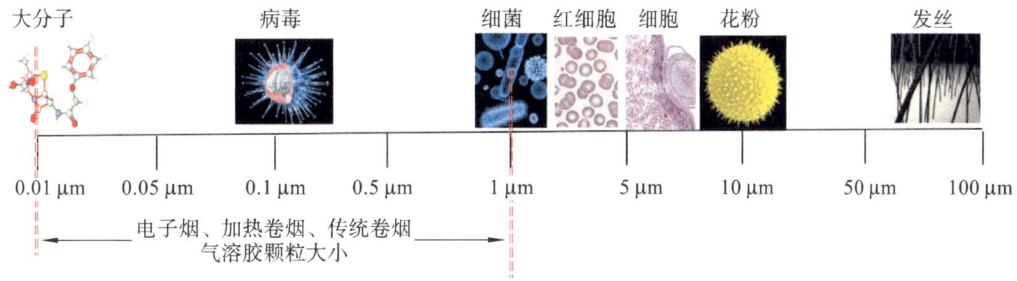

图 1.1 气溶胶粒径分布示意图

悬浮在气体介质中的固态或液态颗粒的密度与气体介质的密度可以相差微小,也可以悬殊。颗粒的形状多种多样,可以是近乎球形,诸如液态雾珠,也可以是片状、针状及其他不规则形状(见图 1.2)。

气溶胶按其来源可分为一次气溶胶(以微粒形式直接从发生源进入大气)和二次气溶胶(在大气中由一次污染物转化而生成)两种。它们可以来自被风扬起的细灰和微尘、海水溅沫蒸发而成的盐粒、火山爆发的散落物以及森林燃烧的烟尘等天然源,也可以来自化石和非化石燃料的燃烧、交通运输以及各种工业排放的烟尘等人为源。

气溶胶中的粒子具有很多特有的动力学性质、光学性质、电学性质,在医学药物研究、环境科学、军事学、大气环境等方面都有很广泛的研究和应用。

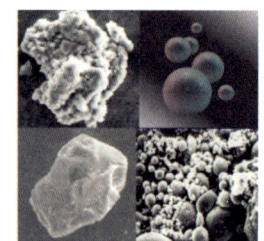

理想状态，
大小均一

实际状态

大小不一，
形状不规则

图 1.2　气溶胶颗粒形态示意图

1.1.2　气溶胶的特性

气溶胶特性通常是指气溶胶的物理特性和化学特性。气溶胶物理特性主要是气溶胶的尺度和浓度，即气溶胶的粒径分布、粒数及体积浓度等。气溶胶的粒径大小、粒数及体积浓度对环境和人类健康具有重要的影响。一方面，空气中的气溶胶，其尺度和浓度直接关系到人体吸入气溶胶时的呼吸道气溶胶沉积量，对人体健康造成一定的影响；另一方面，大气气溶胶作为液滴和冰晶的凝结核，能够参与云的形成和降水过程，从而影响大气成分和气候。此外，气溶胶物理特性还包括光学特性和电学特性等。

气溶胶化学特性主要是指气溶胶的化学成分组成。气溶胶中液体或固体微粒是化学成分的有效载体，气溶胶的化学组成因其来源和成因的不同而具有显著的差异，从而表现出差异明显的化学特性，对环境和人类健康有着不同的影响。气溶胶的化学成分主要包括有机物、无机盐及其他元素等。其中，气溶胶中的有机物种类繁多，一般占气溶胶总质量的 10%～50%。这些有机物来源于多种途径，包括生物质的燃烧、工业排放、汽车尾气等。

不同来源和不同形成机制的气溶胶，其化学组成、时空分布、粒径分布以及存在形式均有很大差异。相同的是，气溶胶都是动态变化的，组成、浓度、颗粒大小均会随着时间陈化而变化。例如液体颗粒会存在挥发、凝聚、聚合、结团现象，固体颗粒也会发生挥发、凝聚现象，甚至发生沉降现象等。在气溶胶的研究中，研究粒度分布具有重要意义，因为不仅气溶胶粒子的一切物理特性很大程度上取决于它的大小，而且其化学性质也与粒子的大小有关[1]。

烟草制品(传统卷烟、加热卷烟和电子烟)产生的烟气也是不同形式的气溶胶。根据气溶胶过滤作用动力学与气溶胶在肺部沉积的动力学理论，颗粒在滤嘴或人体肺部的捕获概率是与颗粒大小密切相关的[2]，而且粒相中的化学组成随颗粒大小而变化。不同烟气颗粒物理、化学特性的差异，最终决定了烟气气溶胶的感官特性和安全性。因此，关于气溶胶化学成分和粒度分布等的研究越来越受到关注。

1.2　烟气气溶胶概述及理化特性研究进展

1.2.1　传统卷烟气溶胶

传统卷烟生成的烟气是一种含有 4000 多种化学物质的气溶胶[3]。这些化学物质包括一氧化碳和苯等气体，以及通常被称为"焦油"的颗粒物，其中含有数千种物质。卷烟烟气气溶胶是由卷烟燃烧过程产生的，本质上是一个动态的微型化学工厂，在这个工厂中，各种物质被热解、蒸发、加热、冷却，并与一系列新物质混合。在卷烟燃烧过程中,烟草中的组分经燃烧、热解、蒸馏等复杂变化而生成了几千种化学成分,由于在燃烧区、热解区和蒸馏区及低温区中存在较大的温度梯度,挥发性较低的蒸气随温度的降低而凝结形成气溶胶(见图1.3)。这个过程在从燃烧的烟草段到滤嘴、嘴和肺的几毫秒的传输时间内迅速发生,它由许多因素决定,包括分子的静电荷、它们的化学性质、热量、湿度、通风和通过烟支吸入的空气的速度。烟气气溶胶形成的作用方式主要包括冷凝作用、晶核作用和聚合作用。烟草作为一种天然材料,在燃烧过程中由于温度和氧气供应量的不同,其燃烧机制不同,产生烟气的化学成分也不同。

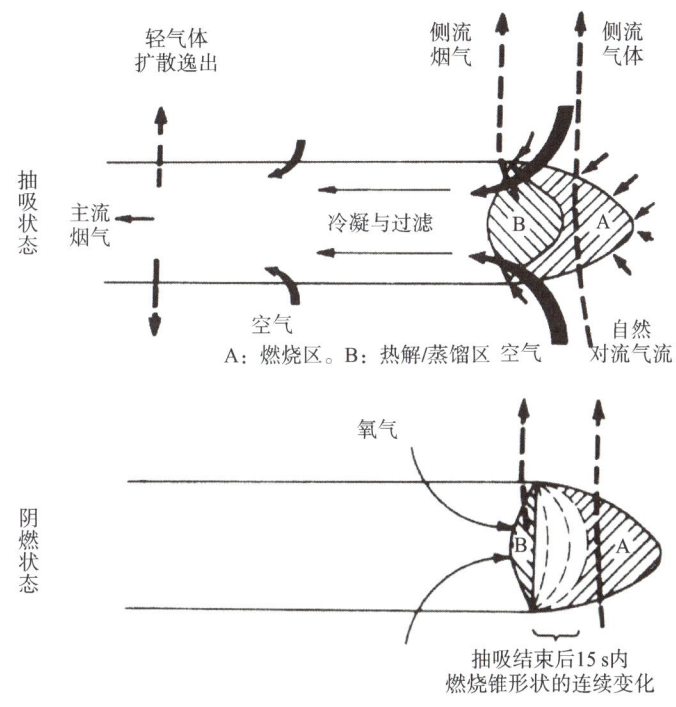

图1.3　卷烟燃烧形成气溶胶

卷烟烟气气溶胶同大气气溶胶类似,也是由不同粒径大小的颗粒物构成,表面吸附多种化学成分,由于其粒径小和比表面积大,易于吸附多种烟气化学成分。烟气气溶胶有四个特性。第一,粒子大小,其粒子粒径分布在 0.01~1.0 μm 范围内;第二,粒数浓度,粒数浓度是指在一定体积的气溶胶中的粒子数,典型卷烟其平均粒数浓度为 1.33×10^{10} 个/cm^3;第三,粒子电荷,烟气气溶胶约有 60% 的粒子是带有电荷的,约有 50% 的粒子带正电荷,50% 的粒子带负电荷,总体气溶胶是电中性的;第四,烟气的酸碱性,烟支由于燃烧方式不同而产生的主流烟气和侧流烟气,其酸碱性略有差异。

国内外对烟气中的粒径大小做过许多研究,采用多种方法测定过烟气中的颗粒大小,表1.1比较了不同方法和条件测定主流烟气气溶胶粒径的结果。由于烟气粒子浓度高(未经稀释的主流烟气气溶胶颗粒浓度估计会达到 10^{10} 个/cm^3)、粒径小及粒相具有挥发性,随着烟气生成时间的不同,粒子之间会迅速发生凝并效应,精确测定主流烟气的粒度分布十分复杂,因此得出的实验数据有一定的差异性。这与烟气的陈化时间、稀释倍数、分析方法、烟支结构、抽吸方式、环境条件及烟草类型等因素有关。对烟气颗粒粒度所做的较精确的测量都指出,烟气颗粒大小存在着近似的对数正态分布,主流烟气气溶胶颗粒粒径主要集中于 0.1~1.0 μm[4],侧流烟气气溶胶颗粒粒径在 0.08~1.0 μm[5]。

表1.1　不同方法和测量条件测定主流烟气气溶胶粒径结果比较

测定方法	稀释比	陈化时间/s	数量平均粒径/μm	质量平均粒径/μm	表征方法
光学显微镜[6]	2000:1	1~30	0.6	0.96	几何等效粒径
光学显微镜[7]	—	—	0.8~1.0	—	几何等效粒径

测定方法	稀释比	陈化时间/s	数量平均粒径/μm	质量平均粒径/μm	表征方法
电子显微镜[8]	30∶1	10	0.16	—	几何等效粒径
	0	1.7	—	0.76	
级联撞击器[9]	0	2.7	—	0.82	等效光学粒径
	0	3.7	—	0.86	
	10∶1	—	—	0.52	
级联撞击器[10]	50∶1	—	—	0.44	等效光学粒径
	100∶1	—	—	0.39	
	10∶1	—	—	0.52	
气溶胶离心机[11]	50∶1	—	—	0.38	等效光学粒径
	500∶1	—	—	0.38	
	700∶1	—	—	0.37	
电子低压撞击器[12]	200∶1	—	0.16～0.23	—	等效光学粒径
电子低压撞击器[13]	2230∶1	—	0.18～0.34	—	等效光学粒径
光散射[14]	1342∶1	2～14	0.18	0.284	等效光学粒径

除了粒径大小外,也有较多的报道研究了烟气中粒子浓度。段沅杏等[15]在 ISO 抽吸模式下测定了不同品牌传统卷烟和电子烟的烟气气溶胶粒径分布及浓度,结果显示传统卷烟粒径中值在 205～304 nm,电子烟粒径中值在 23～44 nm,传统卷烟气溶胶的颗粒、浓度大于电子烟,不同抽吸口数下传统卷烟气溶胶逐口浓度差异很大,而电子烟气溶胶逐口浓度较为均匀。Alderman 等[16]测定了抽吸容量 60 mL,抽吸时间 2 s,抽吸频率 30 s 抽吸模式下传统卷烟的烟气粒径分布,并发现不同品牌卷烟烟气气溶胶的中位值粒径在 145～189 nm,烟气浓度在 $3.32×10^9$～$10.6×10^9$ 个/cm^3。与影响烟气气溶胶粒径测定的因素一样,烟气浓度测定结果也受测定方法和条件(如陈化时间、稀释倍数、抽吸方式、环境条件等)的影响。

1.2.2 加热卷烟气溶胶

加热烟草产品(HTPs),其烟草样品被加热到足够的温度(通常小于 400 ℃,不足以燃烧烟草的温度)以蒸发烟碱、香味成分、甘油、丙二醇等挥发性物质形成可吸入气溶胶,气溶胶不含固体颗粒,以小液滴为主。加热卷烟由于其加热温度降低,气溶胶中化学成分种类和释放量减少,气溶胶中主要化学成分组成包括水、烟碱、丙三醇等,国内外主要关注的是气溶胶中的主要成分、有害成分及主要香气成分的研究。

通过一系列的国内外文献可以看出加热卷烟气溶胶主要成分是水、烟碱、雾化剂(丙三醇、丙二醇)及其裂解产物,添加剂及其降解产物、加热装置的热解产物以及其他化学成分等。Cozzani 等[17]研究了在氧化性和非氧化性氛围下使用电加热卷烟产生的气溶胶的化学成分,发现气溶胶主要由水、烟碱和丙三醇组成,主要来源于再造烟草材料的蒸发蒸馏,两种氛围下形成的气溶胶的主要成分以及 CO 和 NO_x 的含量无显著变化,电加热卷烟烟气中的主要化学成分是由最初存在于烟草基质中的化合物丙三醇、水和烟碱等物质冷凝而产生的。Nga 等[18]发现电子烟和加热卷烟气溶胶产生的 CO 比传统卷烟低。Mallock 等[19]分析了加热卷烟气溶胶中主要颗粒物(TPM)、烟碱、水、醛及其他挥发性有机化合物,结果表明烟碱的释放量与传统卷烟相当,并且发现醛的含量降低了 80%～95%(甲醛除外),有机化合物的含量降低了 97%～99%。Kim 等[20]发现加热卷烟气溶胶中存在甲醛和乙醛等有害物质。Pennings 等[21]发现烟草中甲醛、蔗糖、葡萄糖、总糖和丙三醇含量高低与烟气气溶胶中醛类含量显著相关;2,5-二甲基呋喃和几种糖类与气溶胶中挥发性有机化合物密切相关;当降低烟草填充物中糖和保湿剂的含量时,甲醛、乙醛、丙烯醛和2,5-二甲基呋喃的释放量会减少。Haiduc 等[22] 发现加热烟草产品气溶胶含有大量的萜类化合物,其中的 11 种化合物会对人体器官造成染色作用。Dusautoir 等[23] 发现与传统香烟相比,加热卷烟气溶胶中仍会释放多环芳烃和羰基化合物,但少于传统卷烟。Jaccard 等[24] 研究了烟草特有的亚硝胺从烟草到卷烟主流烟气以及加热的烟草产品气溶胶 THS 2.2 的转移情况,发现烟草特有的亚硝胺从烟草向 THS 2.2 烟气中的转移百分比比传统卷烟低,产生这种差异是由于加热卷烟烟草被加热而不是燃烧,从而导致通过蒸馏的直接转移减少,进行热合成和释放也减少。刘鸿 等[25] 采用中心切割二维气相色谱-质谱法,对 17 个典型的 HTPs 气溶胶成分进行了分析,结果表明 HTPs 气溶胶的主要成分与传统卷烟烟气相近,但释放量较低,其中 66.7% 的成分种类在 HTPs 气溶胶中的每口释放量小于卷烟烟气释放量的 10%;HTPs 气溶胶中占比最高的成分为丙三醇(35.8%)、烟碱(25.7%)、1,2-丙二醇(10.8%)、乙酸(3.1%)、糠醛(3.1%)等;苯甲醇、苯乙醇、茄酮、新植二烯等成分释放量与卷烟烟气较为接近;不同种类 HTPs 气溶胶主要成分基本一致,但含氧裂解产物和酚类物质的释放量差别较大。

国内外也有一些报道关注了加热卷烟中其他成分的鉴定和迁移等。薄荷味香烟在国外许多国家深受喜爱,Jaccard 等[26] 测定了加热卷烟中薄荷醇的含量以及迁移率,结果表明加热卷烟的薄荷醇含量在 1~22 mg/支之间,在 HCI 抽吸模式下薄荷醇的转移量为 17%~40%,在 ISO 抽吸模式下为 1%~17%,在加热系统 THS 2.2 中,薄荷醇含量为 12.8 mg/支,转移量为 17%。王紫燕 等[27] 研究了电加热卷烟中凉味剂的转移情况,结果发现典型的电加热卷烟中凉味剂的含量为 0.14~14.37 mg/g,转移率为 4.68%~42.53%,凉味剂转移率随添加量的减少呈递增趋势。张丽 等[28] 研究了不同加热卷烟烟草材料、气溶胶及滤嘴中 1,2-丙二醇、丙三醇、烟碱及部分香味成分的质量及转移情况。结果表明:不同加热卷烟中 1,2-丙二醇、丙三醇、烟碱和香味成分转移率的差异较大,转移率范围分别为 7.7%~50.0%、2.9%~16.1%、10.6%~34.3% 和 1.5%~1290.0%,该差异主要与其释放效率和滤嘴截留率有关。

一般认为烟气气溶胶成分通常以液体、气体和固体颗粒三种形态交叉混合存在。由于加热卷烟只加热而不燃烧,产生固体炭颗粒的可能性很小,国内外一直关注加热卷烟气溶胶中是否存在炭黑颗粒。在相对较低的温度下,释放的化合物应通过均匀成核过程形成由悬浮液滴组成的气溶胶,为了验证这一假设,Pratte 等[29] 采用热扩散管与两级撞击器联用,测定并比较了加热系统 THS 2.2 和 3R4F 参考卷烟的主流烟气中的固体颗粒。3R4F 参考卷烟气溶胶中约 80% 的总颗粒物既没有蒸发,也没有被热扩散管去除,这 80% 的总颗粒物归因于固体颗粒和/或低挥发性液滴的存在,撞击器上收集的颗粒进一步分析主要为碳基,还发现氧、钾和氯化物的痕迹;相比之下,THS 2.2 的气溶胶经过 300 ℃ 的热扩散管后没有检测到固体颗粒,这与 THS 2.2 没有发生燃烧过程,也没有固体炭颗粒的形成和随后的转移是一致的(见图1.4)。

Shein 等[30] 通过电子顺磁共振(EPR)光谱进行自旋捕获及定量气相中的自由基和 NO,比较了 3R4F 研究卷烟、两种电子烟和不燃烧的烟草制品中主流气溶胶中自由基的类型和数量,研究发现雾化和不燃烧的烟草产品产生的气溶胶的自由基含量比香烟烟雾低得多,电子烟和不燃烧的烟草制品中有机自由基的含量不超过传统卷烟所观察到的自由基含量的 1%。

Protano 等[31] 使用 TSI 快速移动颗粒粒度仪测量 IQOS 加热不燃烧产品的气溶胶颗粒特征,加热不燃烧产品的峰浓度低于 4.7×10^4 个/cm³。Forster 等[32] 使用 DMS500 电动迁移率分析仪对新型烟草加热产品 THP1.0 进行气溶胶物理表征,最佳性能为电迁移率在 5~1000 nm 之间,激光衍射在 300~10000 nm 及以上,总粒子数为 $5.26 \times 10^{10} \pm 1.77 \times 10^{10}$。Pacitto 等[33] 通过冷凝粒子计数器、快速迁移粒度仪和热稀释采样系统,首次对 IQOS 卷烟的主流气雾剂进行了详细的尺寸和挥发性表征,主流气溶胶中的颗粒数浓度低于 1×10^8 个/cm³,粒子数分布约为 100 nm,低于传统香烟和电子香烟。随着调节温度的升高,颗粒数分布模式降低至大约 20 nm。司晓喜 等[34] 采用 DMS500 快速粒谱仪和模拟循环吸烟机,考察了加拿大深

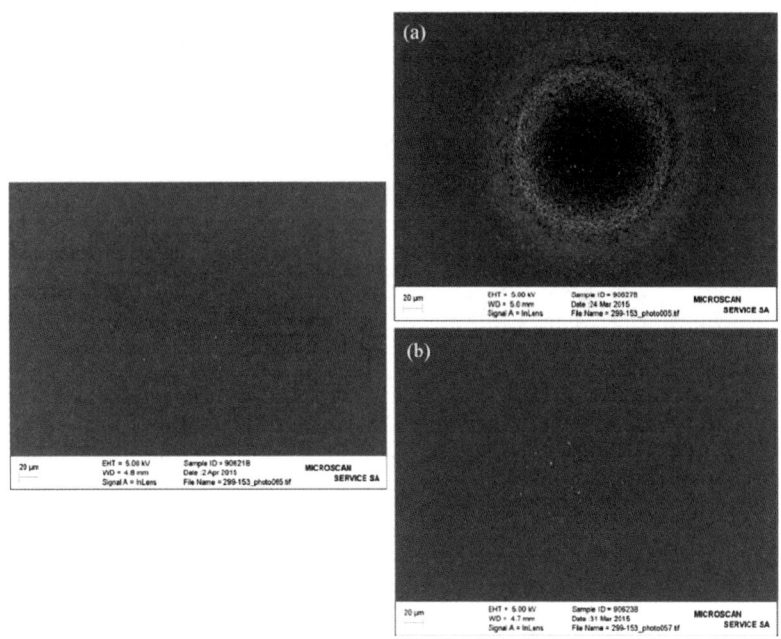

左边的图片是气溶胶采集开始前的空白

图 1.4　3R4F(a)和 THS 2.2(b)气溶胶中累积的亚微米粒子图[29]

度抽吸(HCI)和 ISO 抽吸模式下电加热不燃烧卷烟烟气气溶胶的粒径分布,结果表明 HCI 和 ISO 两种抽吸模式下加热卷烟烟气气溶胶的粒径分布均呈近似对数正态分布,且主要分布在 20～200 nm,与传统卷烟的颗粒大小存在差异。

1.2.3　电子烟气溶胶

电子烟,采用超声雾化、声表面波雾化、微波雾化、电阻丝加热雾化等方式,使电子烟烟液雾化为含有烟碱的气溶胶。电子烟气溶胶主要由液体小颗粒组成,化学成分主要有 1,2-丙二醇、甘油、烟碱等,还有少量次级生物碱、烟草特有亚硝胺、羰基化合物以及一些挥发性、半挥发性化合物和多环芳烃等。与传统卷烟烟气一样,电子烟气溶胶存在颗粒小、浓度高、化学成分差异大以及粒子易团聚、液体质点易挥发、易扩散的动态特性,这些特性使得电子烟气溶胶粒径测量变得复杂并难以得到准确的描述。

近年来,随着先进的气溶胶分析技术的发展,一些气溶胶测量领域中的仪器和采样方法已应用于电子烟气溶胶的测定。Ingebrethsen 等[35]采用光透射法测出未稀释的电子烟气溶胶的粒径分布范围是 250～450 nm,粒数浓度是 10^9 个/cm³;采用该粒径来计算气溶胶的每口烟气量的 TPM,计算结果与采用重量法计算玻璃纤维滤片捕集的 TPM 结果相吻合;采用电迁移分析方法测定了高倍稀释的电子烟气溶胶的平均粒径分布是在 50 nm 范围内,根据检测到的粒径分布值,气溶胶的总粒相物释放量的计算值低于采用重量法检测的总粒相物结果,并且有数量级的差异,认为该差异是气溶胶在电迁移分析方法稀释后的浓度水平下,气溶胶颗粒大量蒸发所致。Alderman 等[36]采用多级采样器分 10 个粒径捕集测定未稀释状态下的电子烟气溶胶,测定气溶胶的质量粒径分布,并根据气溶胶密度计算得到微粒粒数中位粒径在 260～320 nm,粒数浓度在 10^9 个/cm³,该测定结果与 Ingebrethsen 的研究结果基本吻合,并采用高倍稀释电迁移方法(DMS500 快速粒谱仪)测定了稀释后气溶胶的平均粒径分布是在 25～50 nm。2014 年,Fuoco 等[37]按照 Ingebrethsen 等[35]的抽吸参数,采用快速电迁移率粒径谱仪测出电子烟气溶胶的粒径分布范围是 120～165 nm,并认为与所分析的传统卷烟相似,烟碱浓度和液体香料对气溶胶粒径分布没有明显影响;在每口抽吸 2 s 时,电子烟气溶胶的粒数浓度的平均值是(4.39±0.42)×10^9 个/cm³,传统卷烟主流烟气气溶胶的粒数浓度平均值是(3.14±0.61)×10^9 个/cm³。

1.3　烟气气溶胶特性调控及其在产品中的应用研究进展

1.3.1　烟气气溶胶粒径的影响因素和调节技术研究进展

对于传统卷烟,影响卷烟烟气气溶胶形成的因素主要有烟丝特性(燃烧性能、表面结构、烟丝密度、烟丝宽度)、烟草添加剂(保润剂和助燃剂)、烟用材料(卷烟纸和烟支物理指标)和烟支设计。其中,烟丝特性是影响烟气气溶胶的主要因素,影响气溶胶的化学成分和烟气感官质量;烟草添加剂通常有提升烟丝保润性能的丙三醇和丙二醇,以及改善烟丝燃烧性能的助燃剂,保润剂有10%左右通过卷烟燃烧抽吸进入气溶胶,并对气溶胶性质造成影响;烟用材料和烟支设计对烟气气溶胶的影响较大,主要为卷烟纸透气度、滤嘴通风率等。对于新型烟草制品(加热卷烟、电子烟),由于烟芯材料/烟液、烟气产生方式和产生条件与传统卷烟不同,除了烟草基质、烟液配方,还受加热条件、雾化方式等的影响。

目前已开展了烟草产品的设计参数对气溶胶粒径分布的影响研究,烟气粒径影响因素研究的一个重要目标是确定改变烟气粒径的可行性以及改变粒径的方法。为了确定改变烟气粒径的可行性以及改变粒径的方法,国内外评价了传统卷烟滤嘴、圆周、滤嘴通风、烟丝配方、添加剂、烟丝含水率、烟丝宽度等对气溶胶粒径改变的作用。

卷烟制造商研究了采用常规方法来影响气溶胶的产生。20世纪80年代早期,菲利普·莫里斯公司(Philip Morris Companies Inc.,简称PM公司)的物理研究部评估了通过过滤改变气溶胶粒径分布的技术[38],基于级联撞击器以人造"油气溶胶"研究了对颗粒的过滤效果,认为"烟用滤嘴棒从卷烟烟气中选择性地除去较大和较重的颗粒"[39]。20世纪80年代后期,BAT进行了一系列研究,评价了滤嘴[40]、圆周[41]和滤嘴通风[42]对烟气粒径改变的作用。

早期还研究了通过烟丝配方和添加剂来改变烟气气溶胶的产生。1981年,PM公司在万宝路烟丝中加入各种盐作为减少气相成分递送量的手段,并用级联撞击器测量所得颗粒尺寸,发现碳酸钠使相对平均质量中位直径(MMD)减小$0.5~\mu m$,然而测试的其他盐使粒径增大[43,44]。烟草加盐处理被认为有可能改变烟气颗粒的尺寸分布,虽然尚不清楚报道中粒度大小变化是否足以影响感官质量和肺部沉积[45]。1992年,PM公司发现丙二醇能增大烟气颗粒粒径[46]。1976年,BAT评价了不同处理方式及未经处理的烟草对气溶胶粒径和肺部沉积水平的影响,结果显示烤烟的肺部颗粒沉积率高于晾晒烟,另外添加剂也会影响颗粒的肺部沉积率[47]。

1986年,BAT的SHIP项目评价了不同烟草材料产生的烟气的相对粒径[48],通过观察未经老化的烟气,发现纯烟叶卷烟颗粒物递送量最高,平均粒径最大为$0.18~\mu m$;而纯梗丝卷烟烟气颗粒物递送量最低,平均粒径最小为$0.15~\mu m$;纯薄片(再造烟叶)卷烟烟气的平均粒径为$0.16~\mu m$。

卷烟制造商的研究结果表明,空气稀释(或通风)会增大排出烟支的烟气粒径,这与空气稀释使烟气停留时间增加相一致[49-52]。烟气颗粒粒径随抽吸口数增加而减小,可能是停留时间不同导致的[50]。1992年,PM的研究发现通常烟气粒径可以根据设计参数对气溶胶通过烟支的时间的累积效应来预测差异[51]。表1.2总结了一些烟支设计对烟气气溶胶的影响作用的研究结果。

表 1.2　烟草产品设计特征及其对粒度产生和分布的潜在影响

设计特征	方法/公司	项目描述	对粒径的影响
抽吸速率	离心机/BW[52]	有可能产生两种截然不同的卷烟烟气气溶胶,用于气溶胶吸入实验(包括气溶胶的滞留和高生物活性)	将抽吸速率提高 54 倍,从 1.5 mL/s 增加至 83 mL/s,平均粒径(质量分布)减小 46%,从而证实了抽吸速率改变粒径的能力
烟丝和实验配方	气溶胶分析仪和光度计/BW[53]	研究含有不同比例烟丝和实验配方混合物的无过滤嘴卷烟烟气气溶胶的数量分布	实验材料代替烟丝对粒径大小无明显影响,但烤烟加工处理能减少大粒径颗粒(大于 0.5 μm);一些市售卷烟在大于 0.5 μm 粒径上有差异
单料烟叶	电子低压撞击器/广东中烟[54]	考察不同产地单料烟叶主流烟气气溶胶粒度分布差异	不同国家、国内不同产地单料烟叶主流烟气气溶胶粒度分布存在显著差异:国内烟叶的粒子质量和数量总体比国外的偏大;同一产地不同品种烟叶、不同部位烟叶主流烟气气溶胶粒度分布有差异;掺配膨胀梗丝对主流烟气气溶胶粒度分布有一定的影响,其比例增加,气溶胶粒子的质量降低,粒子数量呈先增加后降低的趋势
新型嘴棒	级联撞击器/PM[42,55-57]	研究新型嘴棒结构对多分散气溶胶性质的影响	比较了标准万宝路醋酸滤嘴和重组滤嘴(滤嘴切半后重组制备成中空嘴棒),在相同的流速下,发现通过重组滤嘴的大颗粒气溶胶比例增加。 由云母和醋酸纤维组合而成的滤嘴产生的烟气气溶胶粒径分布显著大于醋酸纤维滤嘴
"三纸一棒"	电子低压撞击器/广东中烟[58]	考察不同材料参数的卷烟纸、接装纸、成型纸和滤棒对卷烟主流烟气气溶胶粒度分布的影响	发现麻浆纸质的卷烟纸或者降低卷烟纸透气度可提高主流烟气中气溶胶粒子质量和数量;沟槽滤嘴可降低主流烟气中气溶胶粒子质量和数量;增加卷烟纸中柠檬酸盐含量可以提高主流烟气气溶胶粒子数量而降低粒子质量;木浆纸质卷烟纸或者复合滤嘴可以提高主流烟气气溶胶粒子质量而降低粒子数量
燃烧	激光光谱仪/BAT[48]	研究卷烟燃烧条件对烟气颗粒形成和性能的影响,指导设计改变气溶胶性质的卷烟	较高的加热速率会提高烟气生成速率和气溶胶平均粒径
圆周	激光光谱仪/BAT[41]	研究美国市场细支烟和低焦油烟气溶胶特征,研究确定能否通过改变卷烟设计产生具有改善吃味性质的大颗粒气溶胶	圆周不同、焦油递送量相同的卷烟实验结果表明,随着圆周从 25 mm 减小到 17 mm,烟气气溶胶的粒径分布向小粒径位移。虽然减小的幅度很小,如每口平均的粒数中位直径减小 11%、质量中位直径减小 10%,由于检测技术的局限性,这个变化可能被低估

续表

设计特征	方法/公司	项目描述	对粒径的影响
烟支长度	集成光散射/RJR[59]	研究随着烟支长度变化,卷烟主流烟气气溶胶粒径和浓度分布的变化规律	烟气气溶胶数密度和质量随着烟支长度的增大而急剧减小,并发现气溶胶平均粒径和粒径分布发生实质性变化
烟支长度和卷烟类型	光散射[14]	研究烟支长度和不同类型卷烟对主流烟气和侧流烟气气溶胶粒径和浓度的影响	随烟支长度减小,几何平均粒径略微减小,浓度增加;不同类型卷烟粒径存在一定差异,主流烟气粒径较大的,其侧流烟气粒径也较大
通风	激光光谱仪[60]	研究经过燃烧锥的抽吸速度对气溶胶粒径分布的影响,包括不同水平的滤嘴通风、抽吸容量和持续时间组合	研究抽吸方式和滤嘴通风(0~80%)对粒径分布的影响,对于同一通风水平,较高的抽吸流量使小的颗粒增加。然而,通过简单的流动效应难于解释滤嘴通风使粒径减小

　　然而常规设计的变化对烟气粒径的影响不显著,许多研究中烟气气溶胶粒径分布相对差异很小。1991年的PM的研究报告总结中写道:"这些粒径测定结果的显著特点是不同类型卷烟其气溶胶粒径分布非常一致。"[61]报告指出,卷烟设计的四个主要参数(填充的烟料、滤嘴、纸和通风)中,只有通风对粒径分布有显著影响[62]。此外,这些常规设计的变化对粒径带来的最大偏移量约为30%[63]。对常规样品的许多改变未能产生可测量的粒度分布差异。例如,早在20世纪90年代初,PM研究了产品中酸/碱组成对粒径分布的影响。1992年研究结果表明,对滤嘴进行酸和碱处理并不会影响气溶胶粒径,还测定了不同pH值配方烟丝下烟气气溶胶的粒径分布[64,65]。烟丝中加入不同浓度的氢氧化钙(0%,1%,2%)处理后对气溶胶粒径分布无明显影响[66]。因此,认为烟丝pH值对气溶胶粒径影响较小。开发非常规卷烟可能是显著改变烟气气溶胶最有效的手段。

1.3.2　烟气气溶胶粒径对感官的影响研究

　　卷烟工业也十分关注粒径分布对烟气感官和消费者接受度的影响。通常通过消费者评吸小组来评估粒径的差别能否对感官产生显著影响。例如,BAT对其开发的非传统Aries滤嘴进行评价,Aries滤嘴通过无过滤通风来减少烟气递送,评吸认为Aries产生的烟气独特,且其产生的较大烟气颗粒对消费者感官影响更大[67]。BAT另一份1990年的文献列举了其内部评吸结果,薄荷脑和尼古丁的人造气溶胶均显示其粒径大小、粒径分布、数量浓度和pH值对感官造成影响。作者指出要进一步研究烟草替代产品气溶胶特性的作用效果,优化产生最大强度的感官特性[49]。表1.3总结了通过消费者评吸小组评估粒径差别的结果。

　　感官因素与卷烟烟气粒径测量之间的关系极其复杂。例如BAT对Aries卷烟进行研究得出结论:卷烟烟气中大粒径的气溶胶可以增强味觉感受以及增加烟气中非挥发性成分的吃味效果[67]。然而,对较小粒径的气溶胶可能产生的影响作用也进行了推测,作者指出较小颗粒有较大的比表面积并且能够更加迅速地将半挥发性物质传向味觉感受器。他们得出的最终结论是:"感官作用是一个困难的领域,但能引导产品的创新"以及"粒径分布对卷烟吃味的深远影响"[68]。建议实验包括产生不同化学成分的气溶胶,并研究不同粒径分布和浓度分布的气溶胶产生的感官效果。国内学者胡旺云等[69]认为在理想情况下,卷烟烟气气溶胶粒子在口腔(黏膜)上的沉淀和吸收,受烟气粒子大小等诸多因素的影响,随着烟气气溶胶粒子的减小,粒相物在口腔黏膜上的扩散沉淀效率变大,含有较多小粒子的卷烟烟气在口腔残留较大,影响口感;且卷烟的质量与烟气气溶胶粒子大小的关系是,当烟气气溶胶粒子平均粒径为某值时,卷烟质量最好。

表 1.3　消费者评吸小组对粒径差别进行的感官和主观效应评价

项目和目标	产品/原型描述	粒径分布差异	消费者评吸小组的发现
粒径对吃味和风味的影响 不同品牌卷烟感官不同,进一步研究烟气气溶胶化学非常必要[70]	通过自发性凝结产生不同粒径分布的烟气颗粒,使平均粒径增大而其质量浓度无变化	比较了粒径分布不同的样品:小粒径(0.2～0.3 μm)和大粒径(1 μm)	小组成员($N+108$)可以区分平均粒径差别为 50%～80% 的气溶胶,但无法区分平均粒径差别为 20% 的气溶胶。成功区分粒径差别的小组成员,对 Winston 卷烟正常和未过滤烟气,以 8∶1 和 2∶1 的结果显示更偏爱平均粒径较小的烟气,但对 Camel 卷烟偏爱粒径较大的烟气
物理筛选 如何利用可提高消费者接受性的特定气溶胶[43]	对 Merit 滤嘴进行改造,使得部分烟气绕道通过滤嘴	级联撞击器分析显示,改造滤嘴比未改造滤嘴的平均粒径高出约 0.1 μm	香精开发小组对改造滤嘴进行评价,认为比正常滤嘴"冲击力增强"并且更加"暴躁"。 数据表明,含有空管的卷烟其前几口烟气粒径大于不含空管的卷烟。如果较大粒径能增强卷烟风味,这可能是含空管卷烟前几口烟气风味更强的原因
Aries 滤嘴 检验假设"未经过滤的烟气代表最终的吸烟体验"[67]	仅靠通风来实现的低焦油卷烟	在所有的吸烟条件下,Aries 滤嘴烟气的粒径大于醋酸纤维过滤嘴对照,醋酸纤维过滤嘴烟气的粒径又大于无过滤嘴	非挥发性香料在较大粒径颗粒中感受更强;颗粒对风味感官产生影响而产生感受。 烟气劲头和风味的产生是由于感受到烟气颗粒附近的蒸气,尤其是尼古丁蒸气
Impaction 滤嘴 检验假设"较小平均粒径的烟气其单位质量焦油感官效应更强"[71,72]	具有 10 mg 焦油释放量的 Multijet impaction 滤嘴; 10 mg 和 15 mg 焦油释放量的醋酸纤维滤嘴	更有效地选择性去除烟气中粒径较大的颗粒,从而产生粒径更小的烟气。能够增强半挥发性烟气成分包括尼古丁的蒸发,从而产生更大的感官冲击	通过($N=19$)小组测试,Multijet 滤嘴对感官的影响与传统低焦油滤嘴类似,但低于高焦油对照样,表明对感官整体无明显影响。 感官评价极其困难,可能是限制其表现的一个关键因素

1.3.3　烟气气溶胶粒径调控在产品开发中的作用

　　卷烟制造商内部对烟气气溶胶的粒径分布及其特性进行评估的主要目的是为新产品开发提供信息。产品交付和消费者反应是产品开发和维护的核心要素。1983 年,RJR 对新产品进行改进时指出气溶胶粒径分布对于评价其风味、生理影响和肺部沉积的潜在重要性。1989 年,PM 在其报告中指出:"要增加对烟气气溶胶形成的认识,为产品的改进和新产品开发提供指导。"[73]

　　1992 年,RJR 对气溶胶粒径分布提出了研究目标:①粒径大小对感官和消费者可接受度的影响;②如何调控气溶胶粒径分布;③烟气气溶胶的化学性质及其与感官性质的关系;④表面物理学在卷烟成分燃烧特性和主流烟气化合物过滤中的作用;⑤实验室环境中捕集烟气与消费者吸入烟气之间的关系;⑥烟草配方、卷烟设计、稀释和抽吸模式与烟气化学性质、烟气的物理性质和感官特性之间的关系;⑦卷烟烟气化学、物理性质与烟气形成过程的关系。[74]

然而,粒径分布研究在常规卷烟设计中的应用具有一定的局限性,主要应用于新技术、替代品或非常规产品的开发中。1991 年,PM 的一项"改变粒度分布可行性"研究中涉及了"产生独特气溶胶烟气的新思路"[61]。1992 年,RJR[74] 在报告中描述了该公司的关键性技术领域:"R&D 应集中主要精力扩大对烟草成分与烟气/气溶胶形成之间的关系,以及烟草成分和烟气/气溶胶化学对感官特性和生物活性的影响的基本科学认识。这些方向的努力将不仅确保 RJR 在烟草科学领域的领导地位,也将有助于新型、高质量、消费者可接受、低成本、低风险产品的开发。"

粒度分布研究的一个潜在的重点领域是支持通过选择性过滤或其他手段的"低风险"卷烟产品开发。例如,BAT 在 1970 年开展了针对聚四氟乙烯(PTFE)滤嘴的研究,与醋酸纤维滤嘴相比,它能够选择性地保留较小的烟气颗粒[75]。1983 年,RJR 概述了气溶胶的重要性,通过"相对创新"的研究在 RJR 形成新的产品原型[76],这个原型最终形成了第一代低危害卷烟[77]。

粒径研究的另一个目标是预测尼古丁的潜在释放量,以及在非常规或减害卷烟产品中的生理作用。1990 年,PM 的备忘录指出超声波产生的气溶胶颗粒明显大于传统卷烟烟气,这会影响颗粒的沉积以及尼古丁的生理作用,作者推断:"对尼古丁生理反应的测定将会对卷烟烟气研究给以指示。如果尼古丁的快速吸收主要发生在肺部区域,超声气溶胶也可能类似地沉积在肺部区域。而超声气溶胶在呼吸道其他部位的沉积更高则应导致延迟反应,但这仅是个人推测。"[78] 后期由同一个作者指出,"超声气溶胶可能是一个比我们原先预期的更好的烟气气溶胶模型",这项研究是 Accord 产品开发的先导[46]。

近些年,国内卷烟企业和研究者也开展了一些烟气气溶胶粒径等特性的影响和调控研究,通过增加对烟气气溶胶特性的认识,关联气溶胶的感官效应、风味、生理影响等,为烟气气溶胶特性调控提供科学依据,从而指导产品改进和新产品开发。

参考文献

[1]　Warner B R,Wells R L,Hobbs M E. Size and size distribution of particles in tobacco smoke [C]//The 6th TCRC. Louisville,1952.

[2]　Stober W. Generation,size distribution and composition of tobacco smoke aerosols[J]. Recent Advances in Tobacco Science,1982.

[3]　Hoffmann D,Hoffmann I. The changing cigarette,1950-1995[J]. Journal of Toxicology and Environmental Health,1997,50(4):307-364.

[4]　张岩磊.卷烟降焦工程[M].北京:中国轻工业出版社,2000:8-17.

[5]　戴亚,沈述静,张龙根.卷烟烟气粒相中微粒大小浅析[J].烟草科技,1994(3):23,42.

[6]　Langer G,Fisher M. Concentration and particle size of cigarette-smoke particles[J]. AMA Archives of Industrial Health,1956,13(4):372-378.

[7]　张晓凤,戴亚,徐铭熙,等.卷烟烟气气溶胶颗粒实时观测分析[J].中国烟草学报,2007,13(6):20-23.

[8]　Harris W J. Size distribution of tobacco smoke droplets by a replica method[J]. Nature,1960,186:537-538.

[9]　Leonard R E,Kiefer J E. Coagulation rate of undiluted cigarette smoke[J]. Tobacco Science,1972,16:65.

[10]　Hinds W C. Size characteristics of cigarette smoke[J]. American Industrial Hygiene Association Journal,1978,39(1):48-54.

[11]　Yoshiaki Ishizu,Takashi Okada. Determination of particle size distribution of small aerosol particles of unknown refractive index by a light-scattering method[J]. Journal of Colloid and Interface Science,1978,66(2):234-239.

[12]　沈光林,孔浩辉,李峰,等.卷烟主流烟气气溶胶分布研究[J].中国烟草学报,2009,15(5):

14-19.

［13］ Jin Y，Wang S，Liu J，et al. The measurement of the size distribution of cigarette mainstream smoke by ELPI［C］// The 7th Asian Aerosol Conference. Xi'an，2011：764-771.

［14］ Okada T，Matsunuma K. Determination of particle-size distribution and concentration of cigarette smoke by a light scattering method［J］. Journal of Colloid and Interface Science，1974，48(3)：461-469.

［15］ 段沅杏，赵伟，杨继，等. 传统卷烟和电子烟烟气气溶胶粒径分布研究［J］. 中国烟草学报，2015，21(1)：1-5.

［16］ Alderman S L，Ingebrethsen B J. Characterization of mainstream cigarette smoke particle size distributions from commercial cigarettes using a DMS500 fast particulate spectrometer and smoking cycle simulator［J］. Aerosol Science and Technology，2011，45(12)：1409-1421.

［17］ Cozzani V，Barontini F，McGrath T，et al. An experimental investigation into the operation of an electrically heated tobacco system［J］. Thermochimica Acta，2020，684：178475.

［18］ Nga J D L，Hakim S L，Bilal S. Comparison of end tidal carbon monoxide levels between conventional cigarette，electronic cigarette and heated tobacco product among Asiatic smokers ［J］. Substance Use & Misuse，2020，55(12)：1943-1948.

［19］ Mallock N，Böss L，Burk R，et al. Levels of selected analytes in the emissions of "heat not burn" tobacco products that are relevant to assess human health risks［J］. Archives of Toxicology，2018，92(6)：2145-2149.

［20］ Kim Y-H，An Y-J. Development of a standardized new cigarette smoke generating (SNCSG) system for the assessment of chemicals in the smoke of new cigarette types (heat-not-burn (HNB) tobacco and electronic cigarettes (E-Cigs))［J］. Environmental Research，2020：109413.

［21］ Pennings J L A，Cremers J W J M，Becker M J A，et al. Aldehyde and volatile organic compound yields in commercial cigarette mainstream smoke are mutually related and depend on the sugar and humectant content in tobacco［J］. Nicotine and Tobacco Research，2020(10)：1748-1756.

［22］ Haiduc A，Zanetti F，Zhao X，et al. Analysis of chemical deposits on tooth enamel exposed to total particulate matter from cigarette smoke and tobacco heating system 2. 2 aerosol by novel GC-MS deconvolution procedures［J］. Journal of Chromatography B，2020：122228.

［23］ Dusautoir R，Zarcone G，Verriele M，et al. Comparison of the chemical composition of aerosols from heated tobacco products，electronic cigarettes and tobacco cigarettes and their toxic impacts on the human bronchial epithelial BEAS-2B cells［J］. Journal of Hazardous Materials，2021，401：123417.

［24］ Jaccard G，Kondylis A，Gunduz I，et al. Investigation and comparison of the transfer of TSNA from tobacco to cigarette mainstream smoke and to the aerosol of a heated tobacco product，THS2. 2［J］. Regulatory Toxicology and Pharmacology，2018，97：103-109.

［25］ 刘鸿，陶立奇，陆怡峰，等. 加热烟草制品(HTPs)气溶胶成分的 MD-GC/MS 分析［J］. 中国烟草学报，2020，26(03)：9-14.

［26］ Jaccard G，Belushkin M，Jeannet C，et al. Investigation of menthol content and transfer rates in cigarettes and Tobacco Heating System 2. 2［J］. Regulatory Toxicology and Pharmacology，2019，101：48-52.

［27］ 王紫燕，韩敬美，袁大林，等. 电加热卷烟和传统卷烟中凉味剂转移率比较［J］. 烟草科技，2020，

53(10):46-55.

[28] 张丽,王维维,张小涛,等.加热不燃烧卷烟气溶胶中主要成分的转移行为[J].烟草科技,2019, 52(03):46-55.

[29] Pratte P,Cosandey S,Ginglinger C G. Investigation of solid particles in the mainstream aerosol of the Tobacco Heating System THS2. 2 and mainstream smoke of a 3R4F reference cigarette [J]. Human & Experimental Toxicology,2017,36(11):1115-1120.

[30] Shein M,Jeschke G. Comparison of free radical levels in the aerosol from conventional cigarettes,electronic cigarettes,and heat-not-burn tobacco products[J]. Chemical Research in Toxicology,2019,32(6):1289-1298.

[31] Protano C,Manigrasso M,Avino P,et al. Second-hand smoke generated by combustion and electronic smoking devices used in real scenarios:Ultrafine particle pollution and age-related dose assessment[J]. Environment International,2017,107:190-195.

[32] Forster M,Fiebelkorn S,Yurteri C,et al. Assessment of novel tobacco heating product THP 1. 0. Part 3:Comprehensive chemical characterisation of harmful and potentially harmful aerosol emissions[J]. Regulatory Toxicology and Pharmacology,2018,93:14-33.

[33] Pacitto A,Stabile L,Scungio M,et al. Characterization of airborne particles emitted by an electrically heated tobacco smoking system[J]. Environmental Pollution,2018,240:248-254.

[34] 司晓喜,汤建国,朱瑞芝,等.两种抽吸模式下电加热不燃烧卷烟烟气气溶胶的粒径分布[J].烟草科技,2018,51(8):47-52.

[35] Ingebrethsen B J, Cole S K, Alderman S L. Electronic cigarette aerosol particle size distribution measurements[J]. Inhalation Toxicology,2012,24(14):976-984.

[36] Alderman S L,Cole S K,Song C. Particle size distribution of electronic cigarette aerosols and the relationship to cambridge filter pad collection efficiency[R]. CORESTA ST 06,2013.

[37] Fuoco F C,Buonanno G,Stabile L,et al. Influential parameters on particle concentration and size distribution in the mainstream of e-cigarettes[J]. Environmental Pollution,2014,184:523-529.

[38] Philip Morris. Monthly progress reports,period covered February 1-28 1981. Philip Morris. Bates 2021640701-0771. (1981) Retrieved August 1,2006,from http://tobaccodocuments. org/pm/2021640701-0771. html.

[39] Creamer R M,Dwyer R W,Kassman A J. 1702 Filtration physics. The effects of puff velocity, rod lengths and filterson smoke formation and particle size. Philip Morris. Bates 1000385353-5366. (1980) Retrieved August 1,2006,from http://tobaccodocuments. org/pm/1000385353-5366. html.

[40] Egilmez-Reynolds N. Aerosol characterisation of smoke from cigarettes tipped with extreme design filters. Report No. T. 187. British American Tobacco. Bates 620000235-0250. (1988) Retrieved August 1,2006,from http://tobaccodocuments. org/bw/976521. html.

[41] Egilmez N. Smoke aerosol character of some slim and low-tarcigarettes from the US market, Report No. RD. 2080. British American Tobacco. Bates 681824029-4048. (1987) Retrieved August 1,2006,from http://tobaccodocuments. org/bw/1188978. html.

[42] Losee D B. Filtration physics,November 1-30,1979. Philip Morris. Bates 2022166115-6117. (1979) Retrieved August 1,2006,from http://tobaccodocuments. org/pm/2022166115-6117. html.

[43] Dwyer R W,Kassman A J. Filtration physics:Annual report. Philip Morris. Bates 2023076708-

6739. (1981) Retrieved August 1,2006,from http://tobaccodocuments. org/pm/2023076708-6739. html.

[44] Kassman A J,McRae D D. 1702 Filtration physics. Size distribution of smoke from salt treated cigarettes. Philip Morris. Bates 1000391528-1547. (1981) Retrieved August 1, 2006, from http:// tobaccodocuments. org/pm/1000391528-1547. html.

[45] Farone W A. Applied research annual accomplishments 800000. Philip Morris. Bates 2021639900-0037. (1981) Retrieved August 1,2006,from http://tobaccodocuments. org/pm/ 2021639900-0037. html.

[46] Lipowicz P J. Weekly status report for aerosol research (2704). Philip Morris. Bates 2020136266. (1992) Retrieved August 1, 2006, from http://tobaccodocuments. org/pm/ 2020136266. html.

[47] Richardson R B. The growth in a humid environment of smoke particles produced by various cigarettes,Report No. RD. 1373. British American Tobacco. Bates 650012182-2208. (1976) Retrieved August 1,2006,from http://tobaccodocuments. org/bw/17589. html.

[48] Egilmez N. Aerosol particle formation during the heating of tobacco. Characterisation of particles generated using project ship samples,Report No. RD. 2043. British American Tobacco. Bates 570337889-7956. (1986) Retrieved August 1, 2006, from http:// tobaccodocuments. org/bw/953406. html.

[49] Baker R R. Chemosensory research. British American Tobacco. Bates 681004810-4815. (1990) Retrieved August 1,2006,from http://tobaccodocuments. org/bw/458055. html.

[50] Rodgman A. Individual performance results 1983,Alan Rodgman. R. J. Reynolds. Bates 501651367-1439. (1983) Retrieved August 1, 2006, from http://tobaccodocuments. org/rjr/ 501651367-1439. html.

[51] Lipowicz P J. Ranked accomplishments. Philip Morris. Bates 2020126880-6881. (1993) Retrieved August 1,2006,from http://tobaccodocuments. org/pm/2020126880-6881. html.

[52] Jones R T,Richardson R B. The effect of cigarette circumference and puff flow rate on smoke particle size. Report No. RD. 793-R. British American Tobacco. Bates 570325527-5547. (1971) Retrieved August 1,2006,from http://tobaccodocuments. org/bw/952903. html.

[53] Jones R T,Richardson R B. Particle size of smoke from various cigarettes. Report No. RD. 1143-R. (1974) British American Tobacco. Bates 650011880-1899. Retrieved August 1,2006, from http://tobaccodocuments. org/bw/17580. html.

[54] 吴君章,沈光林,孔浩辉,等. 不同单料烟叶主流烟气气溶胶粒度分布差异[J]. 中国烟草学报, 2015,21(2):10-18.

[55] Losee D B. Filtration physics,December 1-31,1979. Philip Morris. Bates 1003030449-0451. (1980) Retrieved August 1,2006,from http://tobaccodocuments. org/pm/1003030449-0451. html.

[56] Dwyer R W. Annual accomplishments for 1980,Project 1702 Filtration physics. Philip Morris. Bates 2021639978-9980. (1981) Retrieved August 1, 2006, from http://tobaccodocuments. org/pm/2021639978-9980. html.

[57] Dwyer R W. Quarterly report-Third quarter,1981 (Filtration physics 1702). Philip Morris. Bates 1000797924-7926. (1981) Retrieved August 1, 2006, from http://tobaccodocuments. org/pm/1000797924-7926. html.

[58] 吴君章,孔浩辉,沈光林,等. "三纸一棒"对卷烟烟气气溶胶粒度分布的影响[J]. 烟草科技,

2013(9):58-62,67.

[59] Boldridge D W,Ingebrethsen B J. Evolution of mainstream cigarette smoke Ⅱ. Filtration and coagulation of cigarette smoke in the tobacco rod of a cigarette. R. J. Reynolds. Bates 506489473-9486. (1987) Retrieved August 1,2006,from http://tobaccodocuments. org/rjr/506489473-9486. html.

[60] Fiebelkorn R T. Measurement of smoke particle characteristics as influenced by filter ventilation. British American Tobacco. Bates 570559942-9963. (1990) Retrieved August 1, 2006,from http:// tobaccodocuments. org/bw/12199019. html.

[61] Philip Morris. (1991). Research plan for Project 2704,aerosol research April 1991. Philip Morris. Bates 2020166118-6122. Retrieved August 1,2006,from http://tobaccodocuments. org/pm/2020166118-6122. html.

[62] Lipowicz P J, Nguyen T T. (1992). 2704 Aerosol physics,effect of cigarette construction and other variables on the particle size of mainstream smoke aerosol. Philip Morris. Bates 2060528001-8019. Retrieved August 1, 2006, from http://tobaccodocuments. org/pm/2060528001-8019. html.

[63] Hayes C S. (1992). Sensory technology,3rd quarter 1992. Philip Morris. Bates 2057289701-9715. Retrieved August 1,2006,from http://tobaccodocuments. org/pm/2057289701-9715. html.

[64] Gullotta F P. (1991). Operational plans for the Sensory Technology Program. Philip Morris. Bates 2021346050-6055. Retrieved August 1,2006,from http://tobaccodocuments. org/pm/2021346050-6055. html.

[65] Hayes C S. (1992). Sensory technology,1st quarter 1992. Philip Morris. Bates 2029114359-4361. Retrieved August 1,2006,from http://tobaccodocuments. org/pm/2029114359-4361. html.

[66] Hayes C S,Garman J,Lipowicz P,et al. (1992). Sensory technology,2nd quarter 1992. Philip Morris. Bates 2022153721-3724. Retrieved August 1,2006,from http://tobaccodocuments. org/pm/2022153721-3724. html.

[67] Riehl T F. Aries:A case study showing the interactions between product design and smoking behavior. British American Tobacco. Bates 510006773-6796. (1984) Retrieved August 1,2006, from http://tobaccodocuments. org/bw/98323. html.

[68] Johnson R R. Smoke aerosol research/ 399. Brown & Williamson. Bates 526003995-3996. (1984) Retrieved August 1,2006,from http://tobaccodocuments. org/bw/75775. html.

[69] 胡旺云,蔡荣,任炜. 烟气气溶胶与滤嘴的过滤[M]. 昆明:云南科技出版社,2000.

[70] Reynolds R J. Report abstract from April 12,1983. R. J. Reynolds. Bates 508900803B-0871. (1983) Retrieved August 1,2006,from http://tobaccodocuments. org/rjr/508900803B-0871. html.

[71] Phillips A B. SED94 2083,Multijet impaction filter. R. J. Reynolds. Bates 510827052-7068. (1994) Retrieved August 1,2006,from http://tobaccodocuments. org/rjr/510827052-7068. html.

[72] White J L. Sensory evaluation test request No. 2083. Multijet impaction filter. Bates 510926982-6983. (1994) Retrieved August 1,2006,from http://tobaccodocuments. org/rjr/510926982-6983. html.

[73] Philip Morris. Biochemical research. Philip Morris. Bates 2021636218-6222. (1989) Retrieved

August 1,2006,from http://tobaccodocuments.org/pm/2021636218-6222.html.

[74] Riggs D M. Summary of technical review and planning seminar. R. J. Reynolds. Bates 511508280-8281. (1992) Retrieved August 1,2006,from http://tobaccodocuments.org/rjr/511508280-8281.html.

[75] Jones R T,Richardson R B. Investigation of a PTFE granular filter. Report No. RD 917-R. British American Tobacco. Bates 650316905-6924. (1972) Retrieved August 1,2006,from http://tobaccodocuments.org/bw/99677.html.

[76] Rodgman A. Fundamental R&D input to product improvement/new products. R. J. Reynolds. Bates 501541174-1176. (1983b) Retrieved August 1,2006,from http://tobaccodocuments.org/rjr/501541174-1176.html.

[77] Reynolds R J. Evolution of the cigarette. R. J. Reynolds. Bates 511706007-6115. (1987) Retrieved August 1,2006,from http://tobaccodocuments.org/rjr/511706007-6115.html.

[78] Lipowicz P. Respiratory deposition of cigarette smoke and ultrasonic aerosol. Philip Morris. Bates 2023569303-9308. (1990) Retrieved August 1,2006,from http://tobaccodocuments.org/pm/2023569303-9308.html.

第 2 章
烟气气溶胶理化特性表征技术

▷

2.1　不同烟草制品的抽吸模式

人类吸烟行为千变万化，没有任何一种抽吸模式能完全模拟人类吸烟行为，而卷烟抽吸模式也一直成为世界烟草行业和公共卫生部门研究和争论的焦点之一。经研究，没有哪两个吸烟者以相同的方式吸烟，没有一个吸烟者在所有场合下都以相同的方式吸烟，因此用一种标准吸烟方法完全代表所有吸烟者和吸烟条件是不可能的，而且吸烟机产生主流烟气但不排出，而吸烟者产生主流烟气却呼出所吸入总粒相物的 $10\%\sim50\%$[1]。

使用吸烟机测定传统卷烟烟气释放量始于 20 世纪 30 年代，1936 年，Bradford 等[2]首次提出将吸烟机抽吸参数设为"抽吸容量 35 mL、每口抽吸 2 s、每分钟抽吸一口"。1967 年，美国联邦贸易委员会(FTC)正式发布"抽吸容量 35 mL、每口抽吸 2 s、每分钟抽吸一口"传统卷烟标准抽吸方法，用于卷烟主流烟气中烟碱和焦油的测定，1981 年，增加了 CO 的测试。1977 年国际标准化组织(ISO)发布了国际标准 ISO 3308《烟草及烟草制品常规分析用吸烟机定义、标准条件和辅助设备》，而在 1987 年则发布了国际标准 ISO 4387《卷烟 常规分析用吸烟机测定总粒相物和干粒相物玻璃纤维滤片捕集法》，两项标准均规定了"抽吸容量 35 mL、每口抽吸 2 s、每 60 s 抽吸一口"的抽吸参数。同时，尽管 ISO 3308 和 ISO 4387 几经修订，但抽吸参数始终保持不变。20 世纪 80 年代，加拿大联邦政府研究了烟蒂长度、每口抽吸时间、抽吸频率、抽吸容量和通风孔堵塞率对卷烟抽吸口数、气相物、总粒相物和总 HCN 释放量的影响。根据该项研究结论，加拿大联邦政府对传统卷烟模式的抽吸参数进行了调整并确定了 HCI 模式的抽吸参数为"抽吸容量 55 mL、抽吸频率 30 s、100%堵塞通风孔"。1997 年，美国《烟草披露法案》采纳了马萨诸塞州(Massachusetts)抽吸模式，即"抽吸容量 45 mL、每口抽吸 2 s、抽吸频率 30 s、50%堵塞通风孔"。ISO、FTC、Massachusetts 和加拿大深度抽吸模式的详细参数见表 2.1。

尽管存在很多不同的抽吸模式(不同抽吸容量、不同抽吸频率和是否堵塞通风孔等)，世界卫生组织烟草制品管制科学咨询委员会(WHO SACTob)、《烟草控制框架公约》(FCTC)和一些反吸烟组织一直批判 ISO/FTC 烟气释放量不能有效评估消费者摄取的烟气或烟碱量，主要观点可归纳为：①大多数吸烟者实际抽吸容量和频率高于 ISO/FTC 抽吸模式设置值；②深度抽吸行为可能导致吸烟者摄取的烟气量高于 ISO/FTC 模式测试值；③吸烟者抽吸低焦油卷烟时会调整吸烟方式，存在增加抽吸容量等"补偿抽吸"现

象,引起实际烟气摄取量排序可能不同于 ISO/FTC 抽吸模式测试值排序,因此根据 ISO/FTC 烟气释放量对卷烟进行排序可能会误导消费者;④ISO/FTC 抽吸模式不堵塞通风孔,但吸烟者抽吸卷烟时会有意或无意地用手指和嘴唇堵塞通风孔,导致实际摄取的烟气量增加。值得注意的是,即使 HCI 模式下抽吸容量增加到 55 mL,通风孔 100% 堵塞,也不能有效表征人类烟气摄取量,所有的卷烟抽吸模式都存在局限性,不能反映人类吸烟行为、烟气摄取量及承受的吸烟风险。所以,目前通用的标准抽吸方法并不能准确代表人的吸烟行为,但可以作为一种标准的烟雾产生方法,以便于对卷烟烟雾进行评价对比。建立卷烟抽吸模式的目的不是预测吸烟者实际烟气摄入量,大多是为了得到不同卷烟牌号的烟气释放量,然后进行不同牌号卷烟的排序。

表 2.1　ISO、FTC、Massachusetts 和加拿大深度抽吸模式的参数

抽吸模式		ISO	FTC*	Massachusetts*	加拿大深度
每孔道抽吸的卷烟数量	直线型	5	5	3	3
	转盘型	20	20	10	10
抽吸容量/mL		35±0.3	35±0.5	45±0.5	55±0.5
抽吸持续时间/s		2±0.05	2±0.05	2±0.05	2±0.05
抽吸频率/s		60±0.5	60±0.5	30±0.5	30±0.5
通风孔堵塞率		不堵塞	不堵塞	50%	100%
调节环境	相对湿度(RH)/(%)	60±3	60±2	60±2	60±3
	温度/℃	22±1	23.9±1.1	23.9±1.1	22±1
	时间/d	2~10	1~14	1~14	2~10
抽吸环境	相对湿度(RH)/(%)	60±5	60±2	60±2	60±5
	温度/℃	22±2	23.9±2	23.9±2	22±2
气体流速*/(mL/s)	直线型吸烟机每孔道上方的风速	200±50			200±50
	直线型吸烟机的平均风速,转盘型吸烟机的风速	200±30	足够带走烟气,约 120	足够带走烟气,约 120	200±30
烟蒂长度/mm(取最大值)		接装纸长度+3 mm;滤嘴长度+8 mm;距烟蒂端 23 mm	接装纸长度+3mm;距烟蒂端 23 mm	接装纸长度+3mm;距烟蒂端 23 mm	接装纸长度+3 mm;滤嘴长度+8 mm;距烟蒂端 23 mm

注:* FTC 和 Massachusetts 抽吸模式仅规定了直线型吸烟机的气流速度。

2008 年以后,电子烟逐渐兴起,人们对电子烟的气溶胶释放物也越来越关注。随着对电子烟的研究,电子烟标准抽吸模式也渐渐统一。2015 年 6 月,烟草研究合作中心(Cooperation Centre for Scientific Research Relative to Tobacco,简称 CORESTA)推荐方法 N81 号文件中规定了产生和收集分析试验的电子烟气溶胶的要求和标准条件。在该方法中,给出了测试电子烟样品的试验气氛以及标准条件,如机器压降不得超过 300 Pa,抽吸时间为 3 s±0.1 s,抽吸容量为 55 mL±0.3 mL,抽吸间隔时间为 30 s±0.5 s,抽吸曲线为方波,最大流速为 18.5 mL/s±1 mL/s,电子烟抽吸激活方式(如果电子烟的气溶胶产生过程不是通过抽吸烟支开始的,则应使用额外的激活机制来激活电子烟并与抽吸同步,启动抽吸后启动时间不得

迟于 0.1 s,抽吸结束后的 0.1 s 关闭电子烟)以及气溶胶生成和收集过程的终止。

2018 年 9 月,国际标准化组织发布了国际标准 ISO 20768《电子烟 常规吸烟机 定义和条件》,抽吸电子烟的抽吸时间为 3 s±0.1 s,抽吸容量为 55 mL±0.6 mL,抽吸频率为 30 s±0.5 s 抽吸一口,抽吸曲线为方波,测试大气应满足温度为(15～25)℃±2 ℃,相对湿度为(40%～70%)±5%。2022 年,国家标准化管理委员会发布实施的 GB 41700《电子烟》附录 D 中给出了"电子烟标准抽吸条件",规定了常规分析时,电子烟的抽吸时间为 3.0 s±0.1 s,抽吸容量为 55 mL±0.6 mL,抽吸频率为 30.0 s±0.5 s 抽吸一口,抽吸曲线为方波,测试大气应满足温度为 22 ℃±2 ℃,相对湿度为 60%±5%。除了测试大气外,GB 41700 与 ISO 20768 基本是一致的。

2023 年 2 月,CORESTA 推荐方法 N99、N100 和 N101 号文件中分别规定了产生和收集加热卷烟气溶胶的要求和标准条件,规定加热卷烟的抽吸时间为 2 s±0.1 s,抽吸容量为 55 mL±0.6 mL,抽吸频率为 30.0 s±0.5 s 抽吸一口,抽吸曲线为正弦波,其中平衡条件与传统卷烟不同,仅温度进行平衡且不能超过 10 天,测试大气应满足温度为 22 ℃±2 ℃,相对湿度为 60%±5%。

抽吸模式是影响加热卷烟气溶胶产生的一个关键因素,不同的抽吸参数会对气溶胶的释放量产生重要影响。不同研究者采用了多种抽吸模式研究了抽吸方式对不同类型烟草制品气溶胶释放量的影响。

2.2 烟气气溶胶的捕集

烟气气溶胶的捕集方式主要有剑桥滤片捕集、溶剂捕集或溶剂-冷阱捕集、静电沉积捕集、吸附剂捕集、碰撞捕集、直接取样等。

2.2.1 剑桥滤片捕集

剑桥滤片是用有机黏合剂(聚丙烯酸酯)固定起来的玻璃纤维滤片。通过剑桥滤片捕集烟碱的截留率能达到 99.7%,同时剑桥滤片收集的总粒相物不会有人为反应产物的生成,需要使用者后面分析处理的步骤最少,因此剑桥滤片捕集是目前收集分析主流烟气中粒相物的最优方法。其最主要的优点包括以下几点:①在室温下可以高效地捕集烟气粒相物;②不吸水;③可以方便地制成一致的滤片;④使用前不需要复杂的准备;⑤价格便宜。

在进行粒相物中化学成分(如烟碱和水分)分析时,通常需要采用适当的溶剂来萃取剑桥滤片,也有一些方法采用直接蒸馏滤片来分析粒相物中的挥发性成分,如通过顶空进样或顶空-固相微萃取等方式进样,尽管没有实验表明在加热条件下,剑桥滤片中的化学成分会产生人为反应,但加热剑桥滤片并不是一种理想的分析方法。对于一些难分离的成分,可以采用直接衍生化的方法来进行分析,这样可以提高分析的选择性,还可以防止人为反应产物的生成。

一些化学成分在两相中都存在,这些成分在气相和粒相之间存在着分配平衡,这一平衡同时又受到温度、滤片捕集量、流量和水分含量的影响,影响到烟气分析结果的准确性。因此,剑桥滤片在分离粒相物和气相物中挥发性成分的时候并不能完全分离,如一些挥发性的醛类物质和酮类物质不能完全通过剑桥滤片,导致一些挥发性化合物在粒相物和气相物中都有发现,如甲醛、乙醛、丙酮、丙醛等。对于部分挥发性及半挥发性成分,通过剑桥滤片捕集时,还需要采用冷阱对烟气气相物进行捕集。Taylor[3] 在玻璃纤维滤片后面串接一个含溶剂的吸收瓶捕集电子烟气溶胶,研究了玻璃纤维滤片对电子烟气溶胶中烟碱的捕集效率。结果发现,玻璃纤维滤片捕集的烟碱为 0.44 mg,吸收瓶中捕集的烟碱为 0.55 μg,含溶剂的吸收瓶所捕集的烟碱量仅是玻璃纤维滤片烟碱捕集量的 0.13%,表明采用玻璃纤维滤片可以有效捕集电子烟气

溶胶中的烟碱。Mccormack 等[4]在 HCI 抽吸模式下抽吸电子烟,用玻璃纤维滤片捕集电子烟气溶胶中的粒相物,在捕集器串联 2 个含甲醇溶液的吸收瓶,并在低于－70 ℃的条件下捕集气相物,分别分析滤片和吸收液中的 VOCs(volatile organic compounds,挥发性有机化合物)。

2.2.2　溶剂捕集

溶剂捕集法是进行卷烟主流烟气特殊化合物分析时最常用的捕集方法,通常是采用一个或几个装有溶液的洗气瓶串联起来吸收主流烟气成分。溶剂捕集通常在捕集烟气气相物时使用,对于全烟气分析的应用相对较少。通常选取可以与目标成分发生反应的溶液作为吸收液来提高捕集效率或便于下一步的仪器分析。例如采用 2,4-二硝基苯肼与烟气中甲醛等羰基化合物发生反应,生成沸点较高、更加稳定的腙衍生物,采用酸捕集碱性化合物(如氨)来提高捕集效率等。采用溶剂捕集的另外一个优点是可以采用特殊的吸收溶液来防止人为反应产物的生成。例如,在卷烟烟气亚硝胺的分析中,烟气收集条件比较适合于氮氧化物与生物碱反应生成亚硝胺,而采用含有抗坏血酸的柠檬酸-磷酸缓冲溶液来捕集卷烟烟气可以有效地防止这一人为反应的发生。

司晓喜等[5]采用剑桥滤片捕集烟气粒相物,采用加有甲醇萃取溶液的吸收瓶捕集透过剑桥滤片的烟气气相物。以加热卷烟(HTPs)烟气气溶胶中的挥发性成分检出数量和总响应值为评价指标,研究了 3 个吸收瓶串接对 HTPs 烟气气溶胶中挥发性成分的捕集效率(图 2.1)。随着串接吸收瓶从 1 个增加到 3 个,HTPs 烟气气相物中检出的化合物数量一致,检出物响应值总和略微增加,增加的部分主要为挥发性较强的小分子。表明 1 个吸收瓶即达到较高的捕集效率,对于大部分检测可以选择串接 1 个吸收瓶;若着重关注挥发性小分子,可考虑串接 2 个吸收瓶,以增加挥发性小分子的捕集效率。

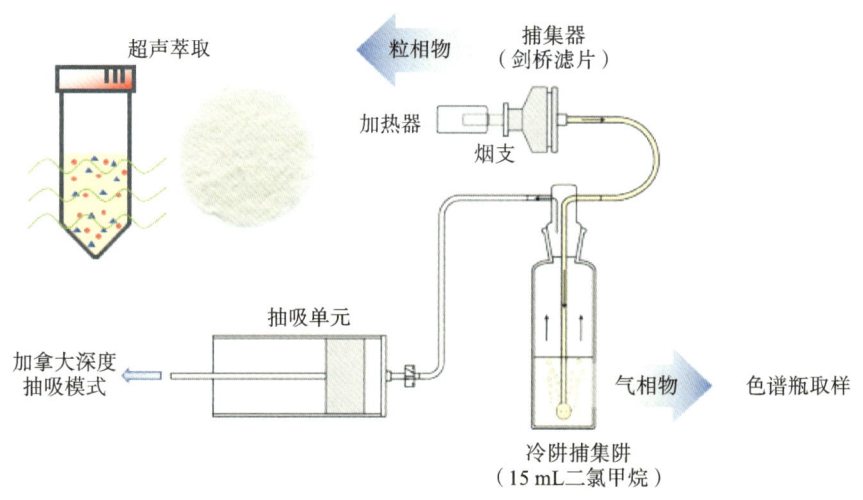

图 2.1　剑桥滤片和吸收瓶串接捕集气溶胶流程图

2.2.3　冷阱捕集

对于卷烟烟气成分的捕集,最理想的状态是所捕集化学成分的组成与实际烟气气溶胶的组成一致,并且二次反应一定要避免,冷阱捕集部分满足了以上要求。采用冷阱捕集不需要采用溶剂,也不需要高电压,并且低温降低了许多化学反应的速度,这些优点最大限度降低了人为产物生成的可能性。

冷阱捕集卷烟烟气早期有许多文献报道,冷阱捕集所采用的最广泛的形式为捕集穿过剑桥滤片的气相成分,如采用液氮冷却主流烟气的气相成分、醛类化合物。采用冷阱来收集烟气气相成分通常较为简单,可能存在的主要问题是当气相成分冷凝时,会产生部分真空,从而影响到卷烟的抽吸容量。与捕集气相成分相比,采用冷阱捕集全烟气成分比较复杂。在低温条件下,气溶胶颗粒变大,更容易相互碰撞而被捕集,采用冷阱来捕集烟气粒相物需与碰撞捕集相结合才能达到比较高的捕集效率。Newman 等[6]研究了一种捕集全烟气的自动装置,该装置在－190 ℃条件下捕集全烟气,然后直接转移至气相色谱来进行分析,该装置仅能进行数口烟气分析。

为了提高捕集效率,通常还可将溶液置于冷阱中来提高溶剂捕集冷凝效果。溶剂-冷阱捕集是指烟气气溶胶通过低温环境下的介质(如二氯甲烷、甲醇)后,快速冷却并被吸收到溶剂中,可以有效避免在收集过程中的各种副反应,溶剂-冷阱捕集适用于全烟气的化学成分分析。通过选择不同的制冷介质可以制备不同温度下的环境,如运用干冰/异丙醇体系可以达到－70 ℃,冰盐浴下可以达到－21 ℃。许蔼飞等[7]采用冷阱捕集-气相色谱-质谱法测定卷烟主流烟气中的呋喃的释放量,建立了主流烟气中呋喃的快速、准确检测方法。孙玉利等[8]设计了一种串联冷阱捕集装置,其中一级冷阱为－21 ℃冰盐浴,二级冷阱为－70 ℃干冰/异丙醇体系,该方法具有精密度高、回收率高、准确度高、可检测的化合物种类多等优点,可用于卷烟主流烟气气相成分的分析。Goniewicz 等[9]采用改进的单孔道吸烟机抽吸电子烟,采用含甲醇吸收液的吸收瓶,在干冰-丙酮冷阱中捕集气溶胶用于 TSNAs 和重金属元素的分析;对于挥发性有机化合物和羰基化合物则采用固体吸附剂捕集。

2.2.4　静电沉积捕集

静电沉积捕集就是利用静电作用对烟气气溶胶中的颗粒进行捕集。静电沉积捕集具有以下优点:①流速对捕集效率影响小;②样品量对捕集效率影响小;③实验室内部重复性好;④实验室间重现性好;⑤气相成分受到先前捕集粒相成分的影响比较小。同剑桥滤片的分析结果相比,采用静电沉积捕集的TPM、烟碱、焦油和水分分析结果要偏低一些。

静电沉积捕集具有重复性高、分析时背景干扰小、仪器结构紧密等优点,对于烟气元素分析较为合适。刘秀彩等[10]使用静电捕集方式,其中乙醇为洗脱溶剂,并用原子吸收光谱法测定主流烟气粒相中的铅和镉含量。结果显示,铅和镉的检出限为 0.274 μg/L 和 0.032 μg/L,同时方法的回收率在98%～101%之间,RSD≤5%,表明静电沉积捕集法可用于卷烟主流烟气粒相中铅和镉元素的测定。

2.2.5　吸附剂捕集

吸附剂捕集是进行环境分析时常用的捕集方法,它同时具有捕集和浓缩的作用。常用的吸附剂有活性炭、烧碱石棉、硅胶、氯化钙、分子筛、Tenax 等。

烟气成分被吸附剂捕集后通常采用热脱附或溶剂萃取的方法来进行进一步的处理。采用吸附剂捕集的烟气样品非常适合于气相色谱等仪器分析技术,样品通常可以稳定储存比较长的时间。利用吸附剂的特殊反应,例如烧碱石棉与酸的反应,可以非常有效地捕集酸性成分如氢氰酸。采用活性炭捕集烟气中的半挥发性成分也是一种非常有效的方法。吸附剂捕集的另外一个优点是所制备的样品含水量非常低,比较适合于气相色谱分析。于航等[11]采用CX-572吸附材料和专利捕集器对主流烟气进行捕集,建立一次捕集同时检测 4 类化合物中代表性危害成分的分析方法,提高了卷烟主流烟气中挥发性、半挥发性、酚类和羰基类化合物的检测工作效率。

吸附剂捕集的主要缺点在于:①目标化合物脱附不完全;②捕集不完全;③吸附剂不同批次间重复性较差;④吸附容量难以评价。

2.2.6　碰撞捕集

碰撞捕集器是根据喷射撞击原理工作的,烟气气溶胶高速通过微孔,撞击在距离很近的一块平板上,其优点是可以有效地分离烟气中的气相物和粒相物,缺点是有造成堵塞的倾向,操作时必须精确地控制流量和压力,因此在烟气分析中未被广泛应用。

2.3　烟气气溶胶化学特性表征技术

　　烟气气溶胶中的化学成分随粒子粒径大小有不同分布,剖析气溶胶粒子的化学组成能更全面地展示烟气气溶胶与感官特性、生物活性的联系。对气溶胶化学成分的分析,包括总体颗粒物分析和单粒子分析两个方面,分析技术有离线分析和在线分析两种。总体颗粒物分析只能给出样品的平均信息,单粒子分析可以更好地理解气溶胶粒子参与反应的过程。对于分析技术,离线分析更为全面,定量准确,但其样品前处理过程需要尽量减少气溶胶物理或化学性质的变化,否则难以反映出粒子最初所具有的化学特性;在线分析主要是单粒子分析,能实现气溶胶的实时在线监测,但能获得的化学信息较少,其中在线质谱分析技术是气溶胶单粒子化学成分分析的主要方法。

2.3.1　全烟气特征化学成分表征

2.3.1.1　传统卷烟烟气成分分析方法

　　卷烟烟气中的化学成分来源于烟叶化学成分的燃烧裂解及干馏,已经鉴定出的烟气中的化学成分接近 4000 种。卷烟烟气是由气相物质和粒相物质两部分组成的,通常把在室温下能通过剑桥滤片的烟气部分称为气相物质,被截留的烟气部分称为粒相物质。一支典型的美式混合型卷烟抽吸所产生的主流烟气总量大约为 500 mg,粒相部分重 22.5 mg,占 4.5%;源于环境空气的气体成分占 82%,如 N_2、O_2 等;燃烧产生的气相成分占 13.5%,这些气相成分中的 90% 为 CO_2 和水分[12]。

　　烟气本身是一种非常复杂的气溶胶,烟气成分在气溶胶两相中分配,在特定烟气成分分析时存在大量的干扰成分。随着现代分析技术的迅速发展,卷烟烟气成分定性和定量分析方法在分析速度、灵敏度和准确性上有了很大的提高。为了提高分析结果的准确性,必须选取适当的烟气捕集、前处理方法,采用最佳的分析技术,才能取得理想的测定结果。在传统的烟气分析方法中,色谱技术作为烟气分析的主要的和首选的手段一直在烟草行业中得到广泛的应用。

　　气相色谱法在烟草烟气分析中最主要的用途是分析烟气中的挥发性成分,例如烟气水分、保润剂和生物碱。在进行这些化合物的分析时,通常是选用比较通用的检测器,例如氢火焰离子化检测器(FID)。对于含量较低的目标化合物,为了提高选择性、减少干扰,通常采用具有选择性的检测器,如选择热能分析仪(TEA)、氮磷检测器(NPD)进行烟草特有亚硝胺的分析,选择电子捕获检测器(ECD)进行水分检测。气相色谱-质谱联用分析是烟气分析中发展最为迅速的分析技术,通常用于烟气中多种挥发性和半挥发性成分的同时定性和定量分析,广泛用于 VOCs、香气成分、多环芳烃等多种烟气成分的检测。

　　液相色谱对于分析样品的挥发性没有要求,对于分析高沸点和热不稳定的化合物有明显的优势,如运用于多环芳烃、酚类成分、羰基化合物等的检测分析。二维液相色谱则能进一步提升分离效果,颜权平等[13]用二维液相色谱实现了对卷烟主流烟气中酚类化合物的定量分析,能够有效分离间苯二酚与干扰物质。液相色谱与质谱的联用作为一种灵敏度高、选择性强、样品用量少、分析速度快的分析仪器,随着离子化技术和高分辨质谱的发展,在烟气化学成分鉴定中被广泛应用。

　　传统卷烟烟气成分分析方法已发展得较为完善,已有较多的论著对烟气分析技术进行了总结。由于加热卷烟、电子烟气溶胶中的成分与传统卷烟烟气中的成分种类和释放量不尽相同,现有的传统卷烟烟气分析方法并不完全适用于加热卷烟和电子烟气溶胶,需要进一步的改进和研究。下面将结合加热卷烟和电子烟气溶胶的特点,重点介绍其化学成分分析方法。

2.3.1.2　加热卷烟烟气成分分析方法

　　气相色谱法是加热卷烟气溶胶中的特征性成分主流的分析方法,常常可以与氢火焰离子化检测器

(FID)、热导检测器(TCD)和质谱检测器(MS)等联用。采用 GC-MS 法可以实现多种烟气成分的高通量检测,并能对目标物进行定性鉴定,缺点是不适合于部分热不稳定物质或挥发性较差物质的分析,此外 GC-MS 法检出限稍高,不能检出一些含量较低的物质。液相色谱法通常与光谱等检测器联用,不受样品的挥发性和热稳定性的限制,用于检测一些低挥发性和热不稳定性化合物。

对于加热卷烟特征性成分,除色谱分析方法外,傅里叶变换红外光谱仪(FTIR)、热重分析仪(TGA)等也可以用于分析检测。郑燕婷等[14]归纳总结了加热卷烟气溶胶特征性成分及其分析方法研究进展,归纳于表 2.2 中。下面根据化合物分类进行其分析方法的介绍。

表 2.2 加热卷烟特征性成分及其检测方法[14]

来源	化合物	准确定量分析方法	定性及半定量分析方法	定性方法
雾化剂	甘油	GC-FID[15-18]、GC-TCD[19]、GC-MS[20]	TD-GC×GC-TOF MS/FID[21]	
	1,2-丙二醇	GC-FID[18]、GC-TCD[19]、GC-MS[20]		
	丙酮醇	GC-MS[20]		
雾化剂裂解产物	缩水甘油	GC-MS[22]		
	甲醛	HPLC-DAD[23]		
	乙醛	HPLC-DAD[23]		
	吡啶		TD-GC×GC-TOF MS/FID[24]	
	乙偶姻	GC-MS[25]		
	丙酮醛	GC-MS[25]		
	薄荷醇	GC-MS[20]		
	2-壬烯醛	HPLC-DAD[20]		
	糠醛	GC-MS/MS[26]		
添加剂	2-呋喃甲醇	GC-MS/MS[26]	TD-GC×GC-TOF MS/FID[21]	
	2(5H)-呋喃酮	GC-MS/MS[26]		
	5-甲基糠醛	GC-MS/MS[26]		
	2-甲基呋喃		TD-GC×GC-TOF MS/FID[21]	
	2,5-呋喃二酮		TD-GC×GC-TOF MS/FID[21]	
	二氢-2(3H)-呋喃酮		TD-GC×GC-TOF MS/FID[21]	
	麦芽酚		2D-GC-MS[27]	
	香兰素		2D-GC-MS[27]	
	1-氨基萘	HS-SPME-GC-MS/MS[28]		
	2-氨基萘	HS-SPME-GC-MS/MS[28]		
添加剂降解产物	3-氨基联苯	HS-SPME-GC-MS/MS[28]		
	4-氨基联苯	HS-SPME-GC-MS/MS[28]		
	邻甲苯胺	HS-SPME-GC-MS/MS[28]		
	邻茴香胺	HS-SPME-GC-MS/MS[28]		
	甲醛氰醇			HS-GC-MS[29]
烟具热解物质	甲醛	HPLC-UV[30]		
	丙烯醛	HPLC-UV[30]		
	丙酮	HPLC-UV[30]		

续表

来源	化合物	准确定量分析方法	定性及半定量分析方法	定性方法
其他化学成分	苊	HPLC-FLD[31]		
	苯并[c]菲	HPLC-FLD[32]		
	己醛	UHPLC-UV/VIS[32]		
	Ca	ICP-MS[33]		
	Al	ICP-MS[33]		
	甲醇	FTIR[34]		

（1）水分测定

针对高水分释放量加热卷烟气溶胶，文献大多集中于基于ISO 4387振荡萃取法，优化加热卷烟气溶胶的捕集方法，以提高检测结果的准确性。基于ISO 4387的改进方法对高水分释放量的烟气气溶胶中水分及焦油的测定结果表明，加热卷烟气溶胶的水分测定值偏低导致焦油高估。Ghosh等[35]提出了原位萃取技术，李翔宇等[36]自主研发了吸烟机金属捕集器原位萃取装置，建立了准确测定加热卷烟气溶胶中水分释放量的方法。

（2）雾化剂及其裂解产物分析方法

加热卷烟中的雾化剂甘油和丙二醇通常采用异丙醇等溶剂进行萃取，使用GC-FID和GC-TCD对其进行检测。王康等[19]建立GC-TCD法同时检测加热卷烟气溶胶中的甘油和1,2-丙二醇的释放量，以异丙醇为溶剂振荡萃取40 min，定量限分别为0.059 mg/支和0.035 mg/支，线性浓度范围分别为1.0～20.0 mg/支和0.2～4.0 mg/支。Cozzani等[16]、Crooks等[15]和Godec等[17]采用GC-FID检测方法对加热卷烟气溶胶中的甘油含量进行检测，其中Cozzani等的方法检出限和定量限分别为0.024 mg/unit和0.080 mg/unit，三种方法检测加热卷烟和传统卷烟结果相似。对比GC-FID和GC-TCD对甘油和丙二醇的检测，可以看出FID的灵敏度稍大于TCD，且线性范围宽，但是TCD检测组分范围广，对几乎所有的化合物都有响应。

Uchiyama等[20]通过GC-MS分析加热卷烟气溶胶和卷烟烟气，发现在HCI模式下，丙酮醇在加热卷烟和传统卷烟中的含量分别为140～260 μg/支和50～110 μg/支，该方法的检出限为0.00076～0.017 μg/mL，定量限为2.5～58.0 μg/mL。Savareear等[21]通过热脱附-二维气相色谱法-质谱/火焰离子化（TD-GC×GC-TOF MS/FID）对加热卷烟气溶胶和3R4F参考卷烟主流烟气中的粒相进行非靶标分析，该方法可以定性分析和半定量分析分析对象的多种化学组分，结果在加热卷烟气溶胶粒相和卷烟主流烟气粒相样品中检测到近90%的分析物，并且发现加热卷烟气溶胶粒相中的甘油比3R4F参考卷烟主流烟气粒相中的含量更高。

（3）添加剂及其降解产物的分析方法

王颖等[37]采用GC-MS法对3款加热卷烟产品烟气中香味成分进行了比较分析，张丽等[38]探讨了加热卷烟主要成分的迁移行为，但以上研究均为对香气成分的定量分析。为了增加添加剂成分的筛查能力和定性、定量能力，二维色谱结合质谱或高分辨质谱技术被用于加热卷烟气溶胶中香气成分的筛查和检测。Savareear等[24]采用TD-GC×GC与TOF MS和FID联合分析加热卷烟气溶胶（改进的HCI模式）和3R4F参考卷烟主流烟气（ISO模式）气相中的挥发性有机化合物，检测的35种常见化合物中，加热卷烟气溶胶中的吡啶比3R4F参考卷烟的稍高，含量分别为1.8 μg/stick和1.1 μg/stick。刘鸿等[27]采用HCI抽吸模式，利用甲基叔丁基醚溶液进行萃取，在中心切割-二维气相色谱-质谱联用（MD-GC×GC/MS）方法下，可以实现高通量分析，检测到共90种成分，包含烟草特征香味物质、酚类、含氮化合物和含氧裂解产物等。

（4）烟具热解物质的分析方法

Davis 等[29]通过顶空-气相色谱-质谱（HS-GC-MS）分析了 IQOS 滤棒中聚合物薄膜中的挥发性成分，检测出甲醛氰醇。马扩彦等[39]采用自制温度数据采集系统、扫描电镜（SEM）、静态顶空-气相色谱质谱仪（SHS-GC/MS）和 TGA 对加热卷烟中两种聚乳酸（PLA）膜材料和一种 PLA 膜纸复合材料的物理性状、挥发性成分进行对比分析，随着加热温度的升高，挥发性成分的峰数量及峰面积都显著增加，检出成分包括：挥发性成分，如丙二醇、三醋酸甘油酯等；聚乳酸有机膜的合成原料，如 L-丙交酯等；烟草原料或外加香精香料，如新植二烯等。Kim 等[30]在 HCI 模式下分别抽吸含滤嘴和不含滤嘴的加热卷烟，进行捕集气溶胶中羰基-DNPH 衍生物的检测，结果表明加热卷烟滤嘴会增加甲醛和丙烯醛的释放量，并在其产生的气溶胶中检测到丙酮。

（5）其他成分分析方法

Cancelada 等[40]在 HCI 模式下，通过顶空-气相色谱-质谱联用（HS-GC-MS）定量检测了烟气释放物中的 33 种挥发性化合物，包括醛类、含氮化合物和芳香类成分等。Amorós-Pérez 等[33]在 HCI 抽吸模式下，采用电感耦合等离子体质谱（inductively coupled plasma mass spectrometry，ICP-MS）法，研究了使用 IQOS 品牌烟支和传统卷烟而产生的释放物（颗粒和/或可溶性物质）中 Ca 和 Al 的释放量。

2.3.1.3　电子烟烟气成分分析方法

目前，电子烟气溶胶研究涉及主要成分和香气成分测定，烟碱等释放量及稳定性研究，潜在风险成分如醛类化合物、挥发性化合物、金属元素和烟草特有亚硝胺等的检测。蔡君兰等[41]、樊美娟等[42]详细总结了电子烟气溶胶及其化学成分的研究进展。表 2.3 总结了电子烟气溶胶特征性成分的分析方法，下面根据化合物分类进行其分析方法的介绍。

表 2.3　电子烟烟气成分分析方法

类别	化合物	定量分析方法
发烟剂	丙二醇	GC-MS[43]、SIFT-MS[44]、GC-FID[45]
	甘油	GC-MS[43]、GC-FID[45]
生物碱	烟碱	GC-TSD[46]、GC-MS[43]、HPLC[47]、HPLC-UV[48]、GC-NPD[49]
	次级生物碱	HPLC[47]
醛酮类化合物	甲醛	HPLC-DAD[9,50]、HPLC[51,52]、SIFT-MS[44]、
	乙醛	HPLC-DAD[9,50]、HPLC[51,52]、SIFT-MS[44]
	丙烯醛	HPLC-DAD[9,50]、HPLC[51,52]、SIFT-MS[44]
	邻甲基苯甲醛	HPLC-DAD[9,50]
	丙酮	HPLC-DAD[50]、SIFT-MS[44]
挥发性化合物	甲苯	GC-MS[9]、
	p,m-二甲苯	GC-MS[9]、SIFT-MS[44]
非金属和金属元素	Cd	ICP-MS[9]
	Ni	ICP-MS[9]、ICP-OES/SEM-EDS[53]
	Pb	ICP-MS[9]、ICP-OES/SEM-EDS[53]
	Cr	ICP-MS[9]、ICP-OES/SEM-EDS[53]
	Si	ICP-OES/SEM-EDS[53]
亚硝胺	NNN	UPLC-MS[9]、LC-MS/MS[54,55]
	NNK	UPLC-MS[9]、LC-MS/MS[54,55]
	NAT	LC-MS/MS[54,55]
	NAB	LC-MS/MS[54,55]

（1）发烟剂

甘油、丙二醇或两者的混合物是烟液常用溶剂,通常占烟液质量的90%左右,它们在气溶胶中所占比例较大。动物实验表明,吸入丙二醇气溶胶是安全的,但其具有吸水功能,可能导致抽吸者口腔和喉咙干燥[56];甘油是一般公认安全的物质,可以添加到食品中;但甘油和丙二醇加热到一定温度会产生有害的醛酮类化合物[57]。

Pellegrino等[43]的研究表明,1,2-丙二醇和丙三醇在电子烟气溶胶中的分配比例与它们在烟液中所占比例相似。Melvin等[58]考察了不同抽吸模式下的电子烟气溶胶释放量,选择4种市售商用电子烟,分别在ISO、HCI和一个优化的抽吸模式(抽吸容量为每口55 mL,每口抽吸时间为4 s,抽吸间隔为30 s)下抽吸,采用GC-FID法测定了连续捕集的250口气溶胶中丙二醇和甘油的释放量,研究表明丙二醇和甘油在气溶胶中的生成量比例与它们在电子烟烟液中所占的比例基本一致,该研究结论与Pellegrino的结论相似。Gerardo等[59]采用GC-MS对电子烟气溶胶中的甘油杂质二甘醇进行了定性和定量分析。

（2）生物碱

烟碱是电子烟气溶胶的主要成分之一,较多的文献关注了烟碱释放量和释放稳定性;次级生物碱是烟碱的降解产物,一些含有烟碱的电子烟气溶胶中检出含有次级生物碱。

Goniewicz等[46]采用GC-TSD(thermionic specific detector,热离子检测器)对16个样品中的烟碱释放量进行定量分析,按照抽吸时间(1.8±0.9) s、抽吸间隔(10±13) s、抽吸容量(70±68) mL 的参数进行抽吸,20组共300口的气溶胶中烟碱含量为0.5～15.4 mg。对于中烟碱含量(21～26 mg/mL)和高烟碱含量(27～36 mg/mL)的烟液,烟碱释放量与烟碱含量相关性较小,但与工作电压、加热丝类型和进气口尺寸及位置密切相关。Trehy等[47]采用手动空气泵以每口抽吸时的空气流量为100 mL来抽吸电子烟,每口抽吸间隔为60 s,收集30口的气溶胶量进行HPLC分析,3种电子烟气溶胶中烟碱释放量为50～254 μg/30口,5种次级生物碱的检出限在4.7～20 μg/30口之间。

（3）醛酮类化合物

低分子醛类化合物是电子烟中禁止添加的化合物,法国标准化协会(AFNOR)发布的《XP D90-300-2:电子烟烟液相关要求和实验方法》、英国标准协会(BSI)发布的《PAS 54115电子烟、烟液、电子水烟及直接相关产品等气化产品的生产、进口、测试和标识——指南》和美国电子烟烟液制造标准协会(AEMSA)制定的《电子烟烟液制造标准》均明确禁止向烟液中添加甲醛、乙醛、丙烯醛[60-62];此外,美国食品药品监督管理局(FDA)发布的《电子烟入市申请指南(草案)》也要求关注烟液中上述3种醛类化合物[63]。

一些羰基化合物能在电子烟气溶胶中检出。Goniewicz等[9]采用单孔道吸烟机按每口抽吸容量70 mL,每口抽吸时间1.8 s,抽吸间隔10 s,每个抽吸方案抽吸15口,采用HPLC-DAD方法分析了12种电子烟气溶胶中的15种羰基化合物,仅检出甲醛、乙醛、丙烯醛和邻甲基苯甲醛4种化合物,它们的释放量范围分别是0.2～5.61 μg/15口、0.11～1.36 μg/15口、0.07～4.19 μg/15口、0.13～0.62 μg/15口。Melvin等[58]按照每口抽吸容量55 mL、每口抽吸4 s、抽吸间隔30 s的抽吸模式抽吸电子烟,采用DNPH衍生化法和RPLC技术分别检测了电子烟烟液和气溶胶中的14种羰基化合物,结果发现,电子烟烟液中仅检出甲醛和乙醛,气溶胶中检出甲醛、乙醛和丙烯醛,而且以每克烟液来计,羰基化合物在气溶胶中的释放量基本上都高于它们在该电子烟烟液中的含量。Uchiyama等[52]按每口抽吸容量55 mL,每口抽吸时间2 s,抽吸间隔30 s,每个抽吸方案抽吸10口,采用HPLC技术对13个品牌的共363种电子烟气溶胶中羰基化合物进行测定的结果表明,气溶胶中的羰基化合物主要有甲醛、乙醛、丙烯醛、乙二醛和甲基乙二醛,发现电子烟气溶胶中羰基化合物的浓度没有典型的分布,检出羰基化合物的平均浓度与中位值浓度有较大的差异,这说明了电子烟生成高浓度的羰基化合物是偶然发生的,并认为羰基化合物生成的一个可能性原因是:烟液中的丙三醇和丙二醇偶尔接触到雾化器中加热的镍线圈从而氧化生成这些羰基化合物。

（4）挥发性化合物

电子烟气溶胶中可能含有香味化合物、溶剂杂质等,Goniewicz等[9]采用单孔道吸烟机按每口抽吸容量 70 mL,每口抽吸时间 1.8 s,抽吸间隔 10 s,每个抽吸方案抽吸 15 口,收集 10 个抽吸方案的电子烟气溶胶,采用 GC-MS 对 12 种电子烟气溶胶中的 11 种 VOCs 进行了测定。结果表明,在 12 种电子烟气溶胶中仅检出甲苯和对(间)-二甲苯,它们的释放量范围是 0.2~6.3 μg/150 口、0.1~0.2 μg/150 口。Martin 等[64]以 Borgwaldt A14 syringe drive 来抽吸电子烟,使用热脱附管捕集电子烟所产生的气溶胶,采用 TD-GC-TOF/MS 技术分析气溶胶化学成分,通过自动解卷积数据分析软件检出了约 130 种化合物,该方法的定量限为 5 ng/L 烟气。

（5）非金属和金属元素

电子烟气溶胶中能检出非金属元素和金属元素,不同品牌的电子烟产品,其气溶胶中非金属元素和金属元素的种类和浓度各不相同。Goniewicz 等[9]采用单孔道吸烟机按每口抽吸容量 70 mL,每口抽吸时间 1.8 s,抽吸间隔 10 s,每个抽吸方案抽吸 15 口,收集 10 个抽吸方案的电子烟气溶胶,采用 ICP-MS 法对 12 个电子烟样品的测定结果表明,电子烟气溶胶中检出镉、镍、铅 3 种金属元素,它们的释放量范围分别是 0.01~0.22 μg/150 口、0.11~0.29 μg/150 口、0.03~0.57 μg/150 口,3 种元素在 12 个样品中的检出率高于 90%。Williams 等[53]采用 SEM、EDS、ICP-OES 在电子烟气溶胶中检出非金属元素硅和 20 种金属元素。

（6）亚硝胺

烟草中生物碱的亚硝化作用形成 TSNAs,某些含有烟碱的电子烟气溶胶中能检出痕量浓度的 TSNAs。Goniewicz 等[9]采用单孔道吸烟机按每口抽吸容量 70 mL,每口抽吸时间 1.8 s,抽吸间隔 10 s,每个抽吸方案抽吸 15 口,采用 UPLC-MS 法检测了 12 种电子烟气溶胶中的 TSNAs,得到 NNN 和 NNK 的释放量范围分别是 0.08~0.43 ng/15 口、0.11~2.83 ng/15 口。

2.3.2　单颗粒气溶胶化学成分表征

2.3.2.1　单颗粒气溶胶飞行时间质谱仪

卷烟全烟气化学成分分析,虽然可以较为全面地对烟气化学组成进行表征,但该表征方法并不涉及烟气的气溶胶物理特性。由于烟气气溶胶的感官及毒理学评价同时与化学成分和物理特性相关,开展单一尺度粒径气溶胶化学成分组成研究具有一定的意义。

单颗粒气溶胶飞行时间质谱仪能够实时在线检测单颗粒气溶胶的粒径和化学成分,提供每一气溶胶颗粒的尺寸与其化学成分的信息,可用于研究气溶胶的形成、迁移、传输以及其对环境、气候和人类健康的影响。该仪器首先将大气中的气溶胶引入仪器内部真空系统,气溶胶颗粒在空气动力学透镜的作用下聚焦成为准直颗粒束。进入测径区后,气溶胶颗粒连续散射两束相距一定距离的激光束,通过飞行时间计算气溶胶颗粒的空气动力学直径。气溶胶颗粒进一步经激光电离,产生正负离子,由双极飞行时间质量分析器分别检测,获得气溶胶颗粒的化学成分信息[65](图 2.2)。

2.3.2.2　卷烟烟气单颗粒气溶胶化学成分表征

目前,单颗粒气溶胶飞行时间质谱仪已应用于卷烟烟气气溶胶的在线表征。李梅等[66]利用单颗粒气溶胶飞行时间质谱仪对卷烟烟气气溶胶进行了表征研究。新鲜及老化烟气气溶胶的粒径主要分布在 0.5~0.6 μm 范围内,新鲜卷烟烟气颗粒范围较老化烟气宽。在气溶胶化学成分上,相较于新鲜烟气,老化烟气气溶胶中烟碱、氰酸盐、硝酸盐、硫酸盐及铵盐 5 种成分的粒数浓度百分比都有所增加。周烽等[67]利用单颗粒气溶胶飞行时间质谱仪对某品牌卷烟烟气气溶胶进行了在线分析,根据谱图共检测到 60 多种烟气成分,主要化合物有丙烯、丙酮、环戊二烯、异戊二烯、苯、甲苯、苯酚、二甲基呋喃和二甲苯等,考察比较了老化烟气与新鲜烟气在化学成分含量上的差异。粘慧青等[68]利用单颗粒气溶胶飞行时间质谱仪对 7 种品牌卷烟烟气气溶胶颗粒粒径及化学成分进行了检测,研究了不同口味卷烟烟气气溶胶化学成分与粒径的

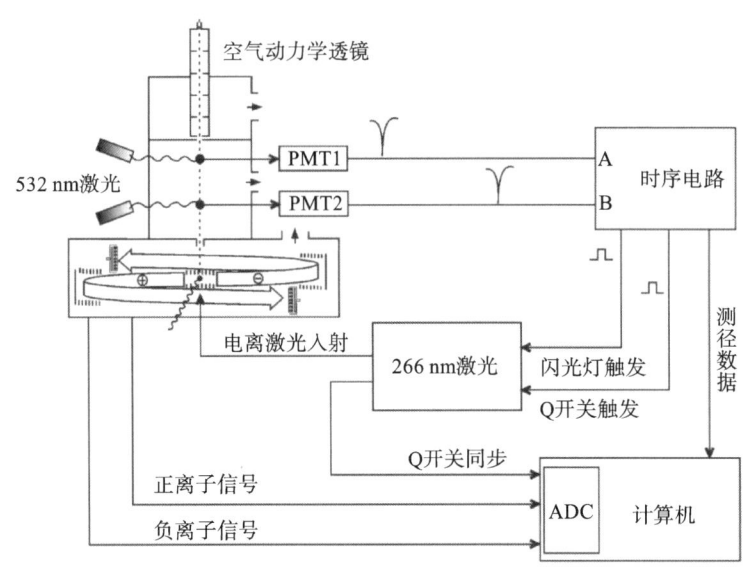

图 2.2　单颗粒气溶胶飞行时间质谱仪原理及结构示意图[65]

差异及老化过程中硫酸根、硝酸根、氯离子、苯系物的变化情况。

此外,张晶等[69]采用傅里叶变换红外光谱仪(FTIR)结合气溶胶流管技术(AFT)和衰减全反射技术(ATR)分别得到香烟整体烟气和气溶胶的红外谱图,从而可以观察到燃烧产物中组分结构的变化和香烟气溶胶的动态变化过程,为分析香烟燃烧产物提供了新思路。

2.3.3　不同粒径上化学成分表征

2.3.3.1　不同粒径上化学成分表征方法

研究者开始关注烟碱等化学成分在不同粒径烟气气溶胶中的分布,为弄清楚不同粒径大小颗粒物上所载带的有害化学成分及烟气有害成分评估提供重要基础数据。由于烟碱是烟气中的主要成瘾物质,对烟碱的粒径分布研究较多,Morie 等[70]采用阶式碰撞取样器从 $0.25\ \mu\mathrm{m}$ 到 $1.0\ \mu\mathrm{m}$ 分 4 个粒径级别捕集未稀释的卷烟烟气,发现烟碱在不同粒径气溶胶中的含量分布与总粒相物分布一致,呈现先增大后减小的趋势,此外烟碱在单位质量粒相物中的比例(即浓度)也呈相似规律,在中间粒径 $0.5\ \mu\mathrm{m}$ 和 $0.75\ \mu\mathrm{m}$ 的粒相物中浓度最高。Wang 等[71]分级捕集经压缩空气稀释的卷烟气溶胶,发现烟碱主要分布在气溶胶粒径为 $0.14\ \mu\mathrm{m}$ 到 $0.72\ \mu\mathrm{m}$ 的粒相物中,并呈现先增加后减小的趋势,但烟碱在小于 $0.1\ \mu\mathrm{m}$、$0.1\sim1.0\ \mu\mathrm{m}$ 和大于 $1.0\ \mu\mathrm{m}$ 三个粒径级别中的浓度差别较小。Ishizu 等[72]发现烟碱主要富集在 $0.08\ \mu\mathrm{m}$ 的卷烟气溶胶粒相物中。目前对生物碱在烟气气溶胶中的分布研究都只针对烟碱,此外由于烟气分级捕集原理、捕集粒径级别、卷烟设计等的差异,研究结果存在差异。此外,Morie 等[70]还研究了烟气中吲哚、酞酸二乙酯、降植烯、新植二烯、总粒相物和铜在 $0.25\ \mu\mathrm{m}$、$0.50\ \mu\mathrm{m}$、$0.75\ \mu\mathrm{m}$ 和 $1.00\ \mu\mathrm{m}$ 四个粒径气溶胶中的分布,发现这些成分的释放量均随着粒径增加呈先增加后降低的趋势,但吲哚、酞酸二乙酯在中等粒径粒相物中的浓度较高,铜则在大粒径和小粒径粒相物中的浓度较高,降植烯、新植二烯在整个粒径范围内的浓度基本一致。王洪波等还研究了有害成分重金属、烟草特有亚硝胺、BaP 在不同粒径烟气气溶胶上的分布特征,并发现这些物质的释放量主要富集于粒径为 $0.1\sim1.0\ \mu\mathrm{m}$ 的烟气气溶胶上,但烟草特有亚硝胺、重金属(Cr、As、Cd 和 Pb)在粒径小于 $0.1\ \mu\mathrm{m}$ 的粒相物中浓度较高,多环芳烃在大于 $1.0\ \mu\mathrm{m}$ 的粒相物中分布浓度较高。

2.3.3.2　不同粒径颗粒的分级取样

级联撞击器是指用撞击的原理,按冲量大小,可以同时分别采集不同粒径颗粒物的一种采样器,可用于根据颗粒尺寸对烟气颗粒进行分级。级联撞击器是利用惯性原理对粒子进行取样和分级的,这种仪器由截面为圆形或矩形的喷嘴和靠近喷嘴放着的平板等基本构件组成。

一个(或若干个)喷嘴和一块平板组成一个撞击级,几级串联起来就称为级联撞击器。使用时把含烟气流抽进仪器,从喷嘴喷出形成高速射流。在靠近平板处气流迅速拐弯,与平板平行流动,进入串联的第二级,颗粒则由于本身的惯性可能与平板碰撞而被捕集。各级的喷嘴逐步缩小,从而使射流速度逐步增加,粒子受到的惯性力也逐步增大,所以能够与平板碰撞的粒子愈来愈小,这样就可以把粒子按粒度分级(图 2.3),根据分析的要求将捕集有粒相物的滤膜取出用于后续理化性质、生物特性等的测定研究。

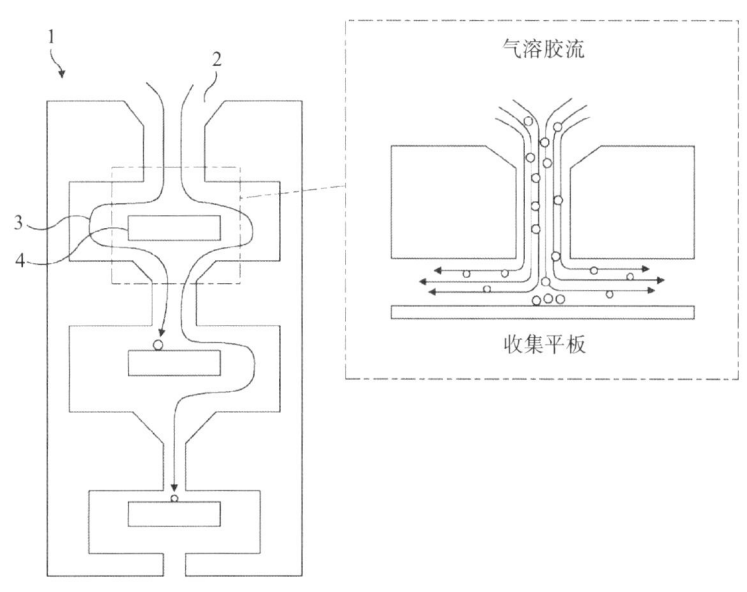

图 2.3 级联撞击器基本构造示意图
1—撞击器;2—喷嘴;3—粒子轨迹;4—收集平板

Morie 等[70] 使用 Filtrona Model 200 吸烟机对香烟进行抽吸,烟气流进入四个喷嘴组成的撞击器(图 2.4),每个喷嘴后都有一个载玻片,射流直径和射流到载玻片的距离决定了将被捕获在载玻片上的颗粒的大小。研究中使用的级联撞击器有四级,直径为 $1.00\ \mu m$、$0.75\ \mu m$、$0.50\ \mu m$ 和 $0.25\ \mu m$,后面装有一个剑桥滤片。捕集后的滤片经处理后分别进行有机化合物检测、吸光度测量和铜的测定。

司晓喜等[73] 采用电子低压撞击器(ELPI,芬兰 DEKATI)测试系统分 5 级捕集烟气粒相物。卷烟抽吸产生的烟气经压缩空气稀释后进入 ELPI 测试系统,不同粒径的烟气粒相物按照几何平均粒径捕集在捕集膜上。所采用的电子低压撞击器,利用颗粒的惯性按动力学粒径将颗粒分成 12 级,其分级捕集的粒径范围分别为(D_p,μm):0.0238 $\sim$0.0304、0.0304$\sim$0.050、0.050$\sim$0.098、0.098$\sim$0.213、0.213$\sim$ 0.319、0.319$\sim$0.581、0.581$\sim$0.898、0.898$\sim$1.514、1.514$\sim$2.264、 2.264$\sim$3.783、3.783$\sim$9.388、>9.388,所论述的粒径是几何平均粒径 D_i,D_i 为两相邻撞击器的标识尺寸 D_p(为切割直径 D 的 50%)的

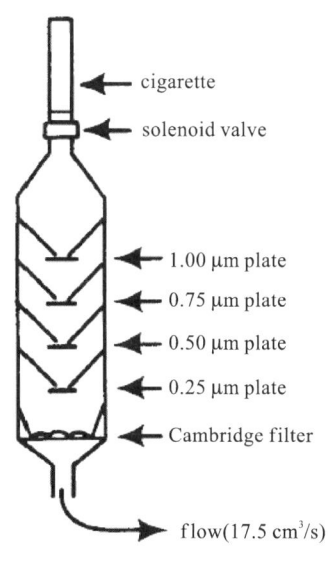

图 2.4 级联撞击器示意图

几何平均值,分别为 $0.027\ \mu m$、$0.039\ \mu m$、$0.070\ \mu m$、$0.144\ \mu m$、$0.261\ \mu m$、$0.431\ \mu m$、$0.722\ \mu m$、$1.166\ \mu m$、 $1.851\ \mu m$、$2.927\ \mu m$、$5.959\ \mu m$、>$9.388\ \mu m$。考虑到小于 $0.144\ \mu m$ 和大于 $1.166\ \mu m$ 捕集到的粒相物质

量极小,因此将小于等于 0.144 μm 捕集到的粒相物进行合并,将大于等于 1.166 μm 捕集到的粒相物进行合并,即分 5 个粒径级别(按照几何平均粒径 0.144 μm、0.261 μm、0.431 μm、0.722 μm、1.166 μm 分 5 级)进行研究。Wang 等[71]则将粒相物按照 0.1 μm、0.1～1.0 μm 和大于 1.0 μm 共 3 个级别分别进行研究。

2.3.4 卷烟烟气化学成分的实时分析

在抽吸期间从卷烟滤嘴端出来的主流烟气是高浓度、高活性的气溶胶,其内部的物质组成处在一个不断变化的动态过程中,因而传统烟气分析方法的分析结果可能不能真实反映抽吸者口腔中的烟气状况。因此,要想从化学组成的角度对卷烟烟气质量、风格特征以及香气成分和有害成分进行剖析和评价,一个科学的方法就是对单口卷烟烟气进行实时分析。直接取样法通常只适用于主流烟气气相成分的分析,可以防止浓缩过程中的样品损失,也不会有人为产物的生成,分析速度也较为迅速,同时还可以实现逐口变化实时分析,但要注意逐口分析时残留的影响。胡永华等[74]总结了烟气气相组分的实时分析研究进展。下面对主要的实时分析技术进行介绍。

2.3.4.1 红外光谱法

红外光谱法是一种快速、无损的分析方法,自从 1956 年 Philippe 和 Hobbs 首次将红外光谱法应用于卷烟烟气分析以来[75],该方法在研究新鲜烟气中的化学反应和烟气气相组分的分析中得到了广泛的应用。Cueto 和 Pryor[76]建立了采用傅里叶变换红外光谱仪实时检测卷烟烟气气相物以及模拟烟气的气体混合物中 NO 和 NO_2 的分析方法。Vilcins[77]采用红外光谱法在线分析了卷烟烟气气相物中的乙烯和异戊二烯,烟气气相物中这两种气体的浓度都会随抽吸口数的增加而增加,并发现陈化时间对乙烯基本没有影响,但对异戊二烯的影响明显,在 8 min 后大约减少了 20%。Parrish 等[78]采用傅里叶变换红外光谱技术建立了 CO_2、CO、CH_3CHO、NO、HCN 和 COS 6 种挥发性化合物的在线分析方法。Bacsik 等[79]采用将烟气气相物直接引入抽真空的红外气体池中的取样方式,运用傅里叶变换红外光谱法,实时分析了正常卷烟、淡味型卷烟主流烟气中包括 HCN、CO、NO 和 CH_3CHO 在内的 10 种气相产物,结果发现卷烟类型与这些气相物的释放量之间没有明显的相关性。Kärkelä 等[34]使用傅里叶变换红外光谱仪分析 IQOS 的气溶胶和 3R4F 参比卷烟主流烟气气态化合物的形态及其在气相中的浓度,实现了同时在线监测气流中的多种气态物质,IQOS 气溶胶气态化合物中甲醇的释放量为 0.868 mg/支,3R4F 参比卷烟主流烟气气态化合物中甲醇的释放量为 0.287 mg/支。

2.3.4.2 软电离质谱法

软电离质谱法是采用软电离方式将有机物分子电离成分子离子或准分子离子,并由质谱分析器进行检测的方法。软电离过程极少形成碎片离子,从而使质谱图简单,容易解析,可快速获得有机物的分子量信息和强度信息,完成定性和定量分析,具有较快的分析速度。用于气体样品中有机物在线分析的软电离质谱法主要包括光电离质谱法、大气压化学电离质谱法及质子转移反应电离质谱法等。光电离质谱的性能稳定、灵敏度高,质谱图简单、易于解析,是常用的卷烟烟气化学成分在线分析方法。Zimmermann 研究团队将卷烟抽吸装置与光电离-飞行时间质谱相联用(图 2.5),对卷烟抽吸产生的烟气进行直接光电离质谱检测,研究考察了不同类型卷烟烟气中挥发性和半挥发性有机物差异及逐口变化规律[80,81]。进一步,发展了微探针取样装置,将卷烟燃烧锥内部不同位置的烟气直接引入光电离质谱进行检测,获得了卷烟抽吸过程中燃烧锥内烟碱、丁二烯、苯、甲苯、乙醛、苯酚等成分的空间分布[82,83]。此外,蒋成勇等[84]将环境卷烟烟气直接引入大气压化学电离质谱,对烟气中的丙烯腈、巴豆醛、吡啶和喹啉进行了快速测定。陈敏等[85]采用离子分子反应质谱与转盘式吸烟机相联用,对标准卷烟 2R4F、3R4F 和 1R5F 主流烟气中的重要气相成分进行了逐口在线分析,结果与文献经典方法一致性较好。崔华鹏等[86]将卷烟抽吸装置与电喷雾萃取电离质谱相联用,通过对主流烟气进行电喷雾萃取电离和质谱检测,测得烟碱的逐口释放规律。

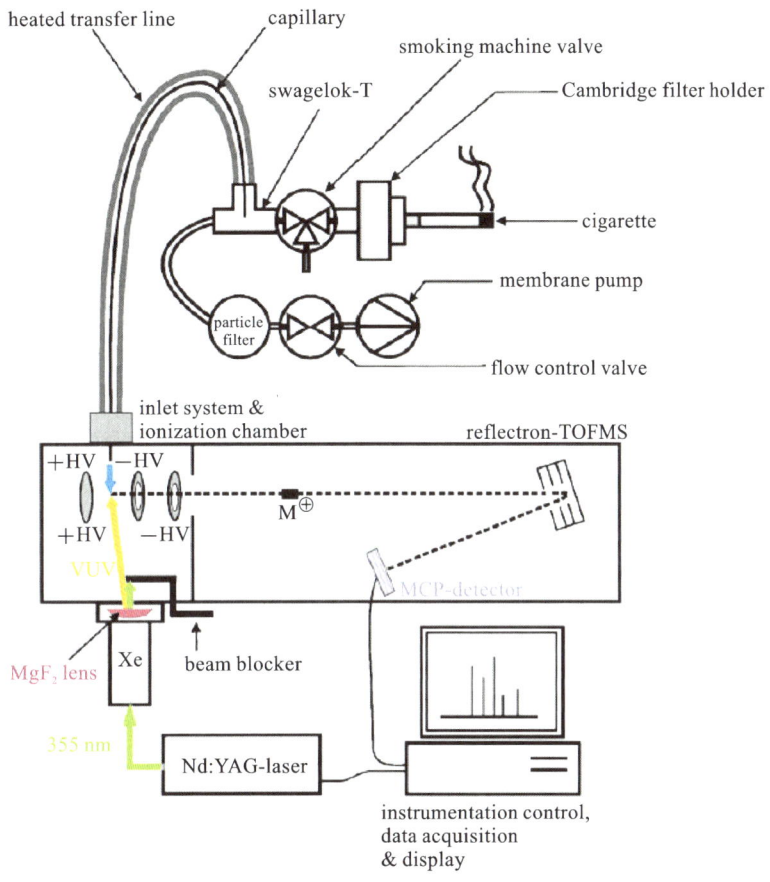

图 2.5　光电离-飞行时间质谱在线测试卷烟烟气的原理示意图[80]

2.4　烟气气溶胶粒径分布表征技术

在气溶胶的研究中,研究粒度分布具有重要意义,因为不仅气溶胶粒子的一切物理特性很大程度上取决于它的大小,而且其化学性质也与粒子的大小有关。此外,根据气溶胶过滤作用动力学与气溶胶在肺部沉积的动力学理论,颗粒在滤嘴或人体肺部的捕获概率是与颗粒大小密切相关的[87],而且粒相中的化学组成随颗粒大小而变化。因此,烟气气溶胶粒径大小、浓度和分布不仅与烟气感官质量有关,还与粒子进入人体在呼吸系统的沉积部位有关。卷烟烟气气溶胶关于粒度分布的研究越来越受到关注,气溶胶的当量直径、粒径分布常用于描述气溶胶的粒度和浓度。

描述气溶胶粒度的常用术语是当量直径,即粒子直径的可测量指标。被测的不规则粒子的当量直径就是与之有相同物理性质的球形粒子的直径,一般有空气动力学当量直径、迁移率当量直径、光学当量直径、质量当量直径、表面当量直径、扩散当量直径等(图 2.6)。除了上述各种当量直径外,还有其他物理性质,如磁场中的迁移率、放射性、化学或元素浓度等都可以用以定义当量直径。

气溶胶粒径分布也称粒径谱或者粒度谱,指在一个特定的气溶胶体系中,不同粒径气溶胶粒子的浓度

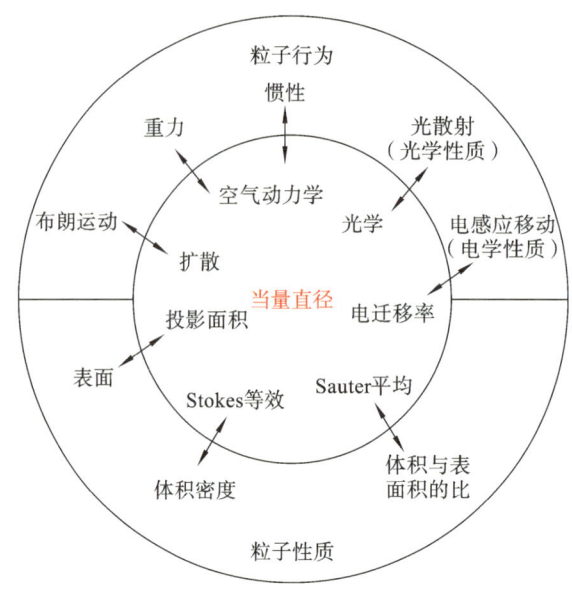

图 2.6 根据粒子性质或行为而定义的粒度

与其粒径的关系,是某一物理量(例如粒子数、质量、体积等)随粒子大小的变化关系。浓度可以是粒数浓度、表面积浓度、体积浓度、质量百分数浓度等。气溶胶粒径分布是气溶胶特性的重要物理参数,能反映气溶胶粒子/颗粒的来源、形成过程、污染特征,与其物理化学性质密切相关。

粒子粒度常用平均粒径(所有粒度的平均值)、中位值粒径、峰值粒径等表示,粒度分布可以用算术或几何(对数)标准偏差表示。气溶胶浓度的表示方法有几种,如粒数浓度、表面积浓度和体积浓度等。为了解某种粒度在粒度谱中的重要性,在实际应用中也常会把全部粒度分为若干级(即粒级),如五级的,通常其粒度为 $>7.0 \mu m$、$3.0\sim7.0 \mu m$、$2.0\sim3.0 \mu m$、$1.1\sim2.0 \mu m$、$<1.1 \mu m$,也有分为九级的,再求出各粒级中气溶胶的浓度,这样就可得到全部粒径范围内气溶胶浓度变化的曲线图,即得到气溶胶的粒度谱。也可用累计百分数来表示其浓度,如质量累计百分数,即小于或等于某直径时,该部分气溶胶占全部气溶胶质量的百分比。

关于大气气溶胶人们研究较多,认为不同粒径的颗粒物可在不同的呼吸道部位沉积,且不同粒径颗粒物的化学组成不同,对人类健康的影响主要与其直径和化学成分有关。气溶胶粒子尺寸在很大范围内决定了粒子在其所引起的呼吸反应中沉积的位置,大于 $5 \mu m$ 的粒子一般沉积在呼吸系统的鼻部及咽喉部,容易导致过敏性鼻炎和哮喘,而渗透到肺部的小于 $5 \mu m$ 的粒子则易引起过敏性肺炎[88,89]。根据空气动力学直径,可以分为 TSP、PM_{10} 和 $PM_{2.5}$(分别指空气动力学直径 $\leqslant100 \mu m$、$10 \mu m$ 和 $2.5 \mu m$ 的颗粒物)。$PM_{2.5}$ 通常被称为细粒子,由于细粒子的粒径小、比表面积大,易于富集空气中的有毒物质,因此备受关注,美国于 1997 年颁布了细粒子的空气质量标准。所以,开展颗粒物的浓度及粒子尺寸分布测量技术的研究具有十分重要的应用价值。

气溶胶研究所涉及的粒子直径一般在 $10^{-3}\sim10^{3} \mu m$ 范围内,此范围内气溶胶粒子的物理性质差别很大,且来源不同,加上悬浮期间发生的各种物理化学反应,使其性能发生极大的变化,不易用一种方法测定整个范围内的粒度谱。

2.4.1 气溶胶粒径分布测试技术和标准

目前已有较多研究开展了烟气气溶胶的粒径测量、粒度分布、浓度检测研究,应该用不同的仪器技术测量不同的粒度参数。在研究人员长期的研究下,气溶胶粒径分布的测量方法形式多种多样,大致可分为光学方法、电学方法、力学方法、声学方法等。许多学者使用相应物理学机制的仪器和数学方法进一步处理,进行气溶胶粒径分布的测量。在实际测量过程中,由于颗粒形状的不规则性,根据粒子行为和粒子性质选择不同测试原理测试粒子粒径,可以选择不同表达方法表示粒径。

粒度是描述气溶胶粒子的最基本参数。粒子必须悬浮在气体中才能被称为气溶胶。单位密度的球形粒子,其粒度可以简单地用几何直径表示。任意形状和密度的粒子,可以用当量直径表示。人们把空气动力学直径定义为与不规则粒子有着相同沉降速度的单位密度的球形粒子的直径。在惯性粒度范围内(如大于 $0.5~\mu m$ 的粒子),常用动力学直径描述。斯托克斯直径是与不规则粒子有着相同密度和沉降速度的球形粒子所具有的直径;光学直径是与粒子有着相同的仪器检测响应信号的校准粒子所具有的直径,这些仪器是通过粒子与光的相互反应而检测粒子的。表示粒子直径的定义还有很多,合适的粒度定义主要取决于测定方法。

2.4.1.1　光学方法

利用光学方法可获得粒子的光学等效粒径。基于光学方法的粒径测量技术有许多,根据测量原理的不同可分为光散射测量方法和其他光学测量法,如显微镜法、粒子场全息法和激光干涉成像法等,以下挑选几种光学方法做简单介绍。

(1)光散射测量方法

光散射技术是近年来广泛应用的颗粒测量方法。该方法一般通过测量散射光强的空间分布来获取颗粒的粒径信息。对于粒径小于 1 pm 的超细颗粒,由于散射光强的角分布与颗粒大小无关,所以不能通过散射光的空间分布来确定颗粒粒径的大小,而是通过研究空间某一点的散射光强随时间涨落来得到颗粒的粒径信息。光散射法粒径测量技术主要是以 Mie 散射理论为基础,根据粒子的散射光强(光能)与粒子粒径的关系,通过测量粒子的散射光强(光能),实现对粒径的测量[90]。光散射测量方法有着粒径测量范围广、测量时间短、重复性好、测量精度高、非接触测量等优点,并且该种测量方法容易同计算机相结合,因此,光散射测量方法被广泛地运用于气溶胶粒子测量领域。其缺点则是测量的浓度范围有限,同时不适宜粒子粒径较小的气溶胶。

(2)激光衍射法测量技术

激光衍射法测量技术是利用气溶胶粒子对光的散射,测量气溶胶粒子的数量浓度和尺度。激光器(一般为 He-Ne 激光器或半导体激光器)发出的光束经滤波和扩束后成为一直径为 8~10 mm 的平行单色光,照射到测量区中的颗粒群时便会产生光的衍射现象。衍射散射光的强度分布与测量区中被照射的颗粒直径和颗粒数有关,这就为颗粒测量提供了一个尺度。用接收透镜使由各个颗粒散射出来的相同方向的光聚焦到焦平面上,在这个平面上放置一个多元光电探测器,用来接收衍射光能的分布。光电探测器一般由 31 个半圆环组成,光电探测器把照射到每个环面上的散射光能转换成相应的电信号,在这些电信号中包含有颗粒粒径大小及分布的信息。电信号经放大和模数转换送入计算机,计算机按预先编好的计算程序可以很快地解出被测颗粒的平均粒径及尺寸分布[91]。该技术主要用于测量微米量级的粒子,测量中对气溶胶的干扰小,能实时、连续探测。其缺点则是散射对粒子折射指数的变化、散射角以及粒子的尺度和形状比较敏感,而检定曲线使用已知尺度和折射指数的单分散球形粒子确定,故在实际测定中将引起一定的测量误差。

(3)显微镜法

显微镜法利用光学显微镜或电子显微镜对单个粒子进行观察达到测量粒径的目的,该方法的优点是能同时对粒子粒径和粒子形状、结构等进行测量,并且测量结果可靠,是一种能溯源的测量方法;缺点是测量效率很低[88],而且不能实时测量。

(4)粒子场全息法

粒子场全息法是通过对粒子全息图的分析确定粒子尺寸、位置、速度、分布以及其他参量的一种光学测量方法。由于这种方法能同时记录三维粒子场在任一时刻的振幅和相位的全部信息,因此非常适合动态 3D 粒子场的研究。但不足的是,通常该方法测量过程复杂,测量精度低,且不能实时处理。

(5)激光干涉成像法

当激光束照射粒子时,在粒子表面和内部产生反射和折射,反射光和折射光在粒子的离焦面上形成干涉条纹,在粒子的聚焦面上形成两个点像,通过测量干涉条纹频率或者两点像距离可以得到粒子的尺寸信息。其缺点与激光衍射法类似。激光干涉成像法通常适用于直径大于 0.5 μm 的粒子。

2.4.1.2 电学方法

电迁移法原理是粒子的带电能力随粒径的增大而增大,当带电粒子通过已知场强的电场时,粒子将以一定速度移动产生偏移,该偏移量仅取决于粒子的粒径和结构。所以,通过扫描电场并测量分离出来的粒子的数量浓度,可以获得所测粒子的粒径。近年来,电迁移粒径谱仪作为测量亚微米和低纳米范围内气溶胶粒径分布的标准工具,可以以高分辨率和高速度测量粒径和数量浓度,并监测小于 1 nm 的工程和天然气溶胶粒子的反应动力学和新粒子生成。测试速度快,可实时测定,测试范围宽。

电迁移法可用于烟气气溶胶的粒径分布的实时在线测试,代表性仪器为 DMS 500(图 2.7 和图 2.8),其综合了微粒的电荷能动性测量及高精度静电计探测仪,在线二次稀释,可以即时输出微粒的尺寸、数量和质量,将粒径分为 38 通道尺寸光谱,测定尺寸范围从 5 nm 到 1.0 μm 或 5 nm 到 2.5 μm;其特点为粒径分布测定效果佳,但无法进行气溶胶颗粒物分级捕集。电迁移法目前主要用于大气颗粒物、卷烟烟气气溶胶、汽车尾气气溶胶粒径及浓度分析研究。已有较多的研究采用模拟循环吸烟机和快速粒径谱仪,通过在线稀释,对烟气气溶胶粒径和浓度进行了测试。

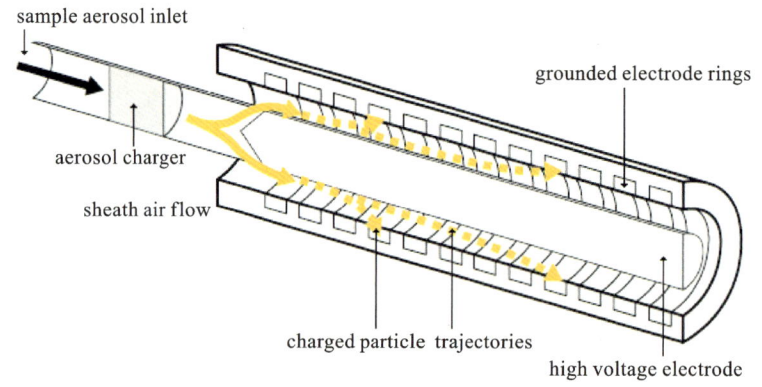

图 2.7 电迁移法原理示意图

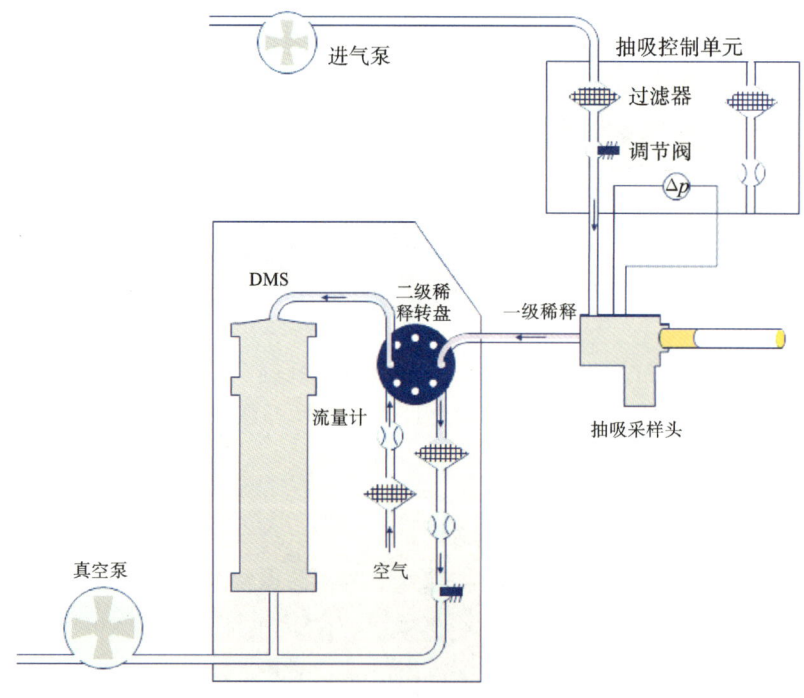

图 2.8 DMS 烟气气溶胶在线检测系统

静电低压撞击器(ELPI)是一款实时测量颗粒物粒径分布、质量浓度的在线仪器,由坦佩雷理工大学在20世纪90年代早期研发出来。这种仪器依据的是粒子带电,然后测量进入低压串级冲击式采样器的粒子所携带的电流。通过测量几秒时间内的电流即可完成实时操作。仪器工作原理基于荷电、低压撞击、电荷测量三个部分(图 2.9)。颗粒物被荷电器充上一定水平的电荷,其后在低压串联的撞击器内依照空气动力学粒径分级收集,串联撞击器间绝缘,并各自连接灵敏静电计,测量其收集颗粒物产生的电流值(图 2.10)。每一级电流值与颗粒物粒子数成正比。通过 ELPI,可以测量很大粒径范围内的瞬时颗粒粒径分布和浓度。ELPI 可以实时测量范围在 30 nm 到 10 μm 的颗粒物分布和粒数浓度。其优点是可分级捕集,并得到粒子数、质量浓度的分布;缺点是分级粒径相对少,粒径分布测定结果准确性较 DMS 低。此外从原理上来看,ELPI 基于冲击碰撞,因此存在一些与冲击式采样器测量相关的问题,即粒子反弹和吹走,测试的目标颗粒容易撞击并附着在撞击器内的收集板上,并产生反弹和分裂,这些影响再加上粒子在反弹过程中的带电就会变得复杂,如果不知道粒子材料,很难预知其接触电荷转移,对于测试颗粒为液体的气溶胶来说容易产生双峰,从而降低测量的准确度。同时,为了使粒子带电,ELPI 采用了简单的管式几何电晕充电器,该充电器的结构简单且带电效率高,缺点是充电器中的粒子损失相对较高。

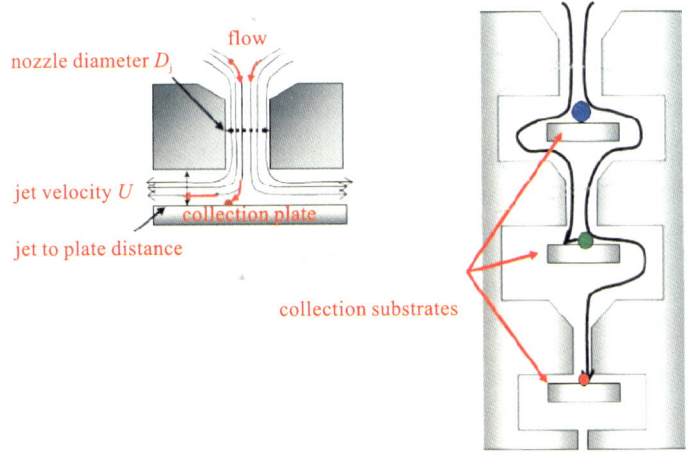

图 2.9　静电低压撞击法原理示意图

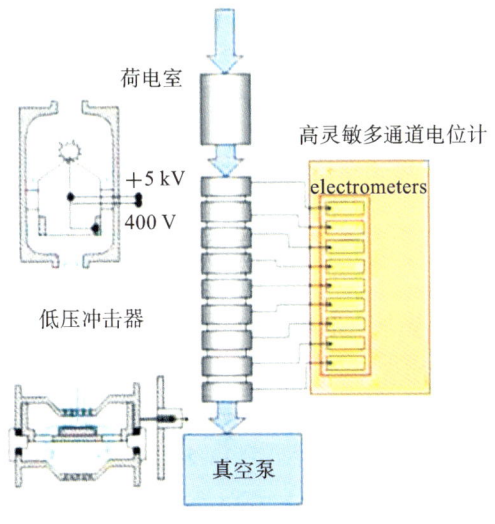

图 2.10　ELPI 仪器示意图

静电低压撞击法目前主要用于大气颗粒物及卷烟烟气气溶胶、汽车尾气气溶胶颗粒物的分级捕集分析研究。贾伟萍等[92]结合特有的烟气发生装置以及气路切换和稀释技术,建立了基于在线冲击检测卷烟主流烟气气溶胶浓度的测试方法和装置,实现了逐口抽吸时新鲜烟气气溶胶浓度的实时检测。Meišutovič-Akhtarieva等[93]使用电动低压冲击器以 10 L/min 的流速确定烟草加热系统和常规卷烟的实时分离的尺寸颗粒浓度,烟草加热系统获得的粒度分布表现出单峰分布,在 ELPI 的最小粒径下具有众数。烟草加热系统和常规卷烟的分布形状均相当,主要区别在于总体颗粒水平,而常规卷烟在所有测得的尺寸中产生的颗粒浓度都高出一个数量级。此外,常规卷烟还产生了较大量的 $0.38 \sim 0.60$ μm 范围内的颗粒,而在烟草加热系统的情况下,在有效使用期间和使用后均未发现任何颗粒。Kane 等[94]开发了一种低流量级联撞击器结合采样系统的粒径测量系统,该系统可用于分析检测膨化条件、载体组成和装置构造等可能影响气溶胶尺寸分布的因素。研究发现系统抽吸流量从 2 L/min 降低至 0.5 L/min 时,气溶胶尺寸分布的质量平均空气动力学直径(MMAD)从 0.5 μm 升高至 1.1 μm。将质量输送量从 0.67 mg/5 s 增加到 6 mg/5 s 抽吸,也会使 MMAD 从 0.48 μm 增加到 0.87 μm。此外,配方中甘油的添加会导致 MMAD 降低,而研究的其他因素对 MMAD 没有显著影响。

2.4.1.3 力学方法

沉降法分为液体沉降法和气体沉降法两类,是根据不同粒径的颗粒在流体(液体和气体)中的沉降速度不同测量粒度分布的一种方法,有移液管法、沉降天平法、光电离心沉降法及巴柯离心尘粒分级仪法等[95]。它的基本过程是把样品放到某种介质中制成一定浓度的悬浮液,悬浮液中的颗粒在重力或离心力作用下将发生沉降。不同粒径颗粒的沉降速度是不同的,大颗粒的沉降速度较快,小颗粒的沉降速度较慢。沉降速度通过 Stokes 定律、比尔定律来反映。利用 Stokes 定律的重力沉降法适用于 $2 \sim 100$ μm 的粒度测量,离心沉降法适用于 10 nm ~ 20 μm(适合纳米材料)的粒度测量;利用比尔定律的消光沉降法根据测量光束通过悬浮液体系光密度变化得到颗粒粒度分布。沉降法比人工观察测试要方便得多,但仍然要花较长时间,不能处理不同密度的混合物。结果受环境因素(比如温度)和人为因素影响较大,且测量过程中操作较烦琐,不适合生产现场的在线检测。

2.4.1.4 声学方法

超声波发生端(RF generator)发出一定频率和强度的超声波,经过测试区域,到达信号接收端(RF detector)。当颗粒通过测试区域时,由于不同大小的颗粒对声波的吸收程度不同,在接收端得到的声波的衰减程度也就不一样,根据颗粒大小同超声波强度衰减之间的关系,得到颗粒的粒度分布,同时还可测得体系的固含量[96]。其测量范围在 $5 \sim 100$ μm。测试需要知道颗粒和液体密度、液体的黏度、颗粒的质量分数等参数,对于软性颗粒,如乳液或乳胶,还需要知道颗粒的热膨胀系数。这些都可以从软件已知物数据库中自动获得。颗粒的质量浓度也可以从声速数据中求得。

2.4.1.5 其他方法

(1)直接观察法

利用放大投影器或光学显微镜、电子显微镜直接观察或测量各种形状参数。这种方法将颗粒投影的最大宽度定义为颗粒直径,借助显微镜将颗粒放大后,用人工方法测量和累计,然后将累计结果与标准要求相对照,以确定是否满足标准。测试时将试样涂在玻璃载片上,采用成像法直接观察和测量颗粒的平面投影图像,从而测得颗粒的粒径[97]。能逐个测定颗粒的投影面积,以确定颗粒的粒度,测定范围为 $0.4 \sim 150$ μm,电子显微镜的测定下限粒度可达 0.001 μm 或更小。显微镜法属于成像法,运用不同的当量表示,测试结果与其他测量方法之间无直接的对比性。该方法作为一种最基本也是最实际的测量方法,常被用于对其他测量方法的校验和标定。这类仪器价格昂贵,试样制备烦琐,测量时间长,若仅测试颗粒的粒径,这种方法比较原始,劳动强度大,且受人为因素影响大,不能给出详细客观的粒度分布;优点是直观,可直接观察粉体的结构与形状。一般不采用此方法,但若既需要了解颗粒的大小,还需要了解颗粒的形状、结构状况以及表面形貌,该方法则是最佳的测试方法。

（2）图像处理法

这种方法与直接观察法类似,只是将粉体颗粒经显微镜放大,再用图样采集卡摄入计算机中,计算机按用户的要求按颗粒直径的最大宽度或等面积圆换算出每个颗粒的大小并统计样品的粒度分布[98]。这种方法与直接用显微镜观察相比,避免了人工测量,且能给出详细的粒度分布,并能按等面积方法来给出颗粒的粒度分布,但这种测量方法受粉体数量的限制。

（3）库尔特法

库尔特法又叫电阻法,其原理为将粉体样本在电解液中充分分散后,在仪器中让粉体的颗粒一次通过一个小孔,小孔内外设置一对铂电板,并施以恒定的电流。当孔内没有颗粒时,小孔电阻为固定值;当颗粒通过小孔时,由于颗粒占据了小孔的部分体积,小孔的电阻变大,从而在两个电极之间产生一个电脉冲。颗粒直径与颗粒通过小孔时产生的电阻增量成正比,所以电脉冲的大小也与颗粒直径相关,通过记录脉冲幅度与数量可求出颗粒的大小和分布。显然,这种方法测试速度快,由于是对粉体颗粒逐个测量,故测量精度高,分辨率高,但这种方法测量的范围较狭窄,只有 $2\sim40~\mu m$,而且小孔容易堵塞[99]。该法适用于液体中的粒子的测量,得到的是粒子的等效电阻粒径。

（4）筛分法

筛分法是对粉末和颗粒通过颗粒大小分布进行分级的最老的方法之一。筛分法是颗粒粒径测量中最为通用也最为直观的方法。筛分的实现非常简单:根据不同的需要,选择一系列不同筛孔直径的标准筛,按照孔径从小到大依次摞起,最下面为底筛,最上面为筛盖,然后固定在振筛机上,选择适当的模式及时长,自动振动即可实现筛分。筛分完成后,通过称重的方式记录每层标准筛中得到的颗粒质量,并由此求得以质量分数表示的颗粒粒度分布[100]。

筛分法的优点是原理简单、直观,操作方便,易于实现,这也是其获得广泛应用的重要原因。筛分法因为粒径段的划分受限于筛层数,所以对粒径分布的测量略显粗糙,在一定程度上影响了结果的精度。另外,筛分的过程中因为振动强烈,一些颗粒种类可能极易破损,从而破坏了粒径分布,影响了测量结果。某些颗粒相互吸附的作用较强,在筛分中经常出现聚合成团的现象,这也影响了筛分结果的准确性。基于筛分法的特点,其应用主要在大粒径颗粒的粒径分布测量,如 $45~\mu m$ 以上。而对于粒径较小的颗粒,由于质量轻,在筛分过程中,颗粒不能克服表面凝聚力和黏附力,使颗粒相互黏结在一起或者黏在筛网上,从而导致粉末颗粒不能通过筛孔。除非使用特殊的方法,筛分法的可靠性较低[101]。

2.4.1.6　不同方法适用范围总结

一方面,气溶胶测试原理不同,给出的粒径意义也不同。粒度是实际粒子直径和形状以及粒子测定时特定的物理或化学特性等因素的函数。粒子粒径的测定结果受每种粒度分析所应用的物理原理的显著影响,不同方法给出的当量直径不同,同时不同仪器测试原理不同造成了测试结果准确度差异较大。不同仪器采样时间也从几秒到几小时不等,不同仪器的采样和收集效率也显著不同。基于以上原因,不同仪器测得的气溶胶浓度值差异较大,不具有可比性。相同样品浓度测量的差异范围在 $\pm100\%$ 内,因此没有单个比值或近似转换因子可以用来比较两个不同仪器测定的粒子数量。对不同的物理或化学参数的仪器或具有不同测定范围的仪器所测得的数据进行比较时应谨慎。另一方面,由于烟气粒子具有浓度高、粒径小及粒相具有挥发性等特点,而且随着烟气生成时间的不同,气溶胶粒子之间会迅速发生凝并效应,使得精确测定气溶胶的粒度分布十分复杂,因此得出的实验数据有一定的差异性。表 2.4 是传统气溶胶粒径分布

测量方法的基本原理和测量范围。

表 2.4   传统气溶胶粒径分布测量方法

	测量方法	适用粒径范围/μm		测量方法	适用粒径范围/μm
光学法	光学成像	>0.5	电学法	电流的变化	>0.5
	电子成像	0.001~15		粒子计数法,单位电荷	0.01~0.1
	光扫描	>1		粒子计数法,电晕带电	0.015~1.2
	电子扫描	>0.1		通过孔口	>15
	直接成像	>0.1		正弦振动	>1
	激光全息术	>3		筛分法	>2
光散射法	直角散射	>0.5	声学法	撞击法	>0.5
	前向散射	0.03~10		离心法	>0.1
	偏振	0.03~2		扩散池法	0.001~0.5
	利用凝集现象	0.01~0.1		热学方法	0.1~1
	激光扫描	>5		热发散光谱法	>1

2.4.1.7   不同方法在卷烟烟气粒度分布研究中的应用

表 2.5 列举了不同方法在卷烟烟气粒度分布研究中的应用。在线分析仪器的研发使烟气气溶胶粒度分布研究得到了发展,更高效率的在线测量仪器的研发将有助于我们对卷烟烟气气溶胶的深入研究。

表 2.5   不同方法在卷烟烟气粒度分布研究中的应用

仪器/方法	公司	描述	结果
单颗粒光散射	RJR[102,103]	采用光散射法测定经过均匀稀释的单口卷烟烟气中单颗粒的光散射强度	实现单口烟气的接近瞬时分析,并有良好的精确性和准确度。烟气粒径测定结果与先前报道一致[103]
离心机	BW[104-108]	基于不同离心沉降速率对稀释的卷烟烟气颗粒进行捕集和分级;可以接收多口烟气	虽然其灵敏度低于气溶胶分析仪,但适用于测量多口烟气粒径,并提出用离心机法监测新型发烟材料[108]
气溶胶分析仪和光度计	BW[108-110]	与光散射法结合适用于单口烟气分析的气溶胶分析仪,其中 Whitby 气溶胶分析仪适用于大颗粒,Bausch 和 Lomb 气溶胶光度计适用于小粒径气溶胶	这两种仪器由于静态气溶胶的凝聚作用会导致粒径分布测量的误差,而这种情况对于稳态气溶胶则不会发生[111]。与其他仪器比较,该测量方法可能受到由蒸发引起的小颗粒损失的影响[108]
级联撞击器	PM[112-114]	使粒径更小的卷烟烟气颗粒通过逐渐减小的开口而进行气溶胶的捕集和分级	级联撞击器只能作为一个定性而非定量工具;研究新鲜烟气结果令人满意,但指出光学技术的必要性[115]
多波长(光谱)消光光度计	PM[116-118]	通过连续监测气溶胶引起的消光,从而计算流动气溶胶的颗粒大小分布;频率达 20 次/秒	在监测烟气颗粒粒径的变化以及单口抽吸期间烟气的折光率方面具有优势[114]

仪器/方法	公司	描述	结果
集成光散射装置	RJR[119,120]	集成离散粒子计数和光散射技术,用于测量未经稀释或略微稀释的卷烟烟气粒径和分布	集成光散射可以较好地估计平均粒径,但由于该方法需要假定一个粒径分布模式,可能不能测量尺寸依赖过滤效应和生长效应的粒径[121]。改进后的装置可以分析呼出烟气的粒子粒径分布[120]
激光气溶胶光谱仪	BAT[122-124]	利用商用激光光谱仪分级并计数稀释后的主流烟气气溶胶颗粒	激光光谱仪(LAS-X)不能实现烟草(特别是烟梗)燃烧过程中产生的极小颗粒(直径小于 $0.1~\mu m$)计数,但可以通过质量监测(RAMM)进行测量[122]
光学显微镜	川渝中烟[125]	用大气采样器、光学通道、光学显微镜、CCD数码相机及图像处理系统等建立了一套烟气气溶胶颗粒实时观测分析系统	实现了卷烟主流烟气气溶胶颗粒粒径大小、颗粒密度、分布状态的实时观测
电子低压撞击器	广东中烟[126]	利用轴向稀释器、气体混合稀释器和电子低压撞击器建立了一套主流烟气气溶胶在线分析系统	可实时测量粒径范围为 $0.007\sim9.970$ μm 的颗粒
快速粒径谱仪	云南中烟[127]	基于静电迁移的原理,采用快速粒径谱仪对传统卷烟和电子烟烟气气溶胶粒径和浓度进行实时监测	可实时测量烟气逐口浓度和粒径分布

2.4.2 卷烟气溶胶粒径分布测定方法研究

对卷烟烟气气溶胶物理特性的分析主要包括粒径测量、粒度分布和浓度检测。目前对烟气气溶胶粒径分布实时在线测试的代表性仪器为 Cambustion 公司的 DMS500 快速微粒频谱仪,将粒径分为 38 通道尺寸光谱,可测定的微粒尺寸从 5 nm 到 $1.0/2.5~\mu m$,可以即时输出微粒的尺寸、数量,测定结果稳定准确,但无法进行气溶胶颗粒物分级捕集。Dekati 公司的电子低压撞击器(ELPI)也可以连续在线监测一定浓度范围内的颗粒物浓度,将粒径分为 $12\sim14$ 级,测定尺寸范围为 30 nm$\sim$10 μm,但由于其分级粒径相对少、采样频率低,粒径分布测定结果准确性较 DMS500 低。其优点是可分级捕集得到不同粒径的气溶胶粒相物,从而得到质量粒径分布信息,并可进一步对不同粒径的粒相物进行研究。鉴于不同仪器的优缺点,下面重点介绍 DMS500 快速微粒频谱仪进行粒数粒径分布研究、ELPI 电子低压撞击器进行研究样品的质量粒径分布测定的方法。

2.4.2.1 基于空气动力学的烟气气溶胶质量粒径分布和分粒径级别捕集方法

(1)气溶胶质量粒径分布测定方法和仪器条件

卷烟烟气气溶胶检测的实验系统由单通道吸烟机与电子低压撞击器(ELPI,Dekati 公司,检测上限 4×10^5 fA)组成。卷烟抽吸产生的烟气经压缩空气稀释后进入 ELPI 测试系统(图 2.11)。ELPI 测试单元由电离源和 12 级的撞击器构成,每级撞击器中部设置有不同的孔径可使颗粒穿过,撞击器分别通过电极与 12 个电压计相连。ELPI 在外部真空泵的作用下,使其内部的真空度达到 100 mbar。测试时,气溶胶首先经入口引入电离源,气溶胶颗粒在放电作用下发生电离,形成带电颗粒;带电颗粒在纵向气流的作用下,或撞击截留在撞击器,或穿过撞击器被截留在后续撞击器;带电颗粒的截留会在撞击器上产生电压,从而用于计算每级撞击器上气溶胶颗粒的数量。ELPI 的粒径测试级数分为 12 级,各级所对应粒径尺寸如表 2.6 所示(每个仪器略有差异)。

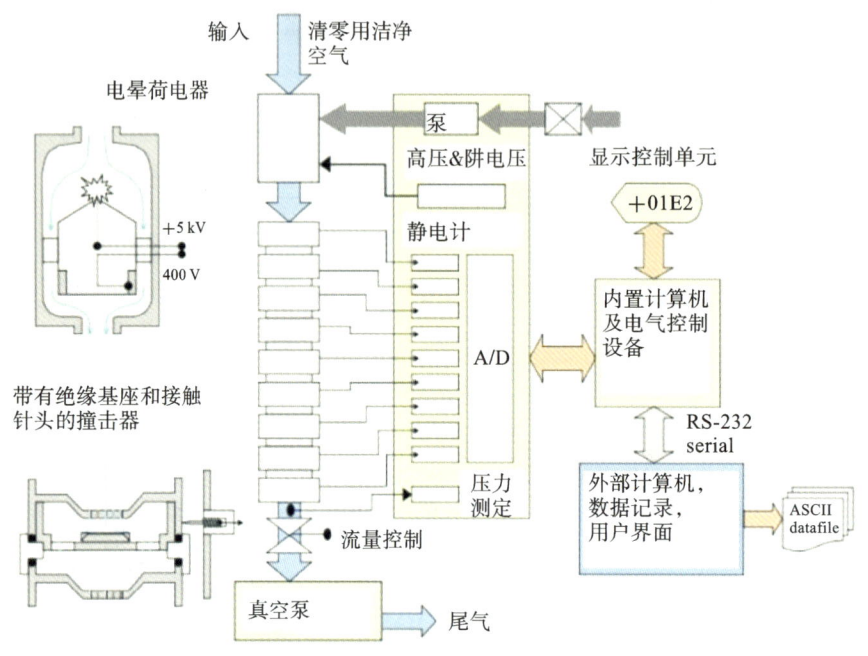

图 2.11 ELPI 的工作原理示意图

表 2.6 ELPI 的粒径分级尺寸

级别	粒径捕集范围(50%D,μm)	几何平均粒径(D_i,μm)
1	0.0238~0.0304	0.027
2	0.0304~0.050	0.039
3	0.050~0.098	0.07
4	0.098~0.213	0.144
5	0.213~0.319	0.261
6	0.319~0.581	0.431
7	0.581~0.898	0.722
8	0.898~1.514	1.166
9	1.514~2.264	1.851
10	2.264~3.783	2.927
11	3.783~9.388	5.959
12	>9.388	>9.388

烟气气溶胶在线测试系统如图 2.12 所示,主要包括单通道吸烟机、ELPI、轴向稀释器、一级射流稀释器、二级射流稀释器、电磁阀等。该测试系统中,单通道吸烟机用于完成测试样品的抽吸。φ3 mm 的硅胶采样管通过三通与单通道吸烟机主抽吸管路相连,用于抽吸部分烟气,并引入在线稀释单元。在线稀释单元由轴向稀释器和射流稀释器构成。硅胶采样管与(补充)空气进样管分别通过电磁截止阀后与三通相连,并与轴向稀释器入口相连,轴向稀释器侧方也连接有空气进样管。射流稀释器在侧方引入的 0.2 MPa 压缩空气,在文丘里效应下,可以使入口处产生 5 L/min 的进气量,以吸取烟气或抽吸间隔时的空气,烟气

经过两级射流稀释器(稀释倍数为 9.2)后,以 10 L/min 的进样流量被引入 ELPI 的测试单元。

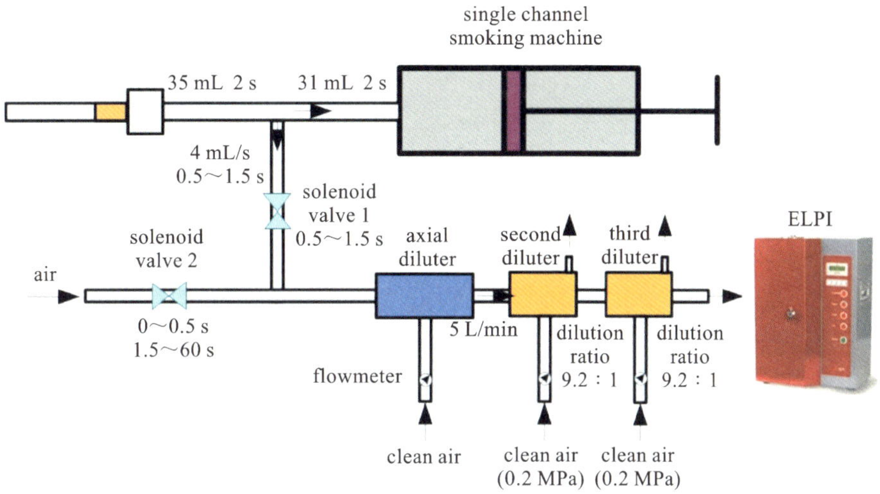

图 2.12　基于 ELPI 的烟气气溶胶在线稀释和测试系统

具体工作时,电磁阀 1 控制烟气进入 ELPI 的稀释系统,开启时间为 0.5~1.5 s;电磁阀 2 控制空气进入 ELPI 的稀释系统,关闭时间为 0.5~1.5 s,设置吸烟机的抽吸体积为 51 mL(HCI 模式时)/31 mL(ISO 模式时),钟形抽吸曲线,通过轴向稀释器的调节阀使样品端的抽吸体积为 55 mL(HCI 模式时)/35 mL (ISO 模式时)。因此,在吸烟机抽吸样品时,有 5 mL 的烟气被引入稀释系统,然后进入 ELPI 进行检测;在抽吸间隔,电磁阀 2 处于开启状态,空气被引入测试系统。根据烟气气溶胶的引入量和总稀释倍数,可将检测结果换算得到烟气气溶胶的粒数浓度及粒度分布数据。

烟气气溶胶的稀释倍数可影响仪器检测烟气粒数浓度范围和粒径,也可影响粒径的测试。与 ELPI 相连的稀释系统无法实现稀释倍数任意可调,设计了三种稀释条件(不同稀释倍数),对烟气气溶胶粒数浓度进行测试,以考察稀释倍数的合适范围。稀释条件的设置分别为轴向稀释、轴向稀释＋一级射流稀释、轴向稀释＋两级射流稀释,其对应的烟气气溶胶稀释倍数分别为 23 倍、212 倍、1950 倍。表 2.7 列出了不同稀释条件下,ELPI 对烟气气溶胶进行测试的情况。结果表明,针对烟气气溶胶,采用轴向稀释＋两级射流稀释的稀释设置,1950 倍的稀释比,能够满足仪器检测量程的需要。此外,当烟气的稀释倍数较高时,可以有效减小颗粒之间的碰撞、凝聚概率。

表 2.7　不同稀释条件下 ELPI 的检测情况

稀释方式	总稀释倍数	检测表述
轴向稀释	23 倍	气溶胶电信号过高,超出仪器的检测上限($4×10^5$ fA)
轴向稀释＋一级射流稀释	212 倍	气溶胶电信号较高,部分粒径信号响应超过检测上限
轴向稀释＋两级射流稀释	1950 倍	所有粒径气溶胶电信号均在仪器检测范围内(~10^4 fA)

(2)气溶胶分粒径级别捕集方法和仪器条件

卷烟烟气气溶胶的分粒径级别捕集装置如图 2.13 所示,卷烟由通孔固定件固定,固定件通过气路和电磁阀与 ELPI 入口相连,另一路空气通过气路与 ELPI 入口相连。通过调节空气流量,可以使电磁阀开启时的烟气流量为 17.5 mL/s。卷烟的抽吸方法具体为:矩形抽吸曲线,抽吸容量为 35 mL,抽吸持续时间为 2 s,抽吸频率为每 60 s 抽吸一口,每支卷烟抽吸 7 口,每个卷烟样品抽吸 10 支卷烟。ELPI 的真空度为 100 mbar,Trap 电压为 400 V。整个实验测试环境温度控制在(22±0.5)℃,相对湿度控制在 60％±3％。(注:下文中若与此条件有不同之处将会标注,若无标注,则采用此条件。)

卷烟样品抽吸完毕后,不同粒径的烟气粒相物分 12 级捕集于铝箔上(图 2.13),由于气溶胶粒径呈近似的对数正态分布,其会集中捕集于几个主要粒径的铝箔上。采用几何平均粒径(D_i)表示空气动力学直径,分级捕集的粒径典型范围列于表2.8中。抽吸完成后取出各级铝箔,称量各级所捕集的烟气气溶胶粒相物重量,可绘制烟气气溶胶质量粒径分布图。捕集的粒相物于$-4\ ℃$条件下密封保存,建议尽快进行进一步的化学成分等分析。

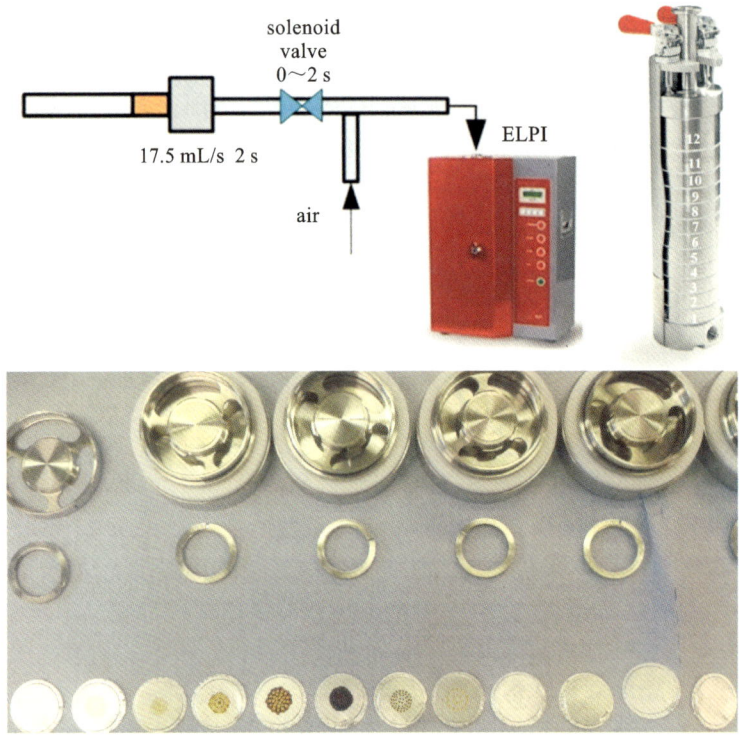

图2.13　单通道吸烟机、ELPI分12级捕集烟气气溶胶示意图及实物图

选取了2个卷烟样品,进行3次平行实验,3次实验分12级捕集得到的烟气气溶胶粒相物质量列于表2.8中。可以看出3次平行实验捕集得到的各级粒相物质量相对标准偏差小于10%,该捕集方法具有较好的稳定性,可以获得较为准确的烟气气溶胶质量粒径分布数据。

表2.8　分级捕集的气溶胶粒相物质量和相对标准偏差

级别	几何平均粒径 (D_i,μm)	样品1		样品2	
		粒相物质量 (mg/10 cig)	RSD/(%) ($n=3$)	粒相物质量 (mg/10 cig)	RSD/(%) ($n=3$)
1	0.027	ND	0	ND	0
2	0.039	0.19	9.6	0.10	9.9
3	0.07	0.53	8.6	0.45	9.0
4	0.144	2.08	5.3	2.20	7.3
5	0.261	15.20	0.8	15.50	3.6
6	0.431	38.28	1.4	34.25	0.3
7	0.722	7.00	3.1	4.90	3.8
8	1.166	0.87	4.7	0.55	6.4
9	1.851	0.29	6.7	0.20	7.5
10	2.927	0.08	7.2	0.06	8.5

级别	几何平均粒径 (D_i, μm)	样品 1		样品 2	
		粒相物质量 (mg/10 cig)	RSD/(%) ($n=3$)	粒相物质量 (mg/10 cig)	RSD/(%) ($n=3$)
11	5.959	0.07	9.2	0.03	9.6
12	＞9.388	ND	0	ND	0

2.4.2.2　基于电迁移法的粒数粒径谱测定方法

快速粒径谱仪(DMS)与样品循环抽吸单元(smoking cycle simulator,SCS;英国,Cambustion 公司)联用,可实现样品的抽吸、烟气在线稀释和在线测试。SCS 是一套可以精确控制恒量采集烟气气溶胶的系统,由样品抽吸采样头、抽吸控制单元及进气泵等部分组成,抽吸控制单元内设过滤器、稀释空气调节阀、压力传感器和压力控制元件。SCS 提供一个可以控制的流量进入 DMS,通常通过 SCS 的操作软件可以控制符合 DMS 的样品流速,即烟支的抽吸模式。当 DMS 需要一阵烟时(模拟吸烟动作),SCS 调整稀释空气的流速,通过孔板压力降(Δp)来计量流速。采用这种方式,进入 DMS 的流量是恒定的。烟支插入 SCS 采样头,SCS 直接安装在 DMS500 前部,这样最大限度地减少了进入 DMS 旋转稀释器的传送时间。通过控制电脑对包括流量和时间数据的体现吸烟行为的吸烟变量曲线进行加载,提供 ISO 标准变量曲线文件[2]。

SCS 与 DMS 之间通过 10 cm 长的气管连接。DMS 由粒径分离器、二级稀释转盘、过滤器、调节阀及真空泵等组成。DMS 是基于不同大小颗粒具有不同电迁移率的原理来测量烟气气溶胶的实时变化的。首先,SCS 的变量阀通过对稀释流量的控制来实现通过测试样品的目标流量,重现吸烟气流量变曲线和提供第一级稀释,防止气溶胶颗粒凝聚。SCS 抽吸到的烟气气溶胶经过 SCS 提供的烟气样品的第一级稀释进入 DMS 的旋转碟稀释器,进一步稀释降低烟气气溶胶浓度,然后烟气气溶胶进入分级器(图 2.14),分级器利用电晕静电中和器使得气溶胶颗粒带上定量的电荷,然后将带电颗粒引入环形电场,该电场使得带电颗粒在保护气层向中心电极杆迁移。不同大小颗粒(具有不同的荷质比)在既定电场条件下发生不同程度的偏转,迁移至中心电极杆的不同位置后分别被静电计检测,检测到的信号被同时处理得到快速变化的粒径分布数据。

DMS 的粒径测试各级的粒径尺寸如表 2.9 所示。

DMS500 粒径分布测定方法:ISO 抽吸模式(也可根据不同需求选择合适的抽吸模式)。基于不同大小颗粒电迁移率的差异测量烟气气溶胶的实时变化,仪器条件如下。静电计个数:22 个。粒径分辨率:每十进制 16 个通道。时间分辨率:20 s。响应时间:200 ms。数据采样率:10 Hz。采用两级稀释,其中一级稀释通过恒定容量采样进行控制,固定采样流量为 8.0 L/min(5～1000 nm 量程)或 2.5 L/min(5～2500 nm 量程);二级稀释通过稀释比控制,稀释比为 500∶1(根据测定需求设定,下文中与此不同会标注改参数)。校正模式:内置 HEPA 过滤器,自动零点校正;结合两级稀释对结果进行修正和计算。

采用的 DMS500 快速粒径谱仪通过二级稀释系统实现烟气的快速稀释,一级稀释通过固定采样流量为 8.0 L/min 进行稀释,有效防止气溶胶颗粒凝聚,一级稀释后的烟气快速进入旋转碟稀释器进行二级稀释,进一步稀释降低烟气气溶胶浓度。稀释比对气溶胶浓度和粒径测定结果会产生影响,稀释比过小时,颗粒容易产生团聚和凝结,可能使仪器噪声增加、信号过载并污染仪器;稀释比过大时,粒子浓度过低也会影响测定的准确度。Hinds[129]报道测定传统卷烟烟气时,随稀释比由 10∶1 变化至 700∶1,测定得到的气溶胶质量平均粒径由 0.52 μm 减小至 0.37 μm,在低稀释度下气溶胶颗粒发生凝聚作用因而颗粒较大。稀释因子过低或者过高都会导致信号不稳定,重现性差。选择合适的稀释因子,使信号动态测量范围指示器浮标的位置处于指示器的中间位置,测定的气溶胶总粒子浓度和粒径中位直径基本恒定,并获得较好的重现性。

2.4.2.3　两种方法测定气溶胶粒径分布比较

由于不同烟草制品气溶胶性质差异,为了确定以上方法对不同性质烟气气溶胶测试的适用性,从粒径测试范围及分辨率、时间分辨率、重复性等方面对上述两种方法进行比较。

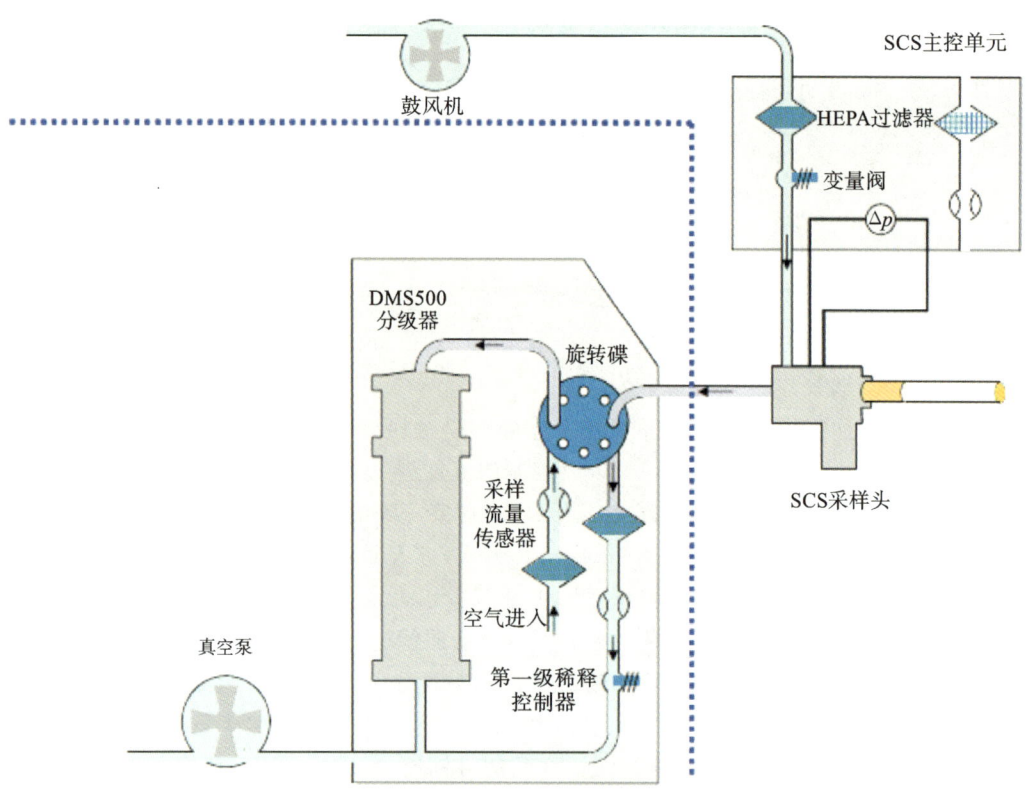

图 2.14 DMS500 和 SCS 原理[128]

注:图中紫色背景的是烟气路径,浅蓝色背景的是稀释空气路径

表 2.9 DMS 的粒径测试各级的粒径尺寸

粒径分级	D_m/nm	粒径分级	D_m/nm	粒径分级	D_m/nm
1	4.87	14	31.6	27	205
2	5.62	15	36.5	28	237
3	6.49	16	42.2	29	274
4	7.50	17	48.7	30	316
5	8.66	18	56.2	31	365
6	10.0	19	64.9	32	422
7	11.5	20	75.0	33	487
8	13.3	21	86.6	34	562
9	15.4	22	100	35	649
10	17.8	23	115	36	750
11	20.5	24	133	37	866
12	23.7	25	154	38	1000
13	27.4	26	178		

ELPI 的第 1～5 级粒径(18.4 nm、26.8 nm、38.7 nm、70 nm、144 nm),虽然可以涵盖加热卷烟气溶胶的粒径范围,但只有 38.7 nm 和 70 nm 粒径的气溶胶粒数浓度较为明显,其粒径分布轮廓也无法准确反映

出气溶胶粒径的分布情况,同时也很难对其进行粒径分布的拟合。DMS 在 5～1000 nm 的粒径范围内分为 38 级,在 20～80 nm 的范围内有 10 级(20.5 nm、23.7 nm、27.4 nm、31.6 nm、36.5 nm、42.2 nm、48.7 nm、56.2 nm、64.9 nm、75.0 nm),DMS 的测试粒径范围能够很好地涵盖加热卷烟气溶胶的粒径范围,能更好地反映出气溶胶的粒径分布情况(图 2.15)。

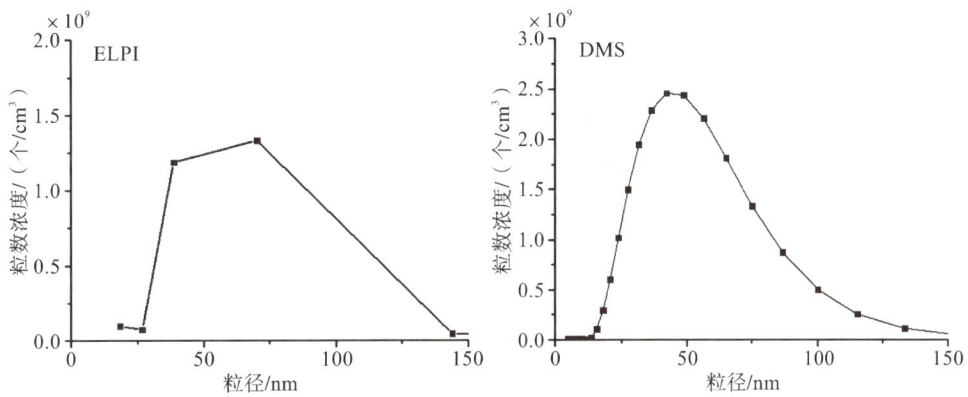

图 2.15　ELPI 法和 DMS 法加热卷烟气溶胶的粒径分布

ELPI 和 DMS 测试烟气的采集时间结果如图 2.16 所示,ELPI 由于采用了轴向稀释器和两级射流稀释器,2 s 的烟气在进样稀释过程中被扩散至 10 s,从而导致了烟气陈化问题的出现;而 DMS 的稀释气路较短,能够保持实时的测试,即具有较高的烟气采集和检测的时间分辨率,同时能够较好地保证烟气的"新鲜",使测得的粒径值更接近真实状态。

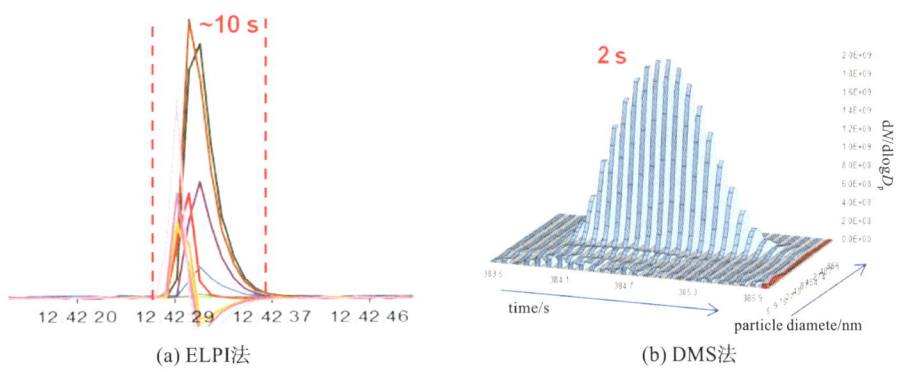

图 2.16　ELPI 和 DMS 测试烟气气溶胶粒径的采集时间

3R4F 卷烟相对于加热卷烟具有更好的一致性,为了考察 ELPI 和 DMS 两种方法的测试精度,采用了两种方法对 3R4F 卷烟的逐口烟气进行了测试,结果如图 2.17 所示。结果显示,ELPI 测试每口烟气的粒数浓度的 RSD 小于 18%,而 DMS 测试每口烟气的粒数浓度的 RSD 小于 12%,重复性较好。

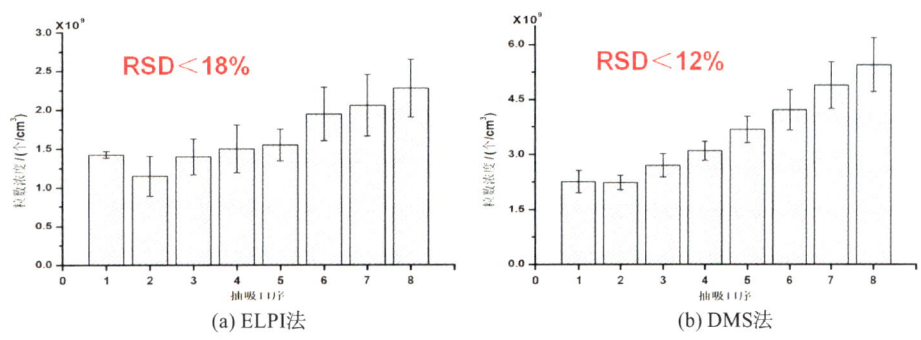

图 2.17　ELPI 和 DMS 测试卷烟逐口烟气的结果

2.5 烟气气溶胶其他物理特性表征技术

2.5.1 烟气气溶胶烟雾量测试方法

2.5.1.1 基于气溶胶体积粒径分布谱测定烟雾量的方法

根据气溶胶粒数粒径谱,可进一步绘制气溶胶的粒子体积粒径谱。用单位体积烟气中不同粒径大小烟气颗粒的体积总和,即颗粒体积浓度来表征烟雾量。根据逐口烟气气溶胶的体积粒径分布谱图(图2.18),可得到逐口烟气气溶胶的颗粒体积浓度(烟雾量),根据式(2.1)计算全部口数烟气气溶胶烟雾量的平均值。

$$\overline{V} = \frac{\sum_{i=1}^{n} V_i}{n} \tag{2.1}$$

式中:$\overline{V}$——全部口数烟气气溶胶烟雾量平均值,$\mu m^3/cm^3/口$;V_i——每口烟气气溶胶烟雾量,$\mu m^3/cm^3$;n——抽吸口数,口。

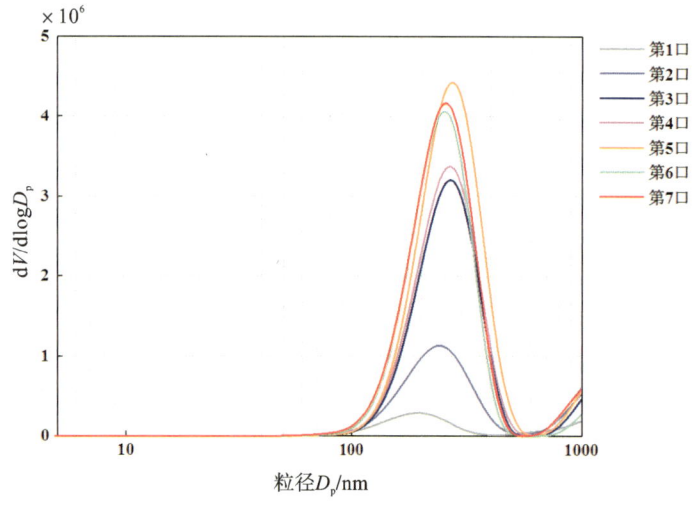

图 2.18 典型样品烟气颗粒的体积粒度谱分布图

2.5.1.2 基于透光率表征加热卷烟烟雾浓度的方法

基于气溶胶光学特性,采用烟雾浓度测试系统(原理图见图2.19,实物图见图2.20)进行烟雾量的测试。烟雾质量浓度测试系统主要包括激光源、准直透镜、烟雾测量腔、接收透镜、光电接收器、信号处理电路、测试分析软件等。烟雾质量浓度测试系统由下位机烟雾质量浓度测试仪和PC端上位机测试分析软件组成,两者通过串口或以太网方式实现数据传输。系统相关参数:$\lambda=5.3\ \mu m$,$C=0.58$,$L=20\ cm$。测试系统通过步进电机带动丝杠,拉伸注射器活塞杆使测量腔内形成负压,抽吸产生烟雾。激光光束经准直后照射烟雾测量腔,入射光源经气溶胶消光后到达接收透镜,再由光电接收器采集信号并发送至信号处理电路,处理后的数据在PC端实时显示。

操作步骤:测试开始前,对测试仪进行原点复位;将测试样品牢固安装于夹持器端口;打开测试仪并设置抽吸参数;点击"开始"启动测试;记录起始入射光强以及每一抽吸口数气溶胶的透过光强。

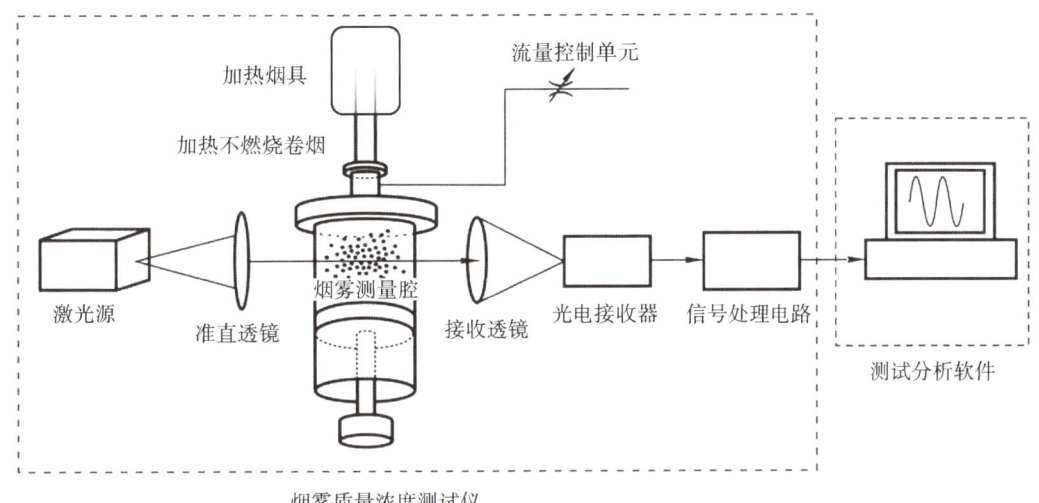

图 2.19　烟雾量测试系统原理图

图 2.20　加热卷烟气溶胶烟雾量测试系统实物图

2.5.1.3　方法比较

对两种烟雾量测试方法的优缺点进行了比较,其中基于体积粒径分布谱的方法,在测定加热卷烟烟雾量的同时还可以同步了解气溶胶体积粒径分布情况,并且具有良好的重复性和再现性。基于透光率的方法,只能获得每口烟气特定时刻透光率,且难于对仪器进行标定以获取准确的烟雾量数值;测量腔内受烟气陈化作用的影响,可能造成测试结果比实际值高,此外受腔体内烟气扩散均匀性影响,测试结果的重复性相比之下稍差。两种测试方法的比较如表 2.10 所示。

表 2.10　两种测试方法的比较

比较项目	基于体积粒径分布谱	基于透光率
特点	可计算得到总粒子体积,并获得粒子体积逐口分布情况	适合用于同类样品比较,难于对仪器进行标定以获取准确的烟雾量数值
即时性	实时在线	每口烟气特定时刻透光率
日内重复性	RSD<6%(n=5)	RSD<9%(n=5)
日间重复性	RSD<10%(n=5)	RSD<16%(n=5)
缺点	易挥发成分损失	烟气陈化,受腔体内烟气扩散均匀性影响

2.5.2 烟气气溶胶温度测试方法

根据电加热卷烟烟支与烟具几何尺寸以及温度测试实际需求,基于滤嘴轴向温度分布检测平台(图2.21),采用微细热电偶测温技术,以瞬时温度曲线和逐口最高温度相结合表征滤嘴轴向温度。

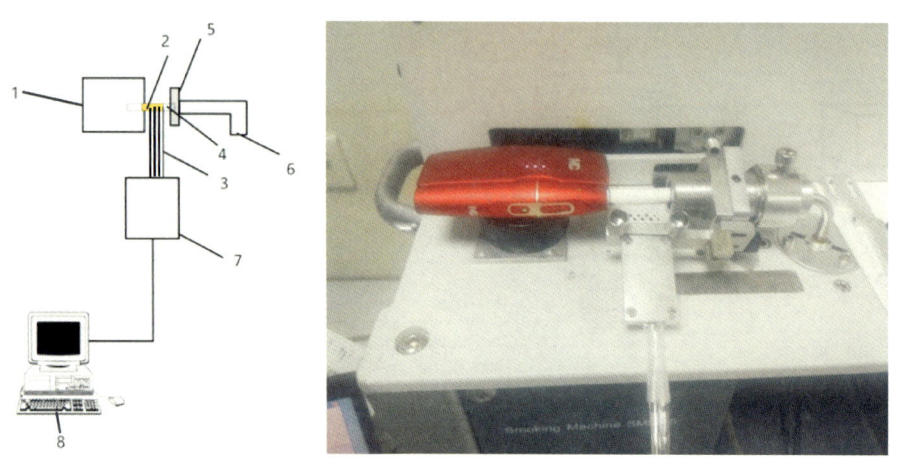

图 2.21　电加热卷烟滤嘴轴向温度分布检测平台示意图与实物图

1—电加热卷烟烟具;2—电加热卷烟烟支;3—微细热电偶组;4—烟支滤嘴加长段;5—捕集器;
6—吸烟机接口;7—热电偶夹具;8—温度数据采集与处理系统

选取典型加热卷烟进行测试效果评价,烟支规格为长度 45 mm(烟芯材料段 15 mm,滤嘴段为中空嘴棒 10 mm+PLA 网基棒 10 mm+醋酸纤维 10 mm),烟支直径为 7.2 mm。典型加热卷烟烟支样品轴向温度曲线如图 2.22 所示。各分段轴向出口温度沿轴线呈现逐渐降低趋势,烟芯段温度最高,烟支出口烟气温度最低;随着抽吸口数增加,烟芯段出口温度逐渐升高且趋势逐渐减缓,滤嘴中间分段出口温度根据分段结构不同呈现出不同规律。可以看出,所采集的温度曲线能较好地测定和描述烟支不同部位的温度变化,与实际加热曲线变化一致。此外,对逐口最高温度的稳定性进行了评价,以烟芯段测定结果为例,逐口最高温度测定的相对标准偏差基本小于 10%($n=3$),表明测定的精密度和稳定性较好。

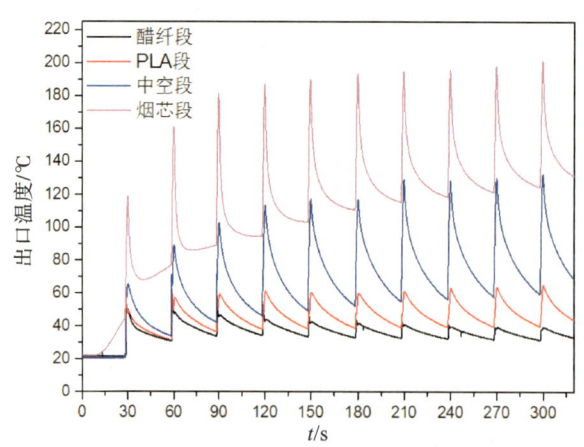

图 2.22　典型烟支样品各分段轴向出口温度

参考文献

[1]　Dalhamn T,Edfors M L,Rylander R. Retention of cigarette smoke components in human lungs [J]. Arch. Environ. Health,1968,17(5):746-748.

[2]　Bradford J A,Harlan W R,Hanmer H R. Nature of cigaret smoke:Technic of experimental

smoking[J]. Industrial and Engineering Chemistry,1936:836-839.

[3] Taylor M J. The effect of puff profile and volume on the yields of e-cigarettes[R]. CORESTA ST 03,2013.

[4] Mccormack T, Taylor M J. Comparative yields of selected smoke constituents from conventional cigarettes and E-cigarettes[C]. 67th Tobacco Science Research Conference,2013.

[5] 司晓喜,向本富,蒋薇,等.加热卷烟气溶胶中香气成分的 GC-MS/MS 同时测定和比较[J].食品与机械,2021,37(6):86-96.

[6] Newman R H,Jones W L,Jenkins R W. Automatic device for the evaluation of total mainstream cigaret smoke[J]. Anal. Chem. ,1969,41:543-545.

[7] 许蔼飞,田兆福,李小兰,等.一种卷烟主流烟气呋喃的冷阱捕集-气相色谱/质谱联用检测方法[P].CN201510303922.4.

[8] 孙玉利,王晓瑜,刘绍锋,等.串联冷阱捕集-气相色谱/质谱法分析卷烟主流烟气气相成分[J].烟草科技,2016,49(03):52-61.

[9] Goniewicz M L,Knysak J,Gawron M,et al. Levels of selected carcinogens and toxicants in vapour from electronic cigarettes[J]. Tobacco Control,2013,23(2):133-139.

[10] 刘秀彩,郑捷琼,陈昱,等.静电捕集法测定主流烟气粒相中铅和镉[J].安徽农业科学,2012,40(17):9478-9479,9535.

[11] 于航,张洪非,尚梦琦,等.吸附剂捕集法检测卷烟主流烟气中 4 类有害物[J].食品工业,2020,41(9):284-288.

[12] Dube M F,Green C R. Methods of collection of smoke for analytical purposes[J]. Rec. Adv. Tob. Sci. ,1982,8:42-102

[13] 颜权平,王昇,丁丽,等.二维液相色谱法测定卷烟主流烟气中的间-苯二酚及其他酚类化合物[J].烟草科技,2011(12):56-60.

[14] 郑燕婷,马婉婉,陈欢,等.加热卷烟气溶胶特征性成分及其分析方法研究进展[J].烟草科技,2024,57(2):103-112.

[15] Crooks I,Neilson L,Scott K,et al. Evaluation of flavourings potentially used in a heated tobacco product:Chemical analysis,*in vitro* mutagenicity,genotoxicity,cytotoxicity and *in vitro* tumour promoting activity[J]. Food and Chemical Toxicology,2018,118:940-952.

[16] Cozzani V,Barontini F,McGrath T,et al. An experimental investigation into the operation of an electrically heated tobacco system[J]. Thermochimica Acta,2020,684:178475.

[17] Godec T L,Crooks I,Scott K,et al. *In vitro* mutagenicity of gas-vapour phase extracts from flavoured and unflavoured heated tobacco products[J]. Toxicology Reports,2019,6:1155-1163.

[18] Salman R,Talih S,El-Hage R,et al. Free-base and total nicotine,reactive oxygen species,and carbonyl emissions from IQOS,a heated tobacco product[J]. Nicotine & Tobacco Research,2019,21(9):1285-1288.

[19] 王康,柳均,肖少红,等.GC-TCD 法同时检测加热不燃烧卷烟气溶胶水分,及烟碱、丙三醇、1,2-丙二醇、三乙酸甘油酯和薄荷醇的释放量[J].烟草科技,2019,52(3):63-68.

[20] Uchiyama S,Noguchi M,Takagi N,et al. Simple determination of gaseous and particulate compounds generated from heated tobacco products[J]. Chemical Research in Toxicology,2018,31(7):585-593.

[21] Savareear B,Escobar-Arnanz J,Brokl M,et al. Non-targeted analysis of the particulate phase of heated tobacco product aerosol and cigarette mainstream tobacco smoke by thermal

desorption comprehensive two-dimensional gas chromatography with dual flame ionisation and mass spectrometric detection [J]. Journal of Chromatography A,2019,1603:327-337.

[22] Chen X,Bailey P C,Yang C,et al. Targeted characterization of the chemical composition of JUUL systems aerosol and comparison with 3R4F reference cigarettes and IQOS heat sticks [J]. Separations,2021,8(10):168.

[23] 彭新辉,孙建华,孙楠,等.甘油受控热解气溶胶中甲醛和乙醛含量的影响因素考察[J].湖南师范大学自然科学学报,2022,45(6):125-129.

[24] Savareear B,Escobar-Arnanz J,Brokl M,et al. Comprehensive comparative compositional study of the vapour phase of cigarette mainstream tobacco smoke and tobacco heating product aerosol [J]. Journal of Chromatography A,2018,1581-1582:105-115.

[25] Forster M,Fiebelkorn S,Yurteri C,et al. Assessment of novel tobacco heating product THP 1.0. Part 3:Comprehensive chemical characterisation of harmful and potentially harmful aerosol emissions[J]. Regulatory Toxicology and Pharmacology,2018,93:14-33.

[26] Bekki K,Uchiyama S,Inaba Y,et al. Analysis of furans and pyridines from new generation heated tobacco product in Japan [J]. Environmental Health and Preventive Medicine,2021,26(1):89.

[27] 刘鸿,陶立奇,陆怡峰,等.加热烟草制品(HTPs)气溶胶成分的 MD-GC/MS 分析 [J].中国烟草学报,2020,26(03):9-14.

[28] Ji H,Jin Z. Analysis of six aromatic amines in the mainstream smoke of tobacco products[J]. Analytical and Bioanalytical Chemistry,2022,414(14):4227-4234.

[29] Davis B,Williams M,Talbot P. iQOS:Evidence of pyrolysis and release of a toxicant from plastic[J]. Tobacco Control,2019,28(1):34-41.

[30] Kim Y H,An Y J,Shin J W. Carbonyl compounds containing formaldehyde produced from the heated mouthpiece of tobacco sticks for heated tobacco products[J]. Molecules,2020,25(23):5612.

[31] Auer R,Concha-Lozano N,Jacot-Sadowski I,et al. Heat-not-burn tobacco cigarettes:Smoke by any other name[J]. JAMA Internal Medicine,2017,177(7):1050-1052.

[32] Dusautoir R,Zarcone G,Verriele M,et al. Comparison of the chemical composition of aerosols from heated tobacco products, electronic cigarettes and tobacco cigarettes and their toxic impacts on the human bronchial epithelial BEAS-2B cells [J]. Journal of Hazardous Materials,2021,401:123417.

[33] Amorós-Pérez A,Cano-Casanova L,Román-Martínez M D C,et al. Solid matter and soluble compounds collected from cigarette smoke and heated tobacco product aerosol using a laboratory designed puffing setup [J]. Environmental Research,2022,206:112619.

[34] Kärkelä T,Tapper U,Kajolinna T. Comparison of 3R4F cigarette smoke and IQOS heated tobacco product aerosol emissions [J]. Environmental Science and Pollution Research International,2022,29(18):27051-27069.

[35] Ghosh D,Jeannet C. An improved Cambridge filter pad extraction methodology to obtain more accurate water and "tar" values:In situ Cambridge filter pad extraction methodology[J]. Beiträge zur Tabakforschung International,2014,26(2):38-49.

[36] 李翔宇,许蔼飞,姜兴益,等.原位萃取法测定加热卷烟气溶胶中的水分和焦油[J].烟草科技,2022,55(2):70-76.

[37] 王颖,杨文彬,王冲,等.加热不燃烧卷烟产品主流烟气中香味成分的比较[J].食品与机械,

2019,35(6):64-68.

[38]　张丽,王维维,张小涛,等.加热不燃烧卷烟气溶胶中主要成分的转移行为[J].烟草科技,2019,52(03):46-55.

[39]　马扩彦,刘义波,唐杰,等.聚乳酸膜材料在加热卷烟中的应用研究[J].中国烟草学报,2022,28(3):9-16.

[40]　Cancelada L,Sleiman M,Tang X,et al. Heated tobacco products:Volatile emissions and their predicted impact on indoor air quality[J]. Environmental Science & Technology,2019,53(13):7866-7876.

[41]　蔡君兰,陈黎,刘绍锋,等.电子烟气溶胶的研究进展[J].中国烟草学报,2016,22(1):138-146.

[42]　樊美娟,赵乐,崔华鹏,等.电子烟中化学成分风险研究进展[J].中国烟草学报,2018,24(3):120-129.

[43]　Pellegrino R M,Tinghino B,Mangiaracina G,et al. Electronic cigarettes:An evaluation of exposure to chemicals and fine particulate matter(PM)[J]. Annali di Igiene:Medicina Preventiva e di Comunita,2012,24(4):279-288.

[44]　Laugesen M. Safety report on the ruyan ® e-cigarette cartridge and inhaled aerosol[J]. Christchurch:Health New Zealand Ltd.,2008. http://www. healthnz. co. nz/RuyanCartridgeReport30-Oct-08. pdf(accessed 25 Oct. 2013).

[45]　黄平,黄建国,文雅萍,等.两种电子烟气溶胶中1,2-丙二醇、丙三醇、烟碱及甲醛的逐口释放行为[J].烟草科技,2021,54(7):70-75.

[46]　Goniewicz M L,Kuma T,Gawron M,et al. Nicotine levels in electronic cigarettes[J]. Nicotine & Tobacco Research,2013,15(1):158-166.

[47]　Trehy M L,Ye W,Hadwiger M E,et al. Analysis of electronic cigarette cartridges,refill solutions,and smoke for nicotine and nicotine related impurities[J]. J. Liq. Chromatogr. Relat. Technol.,2011,34:1442-1458.

[48]　Westenberger B J. Evaluation of e-cigarettes[J]. Washington,DC:U. S. Food and Drug Administration,2009. http://www. fda. gov/ downloads/drμgs/scienceresearch/ucm173250. pdf (accessed 25 Oct. 2013).

[49]　Farsalinos K,Gillman G,Poulas K,et al. Tobacco-specific nitrosamines in electronic cigarettes:Comparison between liquid and aerosol levels [J]. International Journal of Environmental Research and Public Health,2015,12:9046-9053.

[50]　Kosmider L,Sobczak A,Fik M,et al. Carbonyl compounds in electronic cigarette vapors:Effects of nicotine solvent and battery output voltage [J]. Nicotine & Tobacco Research,2014,16(10):1319-1326.

[51]　Ohta K,Uchiyama S,Inaba Y,et al. Determination of carbonyl compounds generated from the electronic cigarette using coupled silica cartridges impregnated with hydroquinone and 2,4-dinitrophenylhydrazine[J]. Bunseki Kagaku,2011,60:791-797.

[52]　Uchiyama S,Inaba Y,Kunugita N. Determination of acrolein and other carbonyls in cigarette smoke using coupled silica cartridges impregnated with hydroquinone and 2,4-dinitrophenylhydrazine[J]. Journal of Chromatography A,2010,1217:4383-4388.

[53]　Williams M,Villarreal A,Bozhilov K,et al. Metal and silicate particles including nanoparticles are present in electronic cigarette cartomizer fluid and aerosol[J]. PLoS One,2013,8(3):e57987.

[54]　Ho-Sang Shin,Young-Hwan Cho. Use of a gas-tight syringe sampling method for the

determination of tobacco-specific nitrosamines in E-cigarette aerosols by liquid chromatography-tandem mass spectrometry [J]. Anal. Methods,2015,7:4472-4480.

［55］ Study to Determine Presence of TSNAs in NJOY Vapor［EB/OL］.［2009-12-09］ http://vapersclub. com/NJOYvaporstudy. pdf.

［56］ Vincent V,Konstantinos F,et al. Toxicity assessment of refill liquids for electronic cigarettes [J]. Int. J. Environ. Res. Public Health,2015,12:4796-4815.

［57］ Public Health England. E-cigarettes:An evidence update. A report commissioned by Public Health England［EB/OL］. 2015-08［2016-05-30］. https://www. gov. uk/.

［58］ Melvin M S,Gillman G,Humphries K E. Aerosol production and analysis of electronic cigarettes using a linear smoking machine［C］. 67th Tobacco Science Research Conference,2013.

［59］ Gerardo A,Smith C A. Chemical analysis of electronic cigarette smoke［C］. Abstracts of Papers,240th ACS National Meeting,Boston,MA,United States,August 22-26,2010.

［60］ AFNOR. XP D90-300-2:Electronic cigarettes and e-liquids-Part 2:Requirements and test methods for e-liquids［EB/OL］. 2015-03-11［2015-05-20］. http://www. afnor. org.

［61］ BSI. PAS 54115,Manufacture,importation,testing,and labelling of vaping products,including electronic cigarettes,e-shisha and directly-related products-Code of practice［EB/OL］. 2015-07［2015-07-29］. http://www. bsigroup. com/.

［62］ AEMSA. E-liquid manufacturing standards version 2. 0［EB/OL］. 2014-02［2015-04-29］. http://www. aemsa. org/.

［63］ FDA. Premarket tobacco product applications for electronic nicotine delivery systems guidance for industry(DRAFT GUIDANCE)［EB/OL］. 2016-05［2016-09-29］. https://www. fda. gov/downloads/TobaccoProducts/Labeling/RulesRegulationsGuidance/UCM499352. pdf.

［64］ Martin S,Rawlinson C,Davis P. Chemical characterization of e-device aerosols［R］. CORESTA ST 02,2013.

［65］ 黄正旭,高伟,董俊国,等.实时在线单颗粒气溶胶飞行时间质谱仪的研制[J].质谱学报,2010,31(6):331-336,341.

［66］ 李梅,董俊国,黄正旭,等.单颗粒气溶胶飞行时间质谱仪分析香烟烟气气溶胶[J].分析化学,2012,40(6):936-939.

［67］ 周烽,谭国斌,冯艳丽,等.在线飞行时间质谱仪分析香烟烟气[J].分析试验室,2012,31(10):31-35.

［68］ 粘慧青,庄雯,李梅,等.在线单颗粒气溶胶质谱仪在香烟口感及烟气气溶胶老化过程检测中的应用[C].十一届全国气溶胶会议暨第十届海峡两岸气溶胶技术研讨会,2013:526-532.

［69］ 张晶,王良玉,张韫宏.FTIR技术应用于香烟烟气的分析[J].光谱学与光谱分析,2008,28(4):821-824.

［70］ Morie G P,Baggett M S. Observations on the distribution of certain tobacco smoke components with respect to particle size［J］. Beiträge zur Tabakforschung/Contributions to Tobacco Research,1977,9(2):72-78.

［71］ Wang H B,Li X,Guo J W,et al. Distribution of toxic chemicals in particles of various sizes from mainstream cigarette smoke［J］. Inhalation Toxicology,2016,28(2):89-94.

［72］ Yoshiaki Ishizu,Takashi Okada. Determination of particle size distribution of small aerosol particles of unknown refractive index by a light-scattering method［J］. Journal of Colloid and Interface Science,1978,66(2):234-239.

［73］ 司晓喜,刘志华,朱瑞芝,等.卷烟主流烟气中糖和多元醇在不同粒径气溶胶中的分布研究[J].中国烟草学报,2018,24(2):1-7.

［74］ 胡永华,徐迎波,陈开波,等.卷烟烟气气相化学成分的实时分析研究进展[J].中国烟草学报,2010,16(2):78-83.

［75］ Philippe R J,Hobbs M E. Some components of gas phase of cigarette smoke[J]. Anal. Chem.,1956,28(12):2002-2006.

［76］ Cueto R,Pryor W. Cigaret smoke chemistry:Conversion of nitric oxide to nitrogen dioxide and reactions of nitrogen oxides with other smoke components as studied by Fourier transform infrared spectroscopy[J]. Vibr. Spectr.,1994,7(1):97-111.

［77］ Vilcins G. Determination of ethylene and isoprene in the gas phase of cigarette smoke by infrared spectroscopy[J]. Beitr. Tabakforsch. Int.,1975,8(4):181-185.

［78］ Parrish M E,Lyons-Hart J L,Shafer K H. Puff-by-puff and intrapuff analysis of cigarette smoke using infrared spectroscopy[J]. Vib. Spectrosc.,2001,27(1):29-42.

［79］ Bacsik Z,McGregor J,Mink J. FTIR analysis of gaseous compounds in the mainstream smoke of regular and light cigarettes[J]. Food Chem. Toxicol.,2007,45(2):266-271.

［80］ Thomas A,Richard R B,Zimmermann R. Characterization of puff-by-puff resolved cigarette mainstream smoke by single photon ionization-time-of-flight mass spectrometry and principal component analysis[J]. J. Agric. Food Chem.,2007,55:2055-2061.

［81］ Thomas A,Stefan M,Thorsten S,et al. Puff-by-puff resolved characterisation of cigarette mainstream smoke by single photon ionisation (SPI)-time-of-flight mass spectrometry (TOFMS):Comparison of the 2R4F research cigarette and pure Burley,Virginia,Oriental and Maryland tobacco cigarettes[J]. Analytica Chimica Acta,2006,572:219-229.

［82］ Zimmermann R,Romy H S,Ehlert S,et al. Highly time-resolved imaging of combustion and pyrolysis product concentrations in solid fuel combustion:NO formation in a burning cigarette [J]. Anal. Chem.,2015,87:1711-1717.

［83］ Romy H S,Ehlert S,Streibel T,et al. High-resolution time and spatial imaging of tobacco and its pyrolysis products during a cigarette puff by microprobe sampling photoionisation mass spectrometry[J]. Anal. Bioanal. Chem.,2015,407:2293-2299.

［84］ 蒋成勇,王慧,孙世豪,等.APCI-MS/MS法快速测定环境烟气中的丙烯腈、巴豆醛、吡啶和喹啉[J].烟草科技,2013(2):30-34.

［85］ 陈敏,王申,郑赛晶,等.离子分子反应质谱(IMR-MS)在线逐口检测卷烟主流烟气中重要气相成分[J].中国烟草学报,2013,19(5):1-5.

［86］ 崔华鹏,于永杰,陈黎,等.电喷雾萃取电离质谱在线检测卷烟主流烟气[J].质谱学报,2016,37(2):114-120.

［87］ Stober W. Generation,size distribution and composition of tobacco smoke aerosols[J]. Recent Advances in Tobacco Science,1982.

［88］ 顾彩香,李庆柱,李磊,等.几种测量纳米粒子粒径方法的比较研究[J].机械设计,2008,25(5):12-14.

［89］ Ugolnikov O S,Maslov I A. Stratospheric aerosol particle size distribution based on multi-color polarization measurements of the twilight sky[J]. Journal of Aerosol Science,2018,117:139-148.

［90］ 徐涛,高玉成,武星.对于光阻法在对小粒径微粒检测时的原理分析[J].仪器仪表学报,2005,26(1):13-16,22.

[91] 张振中,白宏刚.颗粒粒径的光散射法测量研究[J].山西科技,2011,26(1):89-91,93.

[92] 贾伟萍,鲁端峰,常纪恒,等.基于在线冲击的烟气气溶胶浓度检测方法[J].烟草科技,2010(12):5-7,20.

[93] Meišutovič-Akhtarieva M,Prasauskas T,Čiužas D,et al. Impacts of exhaled aerosol from the usage of the tobacco heating system to indoor air quality:A chamber study[J]. Chemosphere, 2019,223:474-482.

[94] Kane D B,Li W. Particle size measurement of electronic cigarette aerosol with a cascade impactor[J]. Aerosol Science and Technology,2021,55:205-214.

[95] Thomas M. Peters,Hung Min Chein,Dale A. Lundgren,et al. Comparison and combination of aerosol-size distributions measured with a low-pressure impactor,differential mobility particle sizer,electrical aerosol analyzer,and aerodynamic particle sizer[J]. Aerosol Science & Technology,1993,19(3):396-405.

[96] 呼剑.基于超声衰减谱法的纳米颗粒和水煤浆的粒度表征研究[D].上海:上海理工大学,2011.

[97] Chen S J,Liao S H,Jian W J,et al. Particle size distribution of aerosol carbons in ambient air [J]. Environment International,1997,23(4):475-488.

[98] 吴成宝,盖国胜,杨玉芬,等.图像处理方法在粉体粒度分布测量中的应用[J].材料导报,2011, 25(6):5-8.

[99] Wang Y,Fan S,Feng X,et al. Regularized inversion method for retrieval of aerosol particle size distribution function in W(1,2) space[J]. Applied Optics,2006,45(28):7456-7467.

[100] Salam A,Mamoon H A,Ullah M B,et al. Measurement of the atmospheric aerosol particle size distribution in a highly polluted mega-city in Southeast Asia (Dhaka-Bangladesh)[J]. Atmospheric Environment,2012,59(7):338-343.

[101] 李文凯,吴玉新,黄志民,等.激光粒度分析和筛分法测粒径分布的比较[J].中国粉体技术, 2007,13(5):10-13.

[102] Mysels K. Research and product development project status report. R. J. Reynolds. Bates 502800351. (1969) Retrieved August 1,2006,from http://tobaccodocuments. org/rjr/ 502800351-0351. html.

[103] Harrington L R,Mysels K J. A new instrument and method for analyzing the particle size of cigarette smoke. R. J. Reynolds. Bates 501002140-2219. (1971) Retrieved August 1,2006, from http://tobaccodocuments. org/product_design/501002140-2219. html.

[104] Richardson R B. Chemistry of cigarette smoke particles. Some quantitative considerations pertaining to size fractionation. British American Tobacco. Bates 570398438-8449. (1965) Retrieved August 1,2006,from http://tobaccodocuments. org/bw/955567. html.

[105] Richardson R B. Smoke particle size measurement using centrifugal sedimentation techniques. First progress report. British American Tobacco. Bates 570383705-3725. (1967) Retrieved August 1,2006,from http://tobaccodocuments. org/bw/955422. html.

[106] British American Tobacco. Application of the conifuge to the physical analysis of tobacco smoke. British American Tobacco. Bates 650360827-0896. (1970) Retrieved August 1,2006, from http://tobaccodocuments. org/bw/79205. html.

[107] Jones R T,Richardson R B. Biological tests and further filtration H measurements on smoke particle size fractions. Report No. RD. 753-R. British American Tobacco. Bates 657007003-7005. (1971) Retrieved August 1,2006,from http://tobaccodocuments. org/bw/816127. html.

［108］ Jones R T. Smoke particle size of the last puff from various cigarettes. British American Tobacco. Bates 570507144-7154A. （1975）Retrieved August 1，2006，from http：// tobaccodocuments. org/bw/955729. html.

［109］ Jones R T，Richardson R B. Particle size of smoke from various cigarettes. Report No. RD. 1143-R. British American Tobacco. Bates 650011880-1899. （1974）Retrieved August 1，2006， from http：//tobaccodocuments. org/bw/17580. html.

［110］ Ayres C I. Smoking products research progress report，January-April 1974. British American Tobacco. Bates 570303589-3600. （1974）Retrieved August 1，2006，from http：// tobaccodocuments. org/bw/952107. html.

［111］ Richardson R B. Aerosol particle growth by coagulation the effect of time and concentration. Report No. RD. 1071-F. British American Tobacco. Bates 650007908-7920. （1973）Retrieved August 1，2006，from http：//tobaccodocuments. org/bw/17441. html.

［112］ Philip Morris. Monthly progress reports，period covered April 1-30，1978. Philip Morris. Bates 2022181518-1579. （1978）Retrieved August 1，2006，from http：//tobaccodocuments. org/pm/2022181518-1579. html.

［113］ Philip Morris. Monthly progress reports，period covered December 1-30，1979. Philip Morris. Bates 1003030432-0485. （1979）Retrieved August 1，2006，from http：//tobaccodocuments. org/pm/1003030432-0485. html.

［114］ Dwyer R W. Annual accomplishments for 1980，Project 1702 Filtration physics. Philip Morris. Bates 2021639978-9980. （1981）Retrieved August 1，2006，from http：// tobaccodocuments. org/pm/2021639978-9980. html.

［115］ Farone W A. Discussions on smoke aerosol at Eastman. Philip Morris. Bates 2022193609- 3611. （1978）Retrieved August 1，2006，from http：//tobaccodocuments. org/pm/ 2022193609-3611. html.

［116］ Cox K A. 1702 Filtration physics. A method for the particle size distribution of an aerosol from multiwavelength light extinction measurements. Philip Morris. Bates 1000405850-5891. （1982）Retrieved August 1，2006，from http：//tobaccodocuments. org/pm/1000405850- 5891. html.

［117］ Dwyer R W. Quarterly report-Third quarter，1981 （Filtration physics 1702）. Philip Morris. Bates 1000797924-7926. （1981）Retrieved August 1，2006，from http：//tobaccodocuments. org/pm/1000797924-7926. html.

［118］ Philip Morris. Biochemical research. Philip Morris. Bates 2021636218-6222. （1989）Retrieved August 1，2006，from http：//tobaccodocuments. org/pm/2021636218-6222. html.

［119］ Stowe M E. Quarterly research report tobacco and smoke division，July-September，1984. R. J. Reynolds. Bates 504483279-3291. （1984）Retrieved August 1，2006，from http：// tobaccodocuments. org/rjr/504483279-3291. html.

［120］ Boldridge D W，Ingebrethsen B J. Evolution of mainstream cigarette smoke Ⅱ. Filtration and coagulation of cigarette smoke in the tobacco rod of a cigarette. R. J. Reynolds. Bates 506489473-9486. （1987）Retrieved August 1，2006，from http：// tobaccodocuments. org/rjr/ 506489473-9486. html.

［121］ Ingebrethsen B. RD&M82 011，Review of particle size measurements of cigarette smoke. R. J. Reynolds. Bates 509101427-1428. （1982）Retrieved August 1，2006，from http：// tobaccodocuments. org/rjr/509101427-1428. html.

[122] Egilmez N. Aerosol particle formation during the heating of tobacco. Characterisation of particles generated using project ship samples. Report No. RD. 2043. British American Tobacco. Bates 570337889-7956. (1986) Retrieved August 1, 2006, from http://tobaccodocuments. org/bw/953406. html.

[123] Robinson D P, Greig C C. Formulation of research programmes in aerosol studies and nicotine transfer. British American Tobacco. Bates 570313841-4001. (1988) Retrieved August 1, 2006, from http://tobaccodocuments. org/bw/952578. html.

[124] Fiebelkorn R T. Measurement of smoke particle characteristics as influenced by filter ventilation. British American Tobacco. Bates 570559942-9963. (1990) Retrieved August 1, 2006, from http:// tobaccodocuments. org/bw/12199019. html.

[125] 张晓凤,戴亚,徐铭熙,等.卷烟烟气气溶胶颗粒实时观测分析[J].中国烟草学报,2007,13(6): 20-23.

[126] 沈光林,孔浩辉,李峰,等.卷烟主流烟气气溶胶分布研究[J].中国烟草学报,2009,15(5): 14-19.

[127] 段沅杏,赵伟,杨继,等.传统卷烟和电子烟烟气气溶胶粒径分布研究[J].中国烟草学报,2015, 21(1):1-5.

[128] Cambustion(上海)有限公司.DMS500快速粒径谱仪和吸烟循环模拟机的系统原理及应用 [G].上海:Cambustion(上海)有限公司,2011.

[129] Hinds W C. Size characteristics of cigarette smoke [J]. American Industrial Hygiene Association Journal,1978,39(1):48-54.

第 3 章
传统卷烟气溶胶理化特性及影响因素

3.1　传统卷烟气溶胶形成原理及简介

卷烟燃烧是烟草在空气和火源存在下燃烧的过程,主要包括蒸馏热解区和燃烧氧化区,通过消耗烟草产生高度复杂的混合气溶胶(图 3.1)。由于抽吸过程的存在,在阴燃和抽吸燃烧状态之间交替,阴燃燃烧温度在 650 ℃ 左右,抽吸燃烧时温度迅速上升至 900 ℃ 以上并产生主流烟气,在阴燃和抽吸时产生的主要化学物质的相对浓度也不同[1]。

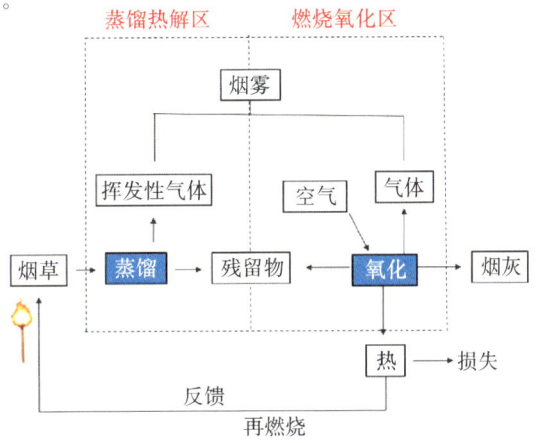

图 3.1　传统卷烟吸燃过程原理流程图

不同卷烟的配方结构不同,包括叶组配方、加工工艺配方、香糖料配方和"三纸一棒"配方的差异,导致所产生的烟气的理化性质存在差异,并形成不同的卷烟风格特征。研究卷烟烟气的粒径分布特性和烟气气溶胶化学成分的差异、影响因素及调控技术,可为卷烟的开发和设计提供指导。

不同卷烟烟气化学成分的差异会影响卷烟烟气的感官品质。赵娟[2]研究了 10 种市售成品卷烟的风格特征的成因,通过对样品主流烟气和感官特性进行 PLSR 分析,发现正十四烷与大部分品质特性呈显著正相关,2-甲基-2-环戊烯-1-酮与大部分品质特性呈显著负相关。此外,2-糠醛、2-甲基-2-环戊烯-1-酮与收敛呈显著负相关,正十四烷与收敛呈显著正相关,2-糠醛、2-甲基-2-环戊烯-1-酮、尼古丁与喉部刺激呈显著负相关,正十四烷与喉部刺激呈显著正相关,2,6-二甲基苯酚、吲哚与劲头呈显著负相关,烟气挥发酸及高级脂肪酸与卷烟样品感官品质未呈现明显相关关系。

不同卷烟的烟气物理特性也存在差异。沈光林等[3]对卷烟主流烟气气溶胶分布进行了研究,按照标准吸烟条件对4种卷烟进行了测试,发现不同卷烟主流烟气气溶胶分布有一定的差异,烟气气溶胶浓度随抽吸口数增加而增加,所测试的A、D样品卷烟气溶胶最高浓度粒径出现在 $0.261\sim0.381\ \mu m$,B、C样品卷烟气溶胶最高浓度粒径出现在 $0.028\ \mu m$;A、D样品卷烟气溶胶平均粒径为 $0.23\ \mu m$,而B、C样品卷烟气溶胶平均粒径为 $0.16\ \mu m$;4种卷烟主流烟气气溶胶平均浓度介于 $1.09\times10^{9}\sim2.21\times10^{9}$ 个/cm³ 之间,而相应每支烟的总粒子数介于 $2.29\times10^{11}\sim3.88\times10^{11}$ 个。

3.2 传统卷烟气溶胶主要化学成分

3.2.1 不同卷烟气溶胶中主要化学成分比较

不同品牌卷烟烟气中烟碱、丙二醇和丙三醇的释放量和转移率均存在差异,转移率的差异受烟丝中原始含量、烟支结构设计和化合物本身性质影响,如保润剂含量和比例受烟丝配方中添加量的影响,还可以看出丙三醇利用效率高于丙二醇(图3.2)。

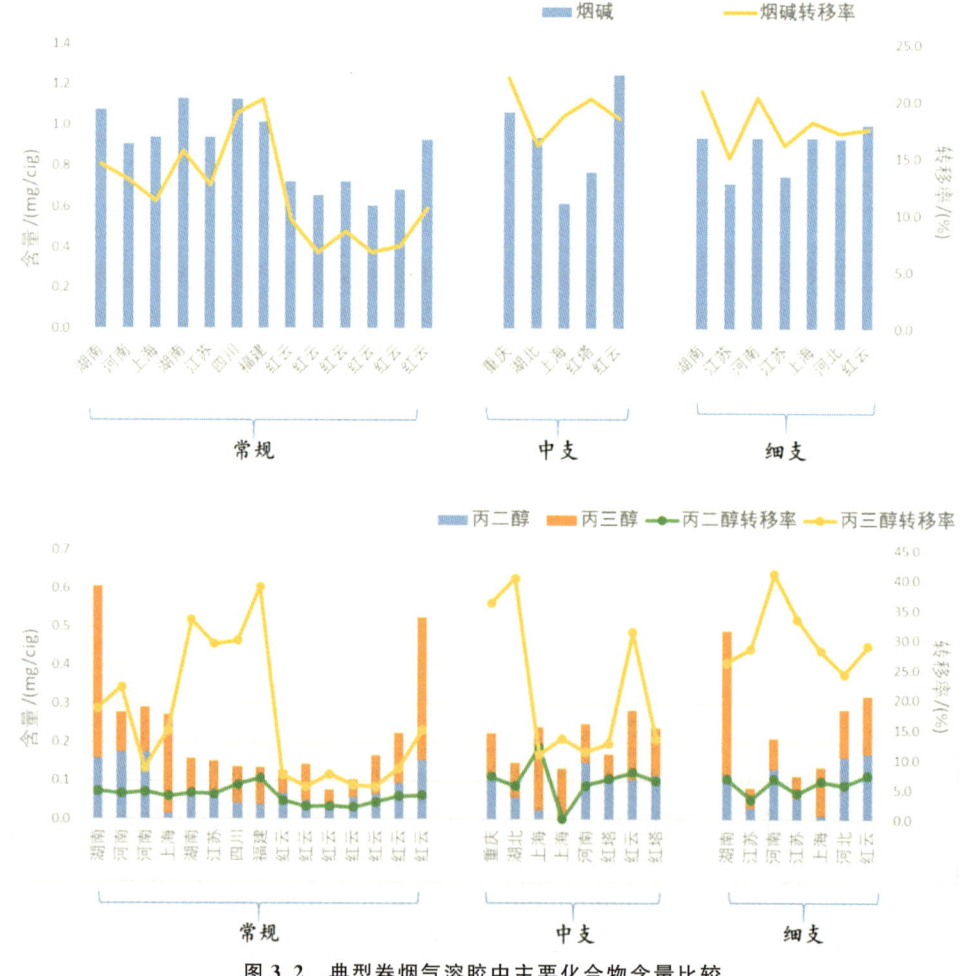

图 3.2 典型卷烟气溶胶中主要化合物含量比较

3.2.2　挥发性和半挥发性成分分析

3.2.2.1　开包香气分析

选取了 7 个代表性卷烟,通过顶空-固相微萃取对烟支开包香气成分进行了富集,选取 CTC C-WR-95/10-P1 SPME fiber 萃取头,萃取温度 30 ℃,萃取时间 20 min,解吸附时间 3 min,通过 GC-MS 进行定性分析,采用目标物与内标物(正十七烷)的峰面积比值,对目标物进行半定量分析。气溶胶中检出成分的半定量计算公式:

$$分析物含量(\mu g/cig) = (A_S/A_{IS}) \times c$$

式中:A_S——分析物的色谱峰面积;A_{IS}——内标物的色谱峰面积;c——内标物含量。

7 个品牌卷烟开包香气成分中化合物含量均存在差异(图 3.3),结合活力值分析发现,G 品牌的香气活性成分有 7 种,以果香、花香为主;D 品牌的香气活性成分有 7 种,以花香、松香、杏仁香和果香为主;E 品牌的香气活性成分有 6 种,以松香、果香和杏仁香为主;C 品牌的香气活性成分有 6 种,以果香和杏仁香为主;B 品牌的香气活性成分有 3 种,以烟碱和溶剂为主;A 品牌的香气活性成分有 5 种,以罗勒香和梨香为主;F 品牌的香气活性成分有 5 种,以果香和薄荷香为主(表 3.1)。

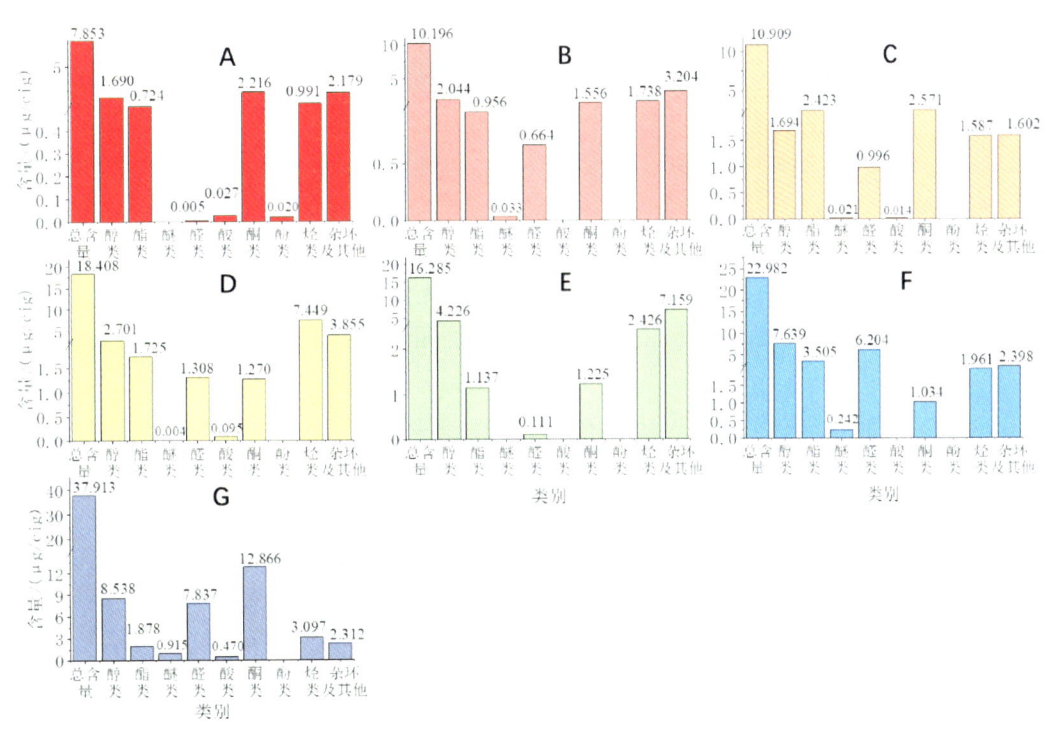

图 3.3　典型卷烟开包香气各类化合物含量比较

表 3.1　典型卷烟开包香气活性成分对比分析

卷烟品牌	化合物名称	含量/(mg/cig)	活力值	感官特性
G	乙醇	2259.220	13289.53	溶剂
	异戊酸异戊酯	210.080	4566.96	苹果、香蕉等水果香气
	烟碱	250.290	3792.27	/
	乙酸丙酯	656.880	3284.40	梨香气
	2-乙基己醇	158.360	395.90	有甜味和淡淡的花香
	仲戊醇	173.810	173.81	溶剂
	丙二醇	2530.965	158.19	溶剂

卷烟品牌	化合物名称	含量/(mg/cig)	活力值	感官特性
	反式-2-壬烯醛	3.710	41222.22	花香香精
	（＋)-α-蒎烯	108.370	20447.17	具有特征的松树香气
	乙醇	1474.207	8671.80	溶剂
D	苯甲醛	26.200	2620.00	有苦杏仁气味
	烟碱	63.913	968.38	/
	乙酸丙酯	160.407	802.03	梨香气
	丙二醇	498.540	31.16	溶剂
	α-蒎烯	62.950	174861.11	有松节油的气味
	乙醇	563.083	3312.25	溶剂
	异戊酸异戊酯	117.810	2561.09	苹果、香蕉等水果香气
E	（一)-α-蒎烯	73.480	2099.43	试剂类产品,医药中间体
	苯甲醛	18.210	1821.00	有苦杏仁气味
	烟碱	41.335	626.29	/
	乙醇	630.937	3711.39	溶剂
	乙酸丙酯	288.430	1442.15	梨香气
C	苯甲醛	13.840	1384.00	有苦杏仁气味
	烟碱	21.260	322.12	/
	丙二醇	735.400	45.96	溶剂
	2-乙酰基吡咯	20.200	10.10	苦杏仁样香气
	乙醇	343.533	2020.78	溶剂
B	烟碱	34.517	522.98	/
	丙二醇	616.130	38.51	溶剂
	乙醇	194.580	1144.59	溶剂
A	β-罗勒烯	12.080	645.99	主要存在于罗勒油中,也存在于薰衣草油、龙蒿油等精油中
	乙酸丙酯	74.793	373.97	梨香气
	烟碱	7.052	106.85	/
	丙二醇	489.850	30.62	溶剂
	异戊酸异戊酯	1021.437	22205.14	苹果、香蕉等水果香气
	乙醇	2207.243	12983.78	溶剂
F	烟碱	137.100	2077.27	/
	丙二醇	2653.835	165.86	溶剂
	薄荷醇	131.770	146.41	具有薄荷香气

3.2.2.2 烟气中香气成分分析

采用剑桥滤片捕集烟气粒相物,采用 GC/MS 进行 20 个典型卷烟主流烟气粒相物辛香、坚果香、花香、果香、酸香、酸味等风味维度成分分析,并结合各成分的感官贡献度(香气成分以香气活性值 OAV 评价,即各成分含量与其嗅觉阈值的比值;滋味成分以滋味活性值 TAV 评价,即各成分含量与滋味阈值的比值),

比较了不同风味的主要成分,结果统计于表3.2中。

焦甜香成分:4-羟基-2,5-二甲基-3(2H)-呋喃酮由于含量高、阈值低,在不同卷烟中OAV均远高于其余成分,随后OAV较高的成分依次为3,4-二甲基-1,2-环戊二酮、甲基环戊烯醇酮、乙基环戊烯醇酮等。不同类型卷烟体现了较强的共性规律,各成分贡献排序基本一致。

奶香成分:香兰素释放量中等,但阈值很低,2,3-丁二酮释放量较高,阈值也较低,这两种成分的OAV最高。乙基香兰素虽然含量很低,但较低的阈值使得其OAV仅次于香兰素和2,3-丁二酮,类似的成分还有γ-壬内酯,部分品牌中γ-壬内酯OAV甚至高于乙基香兰素,反映了不同产品设计时对奶香成分使用的风格。

豆香成分:不同卷烟中5种豆香成分的OAV排序基本一致。6-甲基香豆素由于阈值较低,OAV显著高于其余成分,对卷烟烟气豆香维度的贡献最大。除此之外,二氢香豆素的OAV大于1,对卷烟烟气豆香维度也有贡献。

坚果香成分:绝大部分成分的OAV大于1,这些成分对卷烟坚果香特征均有贡献。其中2-乙酰基吡嗪由于相对较高的含量和极低的阈值,OAV较高,此外3-乙基吡啶和2-乙酰基吡啶具有相对较高的OAV。不同卷烟产品中坚果香成分贡献的排序基本一致。

辛香成分:异丁香酚由于较高的含量和很低的阈值,OAV在所有辛香成分中最高,类似的还有丁香酚。二氢丁香酚虽然含量不高,但阈值较低,因此OAV同丁香酚接近,也相对较高;丁香醛的含量虽较高,但由于较高的嗅觉阈值,其感官贡献并不显著。其余OAV高于1的成分依次为对甲氧基苯甲醛、肉桂醛和4-烯丙基-2,6-二甲氧基苯酚。

酸香成分:卷烟样品烟气中大部分酸香成分的OAV都大于1,对卷烟烟气酸香有贡献。OAV接近或超过100的均是异戊酸、乙酸、正丁酸、正戊酸、3-甲基戊酸和4-甲基戊酸等物质,它们是烟气中最关键的酸香成分;OAV在1~50的均是3-苯基丙酸、丙酸、正己酸、4-戊烯酸、2-甲基丁酸、2-氧代丙酸、异丁酸、正庚酸和反式-2-甲基-2-丁烯酸等物质,它们对烟气酸香具有比较显著的贡献。

酸味成分:酸味成分的TAV排序基本和释放量排序吻合,这一点显示出和香气成分很大的不同。

花香成分:不同卷烟中花香成分的贡献排序基本一致。由于香叶醇和β-二氢大马酮的阈值很低,在不同品牌卷烟间,香叶醇的OAV均为最高,对卷烟烟气的花香特征贡献最大;另外,β-大马酮、α-紫罗兰酮、苯乙醛的OAV在不同品牌卷烟间也相对较高。

果香成分:除柠檬烯、异戊酸苯乙酯、1-十一醇、甲基庚烯酮在部分品牌卷烟粒相物中的OAV大于1之外,其余成分的OAV均小于1,所有成分的OAV均处在10以下的低水平范围内。

表3.2　代表性卷烟烟气粒相物中特征香气成分OAV和滋味成分TAV结果统计表

香气/滋味类型	化合物	最小值	最大值	极差	中位值	平均值
焦甜香	3-戊烯-2-酮	0.02	0.39	0.37	0.15	0.16
	2-甲基四氢呋喃-3-酮	0.01	0.03	0.02	0.02	0.02
	1-羟基-2-丁酮	7.85	31.72	23.87	14.59	16.13
	糠醛	0.26	0.62	0.36	0.36	0.38
	四氢糠醇	0.00	0.01	0.01	0.00	0.00
	2,5-二甲基-3(2H)-呋喃酮	0.13	0.35	0.22	0.20	0.21
	3-甲基-2-环戊烯-1-酮	0.57	1.91	1.34	0.95	1.02
	5-甲基糠醛	5.40	12.98	7.58	7.66	7.99
	糠醇	1.68	6.48	4.80	3.08	3.30
	5-甲基-2-呋喃甲醇	0.32	0.89	0.57	0.49	0.51

续表

香气/滋味类型	化合物	最小值	最大值	极差	中位值	平均值
焦甜香	3,5-二甲基-1,2-环戊二酮	70.73	171.52	100.79	110.60	115.82
	甲基环戊烯醇酮	442.58	964.27	521.69	606.16	632.69
	3,4-二甲基-1,2-环戊二酮	1880.37	4560.00	2679.63	2940.52	3079.33
	乙基环戊烯醇酮	361.13	699.22	338.09	483.77	508.39
	麦芽酚	69.79	132.78	62.99	93.57	97.35
	乙基麦芽酚	24.46	213.74	189.28	39.82	61.97
	4-羟基-2,5-二甲基-3(2H)-呋喃酮	11395.18	21360.19	9965.01	15474.20	16026.48
奶香	2,3-丁二酮	459.02	1075.62	616.60	698.77	762.64
	2,3-戊二酮	13.01	28.04	15.03	19.94	19.95
	2,3-己二酮	0.13	0.34	0.21	0.25	0.23
	3,4-己二酮	0.02	0.06	0.04	0.04	0.04
	2,3-庚二酮	0.01	0.03	0.02	0.01	0.02
	3-羟基-2-丁酮	2.11	9.25	7.14	4.20	4.62
	羟基丙酮	2.13	10.86	8.73	4.49	5.02
	乳酸丁酯	0.03	0.95	0.92	0.12	0.20
	γ-丁内酯	0.25	0.99	0.74	0.46	0.50
	γ-庚内酯	1.44	3.64	2.20	2.48	2.48
	γ-壬内酯	141.45	348.58	207.13	221.55	238.64
	藜芦醛	0.04	0.11	0.07	0.09	0.08
	乙基香兰素	13.19	1062.94	1049.75	213.74	335.19
	香兰素	2969.73	4986.79	2017.06	3891.55	3895.73
豆香	γ-戊内酯	0.01	0.04	0.03	0.02	0.02
	γ-己内酯	0.10	0.23	0.13	0.14	0.15
	δ-己内酯	0.12	0.22	0.10	0.17	0.18
	二氢香豆素	8.36	24.55	16.19	13.68	14.66
	6-甲基香豆素	35.13	74.78	39.65	53.82	55.50
	2-丙基吡啶	1.40	3.72	2.32	2.43	2.39
	3-乙基吡啶	29.03	52.97	23.94	36.67	37.60
	2-乙基-5-甲基吡嗪	6.08	13.94	7.86	8.74	8.75
	2-异丁基吡啶	1.58	3.78	2.20	2.53	2.46
	2-丙基吡嗪	1.88	12.35	10.47	6.30	6.98
坚果香	2-乙基-3,5-二甲基吡嗪	0.79	3.64	2.86	1.52	1.71
	2,3-二乙基-5-甲基吡嗪	0.00	0.51	0.50	0.23	0.22
	2-乙酰基吡啶	9.58	17.91	8.33	11.92	12.45
	5-甲基-6,7-二氢-5H-环戊并吡嗪	2.31	5.38	3.07	3.68	3.58
	2-乙酰基-3-甲基吡嗪	0.47	1.65	1.18	0.88	0.93
	2-乙酰基吡嗪	3.77	7.21	3.44	4.87	5.05

续表

香气/滋味类型	化合物	最小值	最大值	极差	中位值	平均值
辛香	苯甲醚	0.22	0.79	0.57	0.44	0.46
	2-甲基苯甲醚	0.25	0.60	0.35	0.43	0.44
	6-甲基-3,5-戊二烯-2-酮	3.01	5.77	2.75	4.00	4.08
	2-甲基苯并呋喃	2.79	7.79	5.00	4.32	4.60
	4-烯丙基苯甲醚	0.05	0.33	0.28	0.11	0.12
	α-松油醇	3.40	6.52	3.12	4.47	4.50
	香芹酮	19.48	44.69	25.21	30.01	30.08
	对苯二甲醚	6.31	10.86	4.55	7.86	7.93
	4-异丙基苯甲醛	1.79	3.22	1.43	2.29	2.34
	4-(2-呋喃基)-3-丁烯-2-酮	28.40	53.82	25.43	38.95	39.66
	甲基丁香酚	0.21	0.71	0.49	0.38	0.40
	对甲氧基苯甲醛	0.96	22.71	21.75	1.59	2.88
	肉桂醛	16.40	33.26	16.87	22.89	23.18
	二氢丁香酚	3.02	5.85	2.83	4.63	4.57
	丁香酚	11.59	63.04	51.44	21.29	23.31
	异丁香酚甲醚	0.24	0.62	0.38	0.35	0.39
	百里香酚	1.36	3.17	1.82	2.09	2.16
	香芹酚	0.98	8.76	7.77	5.03	4.08
	肉桂醇	0.75	2.12	1.37	0.96	1.06
	对烯丙基苯酚	6.43	10.81	4.38	8.05	8.16
	异丁香酚	81.36	154.65	73.29	123.59	122.89
	4-烯丙基-2,6-二甲氧基苯酚	13.57	24.15	10.58	18.48	18.75
	丁香醛	44.80	67.07	22.27	57.32	56.00
	尼泊金丙酯	0.90	4.52	3.62	2.06	2.34
酸香	乙酸	929.13	1356.60	427.47	1186.90	1175.23
	丙酸	21.94	31.43	9.49	25.94	26.07
	异丁酸	6.23	9.29	3.06	7.74	7.58
	正丁酸	174.88	259.26	84.38	223.74	220.74
	2-氧代丙酸	14.44	95.44	81.00	29.81	36.75
	2-甲基丁酸	7.73	13.50	5.77	11.08	11.12
	巴豆酸	10.67	15.75	5.08	13.33	13.31
	异戊酸	1334.08	1975.42	641.34	1662.61	1635.77
	4-戊烯酸	15.17	21.70	6.53	18.70	18.63
	正戊酸	126.14	182.04	55.90	153.35	154.87
	2-氧代丁酸	7.70	20.89	13.19	12.10	13.14
	2-乙基丁酸	0.01	0.01	0.00	0.01	0.01

续表

香气/滋味类型	化合物	最小值	最大值	极差	中位值	平均值
酸香	2-甲基戊酸	0.46	0.91	0.45	0.63	0.62
	3-甲基-2-丁烯酸	0.89	1.38	0.49	1.11	1.11
	反式-2-甲基-2-丁烯酸	1.93	2.97	1.04	2.52	2.49
	3-甲基戊酸	109.44	187.07	77.63	143.91	146.77
	4-甲基戊酸	117.64	172.80	55.16	146.01	147.45
	正己酸	11.68	17.75	6.07	14.28	14.13
	2-甲基-2-戊烯酸	0.25	0.48	0.23	0.38	0.37
	2-甲基己酸	0.03	0.09	0.06	0.05	0.05
	乙酰丙酸	0.29	0.40	0.11	0.34	0.35
	正庚酸	1.46	2.83	1.37	2.17	2.17
	3-苯基丙酸	21.24	30.91	9.67	25.11	25.22
	3-甲氧基苯甲酸	0.02	0.04	0.02	0.03	0.03
	肉桂酸	1.04	1.62	0.58	1.15	1.21
酸味	乳酸	138.20	427.00	288.80	221.58	221.84
	2-羟基乙酸	15.38	27.53	12.15	20.95	20.56
	2-羟基丁酸	5.41	7.48	2.07	6.46	6.46
	3-羟基丙酸	10.70	16.98	6.28	13.12	13.24
	3-甲基-2-羟基丁酸	0.89	1.54	0.65	1.09	1.13
	4-甲基-2-羟基戊酸	0.50	0.70	0.20	0.62	0.61
	丁二酸	26.62	43.80	17.18	35.19	35.10
	2,3-二羟基丙酸	9.69	16.26	6.57	12.70	12.63
	衣康酸	0.35	0.79	0.44	0.54	0.53
	丁二烯酸	0.08	0.49	0.41	0.13	0.15
	苹果酸	4.11	6.65	2.54	5.07	5.07
花香	苯乙醛	58.95	187.39	128.44	128.86	126.94
	苯乙醇	20.37	60.67	40.30	39.70	40.27
	邻甲基苯乙酮	3.05	18.79	15.74	10.38	10.61
	香叶醇	329.63	665.63	336.00	515.13	517.13
	正癸醇	4.58	8.78	4.20	7.14	6.89
	苯亚甲基丙酮	2.69	6.08	3.39	4.58	4.37
	β-大马酮	101.85	211.26	109.41	178.06	167.21
	β-二氢大马酮	244.97	1560.49	1315.52	437.47	496.13
	α-紫罗兰酮	94.66	186.16	91.50	156.24	148.21
	香叶基丙酮	8.25	17.78	9.53	15.31	14.28
果香	乙酸丁酯	0.01	0.04	0.02	0.03	0.02
	5-甲基-3-己烯-2-酮	0.10	0.52	0.42	0.17	0.21

香气/ 滋味类型	化合物	最小值	最大值	极差	中位值	平均值
果香	甲基庚烯酮	0.39	1.77	1.38	0.91	0.96
	柠檬烯	0.74	2.91	2.17	1.50	1.62
	苄醇	0.13	0.32	0.19	0.26	0.24
	异戊酸异戊酯	0.14	1.18	1.04	0.31	0.43
	1-十一醇	0.53	1.16	0.64	0.84	0.84
	异戊酸苯乙酯	4.32	11.19	6.87	9.22	8.43
	二氢猕猴桃内酯	0.08	0.22	0.14	0.17	0.17

3.3 传统卷烟气溶胶中典型化学成分在不同粒径烟气中的分布研究

3.3.1 生物碱类在不同粒径烟气气溶胶中的分布研究

烟草生物碱是极为重要的烟气化学成分,包括烟碱、降烟碱、麦斯明、烟碱烯、新烟碱、2,3'-联吡啶、可替宁等,这些生物碱主要源于烟叶中生物碱的热解转化和直接转移,直接影响烟气化学性质和感官特征,是烟草制品满足感和愉悦感的主要来源。生物碱主要分布在卷烟烟气的粒相物中,目前对烟气气溶胶中生物碱只开展了烟碱的粒径分布研究。Morie 等[4]采用阶式碰撞取样器从 0.25 μm 到 1.0 μm 分 4 个粒径级别捕集未稀释的卷烟烟气,发现烟碱含量、烟碱在单位质量粒相物中的比例(即浓度)均呈先增大后减小的趋势,在中间粒径 0.5 μm 和 0.75 μm 的粒相物中达到最大值。Ishizu 等[5]采用气溶胶光谱仪研究发现烟碱主要富集在 0.08 μm 的卷烟气溶胶粒相物中。Wang 等[6]采用电子低压撞击器(ELPI)分级捕集经压缩空气稀释的卷烟气溶胶,发现烟碱主要分布在气溶胶粒径为 0.14~0.72 μm 的粒相物中,并呈先增加后减小的趋势,但烟碱在小于 0.1 μm、0.1~1.0 μm 和大于 1.0 μm 3 个粒径级别中的浓度差别较小。可以看出,不同方法测定均发现烟碱集中分布在中间粒径(0.1~1.0 μm)的粒相物中,但不同研究发现烟碱浓度的粒径分布不同,可能是捕集条件如卷烟抽吸方式、烟气进行稀释或不稀释、实验的温度和湿度、卷烟设计等的差异,导致研究结果存在差异[7]。采用单通道吸烟机-ELPI 分 12 级捕集卷烟主流烟气的气溶胶粒相物,进一步研究了烟气气溶胶粒相物中 7 种生物碱含量和浓度与气溶胶粒相物粒径的关系。

3.3.1.1 实验方法

卷烟样品:卷烟叶组配方组成为上部烟叶 34%,中部烟叶 23%,下部烟叶 15%,梗丝 28%;不进行外加香,加入 0.5% 丙二醇。样品在实验前于温度 22 ℃、湿度 60% 下平衡 48 h 以上。

采用单通道吸烟机连续抽吸 10 支卷烟,每支卷烟抽吸 6 口,按照 2.4.2.1 节的方法将不同粒径的烟气粒相物分 12 级捕集于聚酯薄膜上。捕集后的聚酯薄膜分别按照级别 1~3、4、5、6、7、8、9~12 合并,加入 10 mL 二氯甲烷、2.5 mL 5% 的氢氧化钠溶液、0.1 mL 浓度为 100 mg/L 的喹啉-D7 内标溶液,密闭后放入超声波水浴中于常温下提取 15 min。离心后吸取下层清液经无水硫酸钠除水,进行 GC-MS 分析。

3.3.1.2 分析方法建立及评价

样品前处理方法条件选择:烟草生物碱通常与有机酸或无机酸结合以盐的形式存在,采用有机溶剂提取法、加酸-碱提取法、加碱提取法进行提取。采用有机溶剂直接提取,操作简便,但提取出的杂质较多;采用加碱提取法,结合态生物碱在强碱性条件下转化为游离态,可提高生物碱的提取率,且方法简便,提取出的水溶性杂质少;采用加酸-碱提取法,先用酸提取使生物碱与酸生成盐后易溶于水,采用有机溶剂萃取可去除一些中性和酸性成分,再加碱使生物碱游离出,该法净化效果较好,但操作烦琐,多步操作可能造成目标物损失。实验表明,采用加碱提取法通过碱液与结合态生物碱作用使生物碱游离出,明显提高了生物碱的提取率。采用醇类有机溶剂进行提取,降烟碱和新烟碱的提取率明显低于加碱提取法,可能是由于有机溶剂能提取出游离生物碱,而对结合态生物碱的提取量较低。采用加酸-碱提取法,部分生物碱(包括烟碱、麦斯明、烟碱烯、新烟碱、2,3′-联吡啶)的提取率低于加碱提取法(41%~59%),可能在多步萃取和反萃取操作中造成了生物碱的损失。

分析方法评价:卷烟气溶胶样品的色谱分离图见图3.4,分析物峰形良好,分析所需时间短。7种生物碱在测定的浓度范围内线性关系良好,方法检出限低于 14.84 ng/cig,相对标准偏差小于6.4%,回收率为85.5%~124.8%。

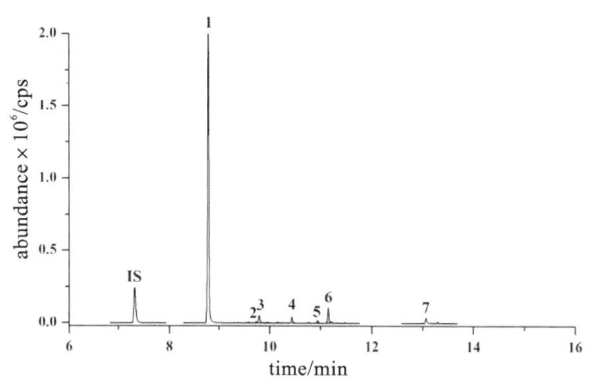

图 3.4 气溶胶样品的气相色谱/质谱选择离子流图
1—烟碱;2—降烟碱;3—麦斯明;4—烟碱烯;5—新烟碱;6—2,3′-联吡啶;7—可替宁

3.3.1.3 卷烟气溶胶中生物碱类物质的测定和粒径分布研究结果

图3.5显示了不同粒径气溶胶中检测到的各生物碱的含量,结果显示捕集的气溶胶中烟碱含量最高,其他6种生物碱含量较低。7种生物碱主要集中分布在中等粒径的粒相物中(0.144~0.722 μm),在粒径 0.431 μm 的粒相物中含量最高,与捕集的粒相物质量分布基本一致,小于 0.07 μm 或大于 1.166 μm 的粒相物中则分布较少或者未能检出。图3.5进一步比较了7种生物碱在不同粒径粒相物中的浓度(不同粒径中各生物碱质量与捕集的粒相物质量之比,以百分比表示)分布,结果显示7种生物碱在不同粒径气溶胶中的浓度基本趋于一致,表明7种生物碱浓度随气溶胶的粒径分布无特异性。

3.3.2 酚类在不同粒径烟气气溶胶中的分布研究

酚类化合物是卷烟烟气气溶胶中一类重要物质,一些简单酚类如苯酚、苯二酚、甲基苯酚等都有特殊的刺激性气味,通常认为是烟气有害成分。于宏晓等[8]报道采用添加碳空心材料的嘴棒使主流烟气酚类有害成分降低率达到30%以上时,卷烟的感官质量发生了明显的变化。另一方面,酚类物质也会影响烟气的香气品质,一些酚类具有特定的香气或能使烟气增加奇异的味道,如对甲基苯酚具涩味、2,6-二甲基苯酚具甜味、4-乙基愈创木酚具甜和香草味、丁香酚具芳香和沉闷的味道,以及苯酚具甜味和药物气味等。丁香酚、4-甲基愈创木酚等已作为香精中的重要配方之一[9]。采用单通道吸烟机-ELPI分12级捕集卷烟主流烟气气溶胶粒相物,通过超高效液相色谱-荧光检测方法测定14种酚类物质在不同粒径烟气气溶胶中的分布,以全面展示其与烟气安全性以及烟气感官特性等的联系。

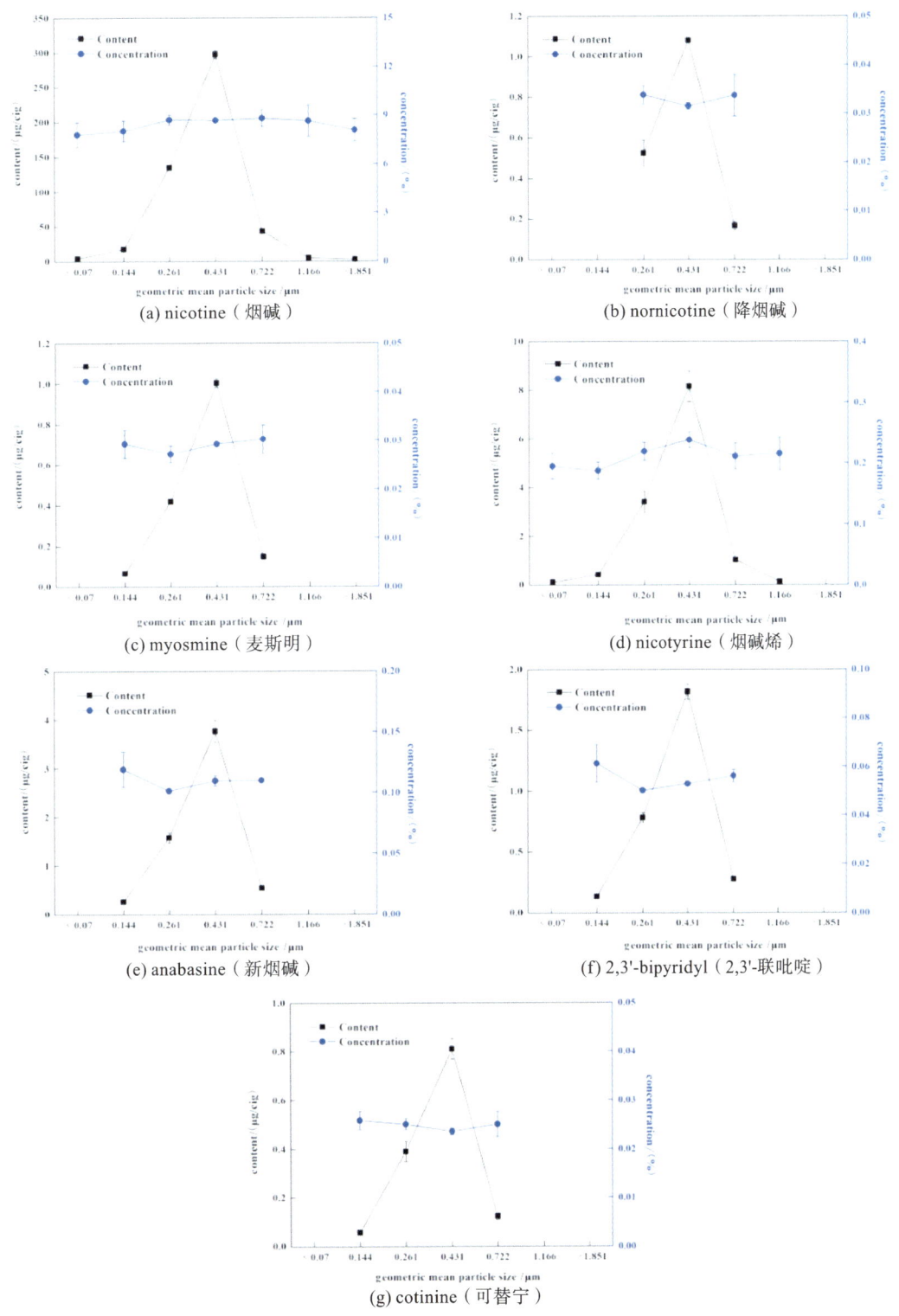

图 3.5　7 种生物碱在气溶胶粒相物上的分布（$n=3$）

3.3.2.1　实验方法

卷烟样品同 3.3.1.1。采用单通道吸烟机连续抽吸 10 支卷烟，按照 2.4.2.1 节的方法将不同粒径的烟气粒相物分 12 级捕集于聚酯薄膜上。捕集后的聚酯薄膜分别按照级别 1～3、4、5、6、7、8、9～12 合并，分别加入 5 mL 1‰的乙酸水溶液，常温下超声萃取 30 min，分别进行 HPLC 测定。荧光检测的测定波长见表 3.3，实际样品的色谱分离图见图 3.6。

表 3.3　荧光检测的测定波长

序号	化合物	最大激发波长/nm	最大发射波长/nm	选择的激发波长/nm	选择的发射波长/nm	保留时间/min	LOQs/(ng/cig)	回收率/(%)(n=3)
1	对苯二酚	295	325	295	325	1.83	2.8	96.8~111.7
2	间苯二酚	273	302	272	300	2.93	1.6	95.3~106.9
3	邻甲基对苯二酚	295	325	295	325	3.32	3.8	87.7~102.2
4	邻苯二酚	274	310	275	310	4.03	1.5	95.2~112.4
5	苯酚	271	297	272	300	6.98	0.6	93.6~115.0
6	愈创木酚	274	308	275	310	8.99	1.0	93.5~110.3
7	(间、对)-甲酚	276	305	275	310	11.64	0.5	92.0~112.3
8	邻甲酚	272	298	272	300	11.96	0.4	94.1~106.3
9	4-甲基愈创木酚	278	312	275	310	13.24	0.9	93.9~112.9
10	2,6-二甲基苯酚	270	298	272	300	16.11	0.7	86.0~108.6
11	2-乙基苯酚	272	299	272	300	17.02	0.7	82.3~94.7
12	4-乙基愈创木酚	278	310	275	310	17.61	1.3	91.2~108.6
13	丁香酚	299	333	295	325	19.06	1.5	80.1~91.2
14	异丁香酚	275	318	275	310	20.07	0.4	83.3~96.7

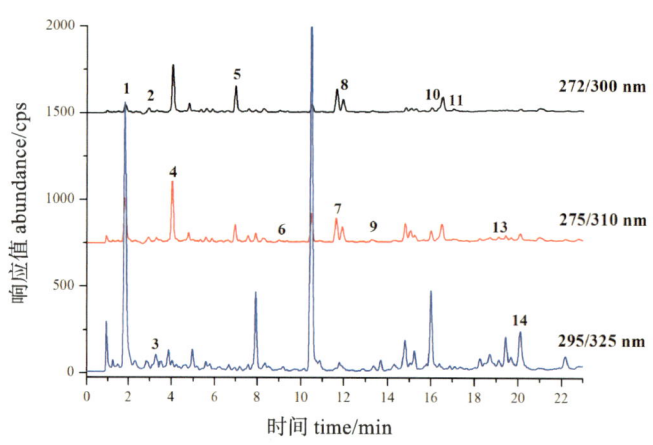

图 3.6　卷烟烟气气溶胶样品的超高效液相色谱-荧光检测色谱图

3.3.2.2　卷烟气溶胶中酚类物质的测定和粒径分布研究结果

除了 4-乙基愈创木酚在捕集的气溶胶中未检出外,其他 13 种酚类均有检出,其中对苯二酚、邻苯二酚、邻甲基对苯二酚、苯酚、(间、对)-甲酚、间苯二酚和异丁香酚含量较高,在所有粒径粒相物中均有检出。13 种酚类物质含量呈现随粒径增加先增加后减小的分布趋势(图 3.7),与捕集的粒相物质量分布趋势一致,即主要集中在中等粒径的粒相物中($0.261\sim0.722~\mu m$),在粒径 $0.431~\mu m$ 的粒相物中含量最高,小于 $0.1~\mu m$ 和大于 $1.0~\mu m$ 的粒相物中分布较少甚至未能检出。

进一步比较了 13 种酚类物质在不同粒径粒相物中的质量浓度分布(不同粒径粒相物中各酚类质量与捕集的粒相物质量之比,以 $\mu g/mg$ 表示),13 种酚类呈现不同的分布趋势,其中苯二酚类(包括对苯二酚、间苯二酚、邻苯二酚)和单取代苯二酚(邻甲基对苯二酚)的浓度在 $0.144\sim1.166~\mu m$ 颗粒中的分布基本无明显差异,而在小于 $0.07~\mu m$ 和大于 $1.851~\mu m$ 的粒相物中浓度稍低;苯酚和单取代苯酚类[包括愈创木

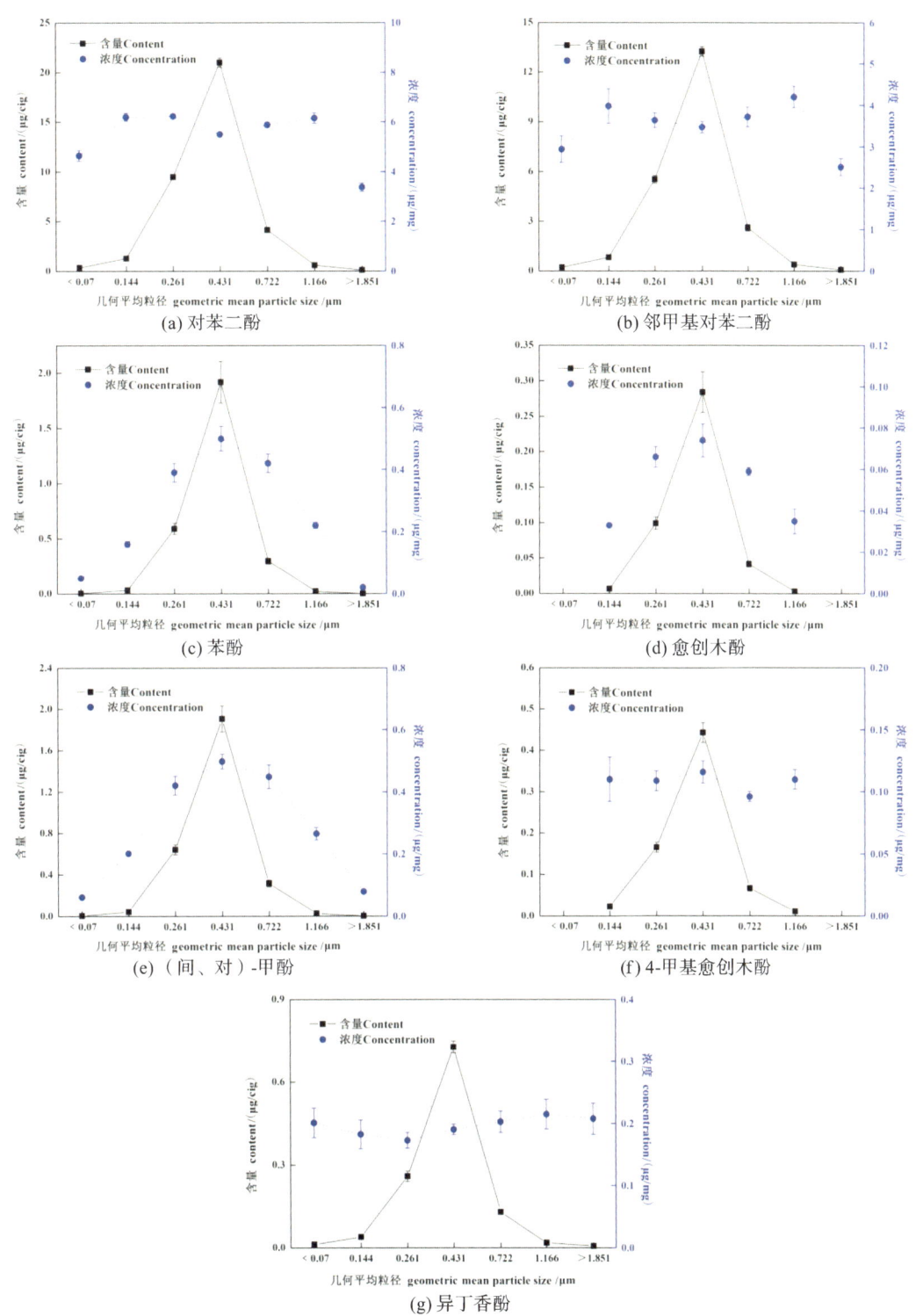

图 3.7　代表性酚类物质在气溶胶粒相物上的分布($n=3$)

酚、(间、对)-甲酚、邻甲酚、2-乙基苯酚]的浓度随着粒径增加呈现明显的先增加后减小的趋势,在 0.431 μm 处达最大值,表明苯酚和单取代苯酚类倾向富集于中间粒径的粒相物中;二取代苯酚类(包括 4-甲基愈创木酚、2,6-二甲基苯酚、丁香酚、异丁香酚)的浓度则随着粒径的变化无明显差异,表明二取代苯酚类的浓度随粒径的分布无特异性(图 3.7)。

滤嘴是一个典型的孔隙率高达 80% 的纤维滤体,本实验卷烟滤嘴材料为醋酸纤维,其横断面呈"Y"

形,比表面积较大,纤维直径约为 30 μm,纤维间的空隙大于 100 μm,而烟气气溶胶颗粒主要分布于 0.1～1.0 μm,远小于纤维的直径和空隙。烟气颗粒在滤嘴中动态变化,在滤嘴中的截留是一个非常复杂的过程,滤嘴对气溶胶颗粒的过滤作用主要有直接拦截、惯性碰撞、扩散沉积 3 种方式[10],其中小颗粒气溶胶扩散沉积作用显著,大粒径颗粒容易被直接拦截,颗粒的质量越大,惯性碰撞作用越显著,因此不同粒径大小的烟气气溶胶表现出不同的截留作用。此外,化合物性质也会影响其在不同粒径气溶胶中的分布,苯酚和甲基苯酚的分子量和沸点均小于苯二酚和二取代苯酚,此外苯二酚含有两个羟基取代基,苯酚、甲基苯酚和二取代苯酚则只含有一个羟基取代基,不同酚类性质的差异可能在气溶胶中表现出不同的存在状态,并在通过滤嘴时表现出不同的作用方式。胡念念等[11]研究了醋纤滤嘴对酚类物质的截留效率,发现苯二酚的截留效率在 30.6%～46.4%,苯酚的截留效率在 69.3%～77.8%,甲基苯酚的截留效率在 58.5%～72.3%,滤嘴对苯酚和单取代苯酚的截留效率明显高于苯二酚。不同颗粒气溶胶中化学组成的差异,以及滤嘴对不同粒径大小气溶胶颗粒的过滤效率不同,可能导致不同性质化合物在主流烟气气溶胶颗粒中的粒径分布存在差异。

3.3.3 糖和保润剂类在不同粒径烟气气溶胶中的分布研究

糖是卷烟烟气中主要的甜味物质,醇如丙二醇和丙三醇是卷烟的主要保润剂,在卷烟燃烧过程中会发生不同的化学反应和物理变化,一部分发生裂解反应生成其他物质,一部分可能转移至烟气中,对烟气感官品质具有重要影响。此外,卷烟烟支圆周的不同会导致所产生烟气物理性质和化学成分的差异。因此,选取了超细支卷烟和常规卷烟,采用单通道吸烟机-ELPI 分级捕集其主流烟气气溶胶粒相物,采用衍生化-气相色谱-质谱法测定并比较了 10 种糖和醇在不同圆周卷烟烟气气溶胶中的分布特性。

3.3.3.1 实验方法

选取同一品牌的超细支卷烟样品(圆周 17.0 mm)和常规卷烟样品(圆周 24.3 mm),采用单通道吸烟机连续抽吸 10 支卷烟,按照 2.4.2.1 节的方法将不同粒径的烟气粒相物分 12 级捕集于聚酯薄膜上,将不同粒径的烟气粒相物按照几何平均粒径<0.144 μm、0.261 μm、0.431 μm、0.722 μm、>1.166 μm 分 5 级进行捕集。将捕集后的聚酯薄膜加入 DMF,于室温下超声萃取 10 min,取适量萃取液经无水硫酸钠除水后,准确移取 0.15 mL 除水后的萃取液,加入 0.35 mL BSTFA,5 μL 浓度为 400 mg/L 的 1,4-丁二醇溶液,密闭后于 70 ℃水浴中反应 40 min 后采用 GC-MS 测定糖类和醇类物质在捕集的各级粒相物中的含量。质谱检测采用选择性离子检测模式(SIM),检测的特征离子及保留时间见表 3.4。10 种糖和醇在测定的浓度范围内线性关系良好,方法检出限低于 14.8 ng/cig,相对标准偏差小于 7.3%,回收率在 82% 到 112%。标准工作溶液和气溶胶样品的气相色谱/质谱选择离子流图见图 3.8。

表 3.4　10 种目标分析物和内标测定的定量、定性离子及保留时间

序号	分析物	保留时间/min	定量*和定性离子（m/z）	LOQs/（ng/cig）	回收率/(%)(n=3)		
					低	中	高
1	乙二醇	5.83	147*,73,66	10.8	112	101	98
2	1,2-丙二醇	6.26	117*,73,147	7.4	103	96	91
3	丙三醇	13.48	147*,73,205	32.7	94	85	82
4	D-阿拉伯糖	22.00	204*,73,217	24.2	108	94	87
5	木糖醇	24.04	73*,103,217	49.3	110	98	90
6	D-木糖	24.15	204*,73,147	20.3	88	92	95
7	甘露糖	26.18	204*,73,191	5.4	89	93	95
8	果糖	26.31	204*,73,217	16.3	96	88	83
9	D-半乳糖	27.24	204*,73,191	8.8	96	93	96

序号	分析物	保留时间/min	定量* 和定性 离子（m/z）	LOQs/ (ng/cig)	回收率/（%）(n=3)		
					低	中	高
10	葡萄糖	27.92	73*,191,204	26.0	97	91	85
IS	1,4-丁二醇	10.43	147*,73,116	/	/	/	/

注：* 为定量离子。

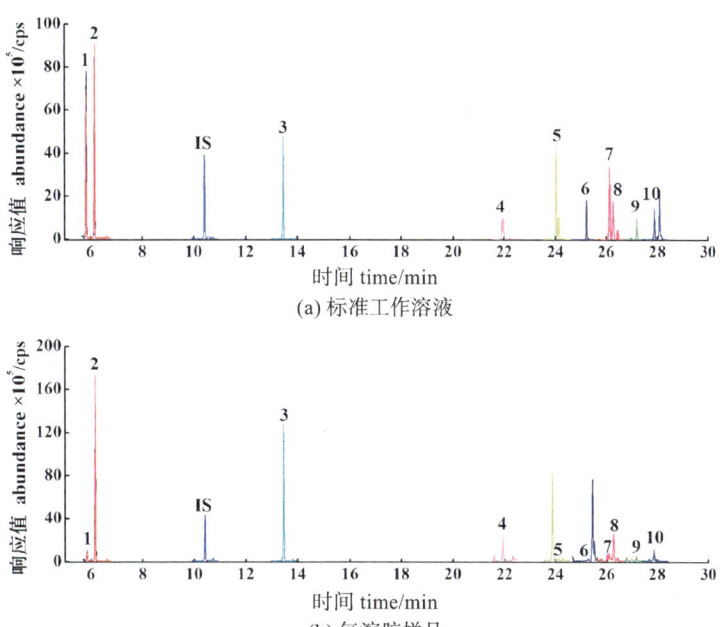

图 3.8 糖和醇标准工作溶液和气溶胶样品的气相色谱/质谱选择离子流图

3.3.3.2 不同圆周卷烟烟气气溶胶粒相物的分级捕集和质量粒径分布

从图 3.9 中可以看出，两种不同圆周的卷烟气溶胶粒相物质量分布存在差异，圆周为 17.0 mm 的超细支卷烟气溶胶中小粒径的粒相物质量比例高于圆周为 24.3 mm 的传统卷烟，即随着卷烟圆周减小，其气溶胶粒相物的质量分布向粒径减小的方向位移。

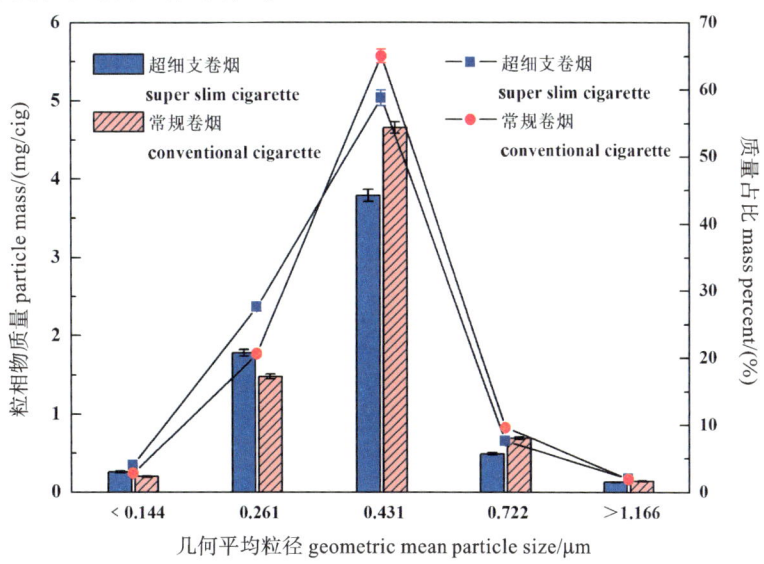

图 3.9 不同圆周卷烟烟气气溶胶粒相物的质量粒径分布

3.3.3.3　不同圆周卷烟烟气气溶胶粒相物中糖和醇的测定和粒径分布研究

在两种不同圆周卷烟气溶胶中含量较高的为丙三醇、1,2-丙二醇、果糖和葡萄糖,在捕集的 5 级烟气气溶胶粒相物中均检测到,而其他糖和醇则主要在中间粒径的粒相物中检测到。图 3.10 比较了 10 种糖和醇在不同粒径烟气粒相物中的质量浓度(单位质量粒相物中所含目标物的质量,单位为 mg/g)分布,结果显示不同类型的糖和醇在不同粒径气溶胶中呈现不同的分布趋势,其分布均具有特异性,但在超细支卷烟和传统卷烟气溶胶中的粒径分布规律一致,即其分布趋势不受圆周影响。可以看出,1,2-丙二醇、乙二醇、果糖、葡萄糖、甘露糖、D-阿拉伯糖、D-半乳糖、D-木糖的质量浓度在超细支卷烟和常规卷烟气溶胶中均呈现随粒径增加先增加后减小的趋势,在中间粒径(0.261~0.431 μm)的粒相物中浓度最高,倾向富集于中间粒径的粒相物中;而丙三醇、木糖醇在超细支卷烟和常规卷烟气溶胶中的质量浓度则均呈现先减小后增加的趋势,在中间粒径(0.431~0.722 μm)的粒相物中浓度最低。丙三醇、木糖醇均为直链的多元醇,其结构和化学性质与所测定的其他物质存在差异,因而在烟气气溶胶中呈现出不同的粒径分布特性。

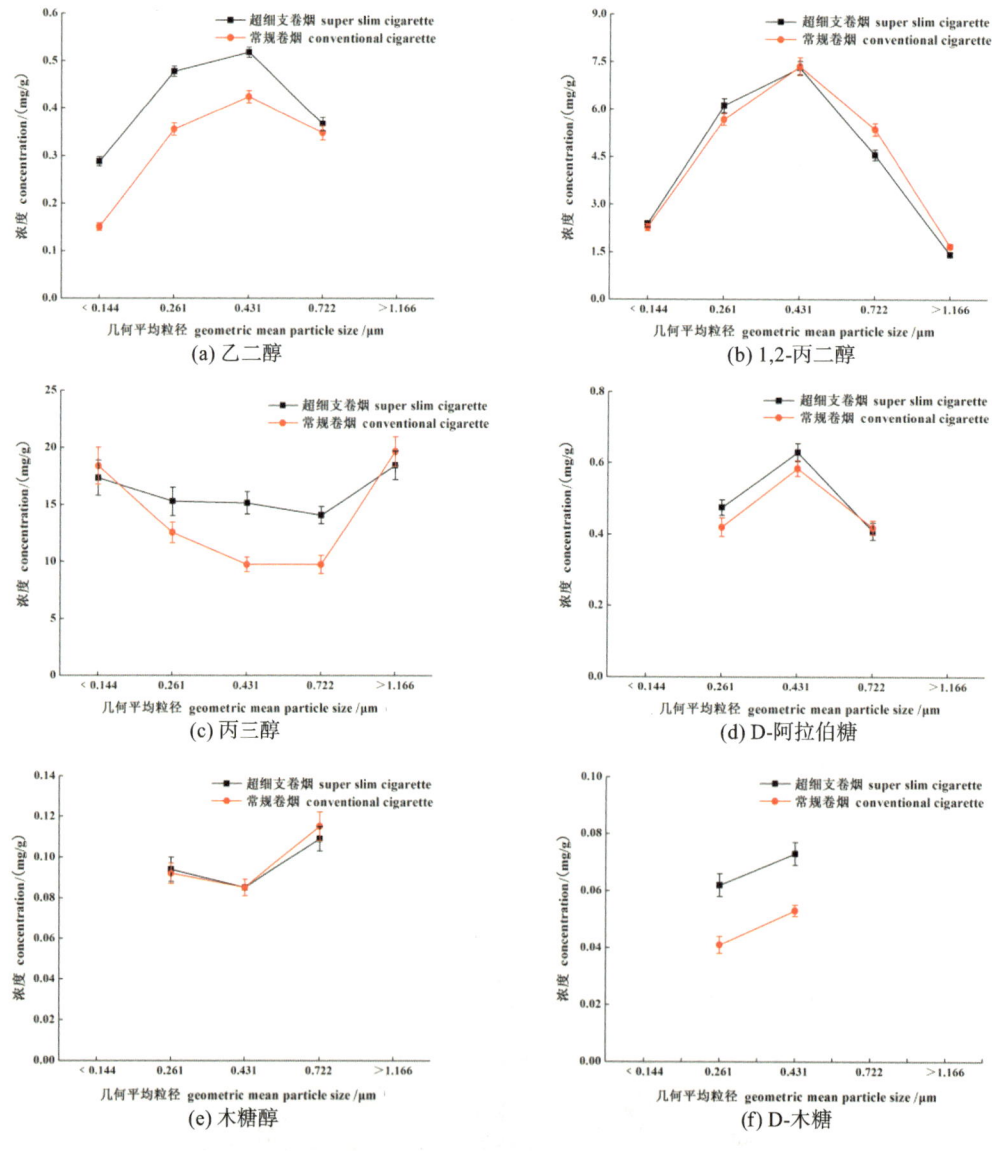

图 3.10　糖和醇在不同粒径气溶胶粒相物上的分布($n=3$)

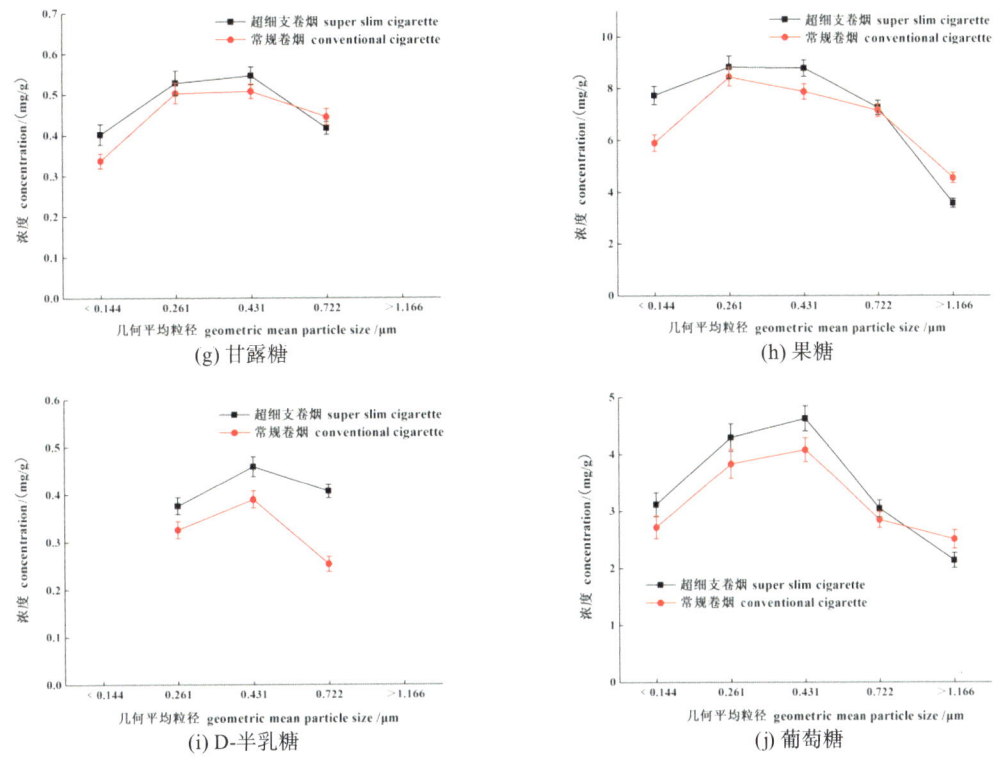

续图 3.10

3.3.4 有机酸类在不同粒径烟气气溶胶中的分布研究

有机酸是卷烟烟气中一种重要的化学成分,影响烟气的劲头和吃味。采用单通道吸烟机-电子低压撞击器(ELPI)分级捕集卷烟主流烟气的气溶胶粒相物,通过衍生化-气相色谱/质谱法测定 17 种有机酸类在不同粒径烟气气溶胶中的分布,研究了烟气气溶胶粒相物中有机酸类含量和浓度与气溶胶粒相物粒径的关系。

3.3.4.1 实验方法

卷烟样品同 3.3.1.1。采用单通道吸烟机连续抽吸 10 支卷烟,按照 2.4.2.1 节的方法将不同粒径的烟气粒相物分 12 级捕集于聚酯薄膜上。捕集后的聚酯薄膜分别按照级别 1~3、4、5、6、7、8、9~12 合并,分别加入 2 mL 甲醇,常温下超声萃取 30 min。准确移取 1 mL 萃取液至 5 mL 样品瓶中,加入 100 μL 浓度为 98% 的浓硫酸,在 60 ℃ 超声波水浴中进行甲酯化反应 15 min,冷却至室温。在甲酯化样品中加入 2 mL 超纯水,用氯仿萃取 3 次(0.5 mL/次)并合并萃取液,萃取液经无水硫酸钠干燥后,进行 GC/MS 分析。

气相色谱采用 DB-5MS 弹性毛细管柱(30 m×0.25 mm ID×0.25 μm DF),质谱采用选择性离子分段扫描,选择离子及保留时间见表 3.5。标准溶液和烟气样品的 GC/MS 测定色谱图见图 3.11。方法回收率在 82% 到 106%。

表 3.5　有机酸的定量、定性离子和保留时间

序号	化合物	保留时间/min	定量* 和定性离子	LODs/(mg/L)	平均回收率/(%)(n=3)
1	异丁酸	3.29	43/71/59*	0.0019	89
2	丁酸(酪酸)	3.98	74*/43/71	0.0004	93
3	乳酸	4.30	45*/43/61	0.0486	85

续表

序号	化合物	保留时间/min	定量*和定性离子	LODs/(mg/L)	平均回收率/(%)(n=3)
4	异戊酸	5.52	74*/43/59	0.0018	96
5	戊酸	7.20	74*/43/85	0.0011	106
6	草酸(乙二酸)	7.44	59*/45/118	0.0461	101
7	3-甲基戊酸	9.47	74*/99/43	0.0021	95
8	4-甲基戊酸	9.74	74*/43/87	0.0064	94
9	乙酰丙酸(果糖酸)	13.19	43*/99/115	0.0256	86
10	琥珀酸(丁二酸)	14.78	115*/55/59	0.0115	83
11	苹果酸	17.72	103*/71/43	0.6895	82
12	柠檬酸	27.10	143*/101/175	0.0275	84
13	棕榈酸	41.42	74*/87/143	0.0012	87
14	亚油酸	47.83	67*/81/95	0.0636	86
15	亚麻酸	48.05	79*/67/93	0.0504	84
16	油酸	48.16	55*/41/74	0.0107	89
17	硬脂酸	49.32	74*/87/143	0.0022	91

注:*为定量离子。

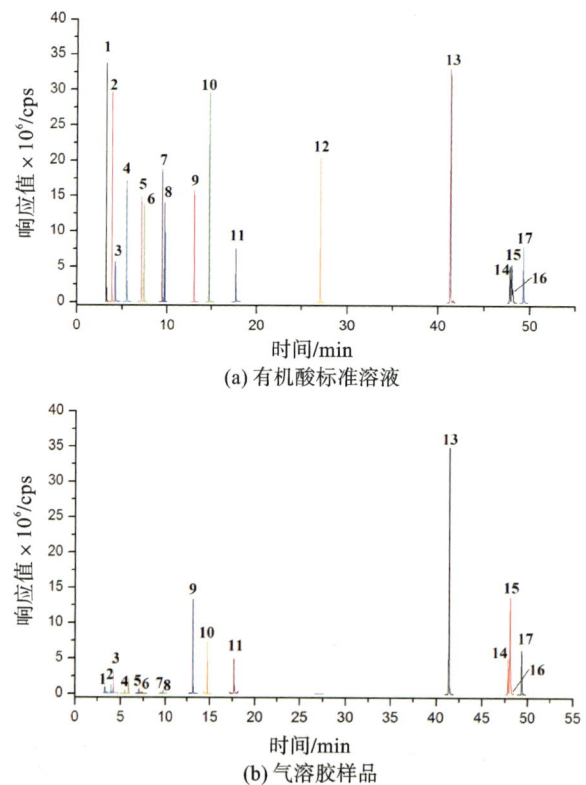

(a) 有机酸标准溶液

(b) 气溶胶样品

图 3.11　有机酸标准溶液和烟气气溶胶样品的 GC/MS 测定色谱图

3.3.4.2 卷烟气溶胶中有机酸类物质的测定和粒径分布研究结果

柠檬酸未检出,硬脂酸主要在 0.431 μm 粒径中检测到,其他 15 种有机酸在不同粒径气溶胶中均有检出,其中含量较高的为苹果酸、亚麻酸、棕榈酸、亚油酸、油酸、乳酸、乙酰丙酸、琥珀酸。15 种有机酸含量呈现随粒径增加先增加后减小的分布趋势,与捕集的粒相物质量分布趋势一致,即主要集中在中等粒径(0.261~0.722 μm)的粒相物中,在粒径 0.431 μm 的粒相物中含量最高,小于 0.1 μm 和大于 1.0 μm 的粒相物中分布较少甚至未能检出(图 3.12)。

进一步比较了 15 种有机酸在不同粒径粒相物中的质量浓度(不同粒径粒相物中各有机酸类质量与捕集的粒相物质量之比,以 μg/mg 表示)分布,可以看出小分子酸(包括异丁酸、丁酸、乳酸、异戊酸、戊酸、草酸)的浓度随粒径变化不大;六个碳以上的酸(包括 3-甲基戊酸、4-甲基戊酸、棕榈酸、亚麻酸、亚油酸、油酸及乙酰丙酸)的浓度则随着粒径呈现先增加后减小的趋势,但在中间粒径 0.261~0.722 μm 的颗粒中浓度分布无明显差异;而琥珀酸和苹果酸的浓度则随着粒径呈现先增加后减小的趋势,在中间粒径 0.431 μm 的颗粒中浓度达最大值(图 3.12)。

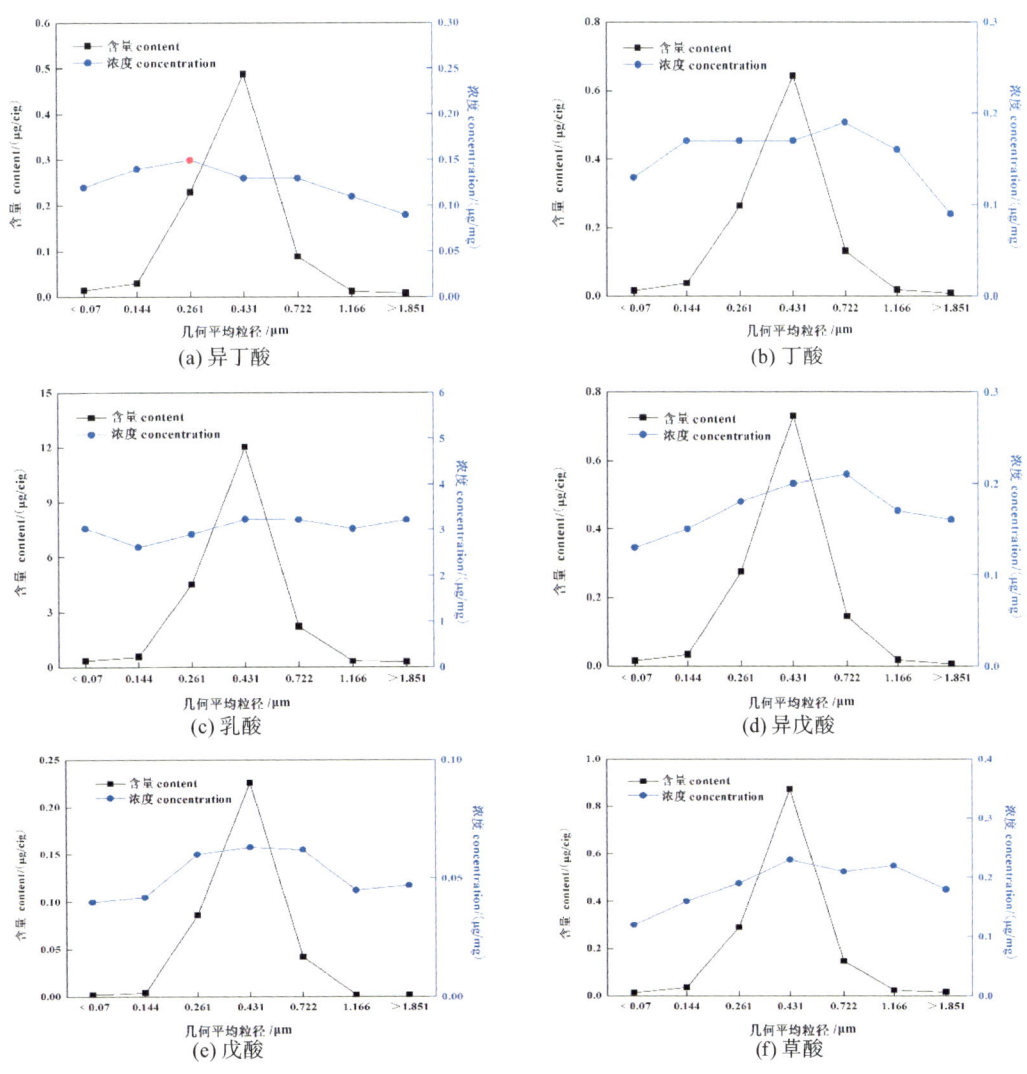

图 3.12 有机酸在不同粒径气溶胶粒相物上的分布

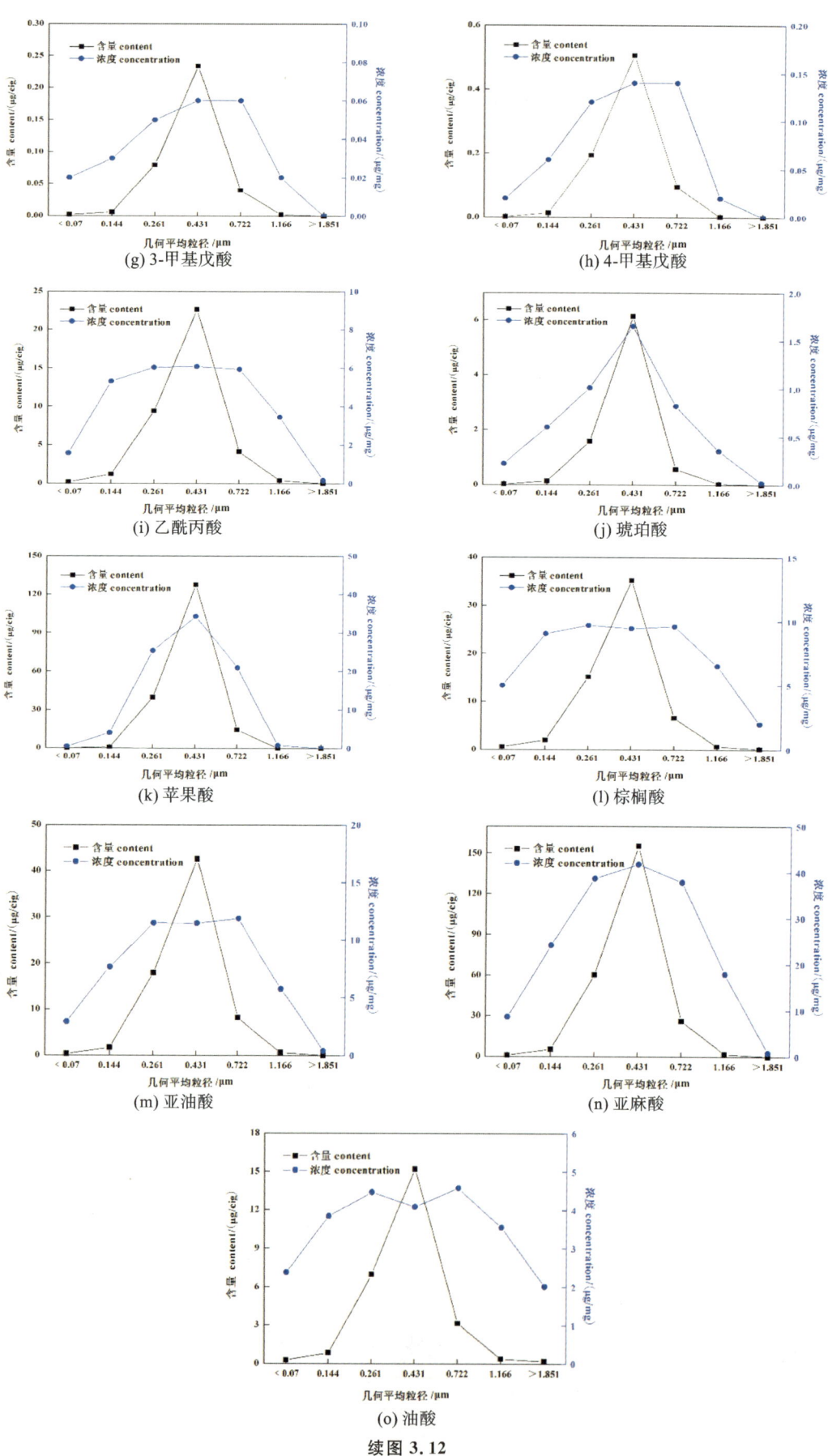

(g) 3-甲基戊酸

(h) 4-甲基戊酸

(i) 乙酰丙酸

(j) 琥珀酸

(k) 苹果酸

(l) 棕榈酸

(m) 亚油酸

(n) 亚麻酸

(o) 油酸

续图 3.12

3.3.5　几种有害成分在不同粒径烟气气溶胶中的分布研究

3.3.5.1　实验方法

卷烟样品:3R4F 参比卷烟,按照 2.4.2.1 节的方法进行气溶胶的分级捕集。

测定方法如下。①烟草特有亚硝胺:加入浓度为 0.1 mol/L 的乙酸铵萃取 30 min,萃取液采用 HPLC-MS/MS 测定。②多环芳烃:加入 40 mL 环己烷超声萃取 40 min,采用 GC/MS 根据 GB/T 21130—2007[12]进行测定。③重金属:加入 5 mL HNO_3(65%) 和 1 mL H_2O_2(35%)微波消解,采用 ICP-MS 进行测定。

3.3.5.2　卷烟气溶胶中几种有害成分的测定和粒径分布研究结果

研究了重金属、烟草特有亚硝胺、多环芳烃在不同粒径烟气气溶胶中的分布特征,见图 3.13。烟气气溶胶中烟草特有亚硝胺、多环芳烃和重金属元素的释放量主要富集于粒径 0.1~1.0 μm 的烟气气溶胶中,随着气溶胶粒径的增加,出现先增加后降低的过程,且在粒径为 0.4 μm 附近时,释放量达到最大值。

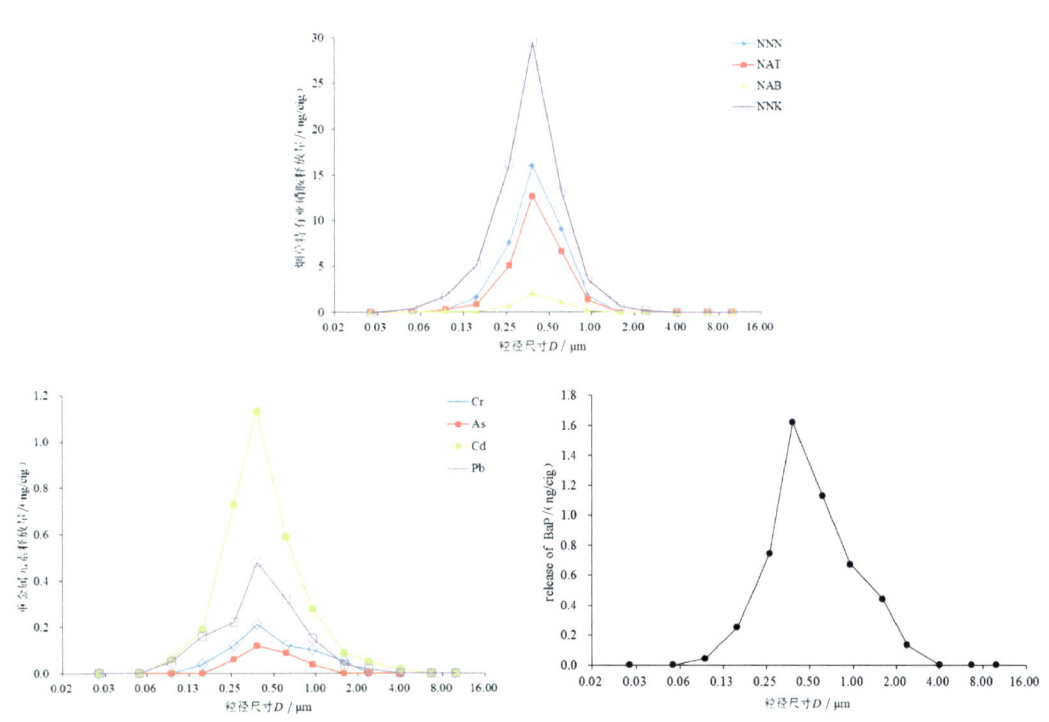

图 3.13　烟草特有亚硝胺、重金属和多环芳烃在不同粒径气溶胶粒相物中的含量分布

进一步比较了烟草特有亚硝胺、多环芳烃和重金属元素在不同粒径气溶胶颗粒中的浓度分布,见图 3.14。苯并[a]芘在粒径大于 0.1 μm 的颗粒中浓度较高,亚硝胺(NNK)和重金属(Cr、Pb、Cd)在粒径小于 0.1 μm 的颗粒中浓度较高。

3.3.6　小结

(1) 13 种酚类物质[对苯二酚、间苯二酚、邻甲基对苯二酚、邻苯二酚、苯酚、愈创木酚、(间、对)-甲酚、邻甲酚、4-甲基愈创木酚、2,6-二甲基苯酚、2-乙基苯酚、丁香酚、异丁香酚]、糖(D-阿拉伯糖、D-木糖、甘露糖、果糖、D-半乳糖和葡萄糖)、保润剂(乙二醇、1,2-丙二醇、丙三醇和木糖醇)、有机酸(异丁酸、丁酸、乳酸、异戊酸、戊酸、草酸、3-甲基戊酸、4-甲基戊酸、乙酰丙酸、琥珀酸、苹果酸、棕榈酸、亚油酸、亚麻酸、油酸、硬

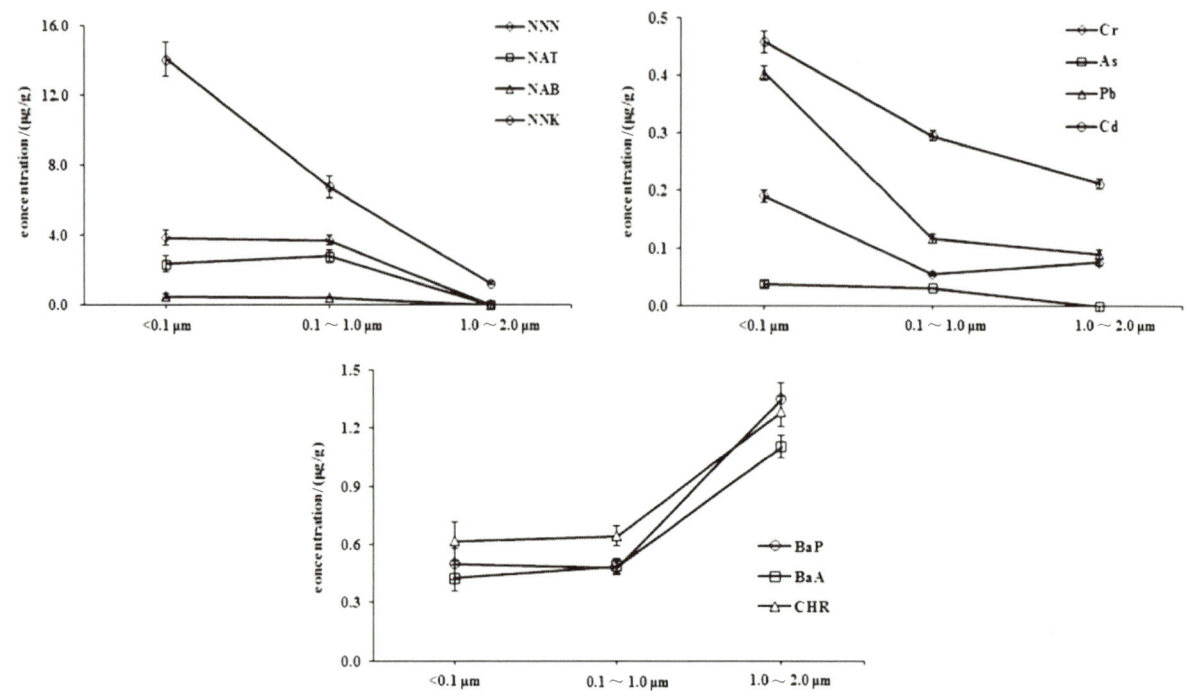

图 3.14　烟草特有亚硝胺、重金属和多环芳烃在不同粒径气溶胶粒相物中的浓度分布

脂酸)、烟气有害成分(烟草特有亚硝胺、重金属和多环芳烃)均主要集中分布在中等粒径(0.144～0.722 μm)的粒相物中,在粒径 0.431 μm 的粒相物中含量最高,与捕集的粒相物质量分布基本一致。

(2) 这些物质在不同粒径烟气气溶胶中的浓度分布存在差异,一些物质呈现出特异性分布规律,苯酚、单取代苯酚类、糖类、1,2-丙二醇、乙二醇、六个碳以上的酸、琥珀酸和苹果酸的浓度随着粒径增加呈现先增加后减小的趋势,在中等粒径(0.261～0.722 μm)的粒相物中浓度最高,倾向富集于中间粒径的粒相物中;丙三醇、木糖醇浓度随着粒径增加呈现先减小后增加的趋势,在中间粒径(0.431～0.722 μm)的粒相物中浓度最低。苯并[a]芘在粒径大于 0.1 μm 的颗粒中浓度较高,亚硝胺(NNK)和重金属(Cr、Pb、Cd)在粒径小于 0.1 μm 的颗粒中浓度较高。一些物质在不同粒径中的浓度分布无特异性,二取代苯酚类和小分子酸(小于五个碳的酸和草酸)的浓度随着粒径的变化无明显差异。

(3) 不同颗粒气溶胶中化学组成的差异,以及滤嘴对不同粒径大小气溶胶颗粒的过滤效率不同,可能导致不同性质化合物在主流烟气气溶胶颗粒中的粒径分布存在差异。

3.4　传统卷烟气溶胶物理特性

3.4.1　基于质量粒径分布比较

12 个卷烟样品详细信息见表 3.6。卷烟样品开封后于温度 22 ℃、湿度 60% 下平衡 48 h 以上,按照 2.4.2.1节的方法进行质量粒径分布的测试。

表 3.6　实验样品信息表

序号	样品编号	盒标焦油/mg	盒标CO/mg	盒标烟碱/mg	烟长/mm	过滤嘴长/mm	烟支重量/g	实测焦油/mg	总粒相物/mg
1	A（湖南）	11	13	1.1	84	25	0.7865	12.1	15.36
2	B（河南）	11	11	1.0	84	25	0.8978	10.6	12.18
3	C（红塔）	10	10	1.0	84	24	0.9008	9.9	11.35
4	D（上海）	11	11	1.0	84	20	0.8925	10.7	14.22
5	E（红云红河）	11	12	1.1	84	25	0.8688	11.0	12.61
6	F（红塔）	11	11	1.0	84	24	0.8802	11.2	12.74
7	G（湖南）	11	11	1.2	84	20	0.8717	11.1	13.96
8	H（福建）	11	11	1.1	84	30	0.8599	11.4	13.56
9	I（上海）	11	11	1.0	84	27	0.9486	11.9	14.22
10	J（红云红河）	8	8	0.8	84	15+15	0.7121	8.2	9.28
11	K（红云红河）	8	9	0.8	84	15+15	0.8835	8.4	9.73
12	L（湖南）	8	10	1.0	84	28	0.8875	8.1	9.45

　　比较 12 种卷烟样品的粒相物质量分布，不同样品气溶胶粒相物质量随粒径的分布规律一致，12 种卷烟的粒相物主要分布在 0.144~1.166 μm，质量中位直径均在 0.431 μm 附近，小于 0.1 μm 和大于 1 μm 的粒子数较少，与较多文献报道的质量中位直径在 0.3~0.5 μm 一致[13]。此外，质量中位直径比粒数中位直径要大。

　　图 3.15 比较了 3 种相同焦油含量（8 mg）卷烟样品的烟气气溶胶粒相物质量粒径分布，3 种卷烟样品不同级别粒相物质量存在差异，特别是粒径 0.431 μm 处，0.431 μm 处粒相物质量最大的样品为 J。图 3.15 柱状图上方的烟气气溶胶粒相物质量比例和分三个粒径段的粒相物质量比例比较可以发现，3 种卷烟样品不同粒径段的质量占比存在差异，J 和 K 大粒径的气溶胶粒相物质量比例明显高于 L，即 J 和 K 的气溶胶质量平均粒径大于 L。

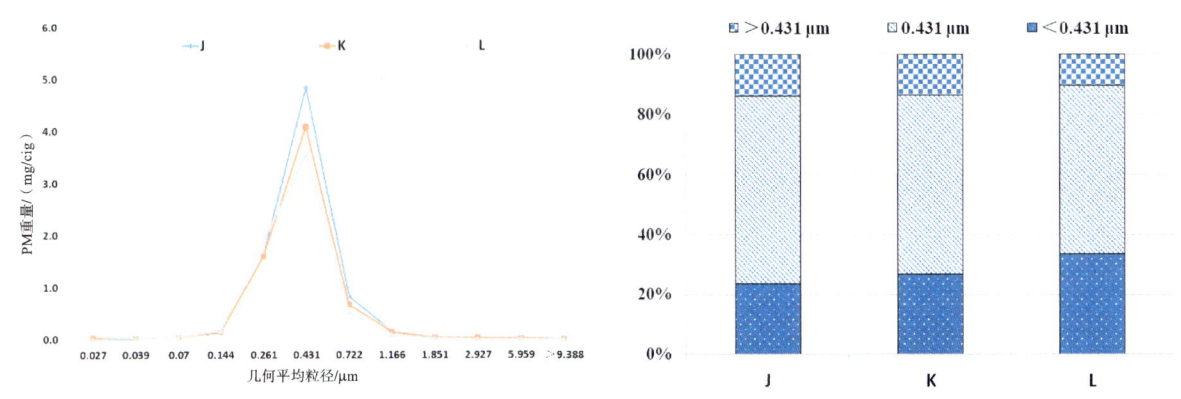

图 3.15　卷烟样品（焦油 8 mg）的烟气气溶胶粒相物质量粒径分布和不同粒径质量比例比较

　　图 3.16 比较了相同焦油含量（11 mg，C 为 10 mg 除外）不同卷烟样品的烟气气溶胶粒相物质量粒径分布，可以看出 9 种卷烟样品不同级别粒相物质量存在差异，特别是粒径 0.431 μm 处，0.431 μm 处粒相物质量最大的样品为 B、I、G、F。由烟气气溶胶分三个粒径段的粒相物质量比例比较可以发现，不同卷烟样品粒相物在不同粒径段的质量占比存在微小的差异。粒相物在粒径大于 0.431 μm 处质量分布较多的为 C

和B,质量分布较少的为I和A;粒相物在0.431 μm粒径处质量分布大多为62%~64%,其中G在该处质量分布相对较少;粒相物在粒径小于0.431 μm处质量分布较多的为G、E和I。总体来说,B、C和F的粒相物质量分布大粒径相比较多。

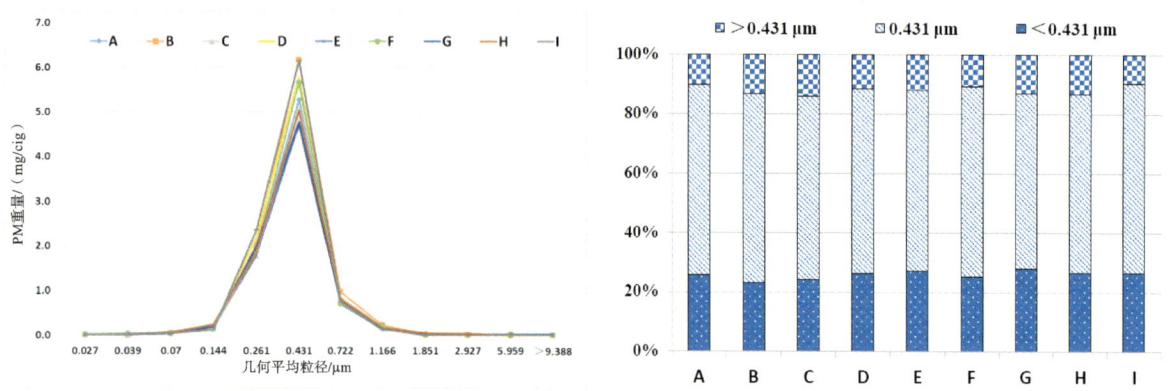

图3.16　卷烟样品(焦油11 mg)的烟气气溶胶粒相物质量粒径分布和不同粒径质量比例比较

3.4.2　基于电迁移粒径分布比较

选取了代表性常规卷烟(C1~C10)、中支卷烟(M1~M5)、细支卷烟(S1~S4)在低倍稀释条件下的粒径分布图谱,即采样流量为2.5 mL/min,不进行稀释,尽可能减少空气稀释的影响。可以看出,不同圆周的烟支粒径分布范围和分布宽度(从几何标准偏差可以看出)基本相似(图3.17),可以推测制造商为了使不同圆周卷烟获得相似的抽吸口感,通过烟支设计使产生的气溶胶较为相似。此外,传统卷烟的逐口释放稳定性均较好。

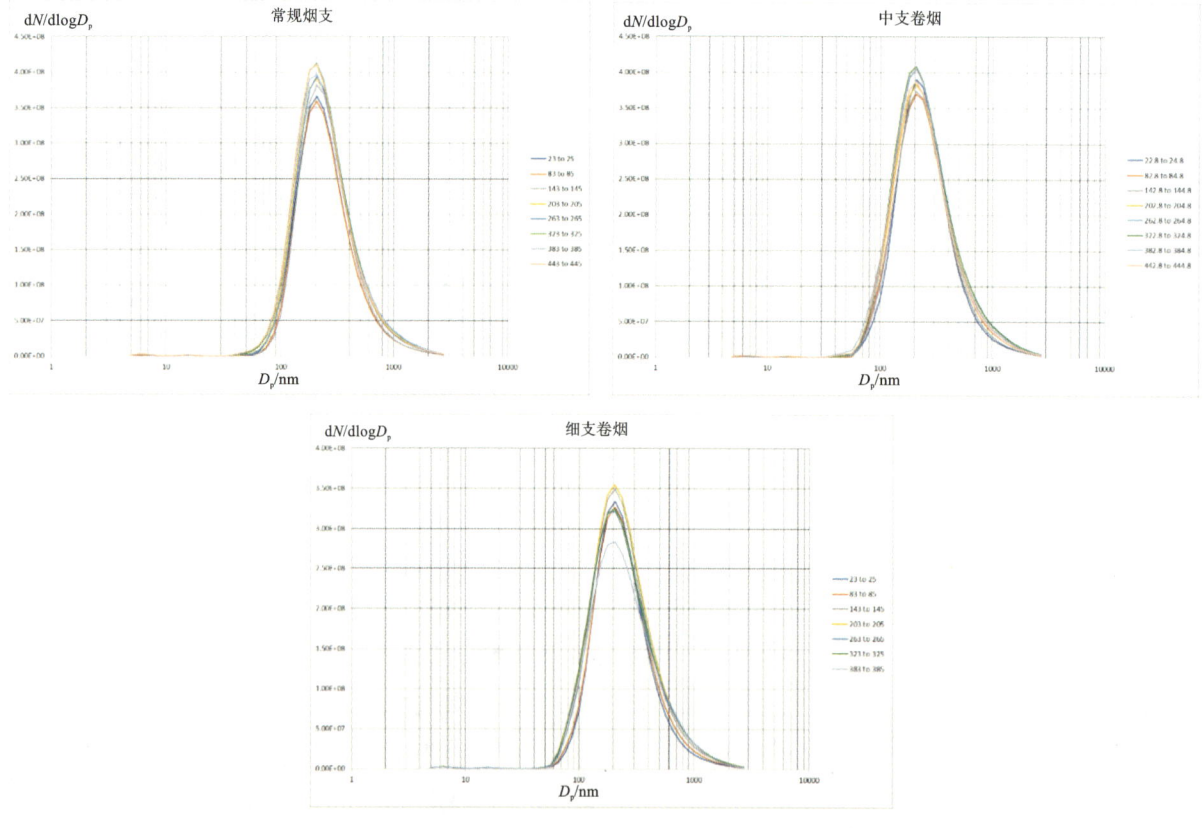

图3.17　典型常规、中支、细支卷烟的粒径分布图比较

　　进一步比较了不同类型烟支的粒数浓度、粒子体积浓度和中位直径,可以看出不同类型烟支、同类型不同品牌烟支主要在粒数浓度和粒子体积浓度上存在差异。其中细支卷烟的粒数浓度和粒子体积浓度整体低于常规卷烟和中支卷烟(图 3.18 和图 3.19)。

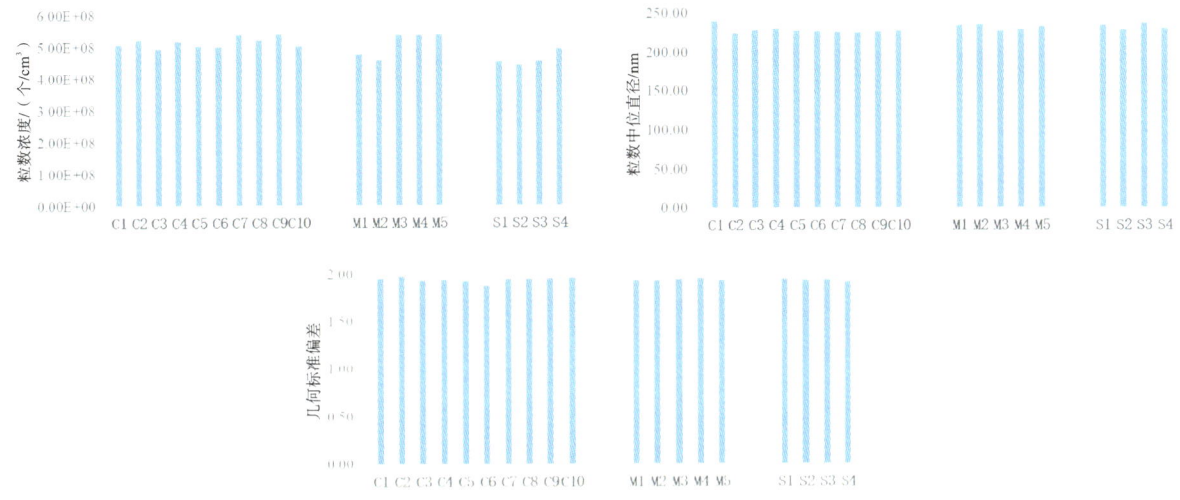

图 3.18　典型卷烟样品粒数浓度、粒数中位直径和几何标准偏差比较

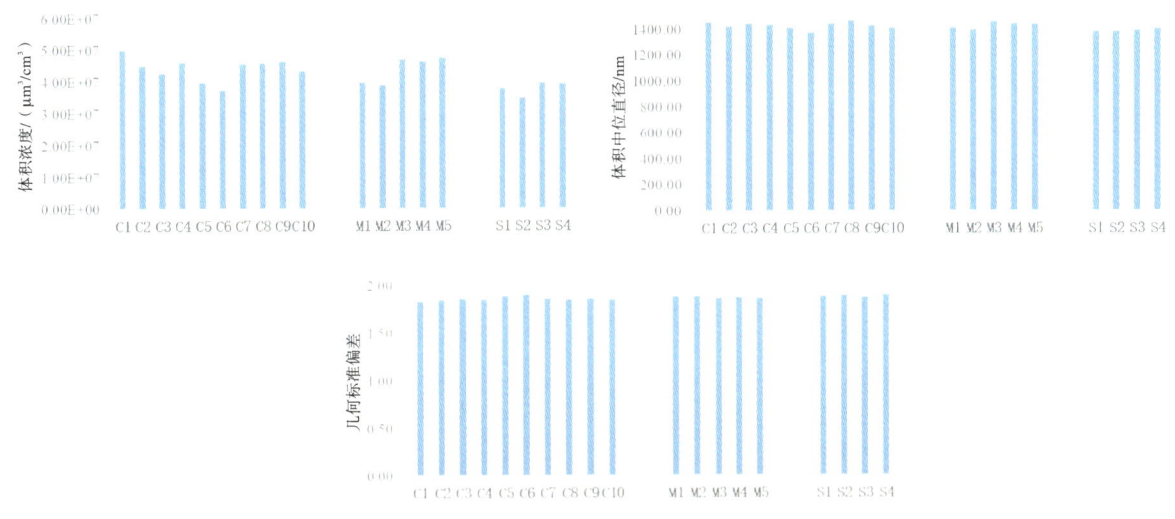

图 3.19　典型卷烟样品粒子体积浓度、体积中位直径和几何标准偏差比较

3.5　传统卷烟气溶胶特性的影响及调控

　　气溶胶粒径的大小和分布与气溶胶的物理特性、化学性质、感官特性和安全性密切相关。卷烟制造商设法通过调整烟丝配方、卷烟设计参数、"三纸一棒"类型和参数、抽吸模式等来调节卷烟烟气气溶胶的粒径分布。研究表明,改变烟丝类型、滤嘴通风、特殊滤嘴设计、烟支长度、卷烟圆周、抽吸速率等,均能改变烟气气溶胶的粒径分布。开发烟气气溶胶粒径的调节技术,对卷烟设计和工艺优化十分重要。

3.5.1 抽吸模式的影响

3.5.1.1 稀释倍数的影响

由于烟气气溶胶处于一个动态变化过程中,很难找到一个条件能完全模拟烟气从烟支出口递送至口腔的过程。此外,检测条件如稀释倍数、仪器管路的体积、温度等均会对测定结果造成影响。如 2.4 节已讨论过,不同方法和检测条件的测定结果均可能不同,一般根据评价的需求选择尽可能接近实际抽吸时的检测条件,并在相同检测条件下进行比较和评价。下面研究了不同抽吸和检测条件对检测结果的影响。

(1) 一级稀释流量(低倍稀释)的影响

采用 ISO 抽吸模式,样品流量为 2.36 mL/min,关闭二级稀释流量,改变一级稀释流量,总稀释倍数分别为 5.05、6.05、6.99 和 9.77。从粒径分布谱可以看出,不同一级稀释流量下粒径均主要分布在 60～2000 nm(图 3.20)。从 GSD 可以看出分布的集中度有变化,随着稀释倍数增加,分布集中度增加。从粒数浓度比较,随着稀释倍数增加,粒数浓度增加,表明稀释的气流可能使大粒径粒子变小或者小粒子挥发损失,但整个分布的粒数中位直径无明显变化(表 3.7)。

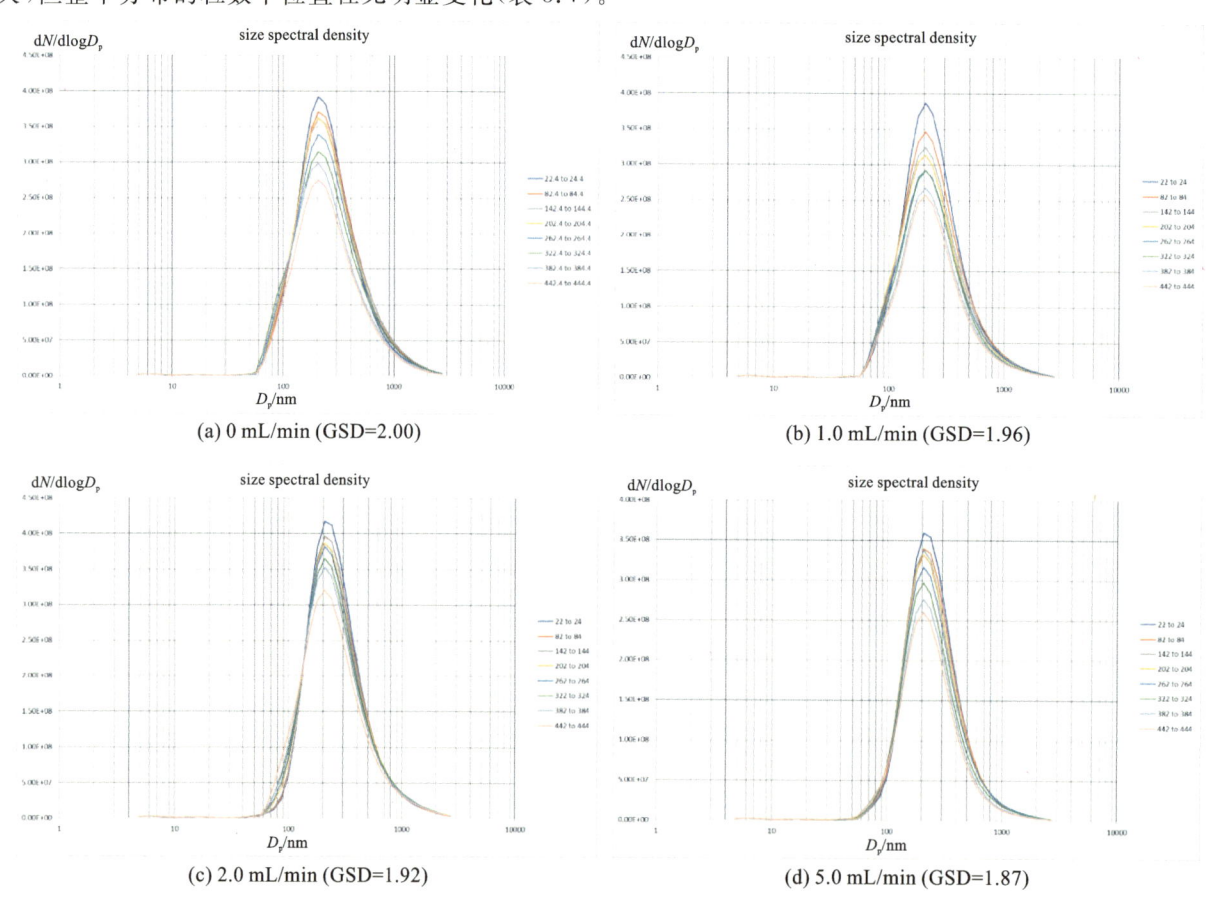

图 3.20　不同一级稀释流量下粒径分布比较

表 3.7　不同低倍稀释条件下粒数浓度、粒径中位值和粒径 GSD 比较($n=3$)

稀释倍数	粒数浓度/(个/cm³)	粒径中位值/nm	GSD
5.05	$1.06\times10^9\pm6.94\times10^7$	227.15 ± 6.83	2.00 ± 0.01
6.05	$1.24\times10^9\pm1.11\times10^8$	223.99 ± 4.68	1.96 ± 0.04
6.99	$1.55\times10^9\pm2.62\times10^7$	235.33 ± 2.58	1.92 ± 0.01
9.77	$1.67\times10^9\pm3.34\times10^7$	227.16 ± 1.34	1.87 ± 0.00

（2）二级稀释倍数（高倍稀释）的影响

将一级稀释流量设置为 0 mL/min，考察高倍稀释条件（二级稀释倍数为 100、200、300 倍，总稀释倍数为 454、900、1359 倍）对粒径分布谱的影响。高倍稀释条件下粒径均主要分布在 100～1000 nm，并在 40～90 nm 处出现明显的小峰（图 3.21）。与低倍稀释条件相比，粒径分布明显变窄，粒数浓度增加，粒数中位直径变大，表明高倍稀释条件下粒子容易挥发损失，特别是小粒径粒子受高倍稀释气流影响更大。此外，高倍稀释条件下粒数浓度和粒径测定结果与低倍稀释条件相比稳定性和精密度变差（表 3.8）。

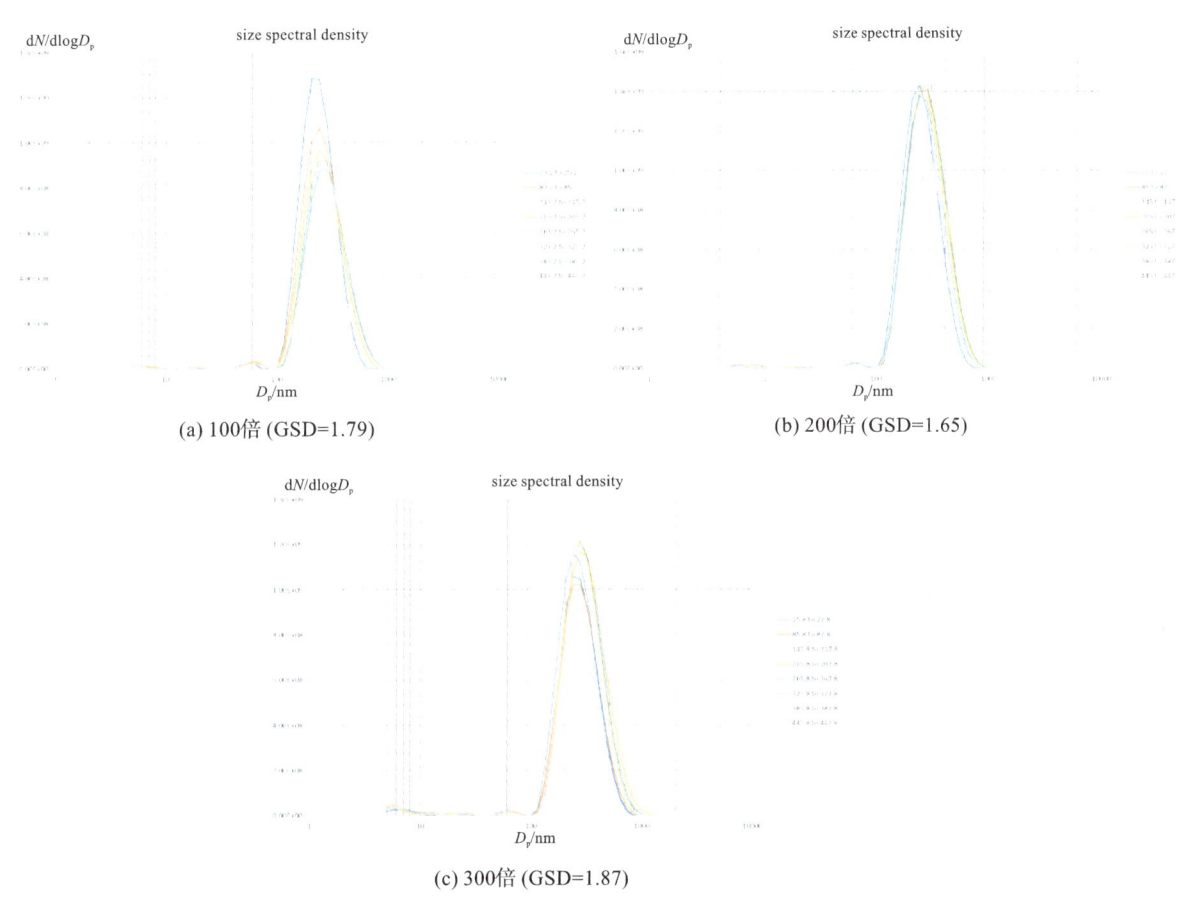

(a) 100倍 (GSD=1.79) (b) 200倍 (GSD=1.65)

(c) 300倍 (GSD=1.87)

图 3.21　不同二级稀释倍数下粒径分布比较

表 3.8　不同高倍稀释条件下粒数浓度、粒径中位值和粒径 GSD 比较($n=3$)

总稀释倍数	粒数浓度/（个/cm³）	粒径中位值/nm	GSD
454	$1.98 \times 10^9 \pm 2.54 \times 10^8$	251.05 ± 15.99	1.79 ± 0.09
900	$2.72 \times 10^9 \pm 1.54 \times 10^8$	255.10 ± 16.70	1.65 ± 0.05
1359	$2.19 \times 10^9 \pm 1.91 \times 10^8$	270.92 ± 7.97	1.87 ± 0.05

3.5.1.2　ISO 和 HCI 模式下波形的比较

抽吸模式和抽吸参数的设置如表 3.9 所示。

表 3.9　抽吸模式和抽吸参数的设置

编号	抽吸容量 /mL	持续时间 /s	抽吸间隔 /s	抽吸波形	一级稀释流量/(mL/min)	总稀释倍数
HCI-1	55	2	30	钟形	0	2.95
ISO-1	35	2	60	钟形	0	4.66
ISO-2	35	2	60	方形	0	4.65
M1	35	2	60	钟形	0	4.66
M2	35	3	60	钟形	0	6.96
M3	35	4	60	钟形	0	9.30
M4	35	2	60	钟形	0	4.65
M5	55	2	60	钟形	1	3.65
M6	75	2	60	钟形	2	3.15

比较 2 种抽吸模式,二者抽吸间隔时间、抽吸容量存在差异,ISO 模式抽吸体积小(气流量小),但间隔时间长,烟气气溶胶中单位体积的粒子数多但粒径小,逐口差异也较大(图 3.22)。

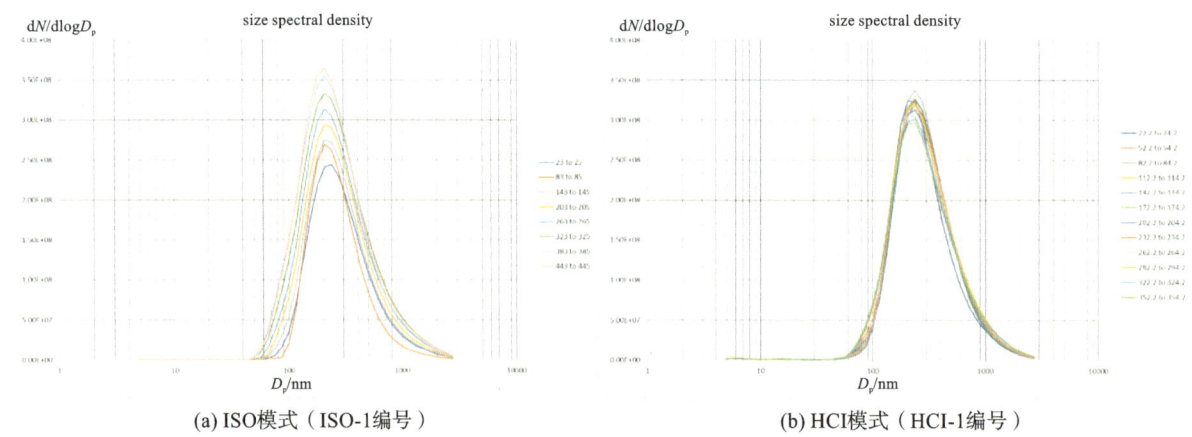

(a) ISO模式（ISO-1编号）　　　　　　　　(b) HCI模式（HCI-1编号）

图 3.22　不同抽吸模式的粒径分布比较

比较相同的抽吸参数、不同的波形,钟形抽吸过程中流量不恒定,逐口稳定性也稍差,粒数浓度稍小于方形,但粒径稍大于方形(图 3.23)。

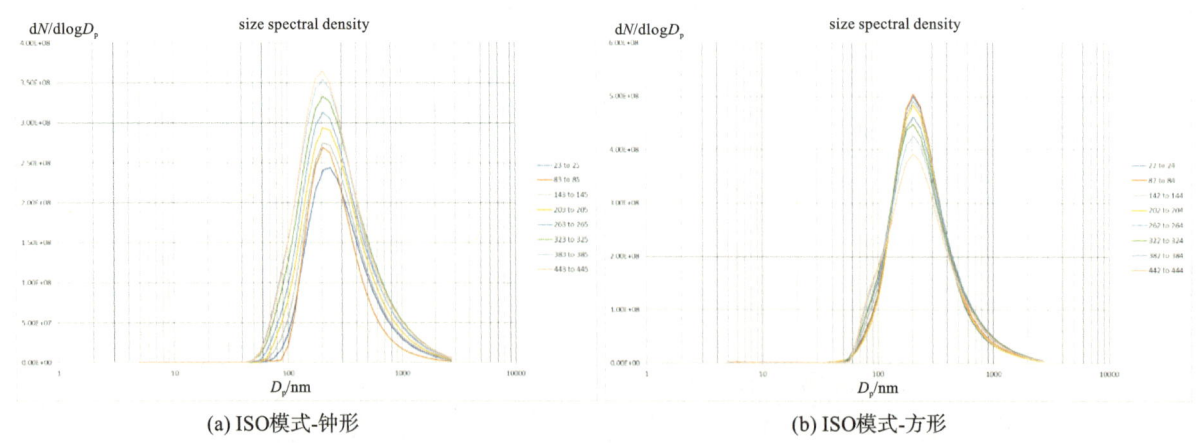

(a) ISO模式-钟形　　　　　　　　　　(b) ISO模式-方形

图 3.23　不同抽吸波形的粒径分布比较

3.5.1.3　抽吸参数的比较

（1）抽吸间隔的影响

在 2 种抽吸体积 35 mL、55 mL 条件下，抽吸时间间隔分别设置为 30 s 和 60 s。结果表明，随抽吸时间间隔的缩短，烟气气溶胶的粒数浓度均有所增加，粒径中位值也有增大，粒径分布的几何标准偏差没有明显变化（图 3.24）。较长的抽吸时间间隔使烟丝段和滤嘴段温度降低，导致截留的烟气量多、脱附的烟气量少，因此粒数浓度降低；同时，由于抽吸时间间隔短时粒数浓度高，增加了粒子碰撞凝聚的概率，从而导致粒径的中位值增大。

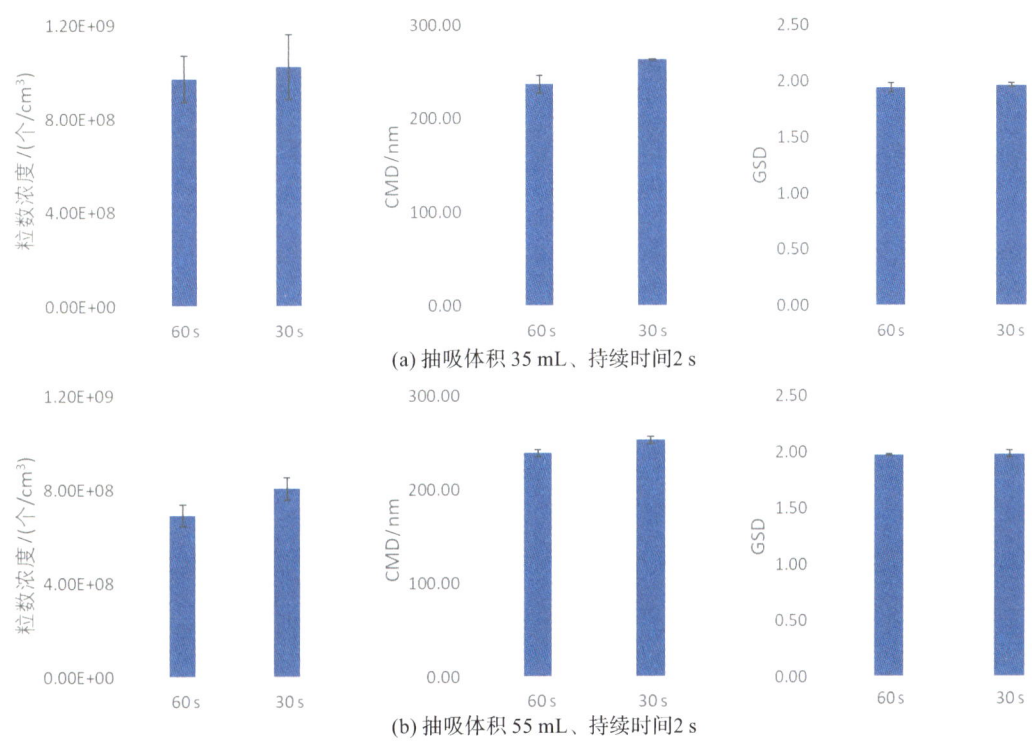

图 3.24　不同抽吸时间间隔抽吸时传统卷烟气溶胶的粒数浓度、粒径中位值和粒径 GSD 比较

（2）抽吸持续时间的影响

设定抽吸体积为 35 mL，抽吸间隔为 60 s，抽吸持续时间分别为 2 s、3 s 和 4 s。随着抽吸持续时间的增加，气溶胶粒数浓度和粒径中位值增加，几何标准偏差略微减小（图 3.25）。抽吸流速较低时，燃烧锥接触空气的时间变长，可能使燃烧更充分，增加了生成的粒子数目。同时，当抽吸速率较低（抽吸持续时间为 4 s）时，气溶胶经历烟支的时间增加，可能增加烟丝和滤嘴截留气溶胶的脱附，还增加了碰撞凝聚的概率，从而使粒径有所增加，粒径分布也有一定程度的变窄。

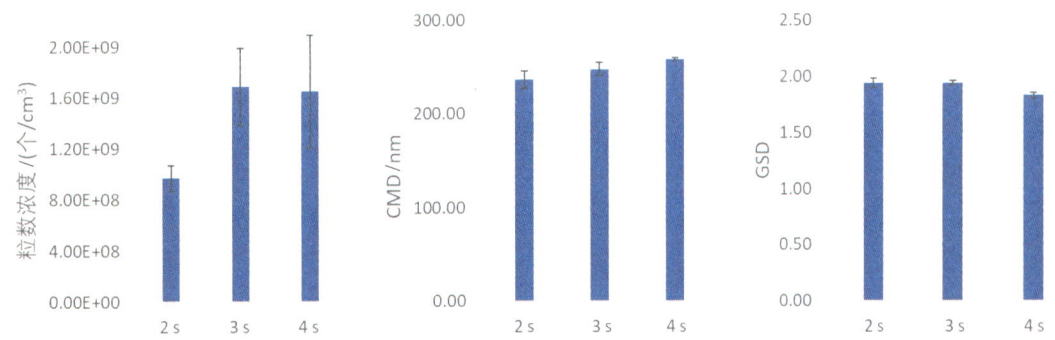

图 3.25　不同抽吸持续时间抽吸时卷烟气溶胶的粒数浓度、粒径中位值和粒径 GSD 比较

（3）抽吸体积的影响

设定抽吸持续时间为 2 s，抽吸间隔为 60 s，抽吸体积分别为 35 mL、55 mL 和 75 mL。随着抽吸体积的增加，气溶胶粒数浓度明显减小，粒径中位值略微减小，粒径分布的几何标准偏差有所增加（图 3.26）。抽吸体积的变化主要引起抽吸速率的变化，抽吸速率增加可能使燃烧锥温度降低，燃烧的烟丝量减少，因而产生的粒子数减少，同时通过烟支的时间变短，使形成的粒子粒径减小，粒径分布宽度略微增加。

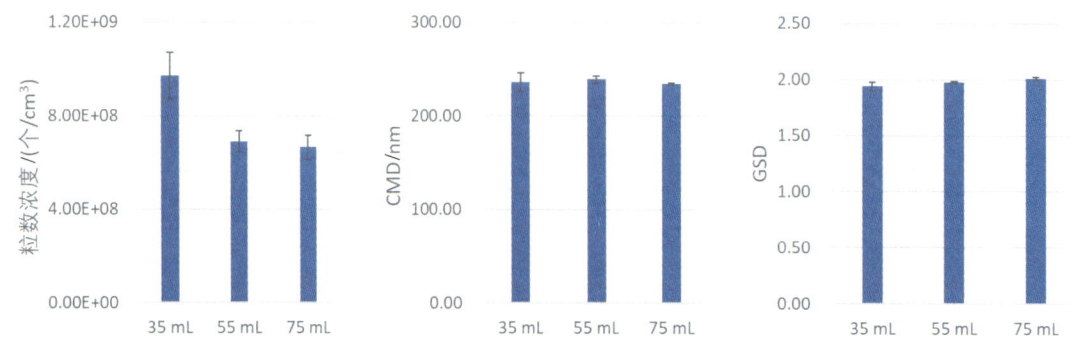

图 3.26 不同抽吸体积抽吸时卷烟气溶胶的粒数浓度、粒径中位值和粒径 GSD 比较

3.5.2 烟叶原料类型的影响

单料烟叶是卷烟生产的主要原料，其质量好坏直接影响卷烟产品的吸食品质。烟丝配方是将各种不同风格、产地、品种及等级的烟叶按一定的比例加以合理的搭配从而形成具有特殊吸味风格的卷烟产品。不同品牌卷烟产品的配方不同，其抽吸品质和口感也各不相同，体现在微观上，则是其主流烟气气溶胶的粒度分布和化学成分各不相同。因此，可以通过气溶胶研究来指导选择合适的烟叶配比，从而达到理想的抽吸品质。

国内对单料烟叶的研究主要集中在不同产地、不同品种烟叶的物理特性差异和化学物质含量差异等方面。吴君章等[14]开展了不同单料烟叶主流烟气气溶胶粒度分布差异研究，利用单孔道吸烟机和测量范围在 $0.007 \sim 9.970$ μm 的电子低压撞击器对样品主流烟气气溶胶粒子质量和数量进行了测量，发现不同国家、国内不同产地单料烟叶主流烟气气溶胶粒度分布存在显著差异：国内烟叶的粒子质量和数量总体比国外的偏大；同一产地不同品种烟叶、不同部位烟叶主流烟气气溶胶粒度分布有差异；掺配膨胀梗丝对主流烟气气溶胶粒度分布有一定的影响，其比例增加，气溶胶粒子的质量降低，粒子数量呈先增加后降低的趋势。进一步选取了代表性和特征性烟叶原料，进行其气溶胶粒径分布研究，并对分粒径捕集的气溶胶进行化学成分分析，结合感官评吸结果，研究了代表性和特征性烟叶原料的气溶胶理化特征和感官特性。

3.5.2.1 样品制备

选取了代表性和特征性烟叶原料，试制了不同香型原料、不同烟叶类型、不同烟叶部位、代表性品种的单料烟叶卷烟（样品信息见表 3.10），烟丝按照在产某品牌工艺进行制丝，不进行加料和加香。"三纸一棒"辅料：卷烟纸采用麻浆竖纹卷烟纸，规格为 28 g/m² × 26.2 mm × 5000 m（直 60）；接装纸规格为宽度 70 mm，不打孔；嘴棒规格为长度 120 mm，丝束 3.0Y/32000，吸阻 3200 Pa，圆周 24.05 mm，硬度为 87%；普通成形纸。同一类样品均固定卷烟规格和辅材，在相同条件下卷制成卷烟规格 84(20+64)mm 的卷烟样品（本章节后续若未做特别说明，实验烟支均采用该方法卷制）。最终实验挑选烟支重量偏差在 ±0.02 g、吸阻偏差在 ±100 Pa 的卷烟样品进行实验。

表 3.10　样品信息表

类型		编号	产地	品种	等级
不同香型原料	烤烟浓香型	YL-KN1	湖南郴州	云 87	C2F
		YL-KN2	江西赣州	K326	C2F
		YL-KN3	长沙	K326	C2F
		YL-KN4	湖南株洲	云 87	C4F
		YL-KN5	江西吉安	K326	C4F
		YL-KN6	山东临沂	无	C3F
	烤烟中间香型	YL-KZ1	贵州遵义	K326、云系混	C1F、C2F
		YL-KZ2	贵州黔东南	K326	C1F、C2F
		YL-KZ3	贵州铜仁	无	C1F、C2F
		YL-KZ4	贵州毕节	无	C3F
		YL-KZ5	贵州安顺	NJ-3	C3F、C4F
	烤烟清香型	YL-KQ1	玉溪 2	K326	C1F、C2F
		YL-KQ2	云南楚雄	K326	C1F、C2F
		YL-KQ3	云南红河	K326	C1F、C2F
		YL-KQ4	云南普洱	无	C3F
		YL-KQ5	云南昭通	K326	C3F、C4F
		YL-KQ6	福建南平	K326	C4F
烟叶类型	香料烟	YL-XLY1	云南保山	香料 B 型	AB
		YL-XLY2	新疆	香料 B 型	AB
	晾晒烟	YL-LSY1	长春桦甸	晒红烟	晒红二级
		YL-LSY2	云南德宏	晒黄烟	C1
	白肋烟	YL-BLY1	大理宾川	TN86	C1F
		YL-BLY2	湖北恩施	无	MBCB1
烟叶部位	上部	YL-BW1	玉溪 1	K326	B1F
	中部	YL-BW2	玉溪 1	K326	C2F
	下部	YL-BW3	玉溪 2	K326	X1F
代表性烟叶品种	K326	YL-PZ1	玉溪 2	K326	C2F
	云 87	YL-PZ2	云南文山	云 87	C3F
	红大	YL-PZ3	云南大理	红大	C2F
	KRK26	YL-PZ4	玉溪 1	KRK26	C1F

3.5.2.2　同香型烤烟不同等级烟叶对烟气气溶胶理化性质影响研究

（1）同香型烤烟不同等级烟叶对烟气气溶胶质量粒径分布的影响

选取浓香型不同等级烟叶 6 个、中间香型不同等级烟叶 5 个、清香型不同等级烟叶 6 个,各单料烟叶气溶胶的质量粒径分布见图 3.27。可以看出,所研究的所有单料烟气溶胶粒子质量均主要分布在 $0.261 \sim 0.722\ \mu m$ 处,最大值均在 $0.431\ \mu m$ 处,但不同香型、不同等级烟叶的气溶胶质量粒径分布有一定的差异性。对于同香型不同等级的烟叶,捕集的气溶胶总质量随烟叶等级降低而降低;对于不同香型同等级烟叶,捕集的气溶胶总质量为浓香型和中间香型大于清香型。

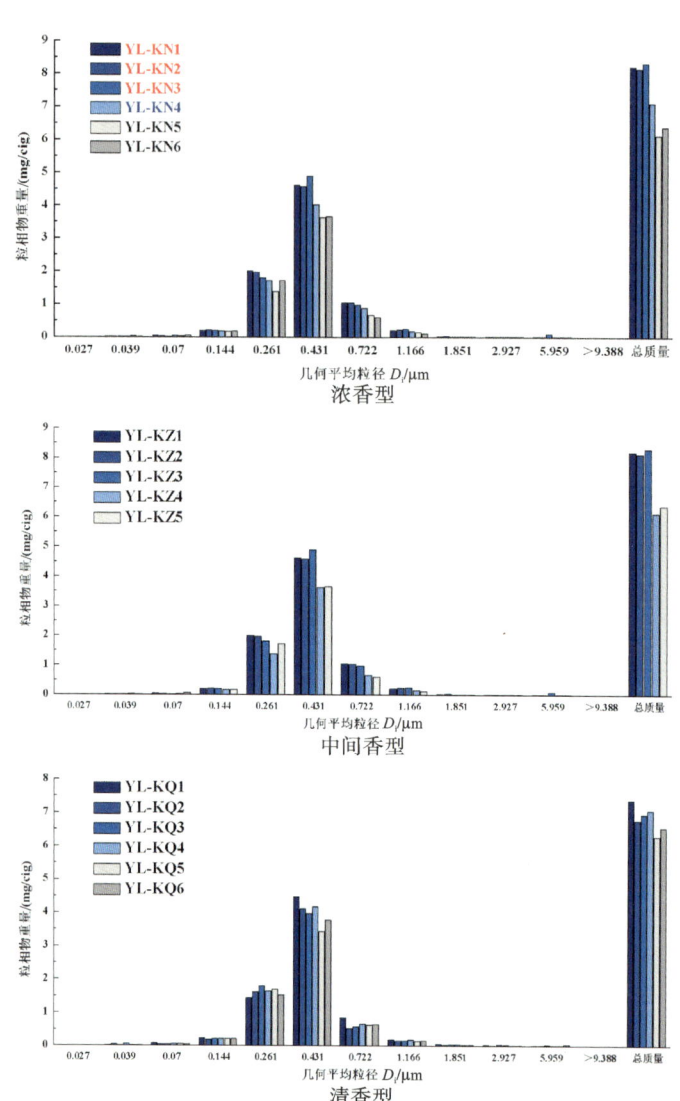

图 3.27　同香型不同等级烟叶烟气气溶胶质量粒径分布比较

图 3.28 进一步比较了不同单料烟叶烟气不同粒径气溶胶的质量比例。不同香型之间进行比较,浓香型烟叶大粒径气溶胶的质量比例高于中间香型和清香型烟叶,即浓香型烟叶大粒径气溶胶分布相比之下稍多。同香型不同等级烟叶比较,质量比例分布变化规律不明显,可能受烟叶产地和烟叶品种影响。

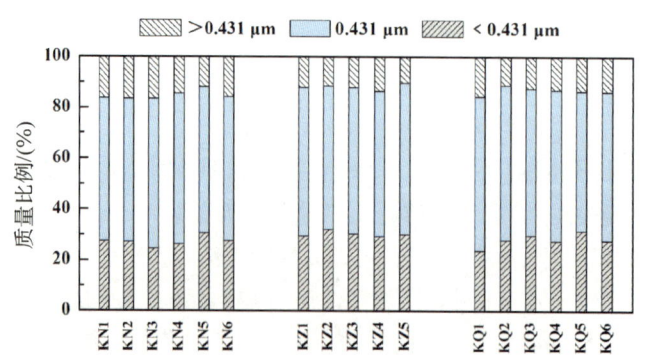

图 3.28　同香型不同等级烟叶烟气不同粒径气溶胶质量比例比较

（2）同香型烤烟不同等级烟叶烟气常规分析

表 3.11 比较了不同等级烟叶原料对烟气常规成分的影响,可以看出不同香型烟叶原料同等级烟叶,抽吸口数为清香型大于中间香型和浓香型,烟碱释放量则为浓香型高于中间香型和清香型,焦油、烟气粒相物水分、CO 则无明显差异。对于浓香型不同等级烟叶,随烟叶等级降低,总粒相物、焦油、烟气烟碱、烟气粒相物水分和 CO 均呈现降低趋势;对于中间香型不同等级烟叶,随烟叶等级降低,总粒相物、焦油、烟气烟碱也基本呈现降低趋势,但样品 KZ4 未发生明显下降,特别是其烟碱含量较高,这可能受品种影响;对于清香型不同等级烟叶,随烟叶等级降低,总粒相物、焦油呈略微降低趋势,其他变化不大。

表 3.11　烟气常规成分检测结果

类型		抽吸口数 /(口/支)	总粒相物 /(毫克/支)	焦油 /(毫克/支)	烟气烟碱 /(毫克/支)	水分 /(毫克/支)	CO /(毫克/支)
浓香型	YL-KN1	7.62	15.55	12.16	1.48	1.91	9.89
	YL-KN2	7.70	15.54	11.80	1.72	2.02	9.69
	YL-KN3	7.04	15.48	11.79	1.60	2.09	9.34
	YL-KN4	7.31	12.10	9.70	1.06	1.34	8.36
	YL-KN5	7.28	12.24	9.71	1.04	1.49	8.82
	YL-KN6	7.56	13.17	10.51	1.20	1.47	9.04
中间香型	YL-KZ1	7.88	15.30	12.10	1.16	2.04	11.22
	YL-KZ2	9.12	15.36	11.94	1.49	1.93	10.10
	YL-KZ3	7.80	15.27	11.93	1.30	2.04	10.17
	YL-KZ4	7.82	15.48	11.82	1.64	2.02	10.56
	YL-KZ5	7.36	13.20	10.41	0.94	1.85	9.80
清香型	YL-KQ1	8.64	15.77	12.31	1.39	2.07	9.53
	YL-KQ2	8.16	14.57	11.55	1.05	1.97	10.20
	YL-KQ3	8.36	14.86	11.68	1.36	1.82	9.18
	YL-KQ4	8.16	15.56	12.08	1.41	2.07	10.00
	YL-KQ5	8.72	14.42	11.02	1.40	2.00	10.02
	YL-KQ6	8.02	14.40	10.88	1.42	2.10	9.58

（3）同香型烤烟不同等级烟叶烟气气溶胶中的化学成分分布

图 3.29 比较了同香型不同等级烟叶卷烟烟气中代表性化学成分在不同粒径气溶胶中的分布特征,可以看出同香型不同等级烟叶卷烟烟气气溶胶中鉴定出的化学成分种类相似,这些化学成分在不同粒径气溶胶中随粒径大小的分布趋势也相似,但部分鉴定出的化合物在不同粒径气溶胶中的浓度高低存在差异,如浓香型不同等级烟叶卷烟烟气中的对甲苯酚、2,3-二氢-3,5-二羟基-6-甲基-4(H)-吡喃-4-酮、5-羟甲基糠醛等,中间香型不同等级烟叶卷烟烟气中的亚麻酸、2-丙烯酸、苯酚、3-羟基吡啶、2,3'-联吡啶等,清香型不同等级烟叶卷烟烟气中的 5-羟甲基糠醛等。由于同香型不同等级烟叶卷烟烟气气溶胶中鉴定出的物质种类相似,鉴定出的这些物质随不同粒径气溶胶的浓度分布规律相似,决定了其相同的香型,但由于其不同粒径中少量香气成分的浓度高低差异等原因,因而在香气品质如香气量和香气质等方面存在差异。

对比不同香型烟叶卷烟烟气中代表性化学成分在不同粒径气溶胶中的分布特征,可以看出不同香型烟叶卷烟烟气气溶胶中鉴定出的主要化学成分基本相似,少量鉴定出的化学成分存在差异,如 2,3-二氢-3,5-二羟基-6-甲基-4(H)-吡喃-4-酮、5-羟甲基二氢呋喃-2-酮、糠醇、苯乙醇等。此外,不同香型烟叶卷烟烟气中鉴定出的化学成分在不同粒径气溶胶中随粒径大小的分布趋势也相似,可能由于不同香型烟叶卷烟烟

气气溶胶中少量香气物质的差异(含量较低的香气物质本实验方法未能检出),其表现出不同香型。

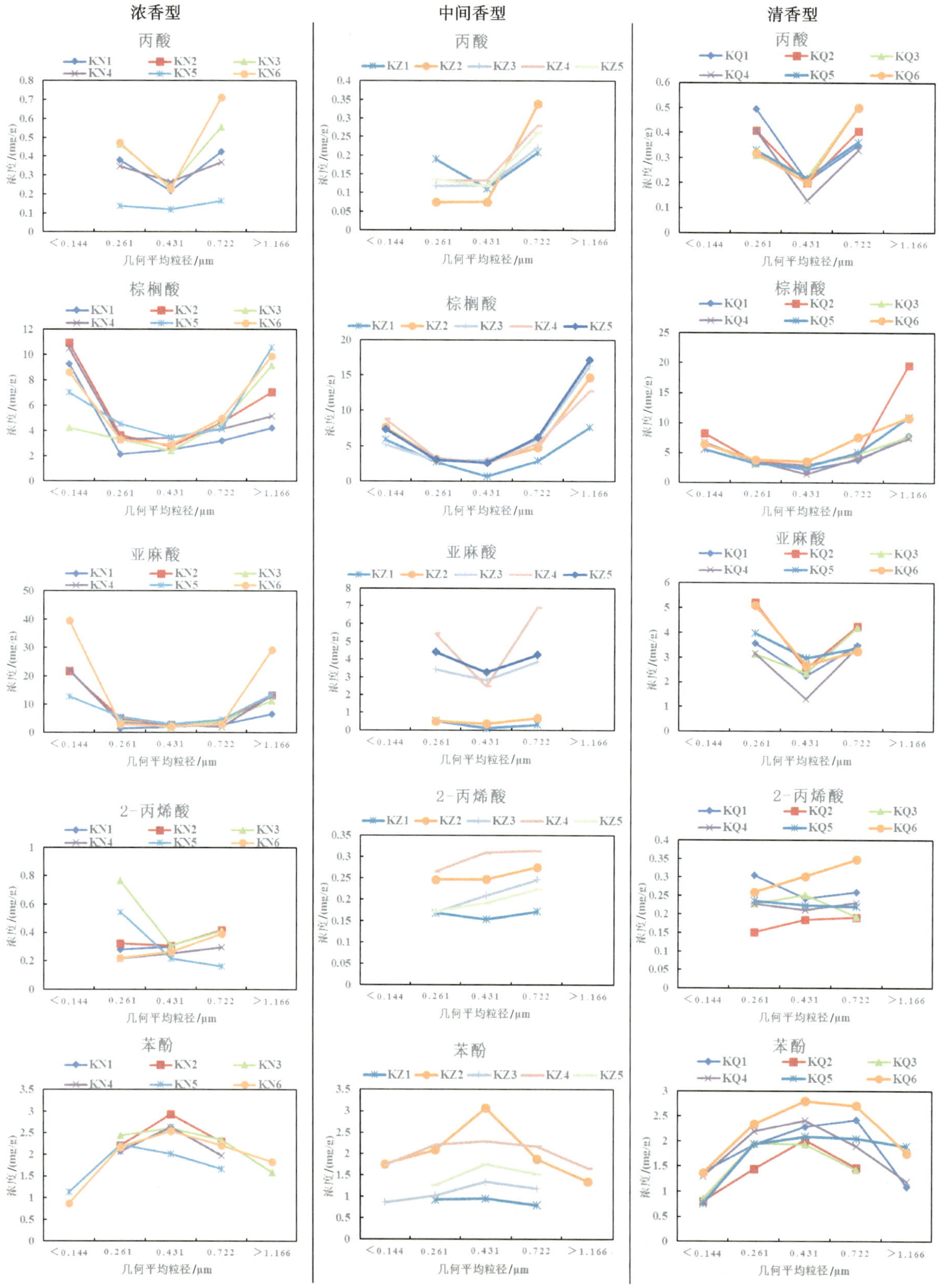

图 3.29　同香型不同等级烟叶卷烟烟气气溶胶中代表性化学成分的粒径分布图

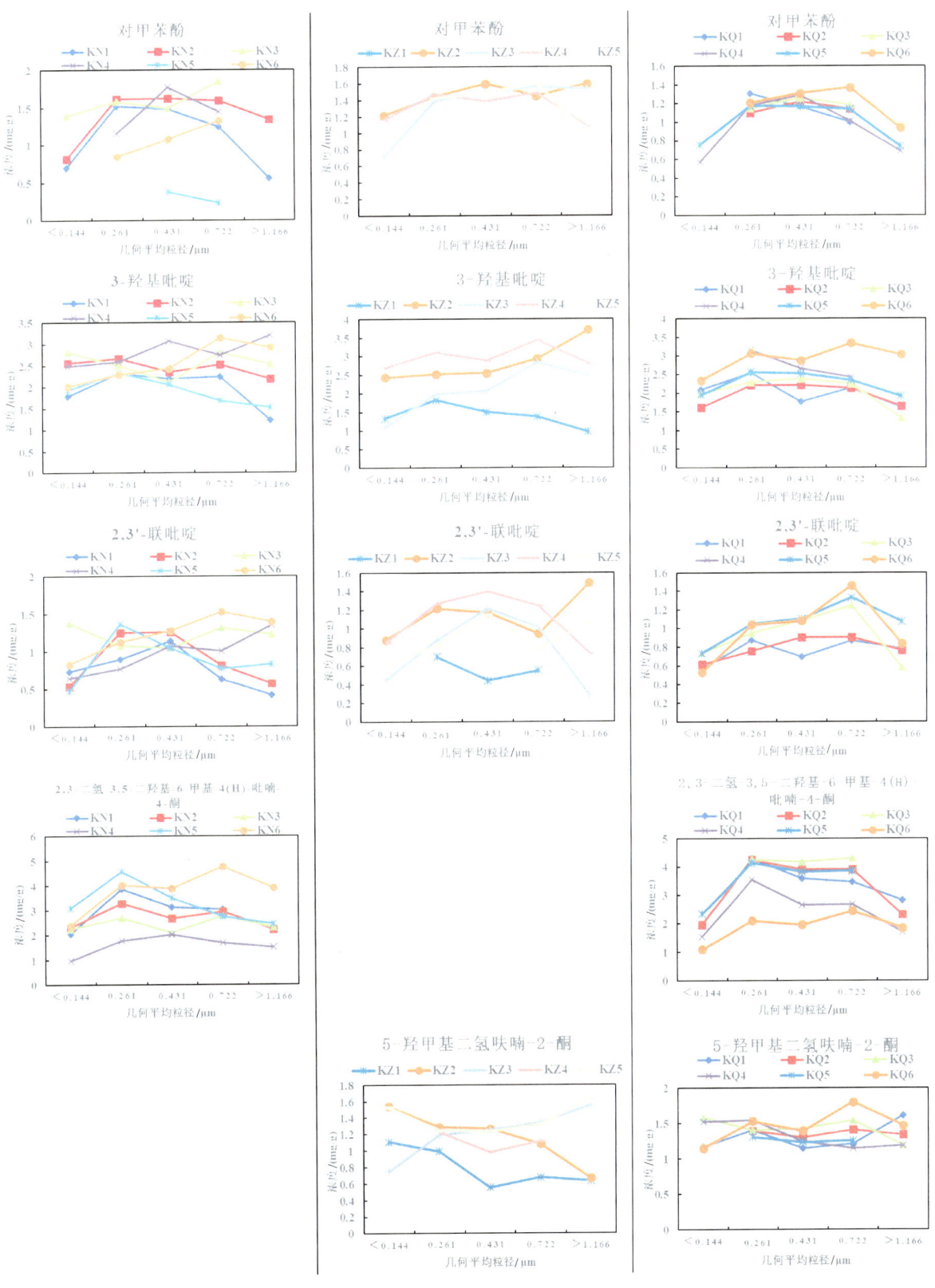

续图 3.29

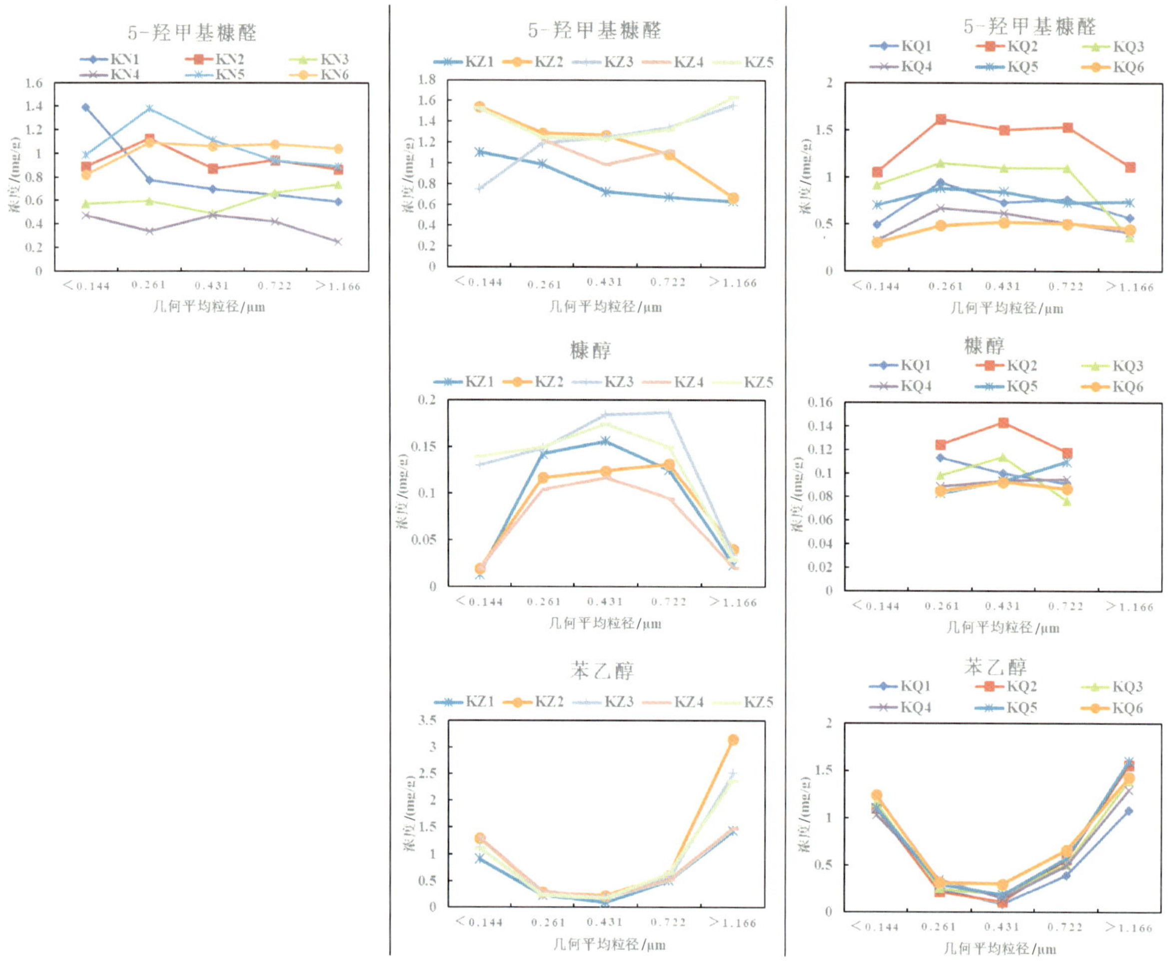

续图 3.29

（4）小结

同香型不同等级烟叶，随着烟叶等级降低：①捕集的气溶胶总质量降低，质量比例分布变化规律不明显；②总粒相物、焦油呈降低趋势；③烟气量减少，烟气质变粗糙，烟气形态变短；④捕集的气溶胶中鉴定出的化学成分主要表现在不同粒径气溶胶中的浓度高低存在差异。

同等级不同香型烟叶：①捕集的气溶胶总质量为浓香型和中间香型大于清香型，浓香型烟叶大粒径气溶胶的质量比例高于中间香型和清香型烟叶；②抽吸口数为清香型大于中间香型和浓香型，烟碱释放量为浓香型高于中间香型和清香型，焦油、烟气粒相物水分、CO 则无明显差异；③捕集的气溶胶中鉴定出的少量酮类、醇类化学成分存在差异。

3.5.2.3 不同类型烟叶对烟气气溶胶理化性质影响研究

（1）不同类型烟叶对烟气气溶胶质量粒径分布的影响

代表性的烤烟、香料烟、晾晒烟和白肋烟气溶胶的质量粒径分布见图 3.30。可以看出，不同类型卷烟捕集的气溶胶总质量和质量粒径分布均存在明显差异。香料烟捕集的气溶胶总质量明显小于其他类型卷烟。从质量粒径分布方面比较，可以看出烤烟在大粒径（大于 0.722 μm）分布的粒相物质量小于其他类型的烟叶，特别是 1.166 μm 处，而在小粒径（小于 0.431 μm）分布的粒相物质量大于其他类型的烟叶。

图 3.31 进一步比较了不同类型烟叶烟气不同粒径气溶胶的质量比例。可以看出，大于 0.431 μm 处的质量比例为香料烟＞白肋烟＞晾晒烟＞烤烟，0.431 μm 处的质量比例为烤烟＞晾晒烟＞白肋烟＞香料烟，而小于 0.431 μm 处的质量比例为烤烟、晾晒烟＞白肋烟、香料烟，即粒径分布大小为香料烟＞白肋烟＞晾晒烟＞烤烟。

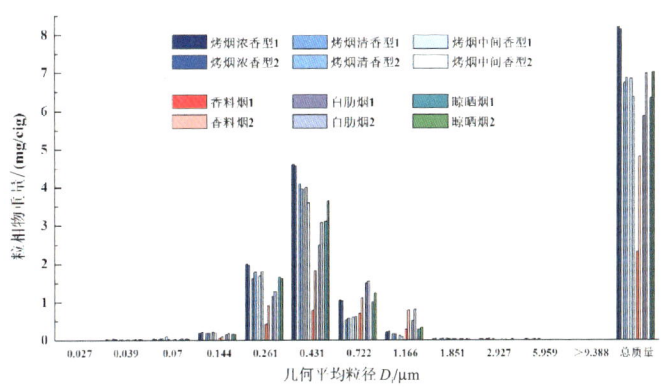

图 3.30 不同类型烟叶烟气气溶胶质量粒径分布比较

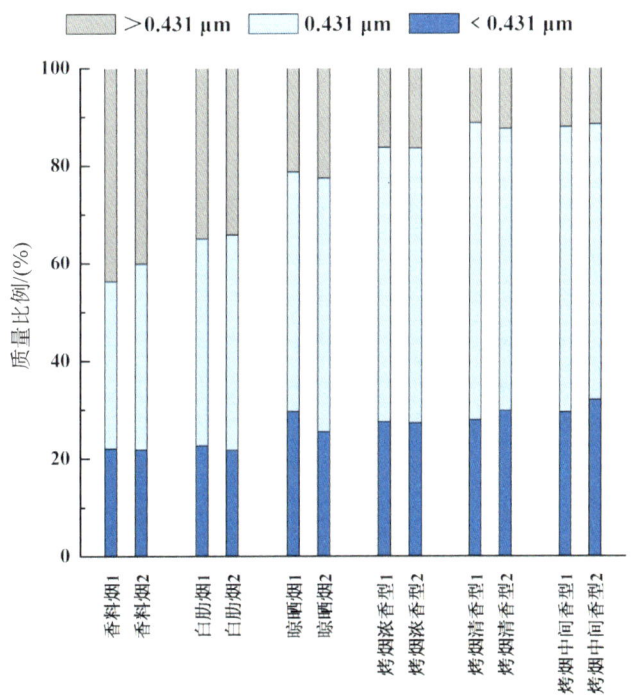

图 3.31 不同类型烟叶烟气不同粒径气溶胶质量比例比较

（2）不同类型烟叶烟气常规分析

比较不同类型烟叶的烟气常规化学检测结果，由于不同烟叶燃烧性能以及化学成分的差异，不同类型烟叶卷烟存在一定的差异，具体为白肋烟燃烧性能好，燃烧最快；白肋烟总粒相物和焦油最少；香料烟烟碱最少（表3.12）。

表 3.12 烟气常规成分检测结果

类型		抽吸口数 /（口/支）	总粒相物 /（毫克/支）	焦油 /（毫克/支）	烟气烟碱 /（毫克/支）	水分 /（毫克/支）	CO /（毫克/支）
香料烟	YL-XLY1	9.67	12.79	10.41	0.38	2.00	9.00
	YL-XLY2	9.74	14.44	11.72	0.67	2.05	13.17
白肋烟	YL-BLY1	6.99	12.24	9.11	1.40	1.73	10.99
	YL-BLY2	6.56	11.73	9.14	1.14	1.45	9.75

续表

类型		抽吸口数 /(口/支)	总粒相物 /(毫克/支)	焦油 /(毫克/支)	烟气烟碱 /(毫克/支)	水分 /(毫克/支)	CO /(毫克/支)
晾晒烟	YL-LSY1	8.40	15.04	11.30	1.66	2.08	10.18
	YL-LSY2	8.20	13.94	10.68	1.16	2.10	9.32
烤烟	YL-KN1	7.62	15.55	12.16	1.48	1.91	9.89
	YL-KN2	7.70	15.54	11.80	1.72	2.02	9.69
	YL-KZ1	7.88	15.30	12.10	1.16	2.04	11.22
	YL-KZ2	9.12	15.36	11.94	1.49	1.93	10.10
	YL-KQ1	8.64	15.77	12.31	1.39	2.07	9.53
	YL-KQ2	8.16	14.57	11.55	1.05	1.97	10.20

（3）不同类型烟叶烟气气溶胶中的化学成分分布

图 3.32 比较了不同类型烟叶卷烟烟气中代表性化学成分在不同粒径气溶胶中的分布特征，可以看出不同类型烟叶卷烟烟气气溶胶中鉴定出的大部分化学成分种类相似，少部分化学成分存在差异，如香料烟中未检测到 2-丙烯酸、苯乙酸、间甲苯酚、麦斯明、3-甲基吲哚、乙基环戊烯醇酮，白肋烟中未检测到 3-甲基戊酸、2,3-二氢-3,5-二羟基-6-甲基-4(H)-吡喃-4-酮、D-阿洛糖、5-羟甲基糠醛，晾晒烟中未检测到(6R,7E,9R)-9-羟基-4,7-巨豆二烯-3-酮。

不同类型烟叶卷烟烟气气溶胶中鉴定出的化学物质随气溶胶粒径大小的分布规律基本一致，但部分物质浓度存在较大差异，如白肋烟中亚麻酸、2-吡咯烷酮在不同粒径中浓度均较低，而甾醇乙酸酯、3-羟基吡啶在不同粒径中浓度均较高；香料烟中对甲苯酚、烟碱、2,3'-联吡啶在不同粒径中浓度均较低；晾晒烟中麦斯明在不同粒径中浓度均较低，而甲基环戊烯醇酮在不同粒径中浓度均较高。不同类型烟叶中鉴定出的物质种类、浓度高低存在差异，特别是香料烟中物质种类和浓度与其他类型烟叶差异较大，因此呈现不同的气溶胶分布和感官特性。

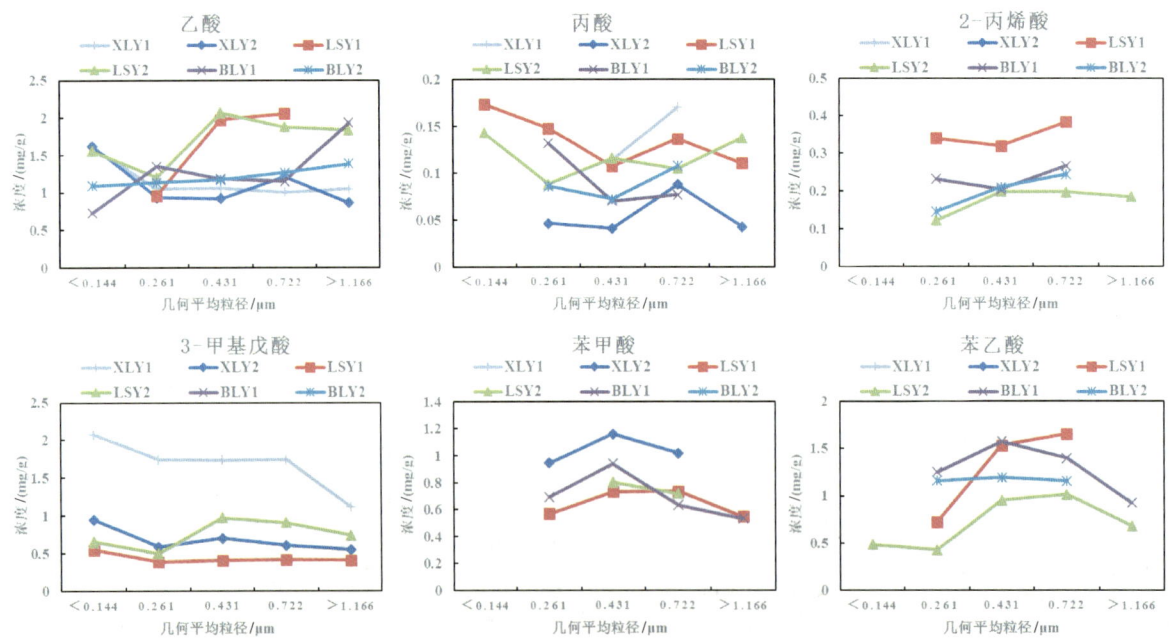

图 3.32　不同类型烟叶卷烟烟气气溶胶中代表性化学成分的粒径分布图

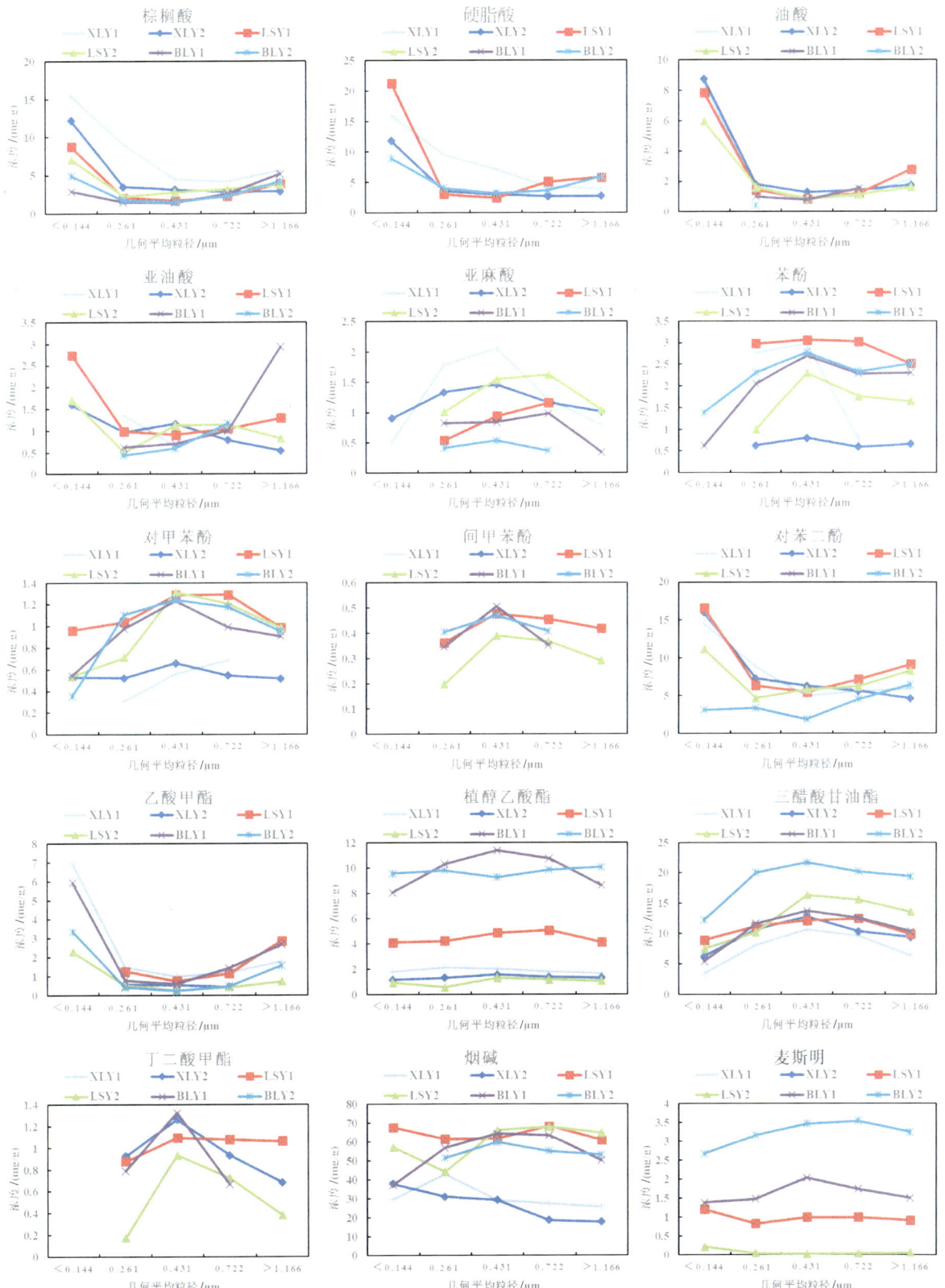

续图 3.32

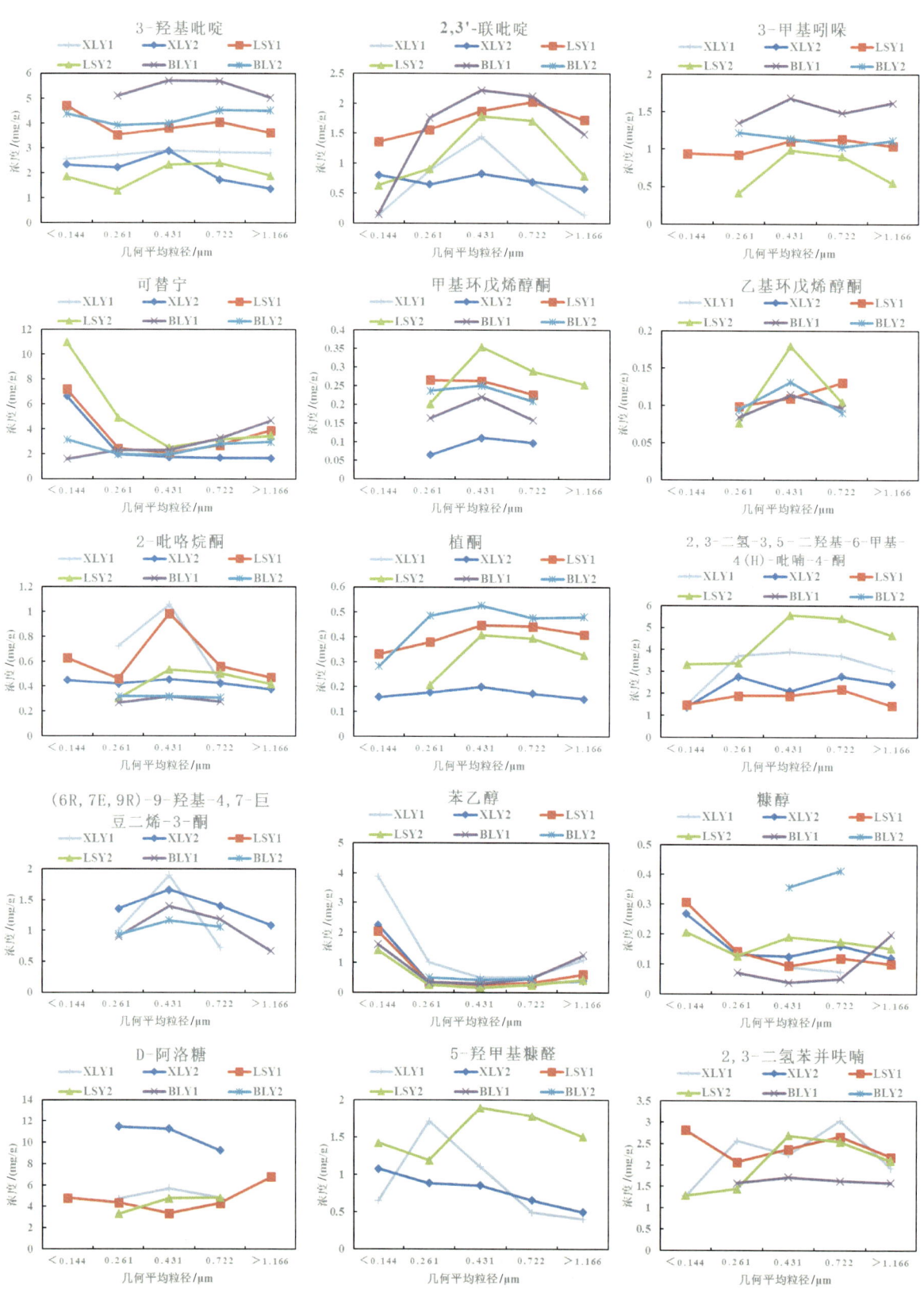

续图 3.32

(4) 小结

①香料烟捕集的气溶胶总质量明显小于其他类型卷烟；②整体质量粒径分布大小为香料烟＞白肋烟＞晾晒烟＞烤烟；③不同类型烟叶烟气常规存在一定的差异，白肋烟燃烧最快，其总粒相物和焦油最少，香料烟烟碱最少；④不同类型烟叶在不同粒径气溶胶中鉴定出的物质种类存在差异，浓度高低也存在差异；⑤感官质量主要在烟气量和刺激性上有明显差异，烟气量为白肋烟＞晾晒烟＞香料烟，刺激性为白肋烟＞晾晒烟＞香料烟。

3.5.2.4 不同品种烟叶对烟气气溶胶理化性质影响研究

(1) 不同品种烟叶对烟气气溶胶质量粒径分布的影响

4 个代表性烟叶品种 K326(PZ1)、云 87(PZ2)、红大(PZ3)、KRK26(PZ4)烟气气溶胶质量粒径分布见图 3.33。KRK26 在 0.722 μm 处气溶胶质量大于其他 3 个品种，0.431 μm 处 K326 气溶胶质量大于其他品种，而捕集的气溶胶总质量无明显差异。

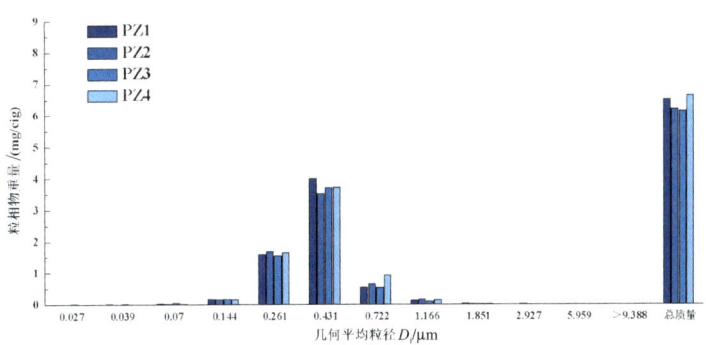

图 3.33　不同品种烟叶烟气气溶胶质量粒径分布比较

图 3.34 进一步比较了不同品种烟叶烟气不同粒径气溶胶的质量比例，可以看出 K326 和红大的质量比例分布较为接近。4 个品种中小于 0.431 μm 的粒相物质量比例接近，0.431 μm 处粒相物质量比例为 K326 和红大大于云 87 和 KRK26，而大于 0.431 μm 处粒相物质量比例为云 87 和 KRK26 大于 K326 和红大，即云 87 和 KRK26 大粒径分布稍多，特别是 KRK26。

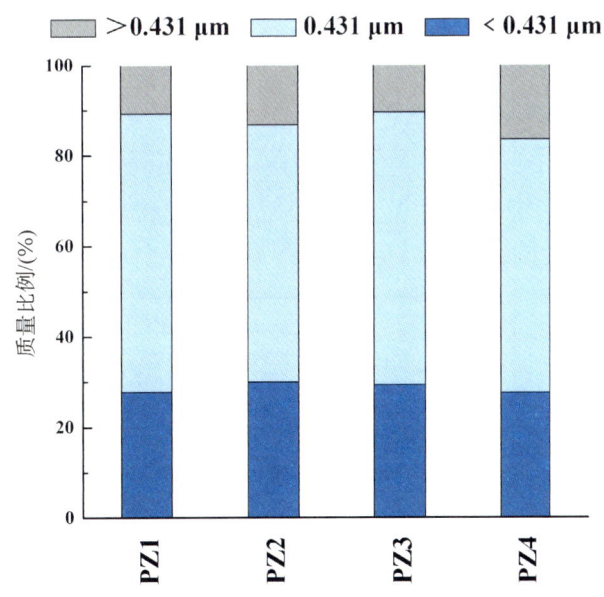

图 3.34　不同品种烟叶烟气不同粒径气溶胶质量比例比较

（2）不同品种烟叶烟气分析

由表 3.13 可以看出,不同烟叶品种烟气常规差别不明显。图 3.35 比较了不同品种烟叶卷烟烟气中代表性化学成分在不同粒径气溶胶中的分布特征。可以看出,不同品种烟叶中鉴定出的化学成分基本相同,这些化学成分在不同粒径气溶胶中随粒径大小的分布趋势也相似,但在不同粒径气溶胶中的浓度高低存在差异。

表 3.13 烟气常规成分检测结果

品种		抽吸口数 /（口/支）	总粒相物 /（毫克/支）	焦油 /（毫克/支）	烟气烟碱 /（毫克/支）	水分 /（毫克/支）	CO /（毫克/支）
K326	YL-PZ1	9.55	16.22	12.43	1.37	2.42	10.72
云 87	YL-PZ2	9.27	15.65	12.01	1.50	2.14	10.04
红大	YL-PZ3	9.01	14.82	11.25	1.37	2.20	10.12
KRK26	YL-PZ4	8.58	15.41	11.47	1.54	2.40	10.39

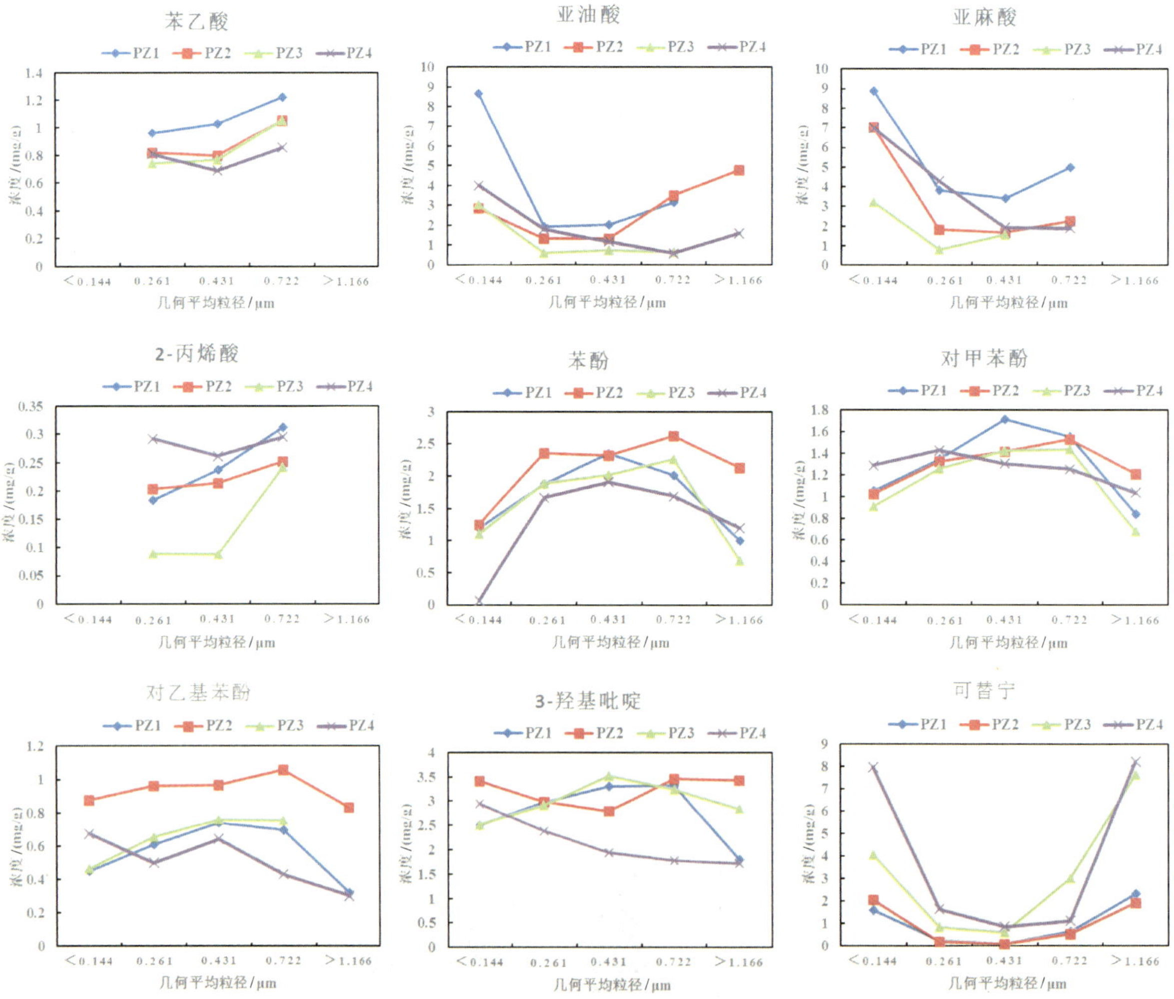

图 3.35 不同品种烟叶卷烟烟气气溶胶中代表性化学成分的粒径分布图

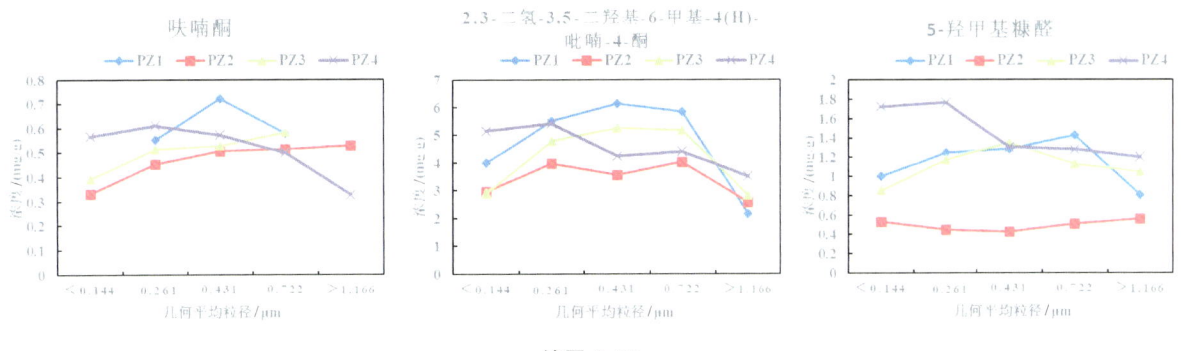

续图 3.35

（3）小结

①KRK26 和云 87 大粒径分布稍多。②不同品种烟气气溶胶在不同粒径中的浓度高低存在差异。③不同烟叶品种烟气常规差别不明显。④K326 和红大气溶胶质量比例分布较为接近,感官质量均表现为烟气细腻,烟气形态长;云 87 和 KRK26 烟气更为丰满,但较为粗糙,KRK26 蓬松感最好,云 87 蓬松感最差。

3.5.2.5　不同部位烟叶对烟气气溶胶理化性质影响研究

（1）不同部位烟叶对烟气气溶胶质量粒径分布的影响

同一品种不同部位烟叶烟气气溶胶质量粒径分布见图 3.36。可以看出,0.431 μm 和 0.722 μm 处的气溶胶质量从上部烟叶到下部烟叶逐渐减少,而 0.261 μm 处下部烟叶气溶胶质量略微增加。捕集的气溶胶总质量从上部烟叶到下部烟叶逐渐减少。

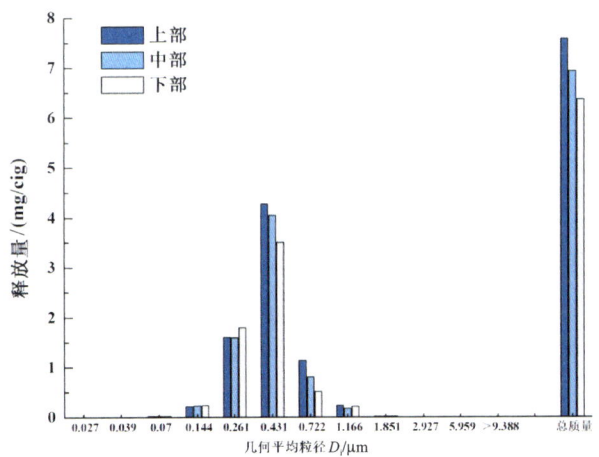

图 3.36　不同部位烟叶烟气气溶胶质量粒径分布比较

图 3.37 进一步比较了不同部位烟叶烟气不同粒径气溶胶的质量比例,可以看出从上部烟叶到下部烟叶大于 0.431 μm 处气溶胶质量比例逐渐降低,而小于 0.431 μm 处气溶胶质量比例逐渐增加,即气溶胶整体粒径呈减小趋势。

（2）不同部位烟叶烟气分析

从上部烟叶到下部烟叶烟气常规检测结果见表 3.14,从上部烟叶到下部烟叶抽吸口数、烟气总粒相物、焦油、烟气烟碱均呈现逐渐降低趋势。

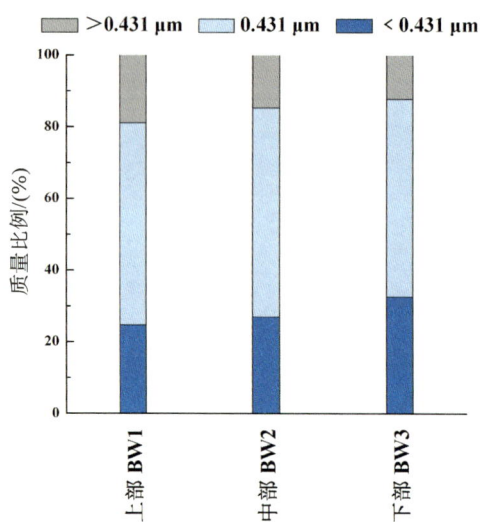

图 3.37　不同部位烟叶烟气不同粒径气溶胶质量比例比较

表 3.14　烟气常规成分检测结果

	类型	抽吸口数 /(口/支)	总粒相物 /(毫克/支)	焦油 /(毫克/支)	烟气烟碱 /(毫克/支)	水分 /(毫克/支)	CO /(毫克/支)
上部	YL-BW1	9.20	17.36	13.54	1.64	2.18	10.38
中部	YL-BW2	9.00	15.58	12.06	1.32	2.20	10.26
下部	YL-BW3	7.78	12.68	9.95	0.91	1.82	9.62

　　图 3.38 比较了代表性化学成分在不同粒径气溶胶中的分布特征。可以看出,不同部位烟叶中鉴定出的化学成分基本相同,但这些化学成分在不同粒径气溶胶中的浓度存在差异,主要表现在:①上部和中部烟叶卷烟不同粒径气溶胶中大部分化学成分的浓度高于下部烟叶,如小分子酸(乙酸和丙酸)、苯酚和单取代苯酚、生物碱(烟碱和 3-羟基吡啶)、棕榈酸甲酯、2-吡咯烷酮、2,3-二氢苯并呋喃、三环萜、乙酰胺;②下部烟叶卷烟不同粒径气溶胶中小部分化学成分的浓度高于上部和中部烟叶,如亚麻酸、糠醇、5-羟甲基糠醛;③不同部位烟叶不同粒径气溶胶中小部分化学成分浓度相差不大,如饱和脂肪酸、对苯二酚、三乙酸甘油酯、苯乙醇。

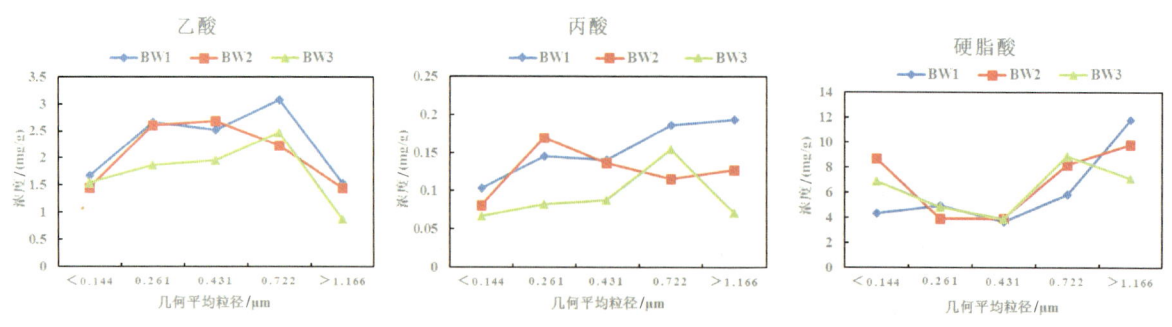

图 3.38　不同部位烟叶卷烟烟气气溶胶中主要化学成分的粒径分布图

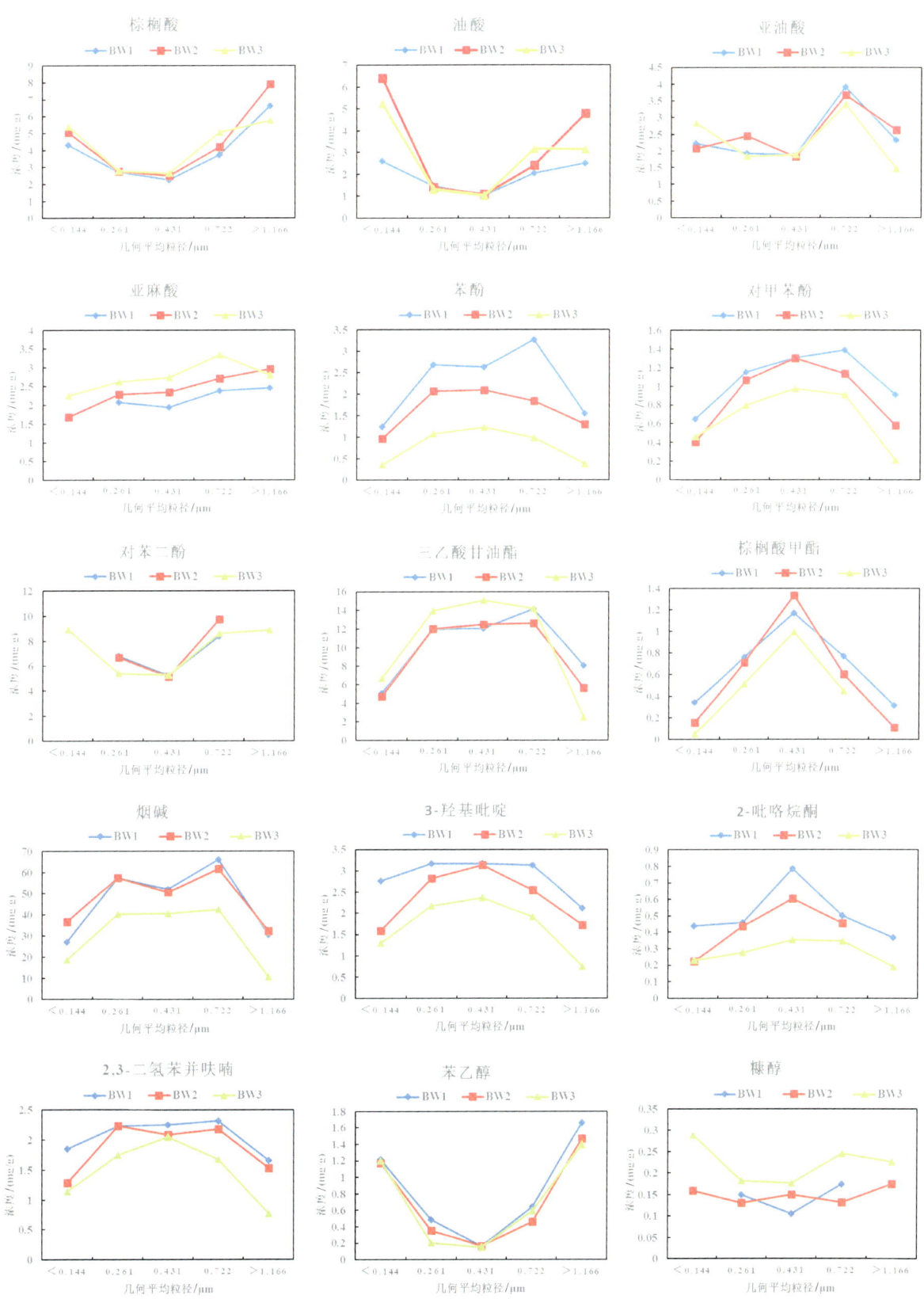

续图 3.38

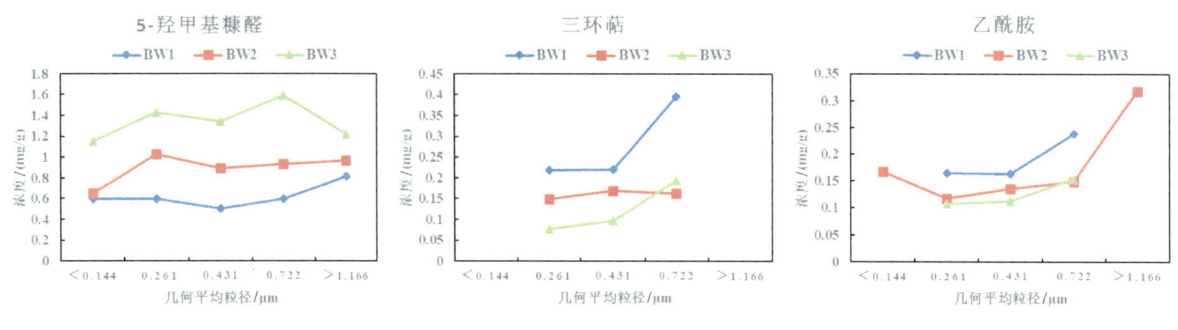

续图 3.38

（3）小结

从上部烟叶到下部烟叶：①捕集的气溶胶总质量逐渐减少，气溶胶整体粒径呈减小趋势。②不同粒径气溶胶中大部分化学成分的浓度降低，如小分子酸（乙酸和丙酸）、苯酚和单取代苯酚、生物碱（烟碱和 3-羟基吡啶）、棕榈酸甲酯、2-吡咯烷酮、2,3-二氢苯并呋喃、三环萜、乙酰胺；小部分化学成分的浓度增加，如亚麻酸、糠醇、5-羟甲基糠醛。③总粒相物、焦油、烟气烟碱均呈现逐渐降低趋势。④烟气量逐渐减少，涂层感增加。

3.5.3 "三丝"掺配的影响

卷烟配方中添加再造烟丝、梗丝、膨胀丝（以下简称"三丝"）作为卷烟减害降焦的重要手段之一，在卷烟配方中的应用广泛，其物理特性和化学组成的不同对于烟支整体燃烧性能等具有重要的影响，并影响产生的烟气气溶胶的理化特性和感官特性。

针对"三丝"掺配对卷烟烟气特性、有害成分释放量及感官质量的影响开展了较多研究。陈帅伟等[15]研究了"三丝"掺配比例对卷烟理化指标的影响，发现烟支重量、CO、TPM、烟碱、焦油随"三丝"掺配比例的增加呈下降趋势，卷烟吸阻与之相反，其中掺配再造烟丝对降低卷烟 CO 释放量效果较明显，膨胀丝的添加能够有效地降低卷烟重量并提高吸阻，掺配梗丝对降低卷烟 TPM、烟碱、焦油的释放量效果显著，并指出在烟支卷制过程中"三丝"应合理搭配使用。程向红等[16]研究了不同部位、不同产地梗丝与叶丝对卷烟常规主流烟气释放量的影响，发现不同部位的梗丝烟气焦油释放量上部≥中部＞下部，烟碱释放量上部＞中部≥下部，不同产地之间的梗丝、叶丝烟气焦油和烟碱释放量差异性均较小，而一氧化碳释放量有一定差异，此外梗丝烟气中焦油、烟碱释放量明显低于叶丝，而一氧化碳释放量则明显高于叶丝。蔡国华等[17]研究发现提高膨胀丝和薄片丝的使用量，可降低卷烟主流烟气中巴豆醛的释放量。谢金栋等[18]研究发现提高国内烟叶、中下部烟叶、膨胀梗丝、膨胀烟丝和薄片的使用量，可以降低卷烟主流烟气中氨的释放量。王兵等[19]分析了不同的"三丝"掺配量对卷烟烟气特性及感官质量的影响，发现膨胀梗丝和造纸法再造烟叶对卷烟烟气特性的影响显著；膨胀烟丝对烟气焦油量、烟碱量和抽吸口数均有影响，但影响程度不同；辊压法再造烟叶对烟气烟碱量有较明显的影响，而对烟气焦油量和抽吸口数无明显影响；膨胀梗丝和辊压法再造烟叶对卷烟感官质量有显著影响。

吴君章等[14]开展了添加不同比例（6.9%、12.6% 和 16.7%）膨胀梗丝卷烟主流烟气气溶胶的粒度分布研究，发现掺配膨胀梗丝对主流烟气气溶胶粒度分布有一定的影响，其比例增加，气溶胶粒子的质量降低，粒子数量呈先增加后降低的趋势。进一步制备了不同掺配比例的梗丝、薄片丝和膨胀丝，研究了"三丝"掺配对卷烟主流烟气气溶胶粒度分布、烟气化学成分和感官品质的影响。

3.5.3.1 样品制备

主体烟叶原料为 K326 烤烟（烟叶等级为 C2F）；再造烟叶薄片、全味梗丝、水法膨胀烟丝。固定烟丝重量为 20 kg,在烟丝重量基础上分别添加比例为 10%、20%、30% 和 40%(此为外掺比例,换算为内掺比例分别为 9.1%、16.7%、23.1% 和 28.6%)的梗丝、薄片丝和膨胀丝,制备成不同比例的烟丝-梗丝混合丝、烟丝-薄片丝混合丝、烟丝-膨胀丝混合丝。掺配实验在加香滚筒中进行,掺配丝混合均匀并调整水分后,卷制成卷烟样品。同时制备纯叶丝、纯梗丝、纯薄片丝和纯膨胀丝的卷烟样品。最终实验挑选烟支重量偏差在 ±0.02 g、吸阻偏差在 ±100 Pa 的卷烟样品进行实验。

3.5.3.2 梗丝掺配对烟气气溶胶理化性质影响研究

(1) 梗丝掺配对烟气气溶胶质量粒径分布的影响

随着梗丝掺配比例的增加(10% 到 40%),小粒径气溶胶的质量降低,特别是 0.431 μm 处捕集的气溶胶颗粒质量降低最明显,0.261 μm 处捕集的气溶胶颗粒质量也呈降低趋势,但大粒径 0.722 μm 处捕集的气溶胶颗粒质量无明显变化,捕集的气溶胶颗粒总质量呈降低趋势(图 3.39)。图 3.40 进一步比较了不同梗丝掺配比例下不同粒径气溶胶的质量比例,可以看出随着梗丝掺配比例增加,大粒径(大于 0.431 μm)气溶胶质量比例呈增加趋势,中间粒径(0.431 μm 处)气溶胶质量比例呈降低趋势,而小粒径(小于 0.431 μm)气溶胶质量比例基本不变,表明烟气气溶胶整体分布向大粒径位移。

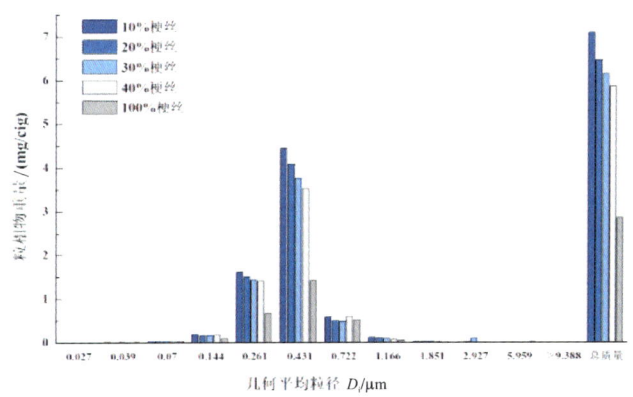

图 3.39 不同梗丝掺配烟气气溶胶质量粒径分布比较

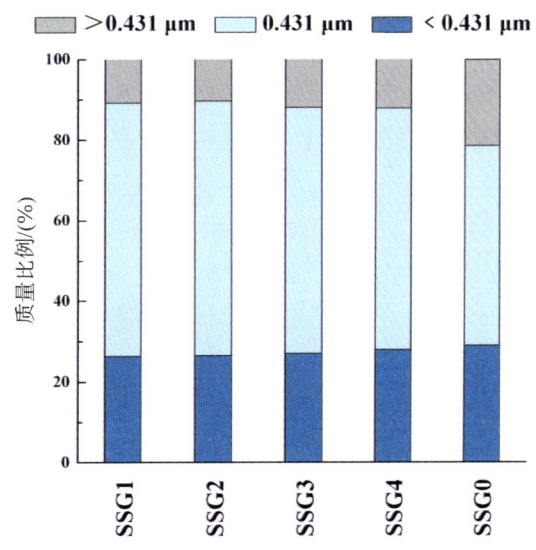

图 3.40 不同梗丝掺配烟气不同粒径气溶胶质量比例比较

梗丝经过膨胀等工艺处理后,体积增大,单位重量的梗丝与空气的接触面积相应增加,燃烧速率加快,烟气中的粒子质量大幅度降低。卷烟配方中随着梗丝掺配比例的增加,可以提高烟丝的填充能力和燃烧性,捕集的气溶胶粒子总质量降低。但另一方面,梗丝中木质素含量高,梗丝中的木质素在燃烧过程中会增加大粒径颗粒[20],因此梗丝掺配使烟气气溶胶整体分布向大粒径位移。

(2)梗丝掺配对烟气成分的影响

表3.15比较了梗丝掺配对烟气常规成分的影响,可以看出梗丝掺配对抽吸口数、总粒相物、焦油、烟碱、烟气粒相物水分均有显著影响。由于梗丝燃烧更加充分,产生的气溶胶颗粒质量明显减小,因此随着梗丝掺配量的增加,抽吸口数、总粒相物、焦油、烟碱均呈明显降低趋势,而烟气粒相物水分则略微降低。梗丝使单口CO释放量增加,但同时使抽吸口数减少,最终使不同梗丝掺配比例的卷烟CO释放量基本无变化。

表3.15　烟气常规成分检测结果

梗丝比例		抽吸口数 /(口/支)	总粒相物 /(毫克/支)	焦油 /(毫克/支)	烟气烟碱 /(毫克/支)	水分 /(毫克/支)	CO /(毫克/支)
0%	YS	8.60	15.78	12.67	1.29	1.82	10.38
10%	SSG1	7.92	14.11	11.21	1.14	1.76	10.46
20%	SSG2	7.26	12.54	10.02	0.96	1.56	10.35
30%	SSG3	7.04	12.00	9.39	0.87	1.74	10.39
40%	SSG4	6.65	11.00	8.71	0.75	1.54	10.64
100%	SSG0	4.14	3.64	3.04	0.10	0.50	8.87

比较不同梗丝掺配比例卷烟烟气中代表性化学成分在不同粒径气溶胶中的分布特征。纯梗丝卷烟气溶胶中鉴定出的化学成分明显少于梗丝掺配卷烟气溶胶中鉴定出的化学成分。随着梗丝掺配量的增加,部分物质在不同粒径气溶胶中的浓度发生了改变,如丙酸、苯酚、对甲苯酚、对乙基苯酚、甾醇乙酸酯、丁二酸甲酯、烟碱、2-吡咯烷酮、呋喃酮等化合物的浓度随着梗丝掺配比例的增加逐渐降低。

3.5.3.3　薄片丝掺配对烟气气溶胶理化性质影响研究

(1)薄片丝掺配对烟气气溶胶质量粒径分布的影响

随着薄片丝掺配比例的增加(10%到40%),大粒径气溶胶的质量降低,特别是0.722 μm处降低最明显,0.431 μm处略有降低,而小粒径(0.261 μm)气溶胶质量降低不明显,捕集的气溶胶颗粒总质量呈降低趋势(图3.41)。图3.42进一步比较了不同薄片丝掺配比例下不同粒径气溶胶的质量比例,可以看出随着薄片丝掺配比例增加,大粒径(大于0.431 μm)气溶胶质量比例呈逐渐降低趋势,而小粒径(小于0.431 μm)气溶胶质量比例略微增加,表明烟气气溶胶整体分布向小粒径位移。再造烟叶密度小,结构疏松,有较好的易燃性,燃烧速度快[21],其燃烧产生的粒子整体较烟丝小,粒子质量也大幅度降低。卷烟配方中随着薄片丝掺配比例的增加,可以提高烟丝的燃烧性,使粒子质量降低,同时使烟气气溶胶整体分布向小粒径位移。

(2)薄片丝掺配对烟气成分的影响

表3.16比较了薄片丝掺配对烟气常规成分的影响,可以看出薄片丝掺配对抽吸口数和总粒相物、焦油、烟碱、烟气粒相物水分、CO释放量均有显著影响,由于薄片丝燃烧更加充分,产生的气溶胶颗粒质量明显减小,因此随着薄片丝掺配量的增加,抽吸口数、总粒相物、焦油、烟碱、烟气粒相物水分均呈明显降低趋势,特别是外掺比例达到30%时下降较为显著。但由于薄片纤维素类成分含量较高,在燃烧过程中会增加CO释放量,特别是单口CO释放量显著增加,同时使抽吸口数减少,因此随着薄片丝掺配比例的增加,烟气CO释放量呈略微增加趋势。

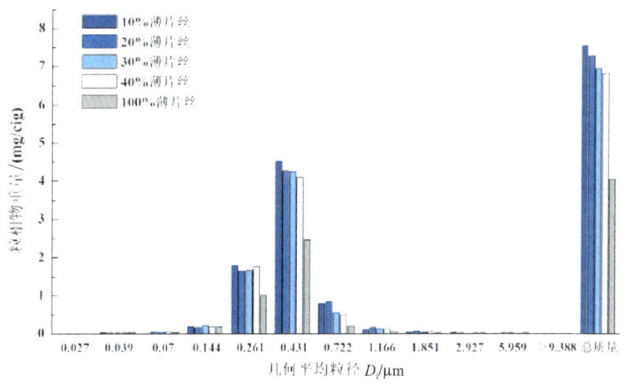

图 3.41　不同薄片丝掺配烟气气溶胶质量粒径分布比较

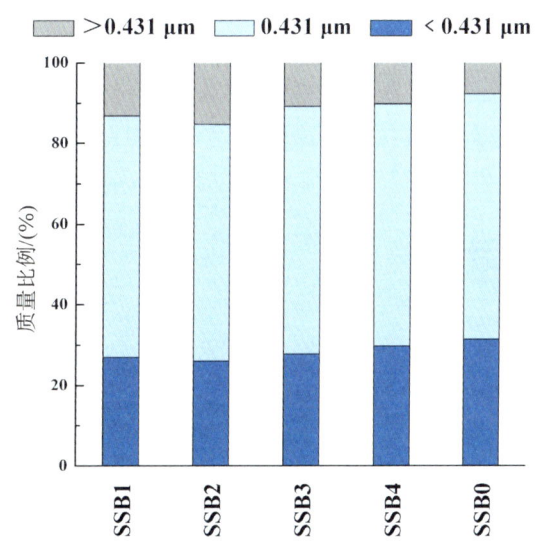

图 3.42　不同薄片丝掺配烟气不同粒径气溶胶质量比例比较

表 3.16　烟气常规成分检测结果

薄片丝比例		抽吸口数 /(口/支)	总粒相物 /(毫克/支)	焦油 /(毫克/支)	烟气烟碱 /(毫克/支)	水分 /(毫克/支)	CO /(毫克/支)
0%	YS	8.60	15.78	12.67	1.29	1.82	10.38
10%	SSB1	7.97	15.42	12.46	1.18	1.78	10.78
20%	SSB2	7.71	14.72	11.94	1.12	1.66	11.14
30%	SSB3	7.34	13.62	11.07	0.98	1.57	10.83
40%	SSB4	6.97	13.12	10.58	0.94	1.60	11.02
100%	SSB0	4.91	7.50	6.07	0.31	1.12	11.57

比较不同薄片丝掺配比例卷烟烟气中代表性化学成分在不同粒径气溶胶中的分布特征。纯薄片丝卷烟气溶胶中鉴定出的化学成分基本与薄片丝掺配卷烟气溶胶中鉴定出的化学成分相同,鉴定出的化学成分随粒径大小的分布趋势相似。但随着薄片丝掺配比例的增加,部分化学物质在不同粒径气溶胶中的浓度呈现降低趋势,如乙酸、亚麻酸、苯甲酸、苯酚、对甲苯酚、甾醇乙酸酯、烟碱、3-羟基吡啶、2,3'-联吡啶、3-甲基吲哚、可替宁、5-羟甲基糠醛、2,3-二氢-3,5-二羟基-6-甲基-4(H)-吡喃-4-酮;个别化学物质在不同粒径气溶胶中的浓度呈现增加趋势,如丁二酸甲酯、羟基丙酮、糠醇。

感官评吸表明,薄片丝掺配比例较低时,烟气感官质量变化不明显,当外掺比例为10%时,烟气形态变长;当薄片丝外掺比例超过20%时,卷烟的感官质量明显变差,表现为烟气量减少,烟气质变粗糙,烟气形态变短、涂层感、刺激性增加,只有蓬松感无明显变化。可以看出,虽然随着薄片丝掺配比例增加,烟气气溶胶小粒径分布增加,大粒径减少,但感官评吸是对整体烟气的一个综合感受,此外烟气气溶胶进入口腔立即发生凝聚等作用,因此主流烟气气溶胶粒径整体分布变小并未使烟气细腻感增强,而是表现为在一个合适的粒径分布范围和不同粒径分布比例时,感官质量达到最佳。

3.5.3.4 膨胀丝掺配对烟气气溶胶理化性质影响研究

(1)膨胀丝掺配对烟气气溶胶质量粒径分布的影响

随着膨胀丝掺配比例的增加(10%至40%),小粒径(0.261 μm)气溶胶质量呈增加趋势,而大粒径气溶胶质量略微降低,捕集的气溶胶颗粒总质量呈略微增加趋势(图3.43)。图3.44进一步比较了不同膨胀丝掺配比例下不同粒径气溶胶的质量比例,可以看出随着膨胀丝掺配比例增加,大粒径(大于0.431 μm)气溶胶质量比例呈略微降低趋势,而小粒径(小于0.431 μm)气溶胶质量比例略微增加,表明烟气气溶胶整体分布向小粒径位移。膨胀丝经过膨胀等工艺处理后,体积增大,燃烧性能增加,因此产生的烟气气溶胶中小粒径粒子增加,整体粒径变小,但总粒子质量呈略微增加趋势。因此,卷烟配方中随着膨胀丝掺配比例的增加,小粒径气溶胶质量呈增加趋势,使烟气气溶胶整体分布向小粒径位移。

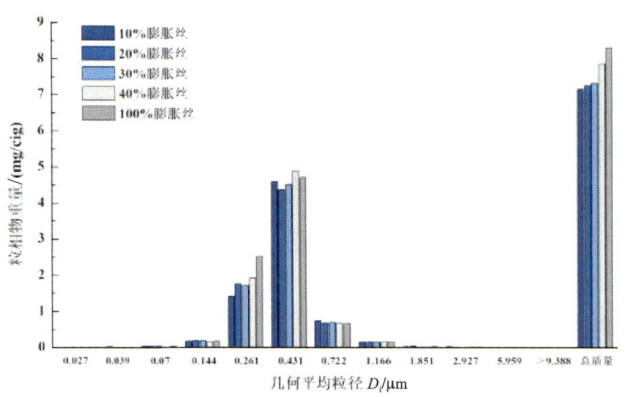

图3.43 不同膨胀丝掺配烟气气溶胶质量粒径分布比较

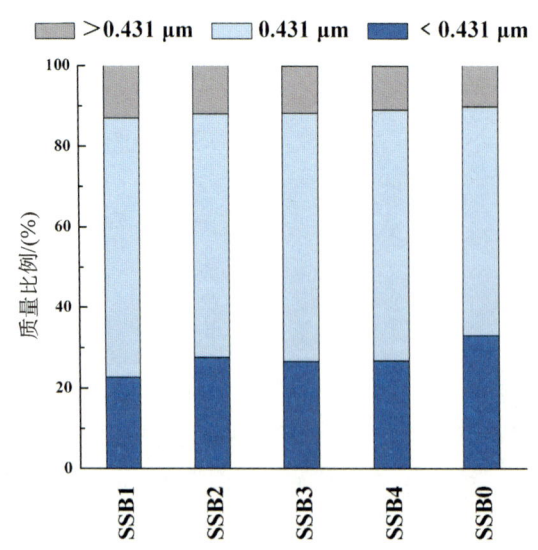

图3.44 不同膨胀丝掺配烟气不同粒径气溶胶质量比例比较

（2）膨胀丝掺配对烟气成分的影响

表3.17比较了膨胀丝掺配对烟气常规成分的影响，可以看出膨胀丝掺配对抽吸口数、焦油和粒相物水分有一定影响，对总粒相物、烟碱和CO释放量影响不大。从单口烟气看，单口烟气的总粒相物、焦油、水分、烟碱、CO则无明显变化。虽然膨胀丝燃烧性比烟丝略好，随着膨胀丝掺配量的增加，抽吸口数略微降低，产生的烟气的理化性质也发生了一定改变，但最终产生的烟气常规成分变化不大。

表3.17　烟气常规成分检测结果

膨胀丝比例		抽吸口数 /（口/支）	总粒相物 /（毫克/支）	焦油 /（毫克/支）	烟气烟碱 /（毫克/支）	水分 /（毫克/支）	CO /（毫克/支）
0%	YS	8.60	15.78	12.67	1.29	1.82	10.38
10%	SSP1	8.56	15.73	12.22	1.32	2.19	10.12
20%	SSP2	8.58	15.74	12.10	1.34	2.30	10.28
30%	SSP3	8.51	15.56	12.16	1.28	2.12	10.36
40%	SSP4	8.26	15.42	11.99	1.30	2.13	10.36
100%	SSP0	8.08	15.21	11.87	1.31	2.16	10.23

比较不同膨胀丝掺配比例卷烟烟气中代表性化学成分在不同粒径气溶胶中的分布特征。掺配不同比例膨胀丝卷烟气溶胶中鉴定出的化学成分基本相同，鉴定出的化学成分随粒径大小的分布趋势相似，在不同粒径中的浓度分布也相近，只有少数鉴定出的物质在不同粒径中的浓度发生明显变化，如乙酸、反式-异丁香酚、2,3-二氢-3,5-二羟基-6-甲基-4（H）-吡喃-4-酮。

感官评吸表明，膨胀丝掺配比例较低时，烟气感官质量变化不明显；当外掺比例超过20%时，随着掺配比例的增加，烟气量减少，烟气质变粗糙，烟气形态变短，涂层感和刺激性增加，烟气蓬松感增加，整体烟气感官质量变差。文献报道与混合型叶丝的卷烟比较，随着膨胀丝掺配量的增加，卷烟的香气量、浓度、成团性和干燥感总体呈下降趋势，即由较高档次逐渐下降到较低档次；透发性、细腻程度、杂气和刺激性等指标先向较高档次方向提高，达到一定的掺配量后，再向较低档次下降；透发性、细腻程度和干净程度的掺配拐点比例为15%，杂气和刺激性的掺配拐点比例为5%[19]，总体结果与本研究结论一致。

3.5.3.5　小结

随着梗丝外掺比例由10%增加至40%，发现：①捕集的气溶胶颗粒总质量呈降低趋势，烟气气溶胶整体分布向大粒径位移；②部分物质在不同粒径气溶胶中的浓度降低；③抽吸口数、总粒相物、焦油、烟碱均呈明显降低趋势，烟气粒相物水分则略微降低，CO释放量基本无变化；④烟气量明显降低，烟气质变粗糙，烟气形态变短，涂层感、刺激性、蓬松感增加，烟气整体感官质量变差。

随着薄片丝外掺比例由10%增加至40%，发现：①捕集的气溶胶颗粒总质量呈降低趋势，烟气气溶胶整体分布向小粒径位移；②乙酸、亚麻酸、苯甲酸、苯酚、对甲苯酚、甾醇乙酸酯、烟碱、3-羟基吡啶、2,3'-联吡啶、3-甲基吲哚、可替宁、5-羟甲基糠醛、2,3-二氢-3,5-二羟基-6-甲基-4（H）-吡喃-4-酮在不同粒径气溶胶中的浓度呈现降低趋势，丁二酸甲酯、羟基丙酮、糠醇在不同粒径气溶胶中的浓度呈现增加趋势；③抽吸口数、总粒相物、焦油、烟碱、烟气粒相物水分呈明显降低趋势，CO释放量呈略微增加趋势；④外掺比例较小时，烟气感官质量变化不大，外掺比例大于20%时，感官质量明显下降，烟气量明显降低，烟气质变粗糙，涂层感、刺激性增加。

随着膨胀丝外掺比例由10%增加至40%，发现：①捕集的气溶胶小粒径颗粒质量增加，烟气气溶胶整体分布略向小粒径位移；②卷烟气溶胶中鉴定出的化学成分基本相同，鉴定出的化学成分随粒径大小的分

布趋势相似,在不同粒径中的浓度分布也相近;③抽吸口数和总粒相物、焦油、烟碱、烟气粒相物水分、CO释放量受影响不大;④外掺比例较小时,烟气感官质量变化不大,外掺比例大于20%时,烟气量减少,烟气质变粗糙,烟气形态变短,涂层感和刺激性增加,烟气蓬松感增加,整体烟气感官质量变差。

3.5.4 香糖料的影响

在卷烟加工过程中为改善烟草理化性能,通常会添加一定量的烟用添加剂,如丙二醇和丙三醇用作保润剂可提升烟丝保润性能,呋喃酮、香兰素、乙酰丙酸等则用作香料起增香作用,非挥发性酸类可调节烟草的酸碱度,使吸味醇和,增加烟气浓度。卷烟燃烧抽吸时,一部分烟用添加剂可能进入卷烟烟气气溶胶,并影响烟气气溶胶的物理和化学性质,进而影响烟气的内在质量。

目前关于烟用添加剂对烟气的影响已有较多研究,主要集中于研究烟用添加剂燃烧时向烟气的转移、裂解,以及对主流烟气化学成分组成的影响,并着重关注烟气有害成分的变化以评价烟用添加剂的安全性。研究烟用添加剂对烟气气溶胶粒径分布的影响及在烟气气溶胶中的粒径分布,能更全面地展示其与感官特性和烟气品质等的联系,可对提高卷烟的烟气品质起到积极作用。

制备了添加7种烟用添加剂(丙二醇、丙三醇、呋喃酮、香兰素、乙酰丙酸、亚麻酸、棕榈酸)的卷烟样品,采用单通道吸烟机-电子低压撞击器(ELPI)分级捕集烟气气溶胶粒相物,研究7种添加剂对烟气气溶胶粒相物质量粒径分布的影响,以及在不同粒径气溶胶中的分布规律。

3.5.4.1 样品制备

选取空白卷烟,分别制备7种添加剂的卷烟样品,每种添加剂均制备两个添加量水平的样品,具体添加量见表3.18。采用无水乙醇配制一定浓度的添加剂样品,吸取$10 \mu L$配制的添加剂溶液,采用香精注射机均匀注射于空白卷烟样品的烟丝中。同时制备空白对照样品。

表3.18 不同烟用添加剂的添加量和捕集的粒相物总质量

烟用添加剂	添加量[①]/(%)		粒相物总质量/(mg/cig)	
	低水平	高水平	低水平	高水平
空白对照样	0		6.81	
香兰素 vanillin	0.02	0.1	6.87	7.08
乙酰丙酸 levulinic acid	0.02	0.1	6.91	7.16
亚麻酸 linolenic acid	0.02	0.05	6.96	7.29
棕榈酸 palmitic acid	0.02	0.05	6.79	6.85
呋喃酮 furanone	0.02	0.05	6.76	6.85
丙二醇 propylene glycol	0.5	2.0	6.71	6.58
丙三醇 glycerin	0.5	2.0	6.77	6.36

注:①添加量按照占烟丝质量的百分比计算。

3.5.4.2 实验方法

每个样品均抽吸10支卷烟,不同粒径的烟气粒相物分12级捕集于聚酯薄膜上。将捕集后的聚酯薄膜按照级别1~3、4、5、6、7、8、9~12合并,分别加入5 mL甲醇(其中含5 mg/L的1,4-丁二醇、5 mg/L的己二酸),常温下超声萃取30 min,分别进行测定。

(1)乙酰丙酸、棕榈酸、亚麻酸测定

取1 mL甲醇萃取,加入0.1 mL浓硫酸,在60 ℃超声波水浴中进行甲酯化反应15 min,冷却后加入2

mL 超纯水,用氯仿萃取 3 次(0.5 mL/次)并合并萃取液,萃取液经无水硫酸钠干燥后,以己二酸为内标物,进行 GC/MS 分析。色谱柱为 DB-5MS 柱,进样口温度 280 ℃,载气为氦气,恒流流速 1.0 mL/min,进样量 1 μL,分流进样,分流比为 10∶1。升温程序为初始温度 40 ℃,保持 5 min,以 5 ℃/min 的速率升温至 160 ℃,以 2 ℃/min 的速率升温至 210 ℃,以 20 ℃/min 的速率升温至 280 ℃并保持 10 min。质谱检测采用选择性离子分段扫描(SIM),乙酰丙酸的监测离子为 43、99、115,亚麻酸的监测离子为 79、67、93,棕榈酸的监测离子为 74、87、143,己二酸的监测离子为 59、114、143。

(2) 呋喃酮、香兰素测定

萃取液直接进样采用 LC-MS/MS 法进行测定,色谱柱为 BEH C18 柱(1.7 μm,100 mm×2.1 mm)。进样体积:1 μL。流动相 A:甲醇。流动相 B:0.1%甲酸水溶液。流速:0.30 mL/min。梯度洗脱程序:0～5 min,10%A～50%A;5～6 min,50%A～90%A;6～8 min,90%A～90%A。质谱检测采用多反应监测(MRM),呋喃酮电离方式为 ESI＋,监测离子对为 129.1/43.1 和 129.1/57.1;香兰素电离方式为 ESI－,监测离子对为 151.1/92.1 和 151.1/136.1。

3.5.4.3　不同添加剂对卷烟样品气溶胶粒相物质量分布的影响

图 3.45 比较了添加不同添加剂卷烟样品的气溶胶质量粒径分布,可以看出添加 7 种添加剂的卷烟样品气溶胶的质量粒径分布呈现随粒径增加先增大后减小的趋势,均主要分布在 0.144～1.166 μm,质量中位直径均在 0.431 μm 附近,小于 0.1 μm 和大于 1 μm 的粒相物较少。添加不同添加剂对气溶胶质量粒径分布和气溶胶总粒相物质量的影响不同。

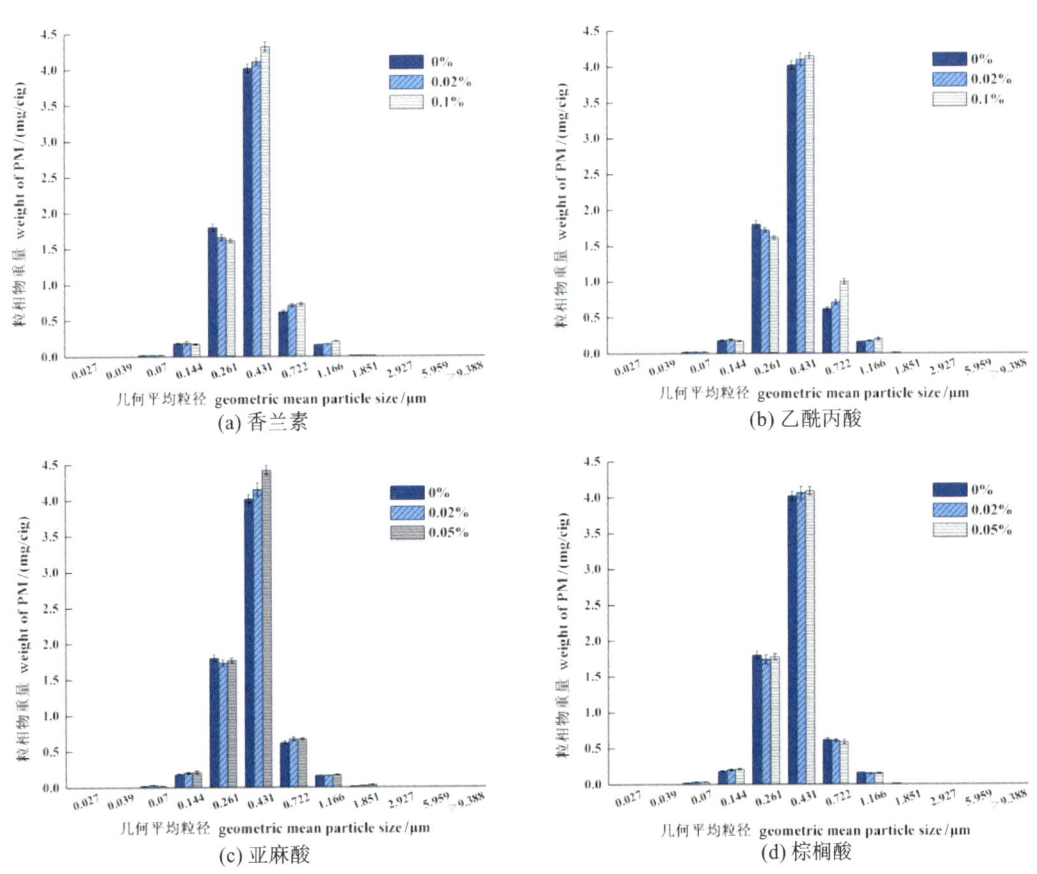

图 3.45　不同添加剂对烟气气溶胶粒相物质量分布的影响($n=3$)

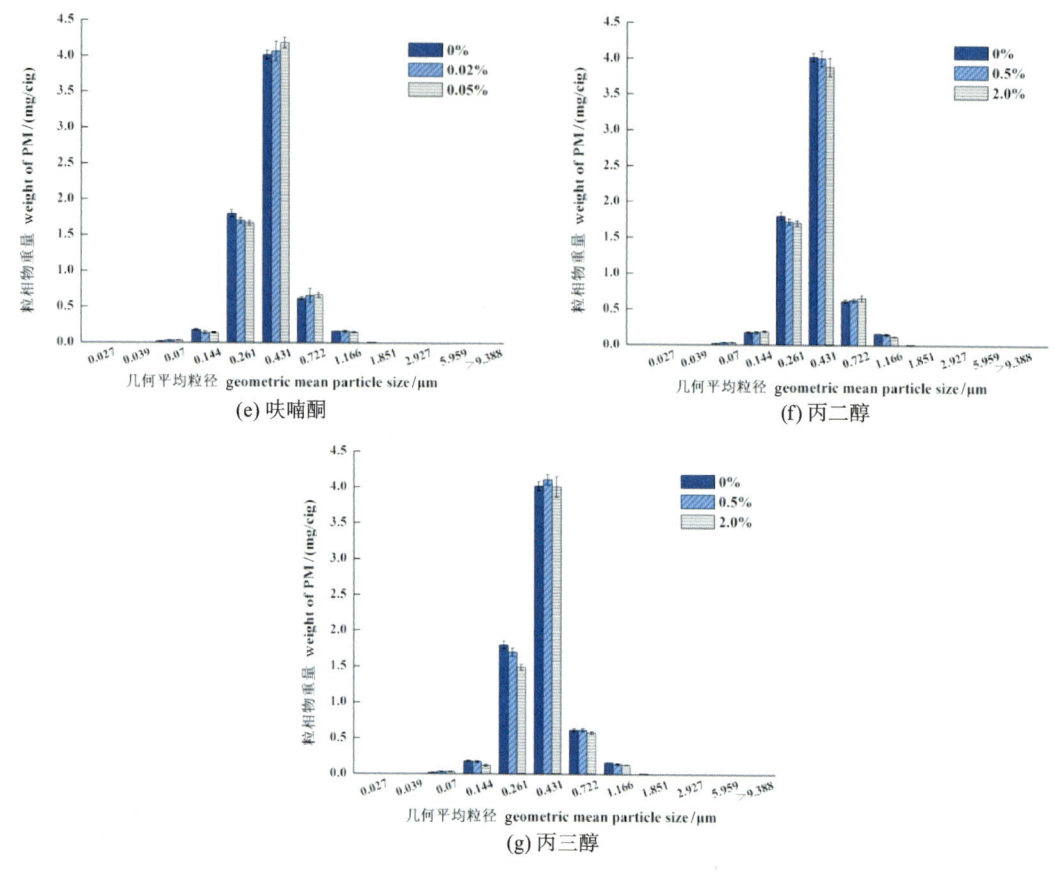

续图 3.45

由图 3.45(a)～图 3.45(c)及图 3.45(e)可以看出,在本实验添加量范围内,添加香兰素、乙酰丙酸、亚麻酸和呋喃酮能使大于 0.431 μm 处粒相物质量随添加量增加逐渐增加,使小于 0.261 μm 处粒相物质量随添加量增加而减小。其中,添加香兰素、乙酰丙酸和亚麻酸,使大粒径处粒相物质量的增加量大于小粒径处粒相物质量的减小量,因而捕集到的气溶胶粒相物总质量随添加量增加逐渐增加;而添加呋喃酮,使大粒径处粒相物质量的增加量与小粒径处粒相物质量的减小量相当,因此捕集到的气溶胶总粒相物质量无明显变化。

由图 3.45(d)可以看出,在本实验添加量范围内,添加棕榈酸对气溶胶质量粒径分布和捕集的气溶胶总粒相物质量无明显影响,只使 0.431 μm 处粒相物质量随添加量增加略微增加。可能由于烟丝本身有较高含量的棕榈酸,而本实验中棕榈酸的添加量相对较小,因而对气溶胶质量粒径分布未造成明显影响。

由图 3.45(f)和图 3.45(g)可以看出,在本实验添加量范围内,添加丙二醇和丙三醇均使 0.261 μm 处粒相物的质量随添加量增加逐渐减小,即添加丙二醇和丙三醇能减少烟气气溶胶中小粒径的粒相物质量,并使捕集到的气溶胶粒相物总质量随添加量增加逐渐减小。

图 3.46 进一步比较了不同添加剂对不同粒径级别粒相物质量比例的影响。可以看出,添加香兰素和乙酰丙酸能增加大于 0.431 μm 粒相物的质量比例,减小小于 0.431 μm 粒相物的质量比例,即随着添加量的增加,气溶胶粒径分布向大粒径位移;添加亚麻酸和呋喃酮能略微减小小于 0.431 μm 粒相物的质量比例,随着添加量的增加,气溶胶粒径分布向大粒径位移;而添加棕榈酸、丙二醇和丙三醇对气溶胶不同粒径粒相物质量比例的影响不大。综合分析可以看出,添加香兰素和乙酰丙酸对烟气气溶胶不同级别粒相物质量的分布影响最大。

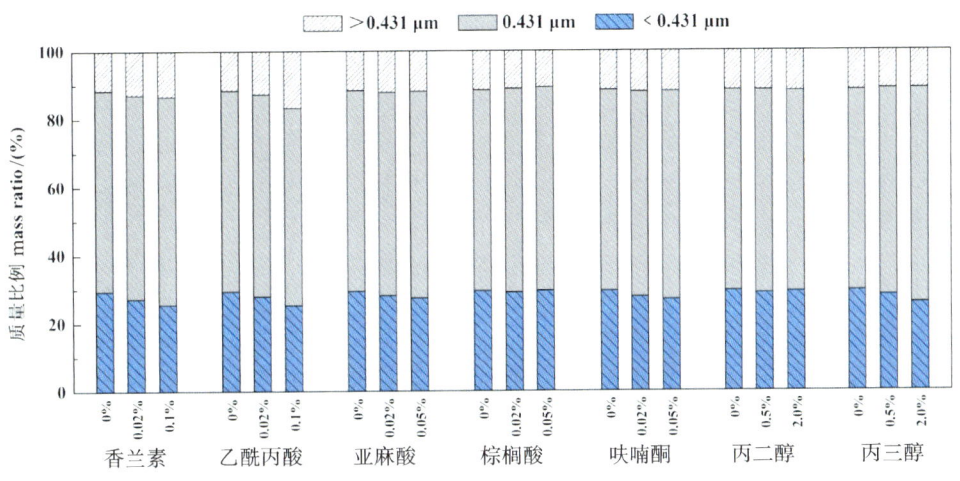

图 3.46 不同添加剂对烟气气溶胶不同粒径粒相物质量比例的影响

3.5.4.4　不同添加剂随气溶胶粒径分布研究

图 3.47 比较了不同添加剂在气溶胶粒相物上释放量的分布。7 种添加剂在不同添加水平下释放量均高于对照样品中的释放量，表明加入的添加剂均能向主流烟气中转移。随粒径增加，添加的 7 种添加剂释放量均先增加后减小，主要集中在中等粒径(0.261～0.722 μm)的颗粒中，在 0.144 μm 和 1.166 μm 的颗粒中分布较少，小于 0.07 μm 或大于 1.851 μm 的颗粒中分布更少甚至未能检出。

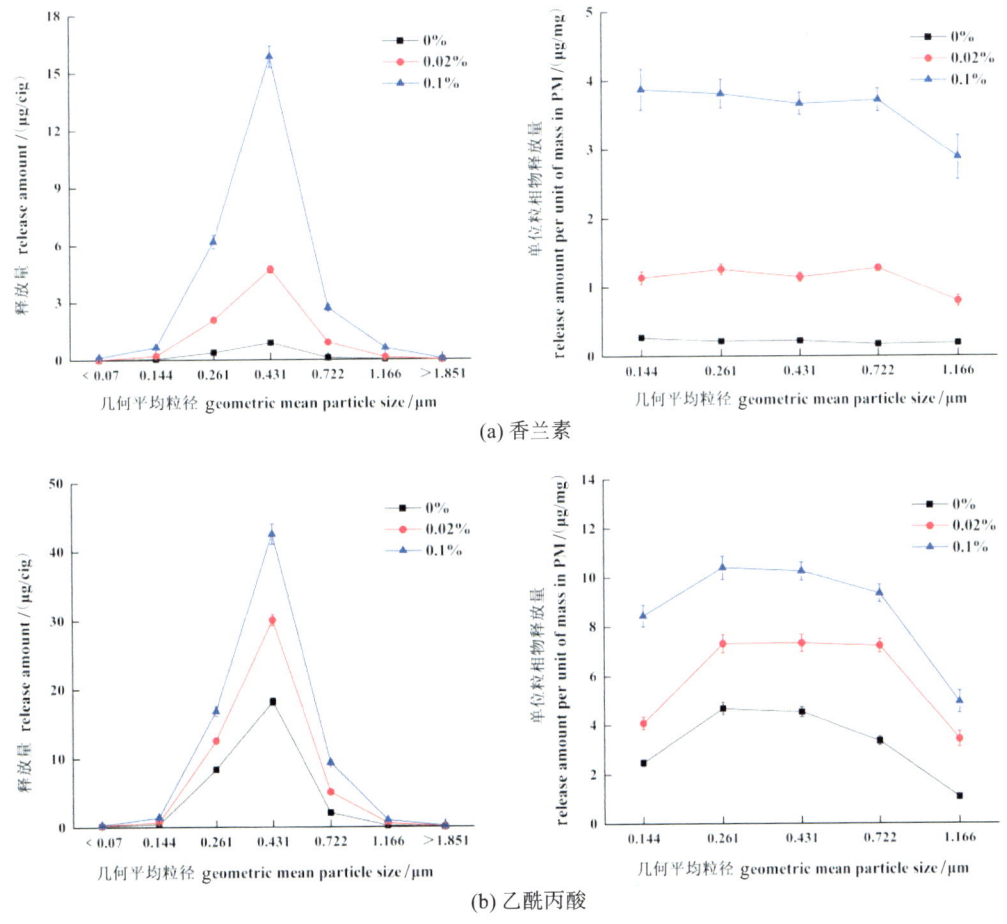

图 3.47　7 种添加剂在气溶胶粒相物上的分布($n=3$)

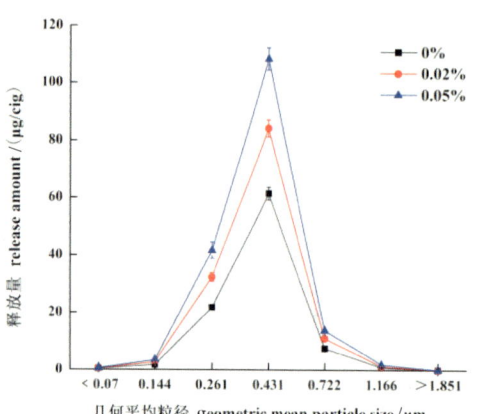
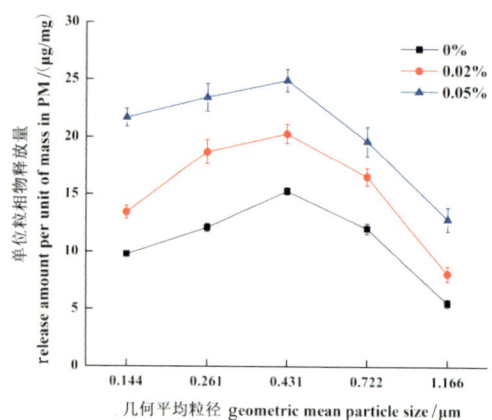

(c) 亚麻酸

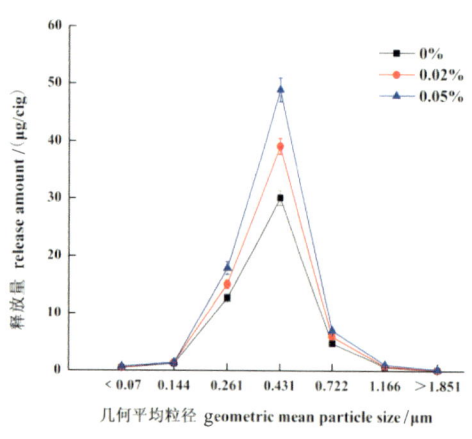
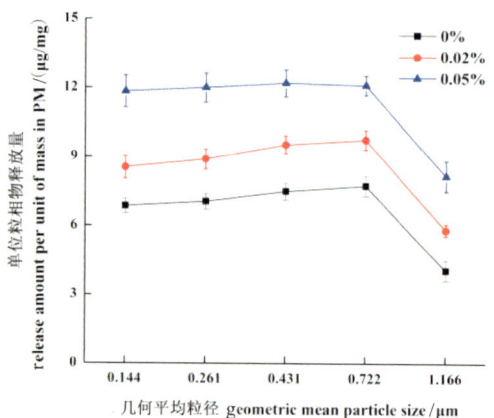

(d) 棕榈酸

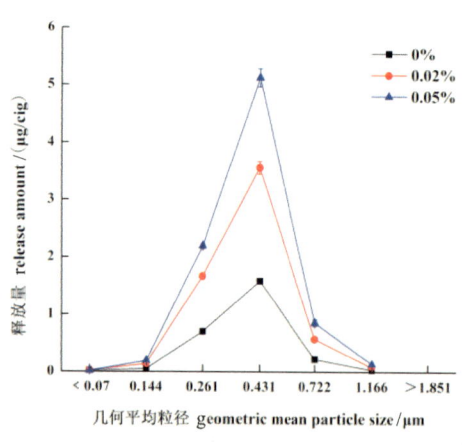
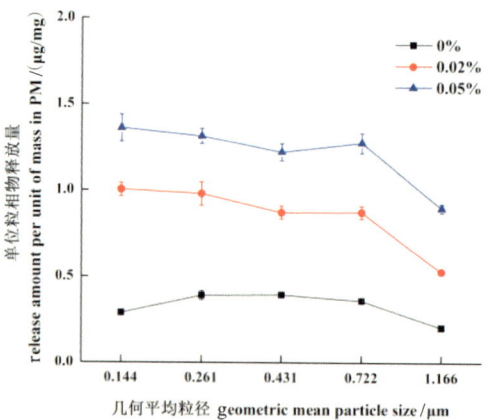

(e) 呋喃酮

续图 3.47

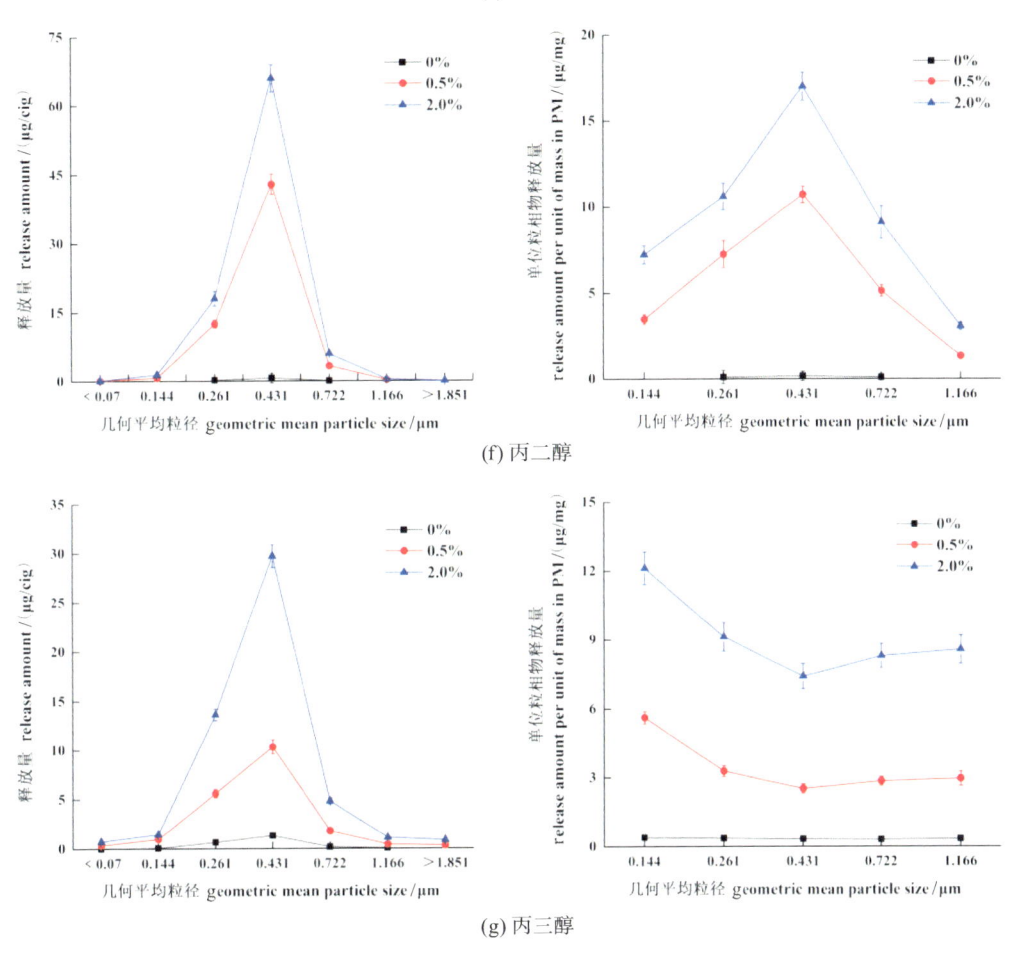

(f) 丙二醇

(g) 丙三醇

续图 3.47

进一步比较了 0.144～1.166 μm 的粒相物中 7 种添加剂的浓度(单位粒相物释放量,即释放量与粒相物质量之比),见图 3.47。由于不同化合物结构、性质的差异,7 种添加剂在不同粒径粒相物中的浓度呈现不同的分布趋势。香兰素和呋喃酮均为环状结构,母环上连有羟基和羰基等,相对分子质量相近,在粒相物中的浓度分布相似,随着粒径的变化,浓度无明显差异,在粒径大于 1.166 μm 的粒相物中浓度略微降低。乙酰丙酸、亚麻酸和棕榈酸均含有羧基,但结构差异较大,其中乙酰丙酸和亚麻酸沸点相近,为 232～246 ℃,棕榈酸沸点较高,为 352 ℃,3 种酸的浓度随着粒径增加均先增加后减小,但乙酰丙酸和棕榈酸在中间粒径(0.261～0.722 μm)颗粒中的浓度差异不大,亚麻酸在 0.431 μm 粒径颗粒中浓度最高。丙二醇和丙三醇均为多元醇,但二者性质差异较大,如丙二醇沸点相对较低,为 188 ℃,丙三醇沸点相对较高,为 291 ℃,因而表现出不同的粒径分布特性。丙二醇倾向富集于中间粒径的粒相物中,其浓度随着粒径增加呈明显的先增加后减小的趋势,在 0.431 μm 处达最大值;丙三醇浓度随着粒径增加先减小后略微增加,在中间粒径粒相物中浓度最低。

3.5.4.5 小结

添加不同添加剂对气溶胶质量粒径分布的影响不同,添加香兰素、乙酰丙酸和亚麻酸使大于 0.431 μm 处粒相物质量增加,小于 0.261 μm 处粒相物质量减小;添加丙二醇和丙三醇使 0.261 μm 处粒相物的质量减小;添加棕榈酸对气溶胶质量粒径分布无明显影响。

不同添加剂在气溶胶粒相物上的释放量均呈现随粒径增加先增加后减小的趋势,主要分布于中等粒径(0.261～0.722 μm)的颗粒中,但其在不同粒径粒相物中的浓度呈现不同的分布趋势:随着粒径的增加,香兰素和呋喃酮的浓度无明显差异,乙酰丙酸、亚麻酸和棕榈酸的浓度先增加后减小,丙二醇的浓度呈明

显的先增加后减小的趋势,丙三醇的浓度先减小后略微增加。

不同添加剂、不同添加量对烟气感官质量影响不同。香兰素添加量达 0.1% 时烟气质量变好,烟气质变细腻;乙酰丙酸添加量为 0.02% 时烟气细腻感提升;呋喃酮添加量为 0.02% 时烟气量增加;棕榈酸添加量为 0.02% 时烟气细腻感增加;丙二醇添加量为 0.5% 时烟气量增加,添加量达到 2% 时,烟气细腻感增加,但涂层感也增加;丙三醇添加量为 0.5% 时烟气细腻感增加。

3.5.5 含水率的影响

烟丝含水率会影响卷烟卷制质量、贮藏稳定性、烟丝燃烧性能等,是卷烟的重要质量指标之一。国内外开展了烟丝含水率对卷烟燃烧性、烟气粒相物和水分、粒相物中化学成分、感官品质等的影响研究。如张宏宇等[22]发现不同烟丝含水率会影响烟丝的燃烧和热解反应,烟丝含水率过高降低了烟丝的燃烧速率,从而影响烟气成分的释放量和感官品质。黎洪利等[23]发现随着烟支含水率增加,烟气中柠檬烯、新植二烯、丙二醇、丙三醇等具有增加卷烟香味、减少刺激性和干燥感作用的物质增加,而甲醛、乙醛、苯酚等具有刺激性作用的物质减少。孙雯等[24]认为烟丝含水率影响卷烟烟气水分(尤其是气相水分)和易挥发性成分,随含水率增加,卷烟的燃吸品质发生差、好、差的变化,烟丝含水率 12%～14% 的卷烟感官品质较好。烟丝含水率对烟气气溶胶粒径大小及分布的影响研究鲜见报道,Ishizu 等[25]研究发现环境湿度对烟气粒子的增长具有影响,因此进一步研究了烟丝含水率对烟气气溶胶粒径大小、浓度和分布的影响。

3.5.5.1 样品制备

选取单等级烟叶原料按照在产某品牌卷烟生产标准进行制丝、卷制,其中烟叶原料为 2015 年产于湖南郴州的云 87 烤烟(烟叶等级为 C2F)。实验挑选烟支重量在 (0.90±0.02) g、吸阻在 (1100±50) Pa 的卷烟样品进行实验。将挑选的实验卷烟平均分为 3 份,分别置于温度 22 ℃,相对湿度 40%、60% 和 70% 的调节大气中调节 48 h,制备得到烟丝含水率分别为 8.1%、12.6% 和 17.6% 的卷烟样品,采用 ISO 抽吸模式抽吸进行烟气检测。

3.5.5.2 实验方法

动态吸阻测定方法:采用燃烧锥分离性能测试仪,将烟支固定于吸烟机对应通道,通过三通阀在剑桥滤片接插件上设置旁路,将烟支与单通道吸烟机、气体压差测量单元的气路进行连接。在 ISO 抽吸模式下,记录压力数据和时间数据,每次抽吸时当通过滤嘴末端的气流量为 17.5 mL/s 时,由感应器测得的滤嘴出口端压降为对应动态吸阻值。

DMS500 粒数粒径分布测定方法:一级稀释流量为 30.0 L/min,二级稀释设置稀释比为 350∶1。ELPI 质量粒径分布测定方法见 2.4.2.1 节。

3.5.5.3 不同含水率卷烟烟支物理参数比较

3 种不同含水率卷烟烟支的物理参数见表 3.19,可以看出随着烟丝含水率从 8.1% 增加至 17.6%,烟支吸阻、纸通风率、滤嘴通风率和总通风率均逐渐增加,烟支硬度、阴燃速率明显下降。

表 3.19 不同含水率卷烟烟支物理参数

含水率 /(%)	单支重量 /g	吸阻/kPa	纸通风率 /(%)	滤嘴 通风率/(%)	总通 风率/(%)	硬度/(%)	阴燃速率 /(mm/min)
8.1	0.86	1.12	8.22	0.31	8.53	84.18	5.24
12.6	0.89	1.14	8.59	0.53	9.12	66.77	4.60
17.6	0.94	1.20	9.17	0.55	9.72	48.60	3.73

3 种不同含水率卷烟逐口抽吸的动态吸阻变化见图 3.48,可以看出 3 种卷烟动态吸阻均呈先增大后减小的趋势,中间部分趋于稳定,在抽吸烟支后端又有增大的趋势。随着烟丝含水率从 8.1% 增加至 17.6%,

卷烟平均动态吸阻呈略微增加趋势,但前 2 口和最后 2 口的动态吸阻相似。

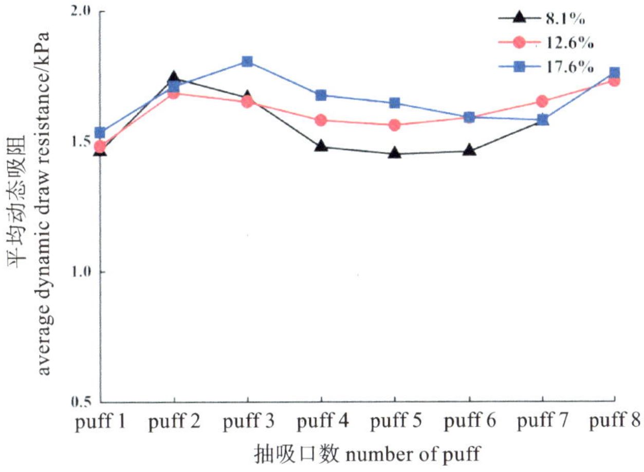

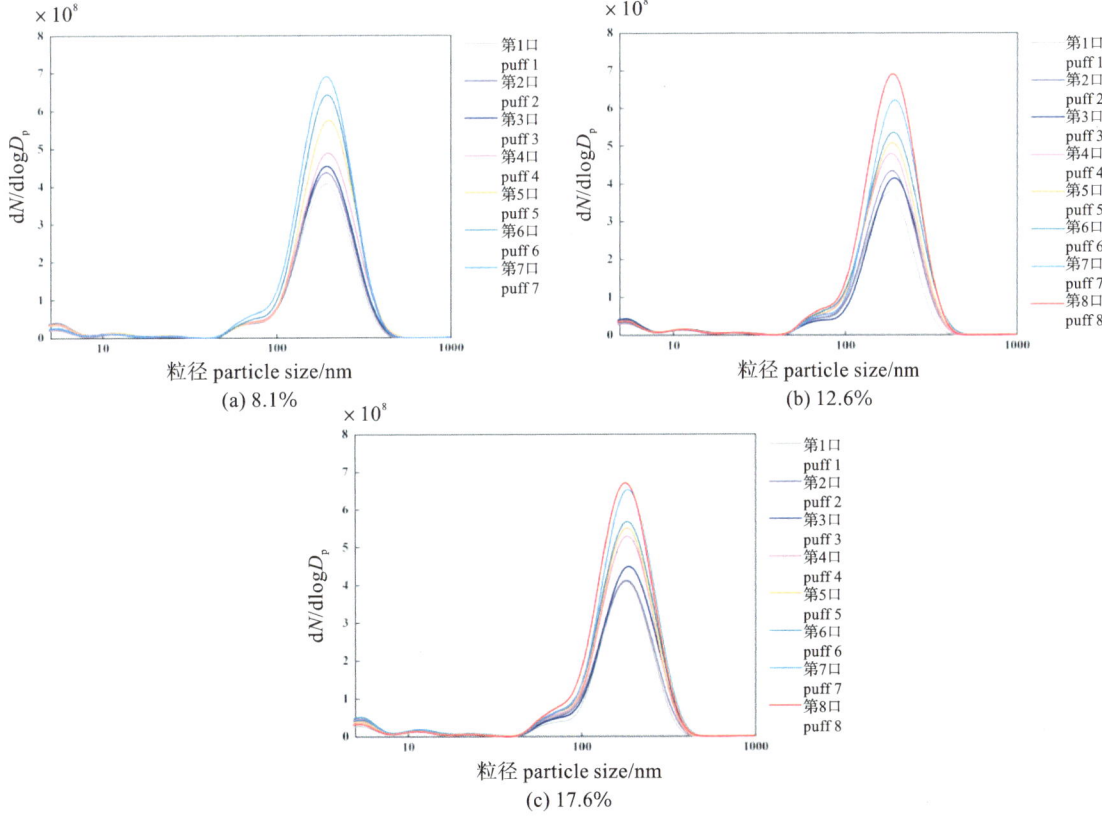

图 3.48 不同含水率卷烟的动态吸阻变化

3.5.5.4 不同烟丝含水率对烟气气溶胶粒数粒径分布的影响

研究了不同烟丝含水率(8.1%、12.6%和 17.6%)卷烟的烟气气溶胶粒数粒径分布,结果如图 3.49 所示。可以看出,3 种烟丝含水率卷烟的烟气气溶胶随粒径大小均呈现近似对数正态分布,粒径均主要分布在 40～400 nm,但从峰值可以看出 3 种烟丝含水率卷烟的烟气粒子浓度差别不大,而粒径大小存在一定差异。

图 3.49 不同烟丝含水率卷烟烟气的粒数粒径对数分布图

图 3.50(a)和图 3.50(b)比较了不同烟丝含水率卷烟的烟气粒数浓度和粒数中值直径(count median

diameter,CMD)的逐口变化。可知,不同含水率卷烟的烟气粒数浓度随抽吸口数增加均呈现逐渐增加的趋势,且随着烟丝含水率的增加,逐口增加的趋势减弱。经单因素方差分析(ANOVA),3 种含水率卷烟全部口数的烟气粒数浓度平均值无显著性差异($p > 0.05$)。不同含水率卷烟烟气粒子的 CMD 逐口变化不明显,均基本呈略微增加后降低趋势,全部口数的 CMD 平均值随着烟丝含水率的增加呈减小趋势,存在显著性差异($p < 0.01$)。

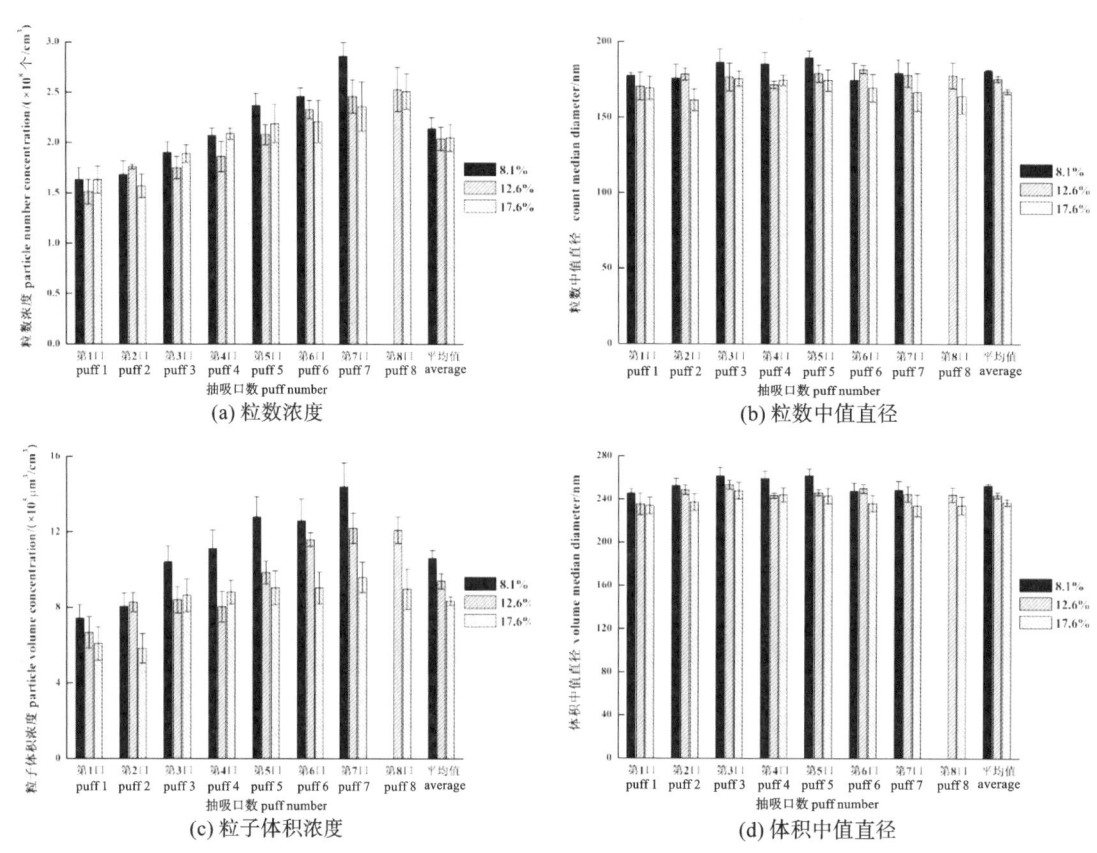

图 3.50　不同烟丝含水率卷烟烟气气溶胶的逐口粒数浓度、粒数中值直径、粒子体积浓度和体积中值直径比较($n = 3$)

以上结果表明不同含水率卷烟烟气粒数浓度差异不大,但平均粒径减小,可能影响产生的烟气粒子的体积。图 3.50(c)和图 3.50(d)进一步比较了不同烟丝含水率卷烟的烟气粒子体积浓度和体积中值直径(volume median diameter,VMD)的逐口变化。可以看出,不同含水率卷烟的烟气粒子体积浓度随抽吸口数增加均呈现逐渐增加的趋势,全部口数的烟气粒子体积浓度平均值随着烟丝含水率的增加明显降低,全部口数的 VMD 平均值随着烟丝含水率的增加而减小,且不同含水率卷烟全部口数的烟气粒子体积浓度平均值、VMD 平均值均存在显著性差异($p < 0.01$)。以烟气粒子体积评价烟草制品产生的烟雾量,表明随着烟丝含水率的增加,烟雾量明显减少。

3.5.5.5　不同烟丝含水率对烟气气溶胶质量粒径分布的影响

实验比较了不同烟丝含水率卷烟烟气气溶胶的质量粒径分布,结果如图 3.51 所示。可以看出,3 种烟丝含水率卷烟的烟气气溶胶质量主要分布在 100～1000 nm,随着烟丝含水率的增加,捕集的大粒径气溶胶(431 nm 和 722 nm 处)质量明显降低,而小粒径气溶胶质量略微增加,即大粒径气溶胶质量分布比例减小,小粒径气溶胶质量比例略微增加,气溶胶平均质量粒径减小,该趋势与粒数粒径分布变化趋势一致。

此外,随着烟丝含水率的增加,固定抽吸口数相同条件下捕集的气溶胶粒子总质量呈降低趋势,每口卷烟烟气总粒相物释放量逐渐降低。

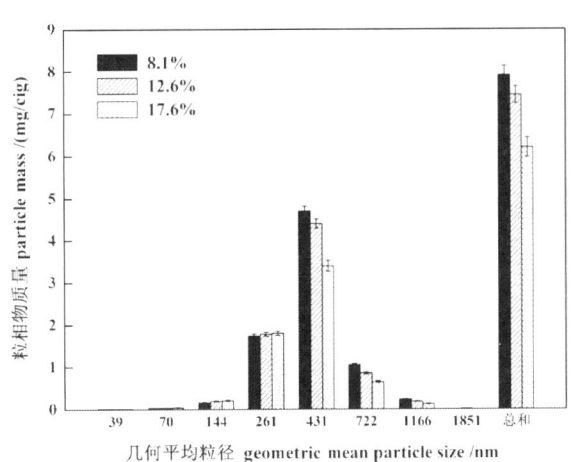

图 3.51　不同烟丝含水率卷烟烟气气溶胶质量粒径分布比较（$n=3$）

3.5.5.6　滤嘴加水对烟气气溶胶粒数粒径分布的影响

为了验证滤嘴含水率对烟气气溶胶粒数粒径分布的影响，制备了烟丝段相同而滤嘴段含水率不同的卷烟样品，烟丝燃烧情况相同，比较了加水滤嘴和未加水滤嘴卷烟烟气气溶胶的粒数浓度和 CMD。结果表明，滤嘴未加水卷烟和滤嘴加水卷烟烟气气溶胶全部口数的烟气粒数浓度平均值分别为 2.29×10^8 个/cm³、2.15×10^8 个/cm³，全部口数的 CMD 平均值分别为 180.8 nm、175.2 nm，即滤嘴含水率的增加使产生的气溶胶粒数浓度和粒径略微减小。

烟丝含水率的增加会影响烟丝的燃烧性能，并对烟丝着火、挥发性成分析出、焦炭燃烧和燃尽性能等造成影响[26,27]。烟丝含水率增加，降低了单位烟丝重量中的可燃成分，且蒸发水分所需吸收的热量增加、时间延长，降低了单位时间内烟丝的燃烧量[27]，从表 3.19 中可以看出烟丝含水率达到 17.6% 时阴燃速率明显降低。烟丝燃烧时，水分先期蒸发后烟丝可能形成多孔性结构，使反应的表面积增大，有利于氧气的扩散与渗入，发生内部燃烧[27]。水分还会影响颗粒表面的传热过程，加速低分子量产物从固相表面析出和燃烧[28]。此外，表 3.19 结果显示随着含水率增加，纸通风率增加，从而增加进入烟支烟丝中的空气量，进一步促进燃烧。综上分析可知，烟丝含水率增加，烟丝的燃烧速率降低，降低了单位时间内烟丝的燃烧量，但烟丝含水率增加，可促进烟丝燃烧，有利于挥发性成分析出，从而使小粒径气溶胶生成量增加、大粒径气溶胶生成量减少，而气溶胶总粒数浓度变化不大。

烟丝中水分不同、滤嘴中截留水分的不同，在抽吸过程中烟丝和滤嘴对烟气粒子的截留和脱附也存在影响。实验结果显示滤嘴加水后使产生的气溶胶粒数浓度和粒径减小，滤嘴含水率增加可能增加对大颗粒气溶胶的截留作用，并减少对气溶胶粒子的脱附作用。此外，纸通风率和滤嘴通风率随含水率增加而增加，也会使产生的烟气气溶胶粒径减小[29]。

在大气气溶胶研究中认为气溶胶具有吸湿增长特性，即气溶胶在周围环境相对湿度增加时具有吸收水分的能力。烟丝含水率的升高，主要使卷烟气相水分增加[24]。Ishizu 等[25]研究发现相对湿度小于 90% 时，烟气粒子的粒径增长小于 10%。在烟气形成通过烟支的过程中，烟气温度较高、烟气气流速率较快，烟气中水分未达到饱和状态，烟气在此过程中的吸湿增长作用不明显。烟气粒子表面包裹的化学成分的差异会影响气溶胶吸湿性，化学组分随相对湿度的变化还会潮解和风化[30]。研究结果表明，不同含水率卷烟烟气中低分子量和高分子量化合物含量明显不同[31-32]，进而可能影响不同粒子的吸湿性。因此，烟丝含水率由 8.1% 增加至 17.6% 时，烟气气溶胶无明显的吸湿增长作用。

综上分析，烟丝含水率增加，烟支通风率增加，烟丝燃烧更加充分，烟丝和滤嘴对大粒径气溶胶粒子的截留作用增加，这些作用均使产生的烟气粒子平均粒径减小；烟丝含水率增加，烟丝的燃烧速率降低，烟丝对气溶胶粒子的截留作用增加，而对气溶胶粒子的脱附作用减小，但燃烧产生的小粒径气溶胶数量增加明显,这些作用使产生的烟气气溶胶总粒数浓度变化不明显。以上结果表明烟丝含水率不同,主要影响所产生烟气的粒子粒径大小和烟雾量,进而会影响烟气的感官品质。

3.5.5.7 不同含水率对烟气常规的影响

表 3.20 比较了烟丝含水率对烟气常规成分的影响。可以看出,随着烟丝含水率增加,卷烟抽吸口数明显增加,高含水率降低了单位时间内烟丝的燃烧量;由于每口烟燃烧的烟丝变少,且烟丝燃烧状态受烟丝含水率的影响,每口烟气中总粒相物、焦油、烟碱和粒相物水分明显降低,而相比之下烟气 CO 降低不明显。烟丝燃烧锥在燃烧时存在不同的燃烧状态,在低温层燃状态下发生水煤气反应,CO 生成量随着含水率的增加而增加;高温下由于水促进 CO 的氧化反应,CO 随着含水率的增加反而降低。高温下水迅速蒸发,高含水率对高温燃烧状态影响较小,对低温燃烧状态影响较大,可能因此导致产生的 CO 并未明显降低。

表 3.20 烟气常规成分检测结果

每支	抽吸口数/(口/支)	总粒相物/(毫克/支)	焦油/(毫克/支)	烟气烟碱/(毫克/支)	水分/(毫克/支)	CO/(毫克/支)
8.1%	6.50	14.79	11.44	1.53	1.82	9.02
12.6%	7.34	14.86	11.52	1.40	1.94	9.66
17.6%	8.30	15.26	11.95	1.35	1.96	10.46
每口		总粒相物/(毫克/口)	焦油/(毫克/口)	烟气烟碱/(毫克/口)	水分/(毫克/口)	CO/(毫克/口)
8.1%	/	2.28	1.76	0.24	0.28	1.39
12.6%	/	2.02	1.57	0.19	0.26	1.32
17.6%	/	1.84	1.44	0.16	0.24	1.26

3.5.5.8 不同含水率对烟气气溶胶中化学成分分布的影响

图 3.52 比较了不同烟丝含水率卷烟烟气中代表性化学成分在不同粒径气溶胶中的分布特征。可以看出,卷烟含水率不同,其不同粒径烟气气溶胶中化学成分存在差异,主要变化表现在:①含水率较高时,小分子酸(如丙酸、苯甲酸)在大粒径气溶胶中浓度升高,而长链不饱和脂肪酸在大粒径气溶胶中浓度降低;②含水率较高时,小分子简单酚类(如苯酚和对甲苯酚)在大粒径气溶胶中浓度降低;③含水率较高时,丁二酸甲酯和棕榈酸甲酯在粒径中的浓度降低;④含水率较高时,部分小分子酮类(如甲基环戊烯醇酮、乙基环戊烯醇酮、呋喃酮)在所有粒径中的浓度均降低。总体来说,过高的含水率主要对一些挥发性化学成分或官能团化合物在不同粒径气溶胶中的浓度分布造成影响。

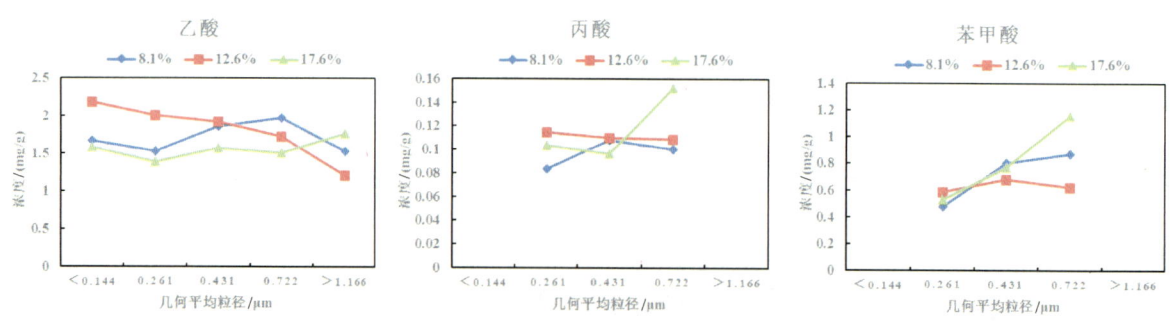

图 3.52 不同烟丝含水率卷烟烟气气溶胶中代表性化学成分的粒径分布图

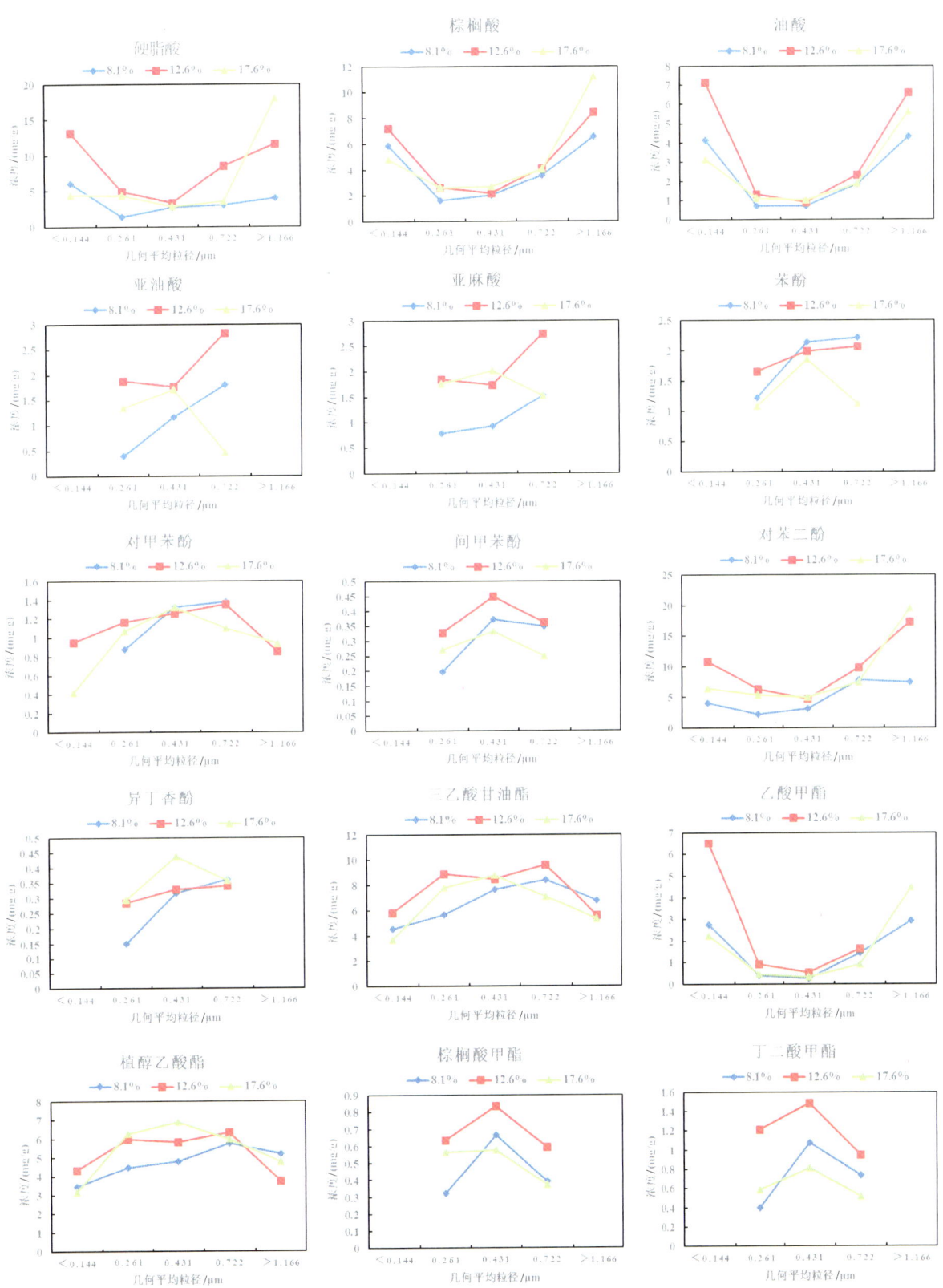

续图 3.52

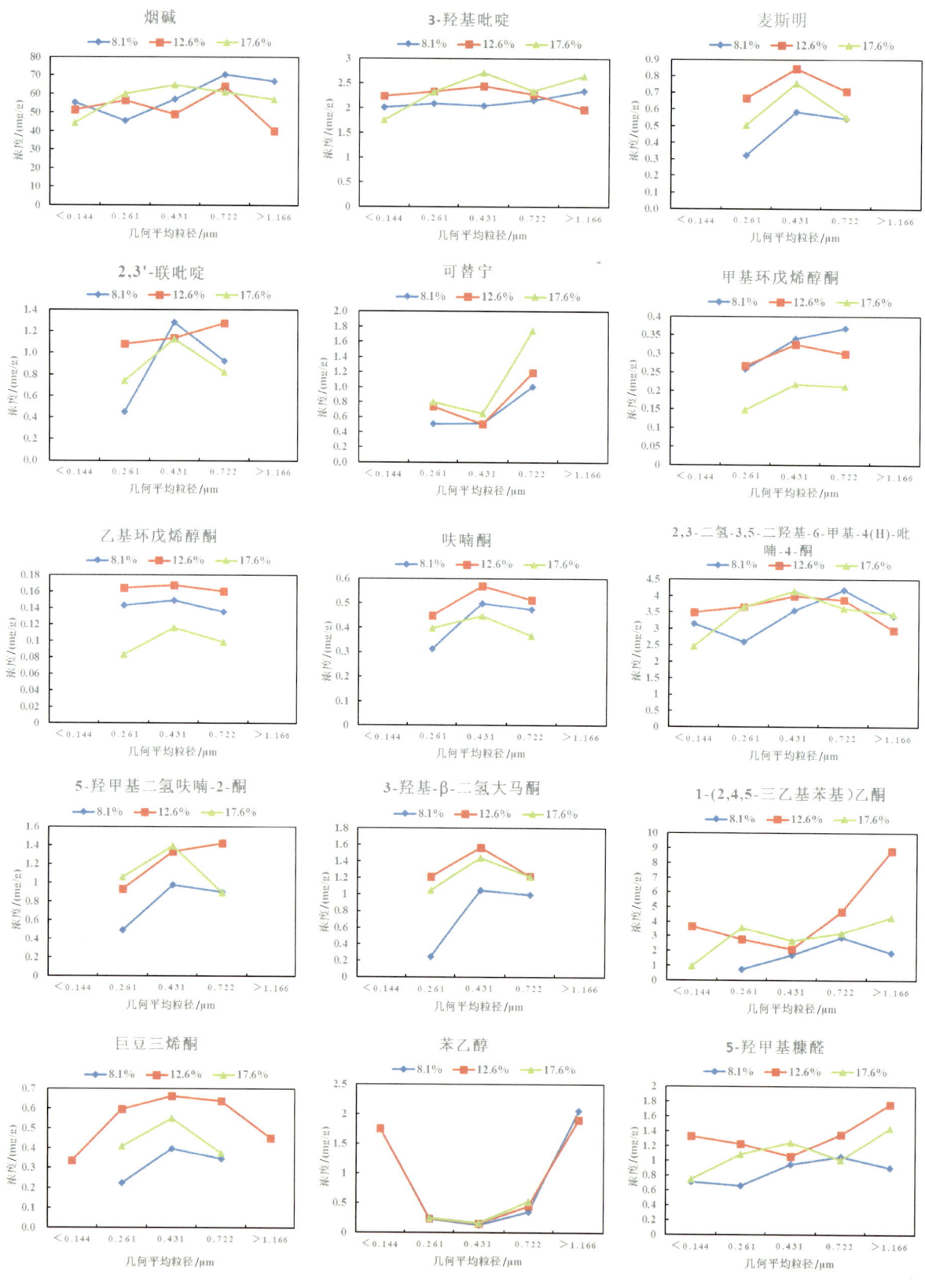

续图 3.52

3.5.5.9　小结

随含水率增加:①大粒径(大于等于 0.431 μm)气溶胶质量降低,小粒径(小于 0.261 μm)气溶胶质量略微增加,烟气气溶胶质量分布整体向小粒径位移;②平均口数的烟气粒数浓度略微降低,粒子体积浓度明显降低,粒子 CMD 和 VMD 也呈降低趋势;③过高的含水率主要对一些挥发性化学成分或官能团化合物在不同粒径气溶胶中的浓度分布造成影响;④卷烟抽吸口数明显增加,每口烟气中总粒相物、焦油、烟碱和粒相物水分明显降低,烟气 CO 略微降低;⑤烟气量明显减小,烟气形态变短,蓬松感降低,涂层感减弱,刺激性逐渐降低,烟气质由粗糙变细腻再变粗糙,含水率适中(为 12.6%)时,整体烟气感官品质最佳。

3.5.6　切丝宽度的影响

切丝宽度是卷烟制造中的重要工艺参数,切丝宽度的调整改变了烟丝的物理状态,并会影响燃烧过程,导致卷烟烟气物理形态和化学成分的差异。适当提高切丝宽度,可以增加叶丝填充值,降低含末率,切丝宽度还会影响加工过程的造碎率和成品含末率等[33]。王高杰等[34]研究了不同切丝宽度对卷烟质量的影响,发现随着切丝宽度的降低,叶丝填充值增大,整丝率降低,碎丝率增大,此外烟支的单支质量、含末率增大,单支质量标准偏差、总通风率有降低趋势,其他质量指标变化不大。胡东东[35]研究发现切丝宽度由 1.0 mm增加至 1.1 mm,贮丝柜出口烟丝的填充值增加,整丝率提高,单箱耗叶量降低。陈昆焱[36]研究发现随着切梗宽度的增大,烘梗丝出口梗丝的填充值、结构和堆积体积均呈现出明显的升高,含末率呈现了降低趋势。

切丝宽度的变化会影响烟气中化学成分的释放量,但由于切丝宽度水平、烟叶类型等的差异,切丝宽度对烟气成分释放量的影响规律不尽相同。王艳丽等[37]研究了切丝宽度(0.96 mm、1.1 mm 和 1.2 mm)对烟气常规和主流烟气 7 种有害成分释放量的影响,发现切丝宽度变大,卷烟的焦油量、NH_3、HCN、BaP随之降低。邱玉春等[38]研究了切丝宽度(0.75 mm、0.95 mm 和 1.1 mm)对卷烟主流烟气中 7 种Hoffmann 成分释放量的影响,发现随着切丝宽度增大,烟气中 CO、HCN 和苯酚逐渐下降,NH_3逐步上升,NNK 和 BaP 先上升后下降,而巴豆醛和卷烟危害性指数保持不变;降低切丝宽度有利于选择性降低烟气中的 NH_3、BaP 和巴豆醛,提高切丝宽度有利于选择性降低烟气中的 CO、HCN 和苯酚。

感官评吸结果表明合适的切丝宽度有利于提高卷烟香气透发性,增加烟气细腻度,但王旭锋等[39]发现切丝宽度在 0.95 mm 至 1.05 mm 范围内对卷烟感官质量和卷制质量无明显影响。以下进一步研究了切丝宽度对卷烟主流烟气气溶胶粒度分布、烟气化学成分和感官品质的影响。

3.5.6.1　样品制备

选取单等级烟叶原料,原料为 2015 年产于玉溪的 K326 烤烟(中部烟叶,烟叶等级为 C2F)。分别制备宽度为 0.7 mm、0.9 mm 和 1.1 mm 的叶丝,其他参数均按在产某品牌生产标准制丝、卷制(不进行加料和加香)成规格为 84(20+64) mm 的卷烟样品。挑选烟支单支质量(0.90±0.02) g,吸阻(1100±50) Pa 的卷烟样品,采用 ISO 抽吸模式进行粒数粒径分布、质量粒径分布、烟气常规等测试。

3.5.6.2　不同切丝宽度卷烟烟丝结构和密度分布比较

比较了 3 种不同切丝宽度卷烟的烟支物理参数,见表 3.21。可以看出,在填充的烟丝质量相同的条件下,随着烟丝切丝宽度从 0.7 mm 增加至 1.1 mm,纸通风率、滤嘴通风率、总通风率、烟支硬度、阴燃速率均逐渐降低。

表 3.21　不同切丝宽度卷烟烟支物理参数

切丝宽度/mm	重量/(g/支)	吸阻/kPa	纸通风率/(%)	滤嘴通风率/(%)	总通风率/(%)	硬度/(%)	阴燃速率/(mm/min)
0.7	0.90	1.13	9.47	0.57	10.05	65.61	4.53
0.9	0.90	1.13	8.27	0.49	8.76	64.20	4.46
1.1	0.90	1.12	7.86	0.44	8.30	60.86	4.11

对卷制的 3 种不同切丝宽度的卷烟进行了卷烟烟丝结构和密度分布评价。图 3.53(a)为不同切丝宽度卷烟烟丝结构分布,可以看出,随着切丝宽度的增加,烟丝中的中长丝比例增加,短丝和碎丝比例降低。图 3.53(b)给出了烟支密度随烟支轴向的变化,可以看出,3 种切丝宽度卷烟的烟丝密度分布基本一致,烟支两端烟丝密度较大。具体表现为:0～6 mm 时烟丝密度由零逐渐增大,6～20 mm 时烟丝密度逐渐下降,20～45 mm 时烟丝密度趋于平稳,45～51 mm 时烟丝密度又逐渐增大。图 3.54 进一步比较了 3 种不同切丝宽度的卷烟在抽吸过程中的动态吸阻变化,可以看出 3 种卷烟动态吸阻的变化趋势与烟丝密度分布变化一致,烟支两端烟丝填充紧密因而吸阻较大。随着切丝宽度增加,平均动态吸阻略微降低。

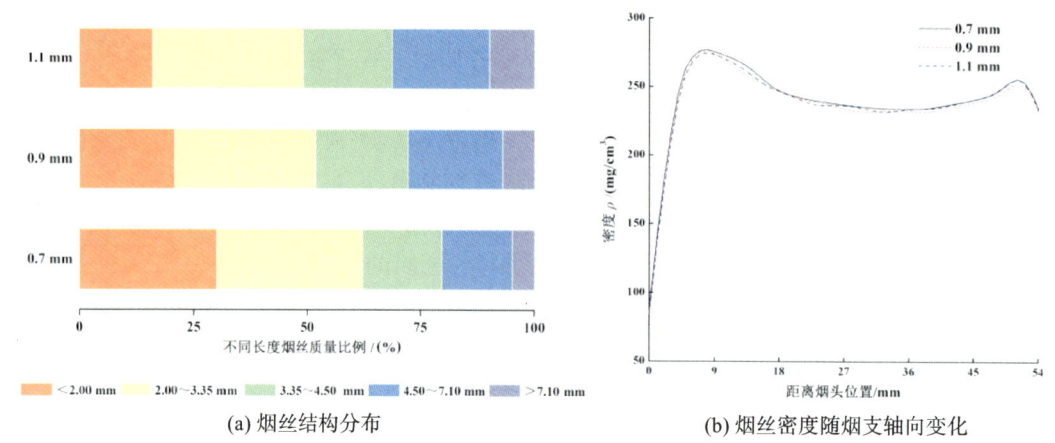

(a) 烟丝结构分布　　　　　　　　　　(b) 烟丝密度随烟支轴向变化

图 3.53　不同切丝宽度卷烟烟丝结构分布和烟丝密度随烟支轴向变化

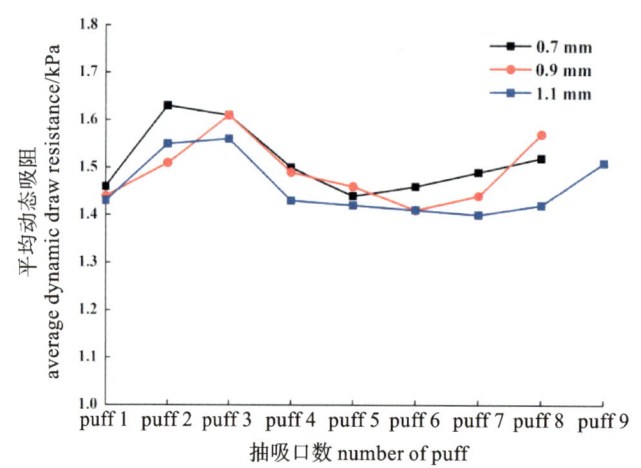

图 3.54　不同切丝宽度卷烟动态吸阻变化

3.5.6.3　不同切丝宽度对烟气气溶胶粒数粒径分布的影响

研究了不同切丝宽度烟丝制备卷烟的烟气气溶胶粒数粒径分布,如图 3.55 所示。可以看出,3 种切丝宽度卷烟的烟气气溶胶粒子数随粒径大小均呈现出近似的对数正态分布,粒子主要分布在 40～400 nm,其中 100～300 nm 分布最多,但从峰值可以看出不同切丝宽度卷烟烟气气溶胶粒子浓度有一定的差异。

图 3.56 比较了 3 种切丝宽度卷烟的烟气气溶胶粒数浓度和粒数中值直径(CMD)的逐口变化趋势。由图 3.56(a)可以看出,3 种切丝宽度卷烟的烟气气溶胶粒数浓度随抽吸口数增加均呈现逐渐增加的趋势,切丝宽度为 0.7 mm 和 0.9 mm 时,逐口烟气气溶胶粒数浓度增加趋势更明显。烟气气溶胶粒数浓度的逐口变化趋势受烟气通过烟支时的凝结、吸附,以及吸附于烟丝上的粒子的脱附的影响。一方面,随着烟支

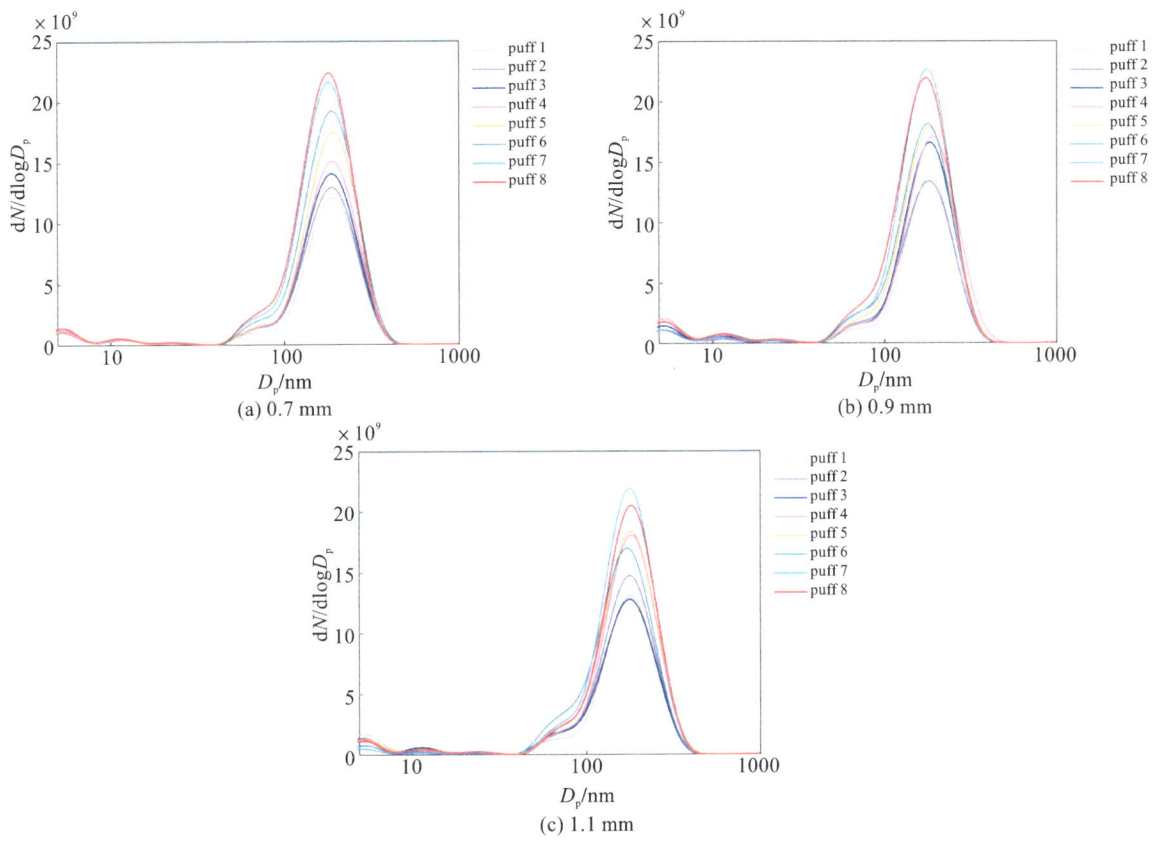

图 3.55　不同切丝宽度卷烟烟气的粒数粒径分布图

燃烧,烟丝段变短,烟气通过烟支的距离缩短,烟气温度降低幅度减小,使烟气的团聚作用减弱,烟丝对烟气的吸附减少;另一方面,由于逐口的烟气温度增加,对吸附于烟丝上的烟气粒子的脱附作用增强,以上两个作用均使烟气气溶胶粒数浓度呈逐口增加趋势。切丝宽度为 0.7 mm 和 0.9 mm 时,短丝和碎丝比例高,烟丝截面积大,在相同填充密度情况下烟丝间空隙较小,使前几口抽吸时在烟丝上截留的粒子较多,故后几口抽吸时脱附的粒子也较多,因此烟气气溶胶粒数浓度逐口增加趋势高于切丝宽度为 1.1 mm 时。对比全部口数的烟气气溶胶粒数浓度平均值,可以看出切丝宽度为 0.7 mm 和 0.9 mm 时烟气气溶胶粒子数略高于切丝宽度为 1.1 mm 时。这是因为不同切丝宽度卷烟烟气气溶胶粒数浓度受烟丝燃烧状态的影响。从表 3.21 中结果可以看出,切丝宽度增加至 1.1 mm 时,烟气段纸通风率和卷烟阴燃速率明显降低,均显示切丝宽度增加至 1.1 mm 时会降低烟丝的燃烧速率,使抽吸过程中燃烧的烟丝量减少,从而产生的烟气气溶胶粒数浓度降低。

由图 3.56(b) 可以看出,3 种切丝宽度卷烟的烟气气溶胶的 CMD 逐口变化不明显,但抽吸第 4 口或第 5 口后烟气气溶胶的 CMD 有略微减小的趋势。这主要是因为随着烟支燃烧,烟气的团聚作用减弱,烟气气溶胶的 CMD 随抽吸口数增加略微减小。对比全部口数烟气气溶胶的 CMD 平均值,可以看出随切丝宽度的增加,烟气气溶胶的 CMD 呈逐渐减小趋势。这是由于不同切丝宽度卷烟燃烧状态不同,切丝宽度较大时,中长丝比例较大,在相同填充密度情况下烟丝间空隙较大,此外随着切丝宽度增加,平均动态吸阻略微降低,以上因素均能促进烟丝的燃烧,使小粒径气溶胶生成量增加、大粒径气溶胶生成量减少,从而使切丝宽度较大时产生的烟气气溶胶 CMD 较小。

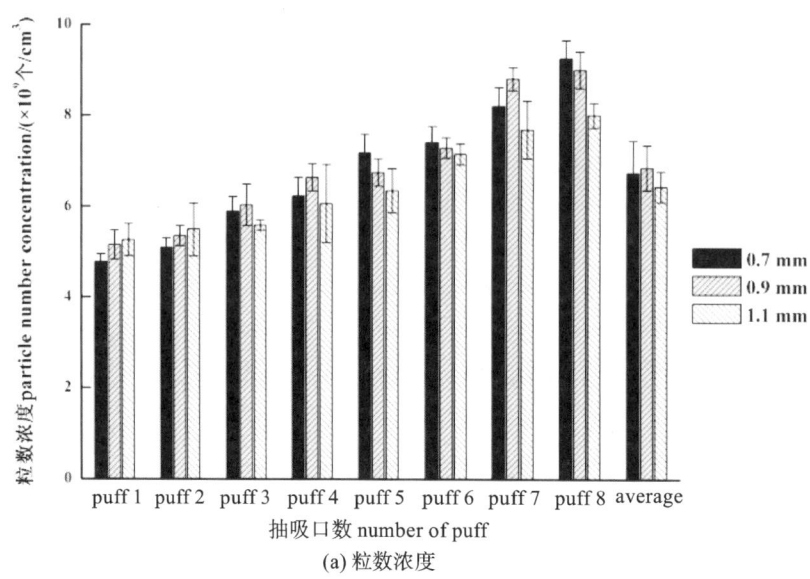

(a) 粒数浓度

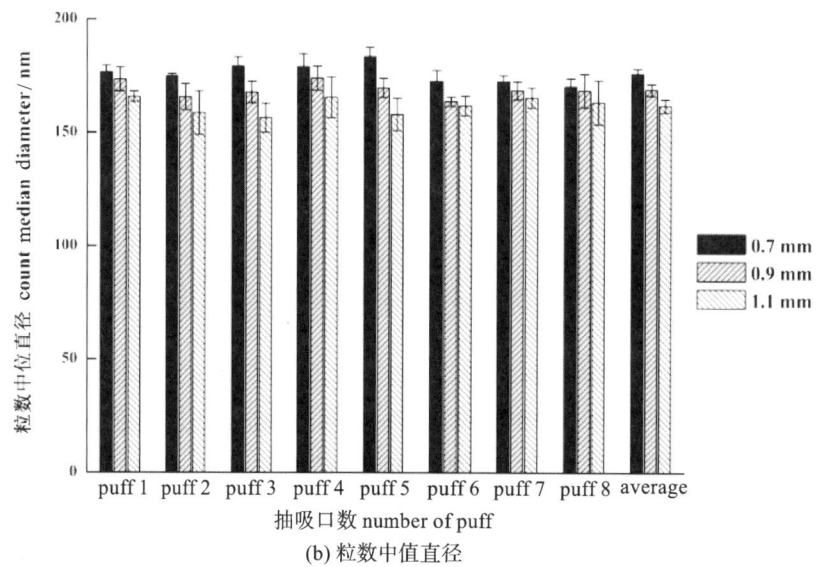

(b) 粒数中值直径

图 3.56 不同切丝宽度卷烟烟气气溶胶逐口粒数浓度和粒数中值直径比较($n=5$)

3.5.6.4 不同切丝宽度对烟气气溶胶质量粒径分布的影响

图 3.57 比较了不同切丝宽度卷烟烟气气溶胶的质量粒径分布,3 种切丝宽度卷烟烟气气溶胶的质量主要集中分布在 $100 \sim 1000$ nm。随着切丝宽度的增加,431 nm 和 722 nm 处捕集的气溶胶质量明显降低,而小于 144 nm 处捕集的气溶胶质量无明显变化,捕集的气溶胶颗粒总质量呈降低趋势。还可以看出,随着切丝宽度从 0.7 mm 增加至 1.1 mm,烟气气溶胶质量中值直径(MMD)减小,从 412.2 nm 减小至 391.2 nm。

以上结果显示,不同切丝宽度对烟气气溶胶质量粒径分布和粒数粒径分布的影响相一致,即随着切丝宽度增加,气溶胶的 CMD 减小而粒数浓度变化不明显,气溶胶的 MMD 减小但总质量降低。

3.5.6.5 不同切丝宽度对烟气化学成分的影响

表 3.22 比较了实验切丝宽度对烟气常规成分的影响,随着烟丝切丝宽度增大,抽吸口数略微增加,烟气总粒相物、焦油、CO、粒相物水分和烟碱都有不同程度的降低。这是因为烟丝切丝宽度增大,燃烧速率降低,单位时间内燃烧的烟丝量减少,但燃烧更加充分。此外,卷烟切丝宽度不同,其烟气气溶胶中鉴定出的

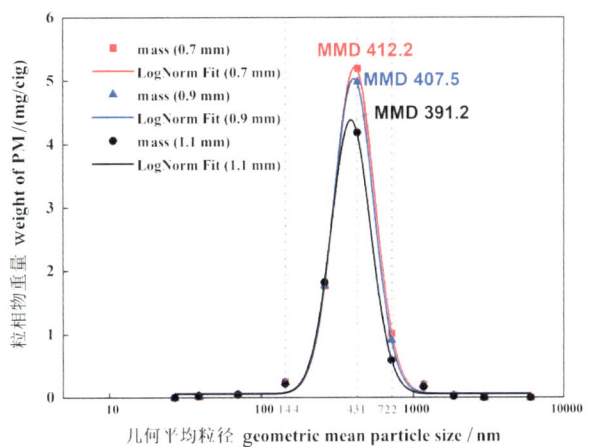

图 3.57　不同切丝宽度烟气气溶胶质量粒径分布图

化学成分基本相同,并且在不同粒径气溶胶中的分布规律相似,只有少部分化学成分在不同粒径气溶胶中的浓度具有一定的差异。

表 3.22　不同切丝宽度卷烟烟气常规成分比较

切丝宽度 /mm	抽吸口数/ (口/支)	总粒相物/ (mg/支)	焦油/ (mg/支)	烟碱/ (mg/支)	总粒相物水分/ (mg/支)	CO/ (mg/支)
0.7	7.96	16.58	12.85	1.37	2.36	11.25
0.9	8.12	15.90	12.36	1.34	2.20	10.64
1.1	8.52	15.62	12.14	1.32	2.16	10.48

3.5.6.6　小结

①切丝宽度为 0.7 mm 和 0.9 mm 时烟气的粒数浓度略高于切丝宽度为 1.1 mm 时;随切丝宽度的增大,烟气气溶胶的 CMD 呈减小趋势。②随着切丝宽度的增大,烟气气溶胶的 MMD 呈减小趋势,气溶胶总质量也呈降低趋势。③随着烟丝切丝宽度增大,烟气总粒相物、焦油、CO、烟碱和水分都有不同程度的降低。④感官评吸结果表明随切丝宽度增大,烟气量降低,烟气质稍粗糙,烟气形态变短,蓬松感增加,烟气整体感官品质略有下降。综合考虑,切丝宽度为 0.9 mm 时,烟气粒数浓度高,粒径大小适中,烟气常规释放量较 0.7 mm 时低,并有较好的感官质量。

3.5.7　圆周的影响

近年来,为不断满足卷烟消费者的需求,烟草行业逐步研发了圆周分别为(17±1) mm 和(20±1) mm 的细支和中支卷烟,并得到了消费者的认可。烟支圆周是一个非常重要的参数,对卷烟的燃烧性能、烟气指标等均有影响。

在气溶胶形成过程中,卷烟的燃烧锥内部氧气浓度不同,温度也不同,烟草通过蒸馏、燃烧、热裂解等不同反应生成了复杂的烟气成分。相对而言,国外在细支卷烟产品方面的开发和基础研究开展较早,覆盖面涉及物理指标、烟气指标及安全性评估等多个方面。近几年,国内开展了细支卷烟燃烧温度和烟气致香成分等方面的研究,而中支和细支卷烟燃吸机理以及烟气气溶胶方面的相关研究有待进一步加强。

针对产品研发需求,制备不同圆周的常规、中支和细支 3 种卷烟,采用红外热成像仪、热电偶和快速粒径谱仪对不同圆周卷烟的燃烧特性及烟气颗粒大小、浓度、比表面积和分布状态差异进行了研究。

3.5.7.1　样品制备和测试方法

对照卷烟:同一牌号不同圆周卷烟,3 种不同圆周卷烟具有相近的焦油释放量[(9.0±0.2) mg/支],物

理参数见表 3.23。实验卷烟:采用相同烟丝(无添加剂)、卷烟纸制备不同圆周、相同长度且无滤嘴的实验卷烟,圆周分别为 27.0 mm、24.2 mm、23.0 mm、20.0 mm 和 17.0 mm。

表 3.23　3 种不同圆周卷烟物理参数

卷烟	圆周/mm	长度/mm	质量/g	含水率/(%)	吸阻/Pa	滤嘴通风率/(%)	总通风率/(%)
常规卷烟	24.37	84.1	0.918	11.58	1050	24.5	30.1
中支卷烟	20.06	87.7	0.684	11.63	1250	18.8	27.9
细支卷烟	17.02	100.3	0.596	11.72	1700	26.2	44.9

滤嘴烟气温度测试:在 ISO 抽吸模式下检测烟支的滤嘴烟气温度,探针位置在滤嘴前端(滤棒与烟丝接合处)和滤嘴中间部位(接触烟丝的滤棒端往后 1 cm 处)。数据采集:每个样品做 2 组平行测试,每组卷烟平行测试 5 支取累计平均值。气溶胶粒径分布测定:一级稀释流量为 20.0 L/min,二级稀释比为 500∶1。

3.5.7.2　不同圆周卷烟燃烧特性分析

(1)卷烟燃烧锥固相温度

测试常规、中支和细支 3 种圆周卷烟燃烧锥固相温度,记录中间稳定的第 3 口至第 6 口,记录结果为该口出现的最高温度,结果见图 3.58。可以看出,中支和细支卷烟的燃烧锥固相温度比常规卷烟的燃烧锥固相温度平均高 100 ℃左右,而中支和细支卷烟的燃烧锥固相温度基本相同。结果表明,卷烟圆周的减小会使卷烟的燃烧机理发生变化,从而导致燃烧温度发生变化。燃烧锥固相温度在 17～22 mm 圆周卷烟有一个平台期,然后随着圆周增大处于下降趋势,本研究结果与国外相关研究结果一致[40-41]。

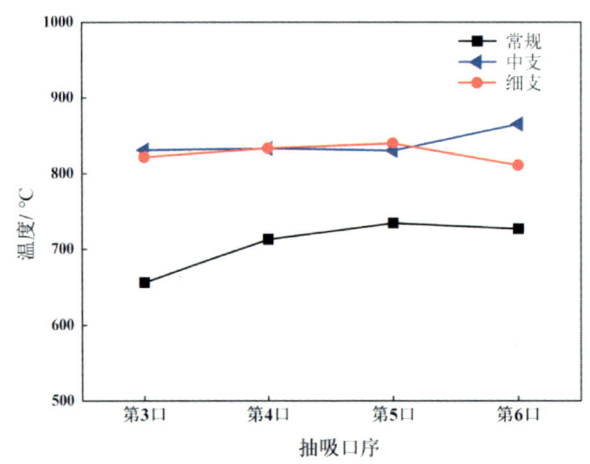

图 3.58　常规、中支和细支卷烟燃烧锥固相温度比较

(2)滤嘴烟气温度

采用自制热电偶测温仪,对卷烟滤嘴烟气温度进行测试。分别测试了滤嘴前端(滤棒与烟丝接合处)和滤嘴中间部位(接触烟丝的滤棒端往后 1 cm 处)的烟气温度,记录结果为该点出现的最高温度。结果如表 3.24 所示,对于卷烟滤嘴前端烟气温度,中支和细支卷烟比常规卷烟平均高 5 ℃,这可能与圆周大小有关,卷烟圆周的增大使烟气在烟支中的降温速率略微增大。经过滤嘴的冷却作用,滤嘴中间的烟气温度降低,3 种不同圆周卷烟滤嘴中间的烟气温度差异性减少,基本趋于一致。相比之下,中支卷烟滤嘴中间的烟气温度稍高,可能由于该卷烟滤嘴通风率较常规和细支卷烟低,使得中支卷烟滤嘴中间的烟气温度比常规和细支卷烟温度稍高。

表 3.24　常规、中支和细支卷烟滤嘴烟气温度测试结果

卷烟	滤嘴位置温度/℃	
	前端	中间
常规卷烟	73.4	62.4
中支卷烟	78.8	65.2
细支卷烟	77.6	62.6

3.5.7.3　不同圆周卷烟烟气气溶胶分析

（1）不同圆周卷烟烟气气溶胶粒数粒径分布

图 3.59 为 3 种不同圆周卷烟烟气气溶胶的粒数粒径分布，可以看出 3 种不同圆周卷烟烟气粒子数随粒径大小均呈现出近似的对数正态分布，并主要分布在 40～400 nm。烟气粒数浓度随抽吸口数增加均基本呈现逐渐增加并趋于稳定的趋势，烟气粒数中位直径随抽吸口数增加基本呈现略微减小的趋势。结果表明，粒子数：常规卷烟＜中支卷烟＜细支卷烟。粒径：常规卷烟＞中支卷烟＞细支卷烟。即随卷烟圆周的减小，烟气粒子数呈增加趋势，而粒径呈减小趋势。可能原因是，卷烟圆周减小后，气流速率加快，烟气颗粒凝结受到阻碍，进而导致气溶胶数量增加，而粒径呈下降趋势。本研究结果与国外相关研究结果一致[42-43]。

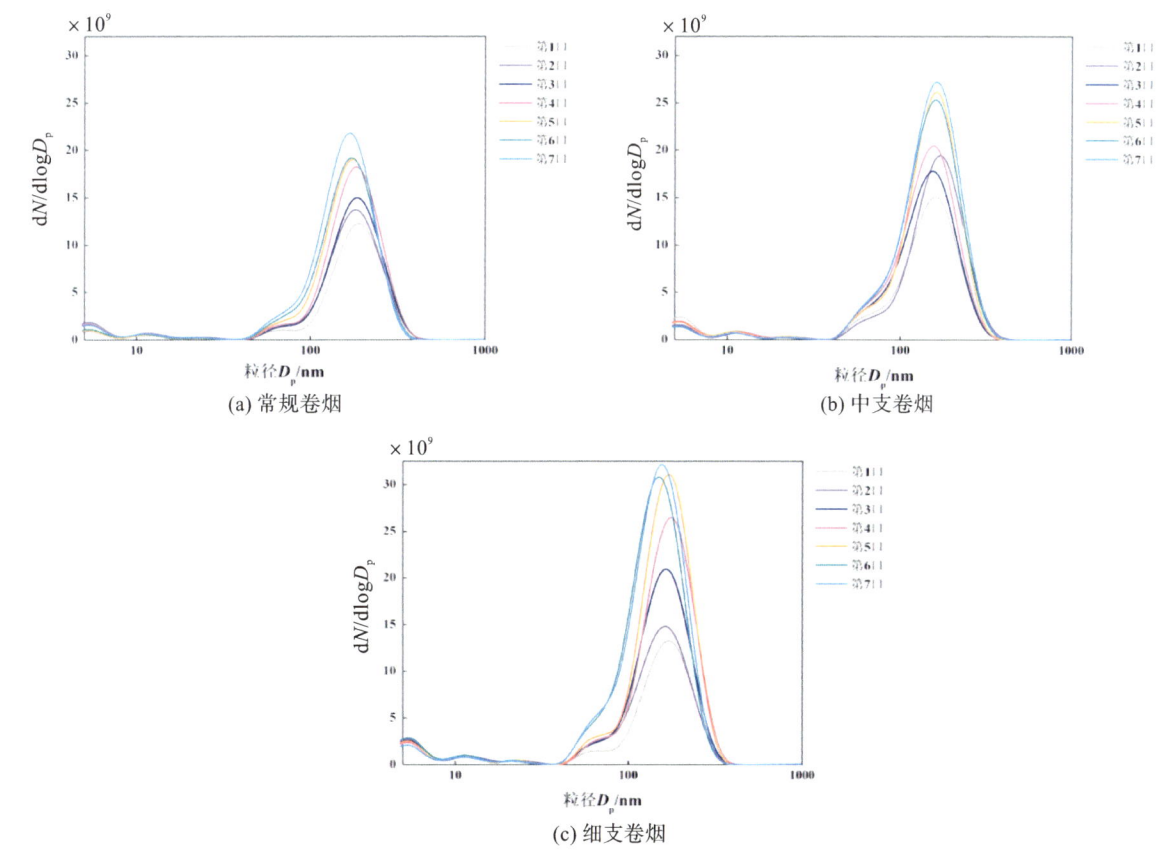

图 3.59　3 种不同圆周卷烟烟气气溶胶的粒数粒径分布图

图 3.60 进一步比较了 3 种不同圆周卷烟平均口数的烟气气溶胶粒数浓度和粒数中位直径。可以看出，随圆周的减小，平均口数的粒数浓度明显增加，而粒数中位直径明显减小，但中支卷烟和细支卷烟的粒数中位直径相似。烟支圆周、长度、通风率均会影响烟气的燃烧和气溶胶的形成，圆周减小、滤嘴通风率增加均会使烟气粒子的粒数中位直径减小，而烟支长度增大会使烟气粒子的粒数中位直径增加[29,44]。中支和细支卷烟产生的烟气粒数浓度明显高于常规卷烟，而粒径小于常规卷烟，这是由于中支和细支卷烟烟丝

燃烧温度高于常规卷烟,烟丝燃烧更加充分,产生的烟气粒子数目更多,粒径更小。中支和细支卷烟产生的烟气粒子粒数中位直径相似,则可能是中支卷烟圆周大于细支卷烟、滤嘴通风率小于细支卷烟、烟支长度小于细支卷烟共同作用的结果。

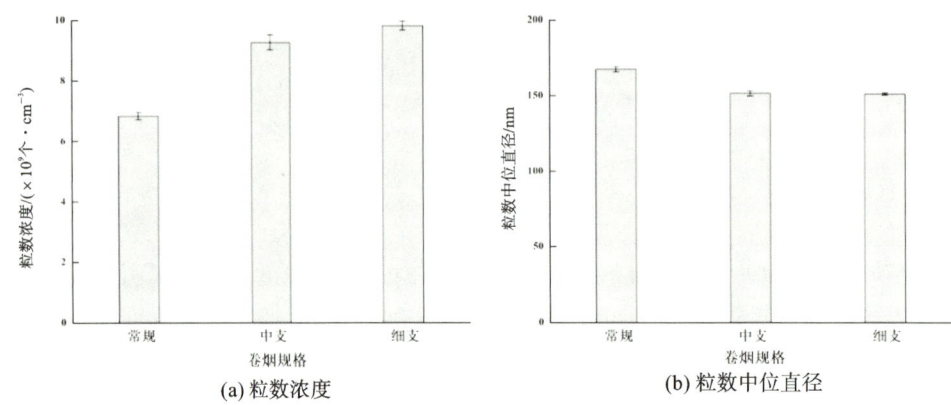

(a) 粒数浓度   (b) 粒数中位直径

图 3.60 3 种不同圆周卷烟烟气气溶胶的平均口数粒数浓度和粒数中位直径比较($n=3$)

(2) 不同圆周卷烟烟气气溶胶粒子表面积粒径分布

卷烟烟气被吸入的过程会受到气溶胶粒子大小的影响,而烟气气溶胶粒子的表面积可能会影响烟气在呼吸道中的沉积以及烟气感官作用[45-46]。图 3.61 显示了 3 种不同圆周卷烟烟气气溶胶的表面积粒径分布,可以看出,3 种不同圆周卷烟烟气粒子总表面积随粒径大小均呈现对数正态分布,烟气粒子总表面积随抽吸口数增加均基本呈现逐渐增加的趋势,烟气气溶胶粒子表面积中位直径随抽吸口数增加基本呈现略微减小的趋势。

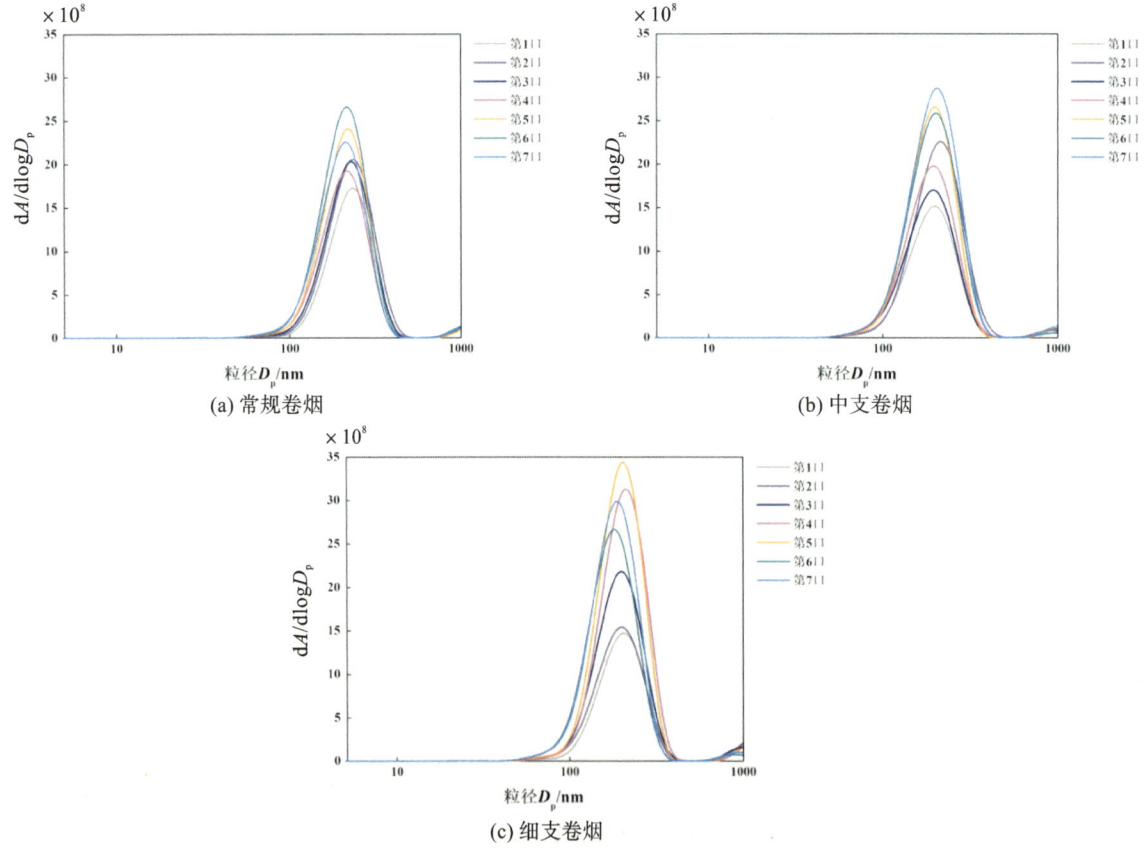

(a) 常规卷烟   (b) 中支卷烟

(c) 细支卷烟

图 3.61 3 种不同圆周卷烟烟气气溶胶的粒子表面积粒径分布图

进一步比较了 3 种不同圆周卷烟平均口数的烟气气溶胶粒子表面积浓度和表面积中位直径,见图 3.62。可以看出,随着圆周的减小,平均口数的粒子表面积浓度明显增加,而表面积中位直径明显减小,即小粒径粒子总表面积明显增大,大粒径粒子总表面积减小。

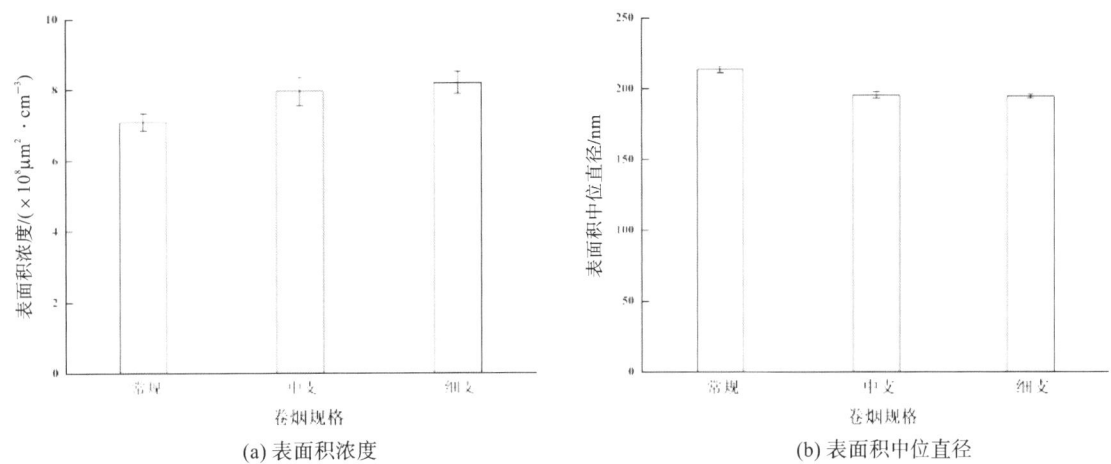

图 3.62　3 种不同圆周卷烟烟气气溶胶的平均口数粒子表面积浓度和表面积中位直径比较($n=3$)

3.5.7.4　感官评吸

选择了可以表征气溶胶的感官指标,对 3 种不同圆周的卷烟进行感官评吸。"蓬松感"是实际卷烟感官评价中常用的一个指标,用来形容烟气的形态,具体指口腔中感觉到的烟气蓬松程度。烟气状态分散或充盈,即表示烟气蓬松;相反,烟气集中或收敛,即表示烟气紧密。随着圆周的减小,烟气量从丰满变为充足,烟气的蓬松感也呈降低趋势。可以看出,虽然圆周减小使烟气粒子数浓度、表面积浓度增加,但烟气粒径减小对感官质量的影响更为显著,并使烟气感官质量降低。由此可见,对于产品开发来说,减小烟支圆周,需相应地调整卷烟配方,增加烟气量和烟气的蓬松感,使烟支抽吸感受达到最佳。

3.5.7.5　验证实验

为进一步验证烟支圆周大小对烟气气溶胶的影响规律,制备了 5 种不同圆周(27.0 mm、24.2 mm、23.0 mm、20.0 mm 和 17.0 mm)且无滤嘴的实验卷烟,并按上述方法进行烟气气溶胶粒径分布测试,结果显示:随着卷烟圆周的减小,平均口数的粒数浓度明显增加,而粒数中位直径明显减小(图 3.63)。可见,排除滤嘴的影响后,烟支圆周对烟气气溶胶的影响与上述对照卷烟一致。

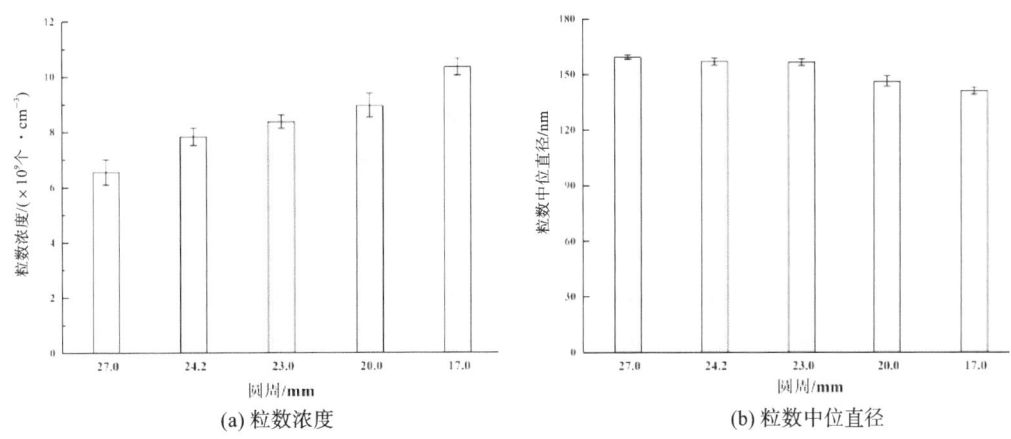

图 3.63　5 种不同圆周实验卷烟烟气气溶胶的平均口数粒数浓度和粒数中位直径比较($n=3$)

3.5.7.6　小结

中支和细支卷烟的燃烧锥固相温度比常规卷烟平均高 100 ℃左右。对于卷烟滤嘴前端烟气温度,中支和细支卷烟比常规卷烟平均高 5 ℃,而经过滤嘴的冷却作用,3 种不同圆周卷烟滤嘴中间的烟气温度趋于一致。随烟支圆周的减小,烟气粒子数呈增加趋势,而粒径呈减小趋势;平均口数的粒子表面积浓度呈增加趋势,而表面积中位直径明显减小。

3.5.8　辅料及其参数的影响

3.5.8.1　不同卷烟纸克重对烟气气溶胶粒数粒径分布的影响

比较了不同卷烟纸克重(28 g/m²、30 g/m²、32 g/m² 和 40 g/m²)卷烟的烟气气溶胶粒数粒径分布,见图 3.64。从图中可以看出,4 种不同卷烟纸克重卷烟的烟气随粒径大小均呈现出近似的对数正态分布,并均主要分布在 40～400 nm。

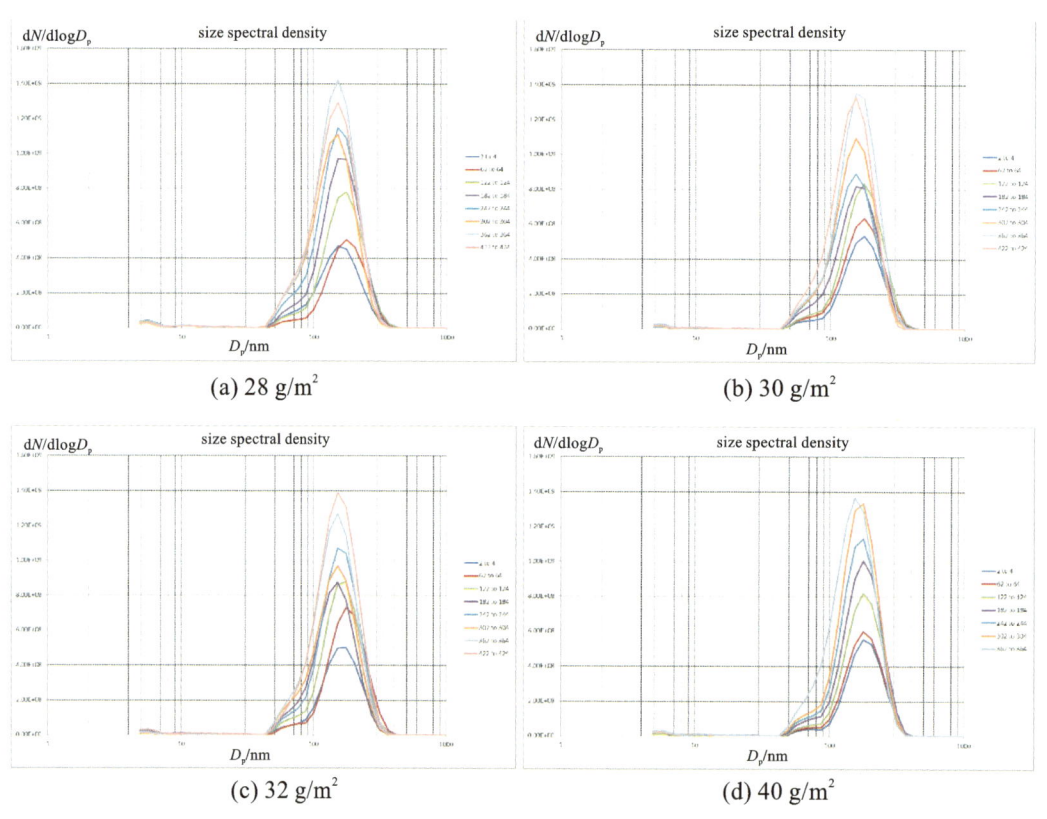

(a) 28 g/m²　　　　　　　　　　　　　(b) 30 g/m²

(c) 32 g/m²　　　　　　　　　　　　　(d) 40 g/m²

图 3.64　不同卷烟纸克重卷烟烟气气溶胶粒数粒径分布比较

图 3.65 进一步比较了 4 种不同卷烟纸克重卷烟的烟气粒数浓度和粒数中位直径(CMD)的逐口变化和平均值。可以看出,4 种不同卷烟纸克重卷烟的烟气粒数浓度逐口变化趋势基本一致,均呈现逐渐增加的趋势。随着抽吸口数增加,烟丝段变短,通过烟丝段的烟气气流温度增加,对吸附于烟丝上的烟气粒子的脱附作用增强,因而烟气粒数浓度逐口增加。从全部口数的粒数浓度均值比较,经单因素方差检验,4 种不同卷烟纸克重卷烟的烟气粒数浓度无显著性差异。

4 种不同卷烟纸克重卷烟的烟气粒子的粒数中位直径(CMD)逐口变化趋势基本一致,前面三口烟气的 CMD 略高于后面口数。随着抽吸口数增加,烟丝段变短,烟气气溶胶的凝结和团聚作用变小,粒子的粒径变小。从全部口数的烟气 CMD 均值比较,经单因素方差检验,卷烟纸克重 40 g/m² 的卷烟 CMD 与其他 3 个样品存在显著性差异,其 CMD 值显著高于其他 3 个样品。卷烟纸克重增加至 40 g/m² 时,烟丝燃烧速率明显增加,虽然增加了单位时间内燃烧的烟丝量,但烟丝燃烧状态受到影响,使大颗粒气溶胶生成量增加,而总粒子数无明显变化。综上分析,卷烟纸克重 28 g/m² 、30 g/m² 、32 g/m² 和 40 g/m² 卷烟的烟气粒数浓度无明显差别,但克重 40 g/m² 卷烟的烟气粒子粒径大于克重 28 g/m² 、30 g/m² 和 32 g/m² 的卷烟(表3.25)。

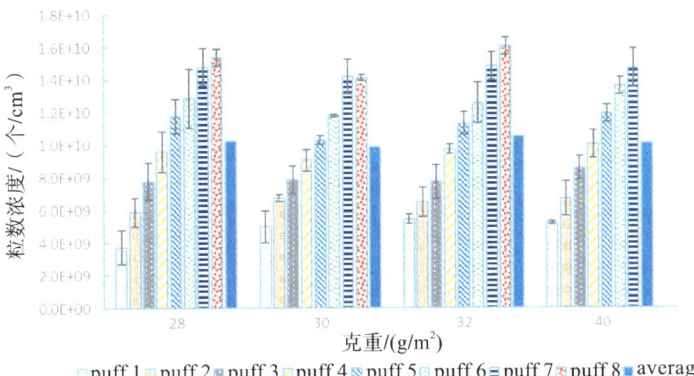

(a) 逐口粒数浓度

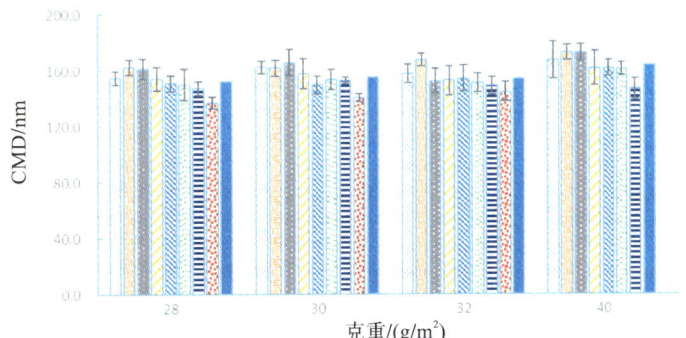

(b) 逐口粒数中位直径

图 3.65　不同卷烟纸克重卷烟烟气气溶胶逐口粒数浓度和粒数中位直径比较($n=4$)

表 3.25　不同卷烟纸克重卷烟烟气平均粒数浓度、粒数中位直径和阴燃速率

不同卷烟纸克重/(g/m²)	阴燃速率/(mm/min)($n=3$)	平均粒数浓度/($\times10^{10}$个/cm³)	平均粒数中位直径/nm
28	6.60±0.10	1.02	152.2
30	6.16±0.05	0.99	155.6
32	6.63±0.18	1.05	154.0
40	7.54±0.19	1.01	163.4*

注:*存在显著性差异($p<0.05$)。

3.5.8.2　不同滤嘴通风率对烟气气溶胶粒数粒径分布的影响

比较了不同滤嘴通风率(不打孔、20%、30%和46%)卷烟的烟气气溶胶粒数粒径分布,见图3.66。从图中可以看出,4 种不同滤嘴通风率卷烟的烟气随粒径大小均呈现出近似的对数正态分布,并均主要分布在 40~400 nm,但粒数浓度高低有一定差异。

图 3.67 进一步比较了 4 种不同滤嘴通风率卷烟的烟气粒数浓度和粒数中位直径(CMD)的逐口变化和平均值。可以看出,4 种不同滤嘴通风率卷烟的烟气粒数浓度逐口变化趋势基本一致,均呈现逐渐增加的趋势;但随着通风率增加,烟气粒数浓度呈降低趋势。从全部口数的粒数浓度均值比较,经单因素方差检验,滤嘴通风率 46% 的卷烟与其他 3 个样品存在显著性差异,其粒数浓度显著低于滤嘴不打孔、通风率 20% 和 30% 三个卷烟样品。通风率增加,卷烟燃烧速率增加,通风也随烟气起到一定的稀释作用,烟气粒数浓度呈降低趋势。

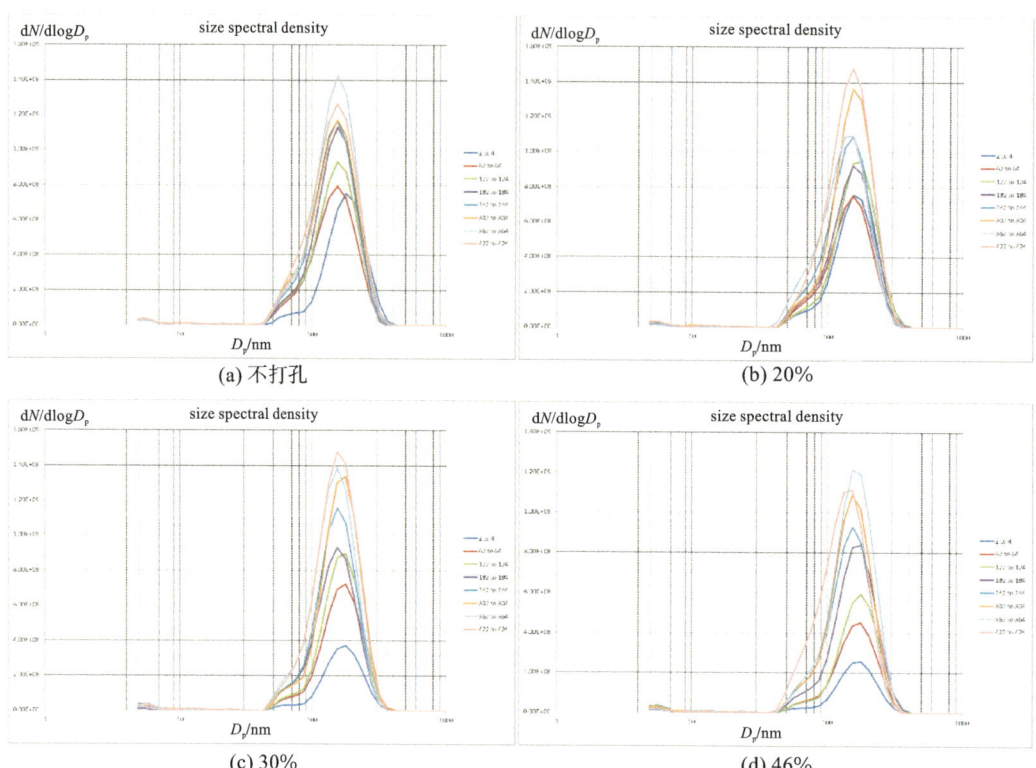

(a) 不打孔　　　　　　　　　　(b) 20%

(c) 30%　　　　　　　　　　(d) 46%

图 3.66　不同滤嘴通风率卷烟烟气气溶胶粒数粒径分布比较

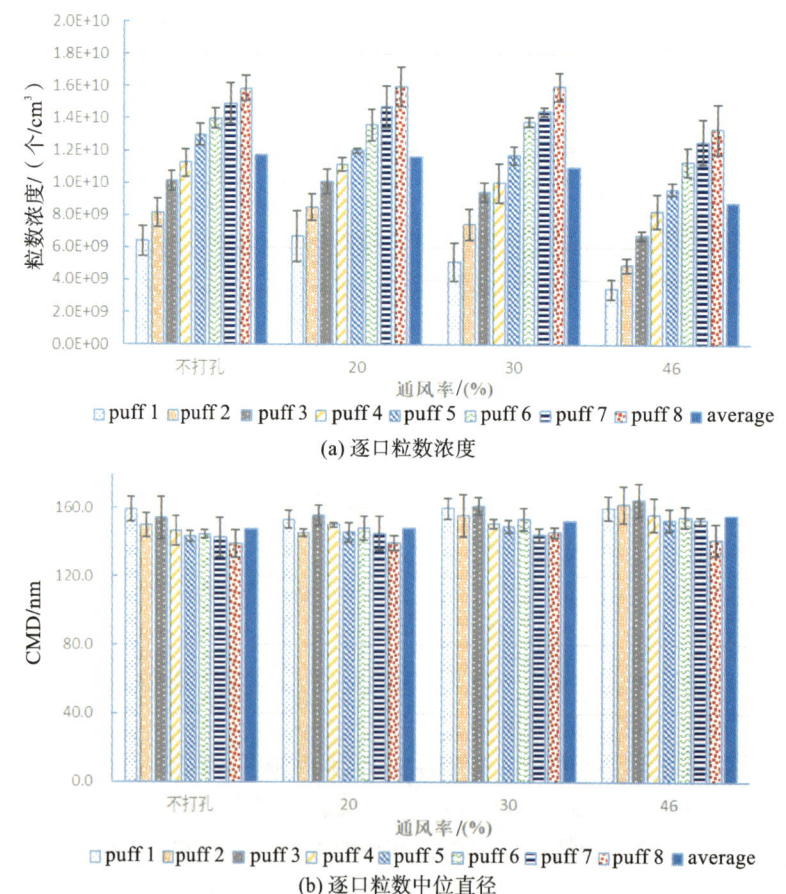

(a) 逐口粒数浓度

(b) 逐口粒数中位直径

图 3.67　不同滤嘴通风率卷烟烟气气溶胶逐口粒数浓度和粒数中位直径比较($n=4$)

4 种不同滤嘴通风率卷烟的烟气粒子的 CMD 逐口变化趋势基本一致,前面三口烟气的 CMD 略高于后面口数。从全部口数的烟气 CMD 均值比较,经单因素方差检验,通风率 46% 的卷烟 CMD 与其他 3 个样品存在显著性差异,其 CMD 值显著高于其他 3 个样品。滤嘴通风量增加,增加了烟气在滤嘴中的停留时间,烟气凝聚作用增加,因此烟气粒径也增加。综上分析,滤嘴不打孔和通风率 20%、30%、46% 卷烟的烟气粒数浓度随通风率增加而减小,而 CMD 随通风率增加而增加(表 3.26)。

表 3.26　不同滤嘴通风率卷烟烟气平均粒数浓度、粒数中位直径和阴燃速率

不同滤嘴通风率/(%)	阴燃速率/ (mm/min)(n=3)	平均粒数浓度/ (×10^10 个/cm^3)	平均粒数中位直径/ nm
不打孔	5.76±0.02	1.17	147.6
20	6.41±0.10	1.16	148.1
30	7.11±0.16	1.10	152.8
46	7.34±0.08	0.88*	155.9*

注:* 存在显著性差异($p < 0.05$)。

3.5.8.3　不同卷烟纸透气度对烟气气溶胶粒数粒径分布的影响

比较了不同卷烟纸透气度(20 CU、40 CU、50 CU 和 80 CU)卷烟的烟气气溶胶粒数粒径分布,见图 3.68。从图中可以看出,4 种不同卷烟纸透气度卷烟的烟气随粒径大小均呈现出近似的对数正态分布,并均主要分布在 40~400 nm。

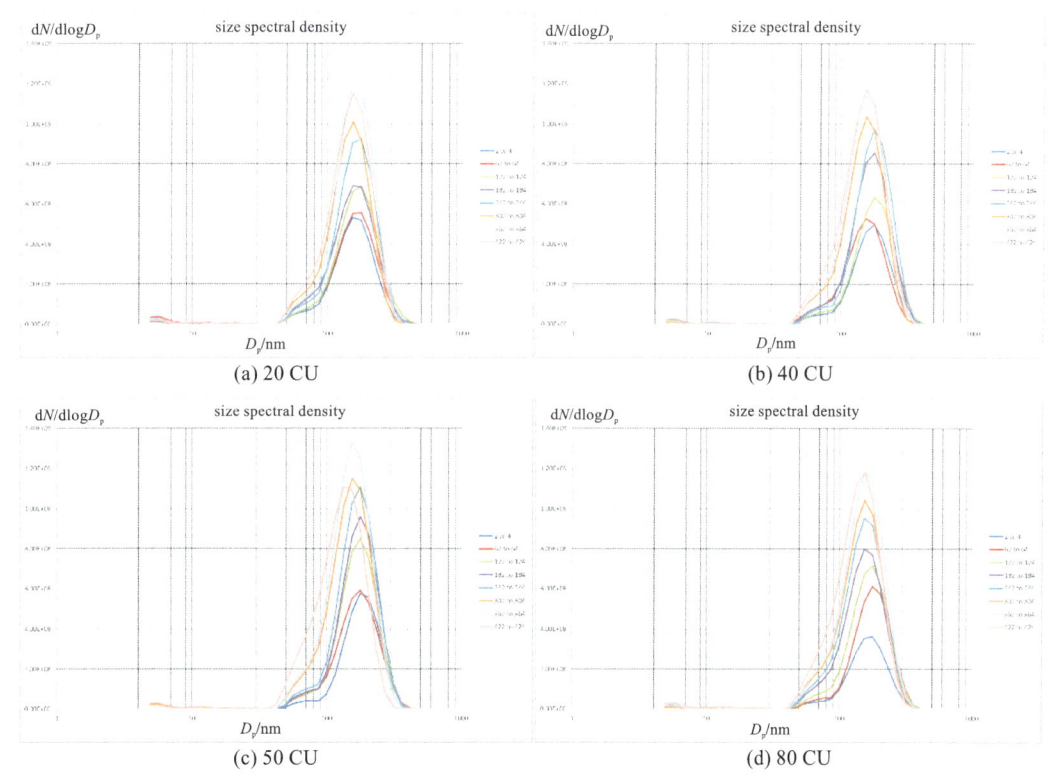

(a) 20 CU　　　　(b) 40 CU

(c) 50 CU　　　　(d) 80 CU

图 3.68　不同卷烟纸透气度卷烟烟气气溶胶粒数粒径分布比较

图 3.69 进一步比较了 4 种不同卷烟纸透气度卷烟的烟气粒数浓度和粒数中位直径(CMD)的逐口变化和平均值。可以看出,4 种不同卷烟纸透气度卷烟的烟气粒数浓度逐口变化趋势基本一致,均呈现逐渐增加的趋势。从全部口数的粒数浓度均值比较,经单因素方差检验,4 种不同卷烟纸透气度卷烟的烟气粒数浓度无显著性差异。

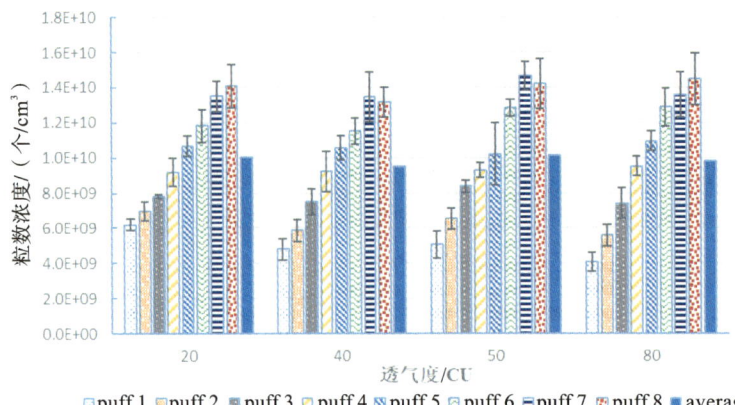

(a) 逐口粒数浓度

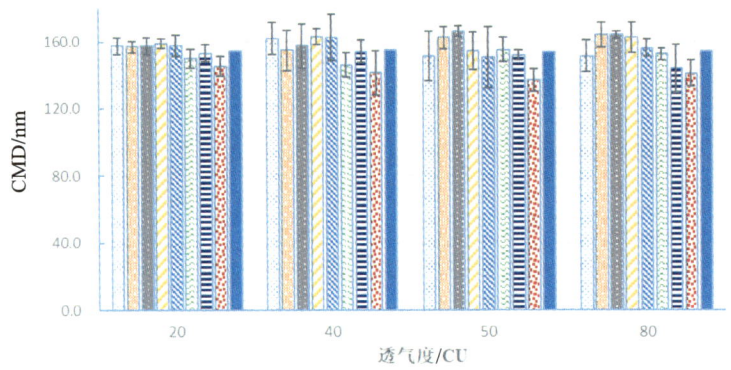

(b) 逐口粒数中位直径

图 3.69　不同卷烟纸透气度卷烟烟气气溶胶逐口粒数浓度和粒数中位直径比较($n=4$)

　　4 种不同卷烟纸透气度卷烟的烟气粒子的 CMD 逐口变化趋势基本一致,前面三至五口烟气的 CMD 略高于后面口数。从全部口数的烟气 CMD 均值比较,经单因素方差检验,4 种不同卷烟纸透气度卷烟烟气的 CMD 无显著性差异。综上分析,卷烟纸透气度为 20 CU、40 CU、50 CU 和 80 CU 卷烟的烟气粒数浓度和 CMD 均无显著性差异(表 3.27)。

表 3.27　不同卷烟纸透气度卷烟烟气平均粒数浓度、粒数中位直径和阴燃速率

不同透气度/CU	阴燃速率/ (mm/min)($n=3$)	平均粒数浓度/ ($\times10^{10}$个/cm^3)	平均粒数中位直径/ nm
20	6.40±0.15	1.00	154.5
40	6.34±0.12	0.95	155.0
50	5.57±0.18	1.01	153.6
80	6.23±0.07	0.98	154.5

3.5.8.4　不同吸阻对烟气气溶胶粒数粒径分布的影响

　　比较了不同吸阻(3200 Pa、3500 Pa 和 3800 Pa)卷烟烟气气溶胶粒数粒径分布,见图 3.70。从图中可以看出,3 种不同吸阻卷烟的烟气随粒径大小均呈现出近似的对数正态分布,并均主要分布在 40～400 nm。

　　图 3.71 进一步比较了 3 种不同吸阻卷烟的烟气粒数浓度和粒数中位直径(CMD)的逐口变化和平均值。可以看出,3 种不同吸阻卷烟的烟气粒数浓度逐口变化趋势基本一致,均呈现逐渐增加的趋势。从全部口数的粒数浓度均值比较,经单因素方差检验,吸阻 3200 Pa 卷烟的烟气粒数浓度与吸阻 3500 Pa 和 3800 Pa 卷烟的烟气粒数浓度存在显著性差异,随吸阻增加烟气的粒数浓度呈降低趋势。

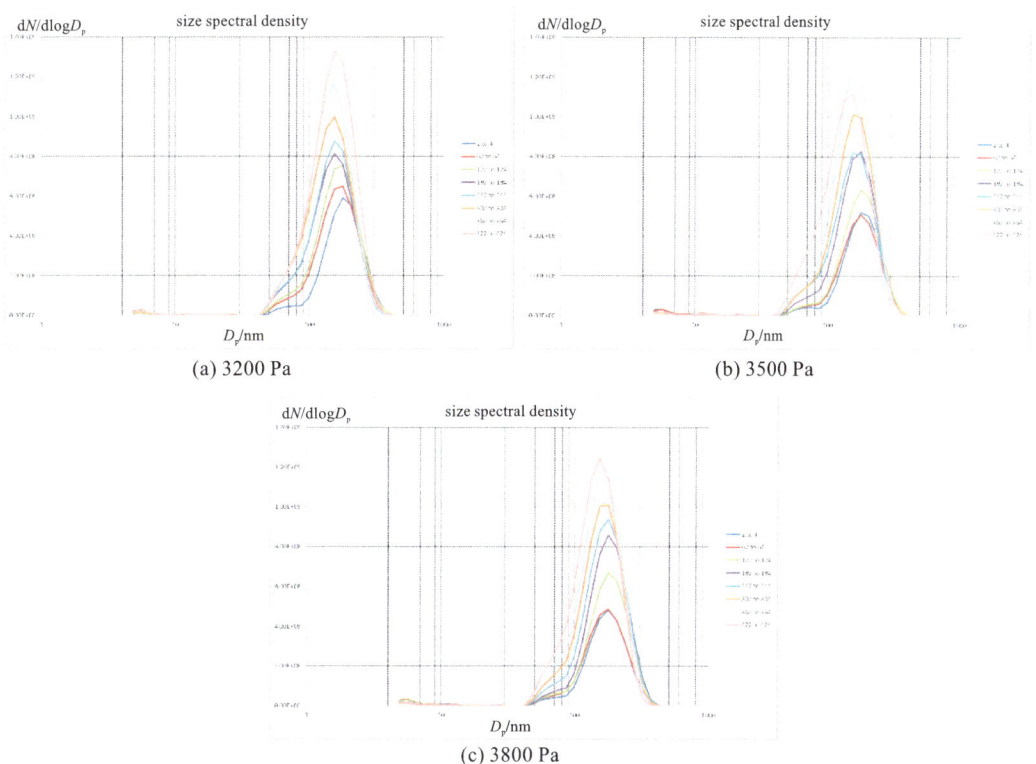

(a) 3200 Pa　　　　　　　　　(b) 3500 Pa

(c) 3800 Pa

图 3.70　不同吸阻卷烟烟气气溶胶粒数粒径分布比较

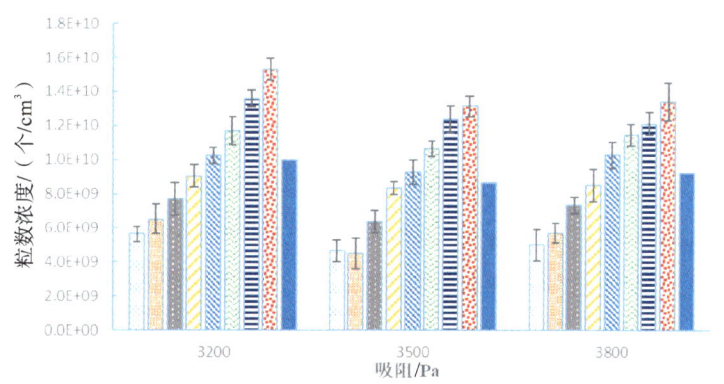

(a) 逐口粒数浓度

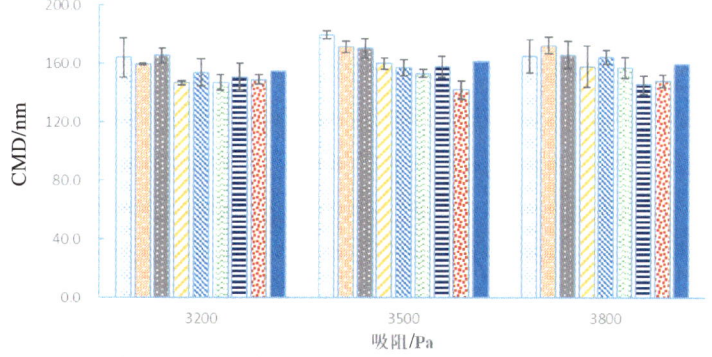

(b) 逐口粒数中位直径

图 3.71　不同吸阻卷烟烟气气溶胶逐口粒数浓度和粒数中位直径比较($n=4$)

3 种不同吸阻卷烟的烟气粒子的 CMD 逐口变化趋势基本一致,前面三口烟气的 CMD 略高于后面口数。从全部口数的烟气 CMD 均值比较,经单因素方差检验,吸阻 3200 Pa 卷烟的烟气 CMD 与吸阻 3500 Pa 和 3800 Pa 卷烟的烟气 CMD 存在显著性差异,随吸阻增加烟气的 CMD 增加。综上分析,吸阻 3200 Pa 卷烟的烟气粒数浓度高于 3500 Pa 和 3800 Pa 卷烟,而 CMD 则低于 3500 Pa 和 3800 Pa 卷烟(表 3.28)。

表 3.28 不同吸阻卷烟烟气平均粒数浓度、粒数中位直径和阴燃速率

不同吸阻/Pa	阴燃速率/ (mm/min)($n=3$)	平均粒数浓度/ ($\times 10^{10}$ 个/cm³)	平均粒数中位直径/nm
3200	6.90±0.15	0.99*	154.6*
3500	6.55±0.16	0.87	161.4
3800	6.49±0.32	0.92	159.5

注:* 存在显著性差异($p<0.05$)。

3.5.9 基于影响规律总结的气溶胶特性调控技术

基于烟丝配方、加工工艺配方、香糖料配方和卷烟设计的卷烟烟气气溶胶粒径调节影响规律,总结得到烟气气溶胶粒径调节技术,列于表 3.29 中。

表 3.29 基于配方结构的烟气粒径调节技术总结

调节方法	方法描述	对气溶胶粒径的影响	对烟气化学性质以及感官品质的影响
烟丝配方	烟叶香型	增加浓香型烟叶用量,能增加大粒径气溶胶比例	烟碱释放量增加
	烟叶品种	KRK26 使大粒径气溶胶增加,烟气总粒相物也增加	KRK26 使烟气丰满,蓬松感增加,但粗糙感也增加
	在烤烟中掺配香料烟	能显著增加大粒径气溶胶比例,但烟气总质量明显减小	每口总粒相物、焦油明显减少,烟碱显著降低;烟气量减小
	在烤烟中掺配晾晒烟	能明显增加大粒径气溶胶比例,烟气总质量影响不大	每口总粒相物、焦油略微减少
	在烤烟中掺配白肋烟	能稍微增加大粒径气溶胶比例,烟气总质量影响不大	每口总粒相物、焦油略微减少
	不同部位烟叶使用量	提高上部或中部烟叶比例,能增加大粒径气溶胶质量,以及气溶胶总质量	总粒相物、焦油、烟气烟碱增加;烟气量增加,涂层感减弱
	掺配梗丝	梗丝外掺比例增加(10% 至 40%),烟气质量粒径分布变大,捕集的气溶胶总质量降低	抽吸口数、总粒相物、焦油、烟碱均呈明显降低趋势,烟气粒相物水分则略微降低,CO 释放量基本无变化;烟气量明显降低,烟气质变粗糙,烟气形态变短,涂层感、刺激性、蓬松感增加,烟气整体感官质量变差
烟丝配方	掺配薄片丝	薄片丝外掺比例增加(10% 至 40%),烟气质量粒径分布变小,捕集的气溶胶总质量降低	抽吸口数、总粒相物、焦油、烟碱、烟气粒相物水分呈明显降低趋势,CO 释放量呈略微增加趋势;外掺比例较小时感官质量变化不大,外掺比例大于 20% 时,感官质量明显下降,烟气量明显降低,烟气质变粗糙,涂层感、刺激性增加

续表

调节方法	方法描述	对气溶胶粒径的影响	对烟气化学性质以及感官品质的影响
烟丝配方	掺配膨胀丝	膨胀丝外掺比例增加(10%至40%),烟气质量粒径分布变小,捕集的气溶胶总质量略微增加	烟气常规变化不大;外掺比例较小时感官质量变化不大,外掺比例大于 20%时,烟气量减少,烟气质变粗糙,烟气形态变短,涂层感和刺激性增加,烟气蓬松感增加,整体烟气感官质量变差
加工工艺配方	调节烟丝含水率	增加烟丝含水率(8.1%～17.6%),粒径减小(CMD 从 181 nm 减小至 170 nm,减小6%),粒数浓度略微降低	抽吸口数增加,CO 释放量明显增加,烟气总粒相物、焦油和粒相物水分略微增加,烟气烟碱降低;烟气量、涂层感和刺激性逐渐降低,烟气质变细腻,但含水率过大,烟气淡薄,烟气形态变短,蓬松感降低,含水率为 12.6%时感官品质最佳
	调节烟丝切丝宽度	增加切丝宽度(0.7～1.1 mm范围),粒径减小(CMD 从 176 nm 减小至 162 nm,减小 8%),粒数浓度略微降低	抽吸口数略微增加,总粒相物、焦油、烟碱、烟气粒相物水分和 CO 都有不同程度的降低趋势;切丝宽度增加至 1.1 mm 时烟气量降低,烟气质变粗糙,烟气形态变短,蓬松感增加,烟气品质略有下降
香糖料配方	添加剂	添加不同含量的呋喃酮、乙酰丙酸、香兰素,以及高含量的丁香酚,大粒径气溶胶质量分布比例增加	/
卷烟设计	改变圆周	圆周从 24 mm 减小到 17 mm,烟气粒径变小,CMD 减小11%,质量中位直径减小 10%	/
	新型嘴棒设计	中空嘴棒能增加大颗粒气溶胶比例;云母和醋纤组合而成的滤嘴产生的烟气气溶胶粒径大于醋纤滤嘴	/
卷烟设计	烟支长度	随着烟支长度增加,平均粒径增加,烟气气溶胶数密度和质量减小	/
	通风	滤嘴通风增加使粒径减小	/
	抽吸速率	从 1.5 mL/s 增加至 83 mL/s,平均粒径(质量分布)减小 46%	/

参考文献

[1] Baker R R，Bishop L J. The pyrolysis of tobacco ingredients[J]. Journal of Analytical and Applied Pyrolysis，2004，71(1)：223-311.

[2] 赵娟.成品卷烟风格特征剖析和成因分析及中档卷烟品质改善研究[D].无锡：江南大学，2016.

[3] 沈光林，孔浩辉，李峰，等.卷烟主流烟气气溶胶分布研究[J].中国烟草学报，2009，15(5)：14-19.

[4] Morie G P，Baggett M S. Observations on the distribution of certain tobacco smoke components with respect to particle size[J]. Beiträge zur Tabakforschung/Contributions to Tobacco Research，1977，9(2)：72-78.

[5] Ishizu Y，Kaneki K，Okada T. A new method to determine the relation between the particle size and chemical composition of tobacco smoke particles[J]. J. Aerosol. Sci.，1987，18(2)：123-129.

[6] Wang H B，Li X，Guo J W，et al. Distribution of toxic chemicals in particles of various sizes from mainstream cigarette smoke[J]. Inhalation Toxicology，2016，28(2)：89-94.

[7] Gowadia N，Oldham M J，Dunn-Rankin D. Particle size distribution of nicotine in mainstream smoke from 2R4F，Marlboro Medium，and Quest1 cigarettes under different puffing regimens[J]. Inhalation Toxicology，2009，21(5)：435-446.

[8] 于宏晓，赵砚棠，董永智，等.不同碳空心材料降低主流烟气中酚类有害成分研究[J].中国烟草科学，2013，34(6)：108-112.

[9] Paschke T，Scherer G，Heller W D. Effects of ingredients on cigarette smoke composition and biological activity：A literature overview[J]. Beiträge zur Tabakforschung/Contributions to Tobacco Research，2014，20(3)：107-247.

[10] Sun Z W，Wen J H，Luo X，et al. An improved CFD model of gas flow and particle interception in a fiber material[J]. Chinese J. Chem. Eng.，2017，25(3)：264-273.

[11] 胡念念，杜文，戴云辉.高效液相色谱法测定卷烟滤嘴中截留的主要酚类化合物[J].烟草科技，2015，48(4)：49-55.

[12] 中国烟草总公司郑州烟草研究院.卷烟 烟气总粒相物中苯并[α]芘的测定：GB/T 21130—2007[S].北京：中国标准出版社，2007.

[13] Anderson P J，Wilson J D，Hiller F C. Particle size distribution of mainstream tobacco and marijuana smoke[J]. American Review of Respiratory Disease，1989，140：202-205.

[14] 吴君章，沈光林，孔浩辉，等.不同单料烟叶主流烟气气溶胶粒度分布差异[J].中国烟草学报，2015，21(2)：10-18.

[15] 陈帅伟，胡苏林，崔宁，等."三丝"掺配比例对卷烟理化指标的影响研究[J].西南农业学报，2015，28(6)：2742-2745.

[16] 程向红，周浩，王培锋，等.不同部位、不同产地梗丝与叶丝主流烟气成分的对比分析[J].农学学报，2014，4(5)：74-77.

[17] 蔡国华，白雪平，张建平，等.不同叶组配方对卷烟主流烟气巴豆醛释放量的影响[J].安徽农业科学，2012，40(3)：1453-1454.

[18] 谢金栋，黄朝章，吴清辉.卷烟叶组配方对主流烟气氨的影响研究[J].中国农学通报，2012，28(24)：256-260.

[19] 王兵，马永亮，申玉军，等."三丝"对卷烟烟气特性及感官质量的影响[J].烟草科技，2004(8)：13-15.

[20] 戴立.纤维素/木质素对混燃特性及颗粒物排放的影响[D].武汉：华中科技大学，2007.

[21] 王程辉，周顺，徐迎波，等.再造烟叶丝、膨胀烟丝和膨胀梗丝的燃烧特性[J].烟草科技，2013

(1):5-9.

[22]　张宏宇,刘春波,申钦鹏,等.烟丝含水率对其燃烧性的影响研究[J].分析测试学报,2014,33(11):1279-1284.

[23]　黎洪利,文鹏,戴迎雪,等.烟支含水率对卷烟烟气成分的影响[J].中国烟草学报,2009,15(2):10-14.

[24]　孙雯,李雪梅,曾晓鹰,等.烟丝含水率对卷烟燃吸品质、烟气水分及粒相物挥发性成分的影响[J].烟草科技,2009,42(11):33-39.

[25]　Ishizu Y,Ohta K,Okada T.The effect of moisture on the growth of cigarette smoke particles[J].Beiträge zur Tabakforschung/Contributions to Tobacco Research,1980,10(3):161-168.

[26]　Resnik F E,Houck W G,Geiszler W A,et al.Factors affecting static burning rate[J].Tobacco Science,1977,21:103-107.

[27]　李清海,张衍国,陈昌和,等.水分对垃圾焚烧影响的实验研究[J].中国电机工程学报,2008,28(8):58-64.

[28]　贾传凯.水煤浆水分对锅炉燃烧的影响[J].工业锅炉,2008(6):5-7.

[29]　Wayne G F,Connolly G N,Henningfield J E,et al.Tobacco industry research and efforts to manipulate smoke particle size:Implications for product regulation[J].Nicotine & Tobacco Research,2008,10(4):613-625.

[30]　Rood M,Covert D,Larson T.Hygroscopic properties of atmospheric aerosol in Riverside,California[J].Tellus B,1987,39(4):383-397.

[31]　Ehmke H,Neurath G.Effect of moisture content of cigarettes on the composition of smoke Ⅱ[J].Beiträge zur Tabakforschung/Contributions to Tobacco Research,1964,2(5):205-208.

[32]　Zha Q,Moldoveanu S C.The influence of cigarette moisture to the chemistry of particulate phase smoke of a common commercial cigarette[J].Beiträge zur Tabakforschung/Contributions to Tobacco Research,2004,21(3):184-191.

[33]　赵佳成,高辉,王慧,等.切丝宽度对烟丝结构及其分布稳定性的影响[J].云南农业大学学报(自然科学),2017,32(4):668-677.

[34]　王高杰,彭玉富.不同切丝宽度对卷烟质量的影响[J].轻工科技,2017(5):107-108.

[35]　胡东东.切丝宽度调整对单箱耗叶影响的研究[J].中外企业家,2016(31):174-176.

[36]　陈昆焱.烟梗切丝宽度对梗丝工艺质量的影响研究[J].安徽农业科学,2013(1):307-308,350.

[37]　王艳丽,崔龙吉,金哲,等.切丝宽度对卷烟烟丝结构和主流烟气的影响[J].延边大学学报(自然科学版),2016,42(2):147-150.

[38]　邱玉春,林志平,黄朝章,等.切丝宽度对卷烟主流烟气7种Hoffmann成分释放量的影响[J].郑州轻工业学院学报(自然科学版),2013,28(6):9-13.

[39]　王旭锋,刘蒙蒙,李向阳,等.制丝关键工序对卷烟感官质量和卷制质量的影响[J].安徽农业科学,2016,44(8):96-97,112.

[40]　Irwin W D E.The effects of circumference on mainstream deliveries and composition:Progress report[EB/OL].(1988-03-30)[2019-02-01].http://industrydocuments.Library.Ucsf.Edu/tobacco/docs/qhng0207.

[41]　Robinson D P.Preliminary application of infra-red thermography to the measurement of cigarette coal temperatures[EB/OL].(1985-11-21)[2019-02-01].http://industrydocuments.Library.Ucsf.Edu/tobacco/docs/zndg0214.

[42]　Jones R T,Richardson R B.The effect of cigarette circumference and puff flow rate on smoke particle size[EB/OL].(1971-06-03)[2019-02-01].https://industrydocuments.Library.

Ucsf. Edu/tobacco/docs/♯id＝qtdd0l95.

［43］ Fiebelkorn R T,Robinson D P. The influence of cigarette circumstance on mainstream smoke particle characteristics ［EB/OL］. (1988-04-21) ［2019-02-01］. http：//industrydocuments. Library. Ucsf. Edu/tobacco/docs/rfbh0l35.

［44］ Egilmez N. Smoke aerosol characterisation of some slim and low-tar cigarettes from the US market：Report No. RD. 2080 ［R/OL］. Southampton：British American Tobacco. (1987-06-08) ［2019-02-01］. https：//www. industrydocuments. ucsf. edu/docs/♯id＝hpbf0207.

［45］ Foged C,Brodin B,Frokjaer S,et al. Particle size and surface charge affect particle uptake by human dendritic cells in an in vitro model［J］. International Journal of Pharmaceutics,2005,298(2)：315-322.

［46］ Pacitto A,Stabile L,Moreno T,et al. The influence of lifestyle on airborne particle surface area doses received by different Western populations［J］. Environmental Pollution,2018,232：113-122.

第4章

加热卷烟气溶胶理化特性及影响因素

▶

4.1 加热卷烟简介及其气溶胶形成原理

4.1.1 加热卷烟概况

加热卷烟利用电加热系统、碳质热源或气溶胶加热等方式对含有烟草基质的产品进行加热,加热温度远低于燃烧卷烟温度,并产生含有烟碱的气溶胶,因此又称为低温卷烟。目前主流的产品有以下几种。①电加热型烟草制品(electrically heated tobacco products,eHTP),即用电能的烟草加热装置(tobacco heating device,THD)加热而不燃烧烟草基质以产生含尼古丁的气溶胶,包括电加热烟具及配套烟支,同时根据加热元件对烟支加热位置及方式的不同,可分为中心加热型、周向加热型及其他类型。周向加热型是将烟支置于杯状的加热元件内部进行加热,如英美烟草的周向加热型 Glo(图 4.1);中心加热型是将加热元件插入烟支中心进行加热,如菲莫国际的中心加热型卷烟 IQOS(图 4.2)。②碳加热烟草制品(carbon heated tobacco product,cHTP),即通过碳质热源加热含有烟草基质的产品以产生含尼古丁的气溶胶,如雷诺的碳加热卷烟 Eclipse,通过烟支头部填装的碳棒作为热源对烟丝进行加热。③气溶胶加热烟草制品(aerosol heated tobacco product,aHTP),即由电子液体中的气溶胶加热,而不燃烧含有烟草基质的产品以产生含尼古丁的气溶胶。HTP 和 THD 的特定组合即构成了烟草加热系统(tobacco heating system,THS)。

目前,不同机构、研究人员和制造商使用各种术语和缩写词来描述加热卷烟产品,例如,美国食品药品监督管理局(U. S. FDA)使用术语"非燃烧卷烟(non combusted cigarettes,NCC)",英美烟草公司使用术语"烟草加热产品(tobacco heating products,THP)",菲利普·莫里斯国际使用术语"烟草加热系统(tobacco heating system,THS)",英国公共卫生部和世界卫生组织使用术语"加热烟草产品(heated tobacco product,HTP)",日本烟草股份有限公司将一类通过气溶胶加热的产品称为"新型烟草蒸汽产品(novel tobacco vapor product,NTVP)"或"烟草蒸汽产品(tobacco vapor product,TVP)"。这些产品也经常被一些科学研究人员称为"加热不燃烧产品(heat-not-burn products,HnBs)",下文会涉及不同英文名称或缩写,就不进行名称统一。

加热卷烟除了在生理感受、吸食方式、心理感受等方面接近传统卷烟,相较于传统卷烟制品的优势主

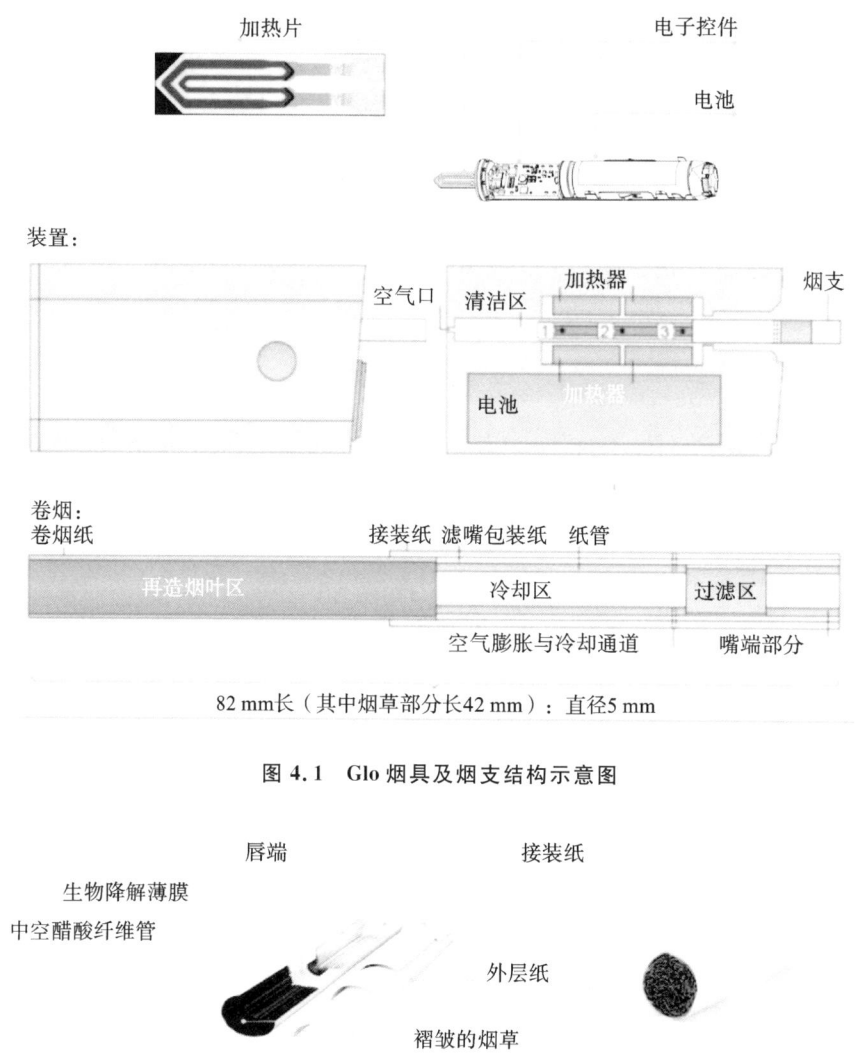

图4.1　Glo 烟具及烟支结构示意图

图4.2　IQOS 烟具及烟支结构示意图

要包括：①由于吸烟者在吸食加热卷烟时不经过燃烧，产生的有害物质减少。②对环境产生的危害相对减小。加热烟草制品抽吸过程中不会产生二手烟气，在很大程度上减少了传统烟草对环境的污染及对他人的危害，在一定程度上缓解了吸烟和公共场所禁烟的矛盾。③安全性相对提高。传统烟草燃烧的烟蒂很容易造成火灾，而加热烟草制品避免了这一隐患的存在。④加热所产生的气溶胶含烟碱及烟草主要香气成分，可在一定程度上满足消费者的生理需求。

4.1.2　加热卷烟气溶胶的形成

目前认为加热卷烟主要经过热解、蒸馏等作用形成气-汽混合物，随温度的降低产生气溶胶雾滴，水、烟碱及其他化学成分凝结到已经生成的液滴上，最终无烟雾气溶胶。对加热卷烟气溶胶的形成过程和机理已有一些研究报道。

气溶胶化学成分的产生过程可以通过生物质热解来解释。烟草加热会发生热解作用，该作用过程为气溶胶主要成分产生来源。该热解作用是在供应有限的或完全没有氧化剂的条件下，将生物质经热化学反应分解为一系列产品。高温热解反应产生的热分解产物以及烟草植物碳水化合物、脂肪酸、蜡、酚类化合物、脂质、生物碱、蛋白质、肽、氨基酸和有机物的解聚产物等会通过冷却和冷凝而形成液态冷凝物。在高于 250 ℃的温度下残留的固体看起来呈黑色,本质上既是脂肪族的又是芳香族的。加热到更高的温度会导致剩余固体的芳香族性增加,并伴随着轻质气体、芳香族化合物、多环芳烃(PAHs)以及含氧和氮的芳香族化合物和 PAHs 生成量增加。在温度高于 400 ℃且存在氧化剂(例如空气中的氧气)的情况下,残留的固相"燃料"点燃并开始燃烧,直到燃料耗尽,此热解作用过程产生的物质会存在于烟雾气溶胶中。

加热卷烟烟气气溶胶和传统卷烟气溶胶从原理上有着明显区别,2018 年 Gasparyan 等[1] 总结了传统卷烟和 HTPs 热分解随着温度的变化,如图 4.3 所示。典型的 HTPs 在 0～380 ℃之间出现的两个峰值分别在 100 ℃和 200 ℃左右,常温常压下,水的沸点在 100 ℃,丙二醇的沸点在 185 ℃,由此可以大致判断这两个峰值分别为水和丙二醇的蒸发和蒸馏。HTPs 主要气溶胶的形成途径是蒸发和蒸馏,烟草中的主要气溶胶成分优先利用热能,然后对烟草进行最初的热蒸馏[2]。

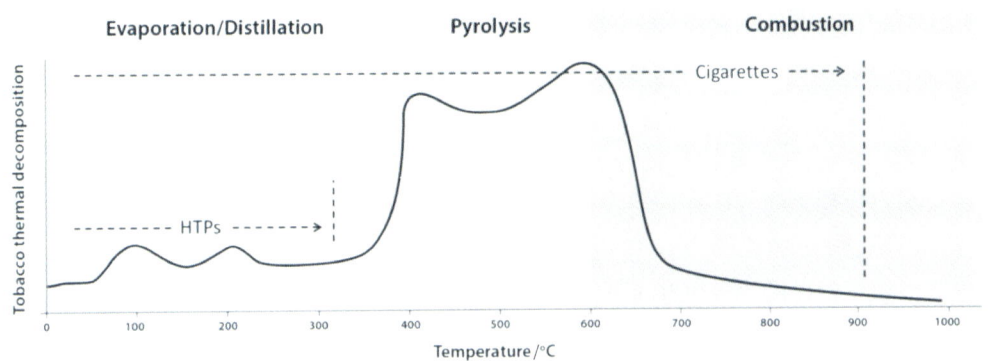

图 4.3　传统卷烟和 HTPs 热分解随着温度变化的关系[1]

图 4.4 为 HTPs 工作原理流程图,产生的气溶胶主要化学成分来自添加的雾化剂,如丙三醇可占所使用烟草材料的 15%,在抽吸过程中,由于丙三醇的吸水性质,HTPs 气溶胶中水分含量很高[3-6]。目前商业 HTPs 的最高加热温度设置在 350 ℃左右,当抽吸加热卷烟时,环境空气使烟草冷却,同时挥发性物质的蒸发导致温度下降[7],HTPs 中的烟草会经历一个显著的温度下降(50 ℃左右),这与传统卷烟燃烧时温度升高超过 200 ℃形成了鲜明对比。

采用 ISO 抽吸规程,捕集抽吸产生的气溶胶进行定量检测,含量最高的为水,主要通过蒸发释放;在 100 ℃至 200 ℃之间,烟碱和一些低沸点化合物由于蒸发转移或初始热分解而释放。烟草等生物质样品加热到高于 100 ℃的温度时,会发生许多热过程,导致形成三个主要产品馏分:气体、液体冷凝物和残余固体。在 100～300 ℃的温度范围内,烟草样品首先要经过干燥过程,在此初始阶段,烟草的脱水会随着水分的释放和挥发性有机化合物(如烟碱)的蒸发而发生。在 200～300 ℃之间,干法(温和热解)过程导致形成低水平的低分子量气体(例如 CO、CO_2 和

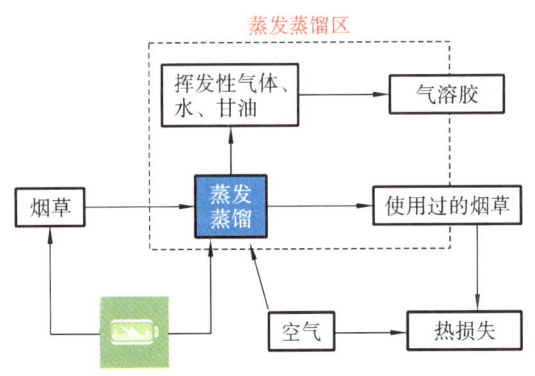

图 4.4　HTPs 工作原理流程图

NH_3)、醛、酮、低分子量烃和芳烃,烟草基质本身开始发生结构性变化。在低于 300 ℃的温度下产生的液态冷凝主要来自水以及烟草中天然存在的其他挥发性和半挥发性物质的蒸发。在更高的温度下,会发生更复杂的过程。

Cozzani 等[8] 研究了在氧化性和非氧化性氛围下 eHTP 产生的气溶胶的化学成分。气溶胶主要由水、烟碱和甘油组成,来源于再造烟草材料的蒸发,非氧化性和氧化性氛围下形成的气溶胶的主要成分以及 CO、NO 和 NO_x 的含量无显著变化。实验结果表明,电加热卷烟中的烟草材料主要经历干燥、挥发物汽化和烘焙过程,干燥和蒸发主导着低温热处理过程。在靠近加热器表面的一小部分烟草基质中发生了烘烤

（轻微热解），没有发现自燃烧现象。而且，与卷烟燃烧和高温热解所形成的烟雾气溶胶相反，eHTP烟雾是由最初存在于烟草基质中的汽化化合物（主要是甘油、水和烟碱）的冷凝而产生的。加热不燃烧卷烟产品其内部的加热过程，几乎没有燃烧发生，热源温度不同，产生的气溶胶化学和物理特性均不同。

Winkelmann等[9]模拟多种蒸气快速冷却导致气溶胶的形成，进而从理论上阐述了气溶胶的形成历程，各种化学物质气态混合物形成气溶胶的动力学可由成核、蒸发、冷凝以及聚结与气体浓度、温度和速度场的详细相互作用来表示。Nordlund等[10]使用扩展的经典成核理论对多组分气体混合物进行数值模拟，模拟结果表明，仅在主要是甘油的气雾形成剂存在下才形成气雾滴。甘油被证明是触发加热烟草制品成核过程的主要气溶胶形成剂。但当甘油、烟碱和水被视为惰性物质时，仍不会产生气雾滴，因此不会积极促进成核过程。

4.1.3　加热卷烟中的主要化学成分

与传统卷烟不同，在抽吸间歇加热卷烟的烟丝处于非燃烧状态，同时加热卷烟烟具的使用，以及其烟棒成分与传统卷烟的不同，也导致了加热卷烟气溶胶和传统卷烟烟气在成分上存在显著差异。加热卷烟基于蒸馏技术而不燃烧烟草，产生的气溶胶减少了主要的化学成分种类及释放量，主要组成包含水、甘油、烟碱以及低含量的潜在有害成分（HPHCs）[11]，但是一些特征成分例外，这些特征成分在加热卷烟气溶胶中的释放量高于传统卷烟烟气[12]。

加热卷烟气溶胶中的风险成分研究也备受关注。科学家们一直致力于建立与吸烟有关的疾病机制及其来源，并致力于研究卷烟烟气中的一些有毒化学成分。大多数与吸烟有关的疾病不是由烟碱引起的[13]，而是由吸入的烟雾中的有害成分引起的[14]。Forster等[3]、Schaller等[5]、Zenzen等[15]、Jaccard等[16]根据WHO、FDA、加拿大卫生部、烟草制品管制研究小组（TobReg）、霍夫曼提出的有害成分名单，分别对比分析了在加拿大深度抽吸模式下电加热卷烟（electrically heated cigarette，EHC）气溶胶和3R4F（和/或1R6F）参比卷烟烟气中的有害和潜在有害成分（HPHCs），其中Forster等分析了126种，Schaller等分析了58种，Zenzen等分析了44种，Jaccard等分析了44种。结果表明，相对于3R4F参比卷烟来说，EHC气溶胶中大部分HPHCs含量平均降低90%以上。郑燕婷等[17]归纳总结了加热卷烟气溶胶特征性成分，下面将分别进行介绍。

4.1.3.1　水分、焦油和烟碱

邱建华等[18]采用滤片捕集-气相色谱法（GC）测定加热卷烟气溶胶中水分含量，气溶胶中水分含量测定值为10.71～22.50 mg/支。Ghosh等[19]报道传统卷烟烟气水分释放量在0.65～1.14 mg/支之间，加热卷烟气溶胶中水分释放量在18.75～44.65 mg/支之间。李翔宇等[20]为准确测定加热卷烟气溶胶中的水分和焦油，设计并开发了吸烟机捕集器原位萃取仪，在加热卷烟抽吸后，直接进行金属捕集器内部原位萃取。在ISO抽吸模式下，原位萃取法的水分含量测定值为8.01～18.35 mg/支（4个样品），与传统的振荡萃取法相比增加15.95%～22.16%；焦油量下降1.06～3.14 mg/支，下降率为13.18%～38.04%。

4.1.3.2　雾化剂及其裂解产物

加热卷烟释烟介质受热温度较低，烟气释放量较小，为了满足消费人群的抽吸要求，通常需添加外源性雾化剂。此外，添加丙二醇和甘油还会提供类似于抽吸传统卷烟时可能感受到的"击喉感"，提高抽吸时的体验感[21]。研究表明，电加热卷烟关键物质的释放与雾化剂的质量分数有关[22]。

Uchiyama等[23]和Li等[24]发现由加热卷烟产生的大多数化合物含量比传统卷烟要少，但是甘油、丙二醇和丙酮醇等物质的含量比传统卷烟高，其中丙酮醇在加热卷烟气溶胶中含量更高的原因可能是甘油和丙二醇的热降解[25]，图4.5为甘油和丙二醇降解产生丙酮醇的过程。Murphy等[26]研究表明加热卷烟中的甘油和丙二醇分别占主流气溶胶中主要成分（包括水、烟碱、甘油、丙二醇等）的8.75%～47.19%和0.81%～19.80%，3R4F参比卷烟中的甘油和丙二醇仅分别占主流气溶胶中主要成分的4.99%和0.05%。Yu等[27]也表明加热卷烟和传统卷烟的甘油释放物含量范围分别为3.1～5.9 mg/stick和0.6～3.0 mg/

cigarette，加热卷烟和传统卷烟的丙二醇释放物含量范围分别为 0.2～0.3 mg/stick 和 0.1～0.6 mg/cigarette。Hashizume 等[28]表明常规口味的加热卷烟气溶胶中的甘油含量为 577.27 μg/puff，丙二醇含量为 40.72 μg/puff；薄荷口味的加热卷烟气溶胶中的甘油含量为 573.64 μg/puff，丙二醇含量为 46.18 μg/puff；而 1R6F 参比卷烟烟气中的甘油平均含量为 154.26 μg/puff，丙二醇平均含量为 33.26 μg/puff，由此可见不同口味的加热卷烟丙二醇和甘油含量是相近的。曹芸等[29]通过湿法造粒技术，采用热重-红外光谱联用装置和锥型量热仪等，研究了甘油与丙二醇复配比例对烟草颗粒热解和烟气释放特性的影响规律。结果显示在低温加热的环境中，与丙二醇相比，甘油具有增加烟草挥发性成分释放量的作用；提高甘油的含量有助于增加烟草颗粒的累计释烟总量；单一甘油样品裂解气相产物以二氧化碳、水、一氧化碳和羰基化合物为主。

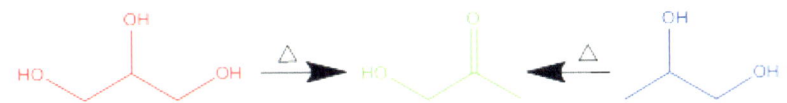

图 4.5　甘油和丙二醇降解产生特征性成分丙酮醇[16]

在加热卷烟释放物的研究中发现甘油和丙二醇在加热时会发生热裂解反应，产生甲醛、丙烯醛和缩水甘油等有害物质。彭新辉等[30]利用高效液相色谱-二极管阵列检测器（HPLC-DAD）考察了甘油热解产生甲醛和乙醛的影响条件，表明通过采用适宜的加热时间、较低的加热温度或减少酸类添加物含量等方式，可以降低甘油热解产生的甲醛和乙醛的含量。图 4.6 为甘油降解产生缩水甘油的过程[31,32]。IQOS 气溶胶中的缩水甘油在烟碱标准化后含量最多为 4.43×10^{-3} mg/mg，3R4F 参比卷烟烟气中的缩水甘油在烟碱标准化后含量为 8.84×10^{-4} mg/mg，此结果证实了加热卷烟气溶胶中的缩水甘油含量比 3R4F 参比卷烟高[33]。菲利普·莫里斯国际（Philip Morris International，PMI）向美国食品药品监督管理局（Food and Drug Administration，FDA）提交的风险弱化烟草制品（modified risk tobacco product，MRTP）申请中表明，以 3R4F 为基础的加热卷烟气溶胶中的丙二醇含量增加了 638%；以 3R4F 为基础的加热卷烟气溶胶中的缩水甘油含量增加了 224%[34]。

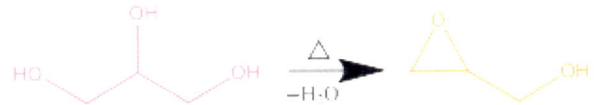

图 4.6　甘油降解产生特征性成分缩水甘油[16]

4.1.3.3　添加剂及其降解产物

添加剂是加热卷烟的重要组成部分，对其抽吸质量有着显著影响。加热卷烟气溶胶中的香味物质主要是由添加剂的直接转移得到。Jaccard 等[35]测定得到加热卷烟中薄荷醇在 HCI 抽吸模式下的转移量为 17%～40%；王紫燕等[36]研究得到电加热卷烟中凉味剂转移率为 4.68%～42.53%，凉味剂转移率随添加量的减少呈递增趋势；张丽等[37]研究得到不同加热卷烟中 1,2-丙二醇、丙三醇、烟碱和香味成分转移率范围分别为 7.7%～50.0%、2.9%～16.1%、10.6%～34.3% 和 1.5%～1290.0%。Uchiyama 等[23]发现当使用 IQOS 的"Menthol"和 Glo 的"Fresh"口味时，加热卷烟主流烟气中的薄荷醇和 2-壬烯醛含量最高分别为 2000～2700 μg/stick 和 6.5～74.0 μg/stick，传统卷烟中的薄荷醇和 2-壬烯醛含量则分别小于 0.01 μg/cigarette 和 0.50 μg/cigarette。此外，Bekki 等[38]发现 Glo 主流烟气中糠醛、2-呋喃甲醇、2(5H)-呋喃酮和 5-甲基糠醛的含量也往往高于 3R4F 参比卷烟；Forster 等人[3]发现加热卷烟释放物中的羰基化合物乙偶姻含量比 3R4F 主流烟气高 14%，甲基乙二醛含量比 3R4F 主流烟气高 0.46%。刘鸿等采用中心切割-二维气相色谱-质谱联用（MD-GC×GC/MS）检测了 90 种成分，发现加热卷烟气溶胶中的愈创木酚、麦

芽酚和香兰素释放量的比值高于传统卷烟,其中愈创木酚主要由加热卷烟烟支原料中的木质素裂解产生,麦芽酚和香兰素作为添加剂经常添加于烟草制品中;吡嗪类化合物释放量比传统卷烟高的原因可能是作为香料添加或加热卷烟原料中含有较高的烟梗等添加物;环戊酮类及糠醛等焦糖化产物的释放量同样也高于传统卷烟烟气,可能是由于两种烟草制品原料上的差异。

4.1.3.4　烟具热解物质

加热卷烟的器具在加热条件下也可产生一些有别于传统卷烟的有害成分。Davis 等[39]研究发现 IQOS 的薄塑料片在使用过程中会熔化,并释放出甲醛氰醇。Kim 等[40]发现加热卷烟装置的热量可以传递到烟棒滤嘴,可能导致甲醛、丙烯醛和丙酮等有害物质的产生,其中丙酮仅在加热滤嘴产生的气溶胶中检测到。McGrath 等[41]和 Uguna 等[42]的研究表明连续加热加热卷烟设备上沉积的焦油,可能导致多环芳烃(PAHs)和其他 HPHCs 的浓度高于一次性使用。同时,Jankowski 等人[43]表明与全新设备上进行的化学成分研究相比,在抽吸过的设备上检测到的有害成分释放量可能会更高。

4.1.3.5　其他化学成分

多环芳烃是不完全燃烧的典型产物,Auer 等人[44]发现加热卷烟比传统卷烟释放出更高水平的苊,大约是传统卷烟的 3 倍。加热卷烟释放物中的芘和苯并[a]蒽可能是在蒸馏过程中产生的[43],并且加热卷烟样品中的芘和苯并[a]蒽的含量比传统卷烟高,芘在加热卷烟中的含量大概是传统卷烟中的 2.3 倍,苯并[a]蒽在加热卷烟中的含量是传统卷烟中的 1.6 倍左右[4]。Elias 等[45]发现 IQOS 释放物中的 4-氨基联苯的含量是 3R4F 参比卷烟的 2.4 倍。

Ola 等[46]研究表明抽吸参数对苯酚和羰基化合物的释放有显著影响,在更多的抽吸口数、更长的抽吸持续时间、更大的抽吸容量下,会释放更高水平的有害成分。通过比较不同抽吸方式下的数据发现,苯酚和羰基化合物释放趋势不同,这两种化合物在 IQOS 中的释放量有时高于传统卷烟。

4.1.4　不同种类加热卷烟气溶胶中化学成分比较

4.1.4.1　不同种类加热卷烟气溶胶中主要化学成分比较

目前,有系列文章对典型的加热卷烟(如 Eclipse、Accord、THS 等)气溶胶的化学成分进行分析。

(1)碳加热卷烟气溶胶化学成分

目前,碳加热卷烟产品主要有 Premier、Eclipse 和 REVO,但对 REVO 卷烟的研究相对较少。DeBethizy 等[47-50]考察了在联邦贸易委员会(Federal Trade Commission,FTC)标准抽吸模式下碳加热型卷烟 Premier 及参考烟 1R4F 主流烟气总粒相物(TPM)、焦油(tar)、水、烟碱、甘油和有害成分 HPHCs 的释放,结果见表 4.1。由表可知:Premier 气溶胶主要由水、甘油和丙二醇组成。与 1R4F 主流烟气相比,Premier 气溶胶中大部分烟气成分降低了 90% 以上,烟碱降低了 58.6%,烟草特有亚硝胺降低了 93%～98%;酚类化合物降低了 83%～99%;其他成分也降低了许多,如氰化氢 99.2%,氮氧化物 97.1%,乙醛 94.9%,苯 93.5%,甲苯 95.7%,苯乙烯 93.1%。Premier 气溶胶中甲醛含量和 1R4F 主流烟气较为接近,水和甘油含量显著高于 1R4F,分别为 1R4F 的 406.4% 和 373.7%。

Brown 等[51-53]在 FTC 标准抽吸模式下使用剑桥滤片捕集碳加热卷烟 Eclipse 气溶胶及 1R4F 主流烟气 TPM,并对 TPM 中 tar、烟碱、甘油、水和 HPHCs 进行化学成分分析,结果见表 4.1。由表可知:与 1R4F 主流烟气相比,Eclipse 气溶胶中烟碱降低了 76.2%,而甘油和水的比例显著增加,分别为 146.5% 和 37.1%。与 1R4F 主流烟气相比,Eclipse 气溶胶中挥发性成分降低了 85.4%～97.5%;烟草特有亚硝胺降低了 82.1%～87.8%;酚类化合物降低了 97.3%～99.0%;其他成分也明显降低,如一氧化碳 33.2%,氢氰酸 96.1%,氮氧化物 86.9%,氨 71.2%,BaP88.6%。

表 4.1　碳加热卷烟气溶胶中化学成分[47-53]

分析物	1R4F	Premier	Eclipse	Change/(%)a	Change/(%)b
主要成分/(mg/cig)					
烟碱	0.80	0.33	0.19	−58.6	−76.2
甘油	0.99	3.70	2.44	273.7	146.5
丙二醇		0.20			
水	1.26	5.10	1.72	306.4	37.1
CO	11.23	10.60	7.50	−5.6	−33.2
无机化合物/(μg/cig)					
HCN	132.00	1.10	5.10	−99.2	−96.1
NOr	266.33	7.60	35.00	−97.1	−86.9
NH3	19.07	4.60	5.50	−75.9	−71.2
醛酮类化合物/(μg/cig)					
甲醛	14.27	13.50	1.20	−5.4	−91.6
乙醛	656.67	33.50	70.00	−94.9	−89.3
丙烯醛	73.00	18.00	20.00	−75.3	−72.6
丙酮	272.00		22.00		−91.9
挥发性成分/(μg/cig)					
苯	42.8	2.80	6.20	−93.5	−85.5
甲苯	66.40	2.85	6.80	−95.7	−89.8
丙烯腈	8.93	ND	1.30		−85.4
1,3-丁二烯	35.00		1.60		−95.4
异戊二烯	353.00		9.00		−97.5
多环芳烃化合物/(ng/cig)					
BaP	5.27	0.08	0.60	−98.5	−88.6
烟草特有亚硝胺/(ng/cig)					
NNN	90.00	5.40	11.00	−94.0	−87.8
NNK	78.33	1.80	14.00	−97.7	−82.1
NAT	108.33	7.60	15.00	−93.0	−86.2
NAB	18.00	0.85		−95.3	
酚类化合物/(μg/cig)					
苯酚	8.23	0.19	0.10	−97.8	−98.8
邻甲苯酚	1.80				
间甲苯酚	3.77	0.05		−98.7	
对甲苯酚	4.10	0.10	0.10	−97.6	−97.3
邻苯二酚	40.33	1.10	0.40	−97.3	−99.0
对苯二酚	38.00	0.80	0.70	−97.9	−98.2
间苯二酚	3.00	0.50		−83.3	

续表

分析物	1R4F	Premier	Eclipse	Change/(%)[a]	Change/(%)[b]
半挥发性成分/(μg/cig)					
吡啶	2.10	0.41		−80.5	
喹啉	226.00	102.00	ND	−54.9	
苯乙烯	2.10	0.15		−93.1	

注：1.气溶胶通过 FTC 抽吸方案得到。

2.[a] 为(Premier−1R4F)÷1R4F×100%；[b] 为(Eclipse−1R4F)÷1R4F×100%。

3. NAB：N-nitrosoanabasine。NAT：N-nitrosoanatabine。NNK：4-(N-nitrosomethylamino)-1-(3-pyridyl)-1-butanone。NNN：N-nitrosonornicotine。

4. ND：未检测到该物质。

（2）电加热卷烟气溶胶化学成分

电加热卷烟(electrically heated cigarette smoking system,EHCSS)最早由菲莫烟草公司研发推出,以 Accord、Heatbar 和 IQOS 为代表。

Roethig 等[54,55]分析了在 FTC 标准抽吸模式下 Accord 气溶胶和万宝路(Marlboro Lights)卷烟主流烟气中焦油、烟碱和一氧化碳的释放量。结果表明:Marlboro Lights 烟气中含 11 mg 焦油、0.8 mg 烟碱、12 mg 一氧化碳;而 Accord 相应地为 3 mg 焦油、0.2 mg 烟碱、0.7 mg 一氧化碳。Stabbert 等[56]在国际标准组织 ISO 3308 标准抽吸模式下得到 Accord 气溶胶和 1R4F 主流烟气,并对其中 69 种烟气成分(脂肪烃类、醛类、脂肪族含氮化合物、芳香胺、卤素化合物、无机化合物、单环芳烃、烟草特有亚硝胺、酚类、多元氮杂环芳烃、多环芳烃化合物及金属和非金属元素)进行化学分析。由表 4.2 可知,在 Accord 和 1R4F 中,大部分烟气成分存在较大差异,其中 Accord 气溶胶中甲醛含量比 1R4F 高 1.4 倍。与 1R4F 相比,Accord 气溶胶中 41 种成分含量比 1R4F 平均低 80%,其中芳香胺、氰化氢、镉、苯酚、甲酚、单环芳烃和多环芳烃含量降低 95% 以上;砷和气相成分丙烯腈、1,3-丁二烯、一氧化碳和氮氧化物降低 90%～95%;二羟基酚类化合物、异戊二烯和烟草特有亚硝胺含量降低 80%～90%;醛类(甲醛除外)、烟碱和焦油释放量降低 70%～80%。Werley 等[57]对在 ISO 3402 标准抽吸模式下得到的 EHCSS-K 气溶胶及参考烟 2R4F 主流烟气进行化学成分分析,结果见表 4.2。由表可知:与 2R4F 相比,EHCSS-K 气溶胶中焦油和烟碱含量减少 60% 以上;一氧化碳、氮氧化物、1,3-丁二烯、异戊二烯、丙烯腈、多环芳烃、氰化氢、芳香胺、烟草特有亚硝胺和苯酚至少降低 90%。另外,其他的 HPHCs 也同样降低了,如:苯 99%、甲苯 98%、苯酚 98%、邻苯二酚 88%、镉 98% 和砷 73%。Schaller 等[5]和 Gonzalez-Suarez 等[58]分析了在加拿大深度抽吸模式下电加热型卷烟 THS2.2 气溶胶和参考烟 3R4F 主流烟气的化学成分。由表 4.2 可知:与 3R4F 主流烟气相比,IQOS 气溶胶中大多数 HPHCs 降低超过 90%,如:无机化合物(CO、氰化氢、氮氧化物)96%～99%,醛酮类化合物(甲醛、丙烯醛、丁醛、巴豆醛、甲基乙基酮)90%～96%,挥发性成分降低 98% 以上,烟草特有亚硝胺(NNK、NNN、NAT、NAB)93%～97%,酚类化合物(除邻苯二酚外)91%～99%,BaP90%,苯乙烯 97%,芳香胺 99%,铅 90%,镉 99%。

表 4.2　电加热卷烟气溶胶中化学成分[5,54-58]

分析物	1R4F[a]	2R4F[a]	3R4F[b]	Accord[a]	EHCSS-K[a]	THS2.2R[b]	THS2.2RM[b]
主要成分/(mg/cig)							
TPM	11.44	12.7	49	3.85	5.86	48.20	43.50
tar	9.47	10.2		2.36	3.1		
烟碱	0.96	0.93	1.89	0.26	0.31	1.32	1.21
甘油	0.85		2.42	0.62		4.63	3.94
水	1.01	1.52	15.8	1.23	2.45	36.50	29.70
CO	11.10	14.10	32.8	0.66	0.47	0.53	0.59

分析物	1R4F[a]	2R4F[a]	3R4F[b]	Accord[a]	EHCSS-K[a]	THS2.2R[b]	THS2.2RM[b]
无机化合物/(μg/cig)							
HCN	99.30	117.00	493	3.07	5.17	4.81	5.14
NO$_x$	351.00	307.00	537	26.5	26.8	17.30	12.6
NH$_3$	4.97		39.3	1.5		14.2	13.8
醛酮类化合物/(μg/cig)							
甲醛	17.00	18.00	56.5	40.60	12.90	5.53	4.55
乙醛	852.00	682.00	1555	187.00	179.00	219.00	205.00
丙烯醛	74.70	66.60	154	18.40	27.30	11.30	9.15
丙酮			125			14.50	13.90
丙醛	64.8	59.20	88.4	12.5	8.90	26.10	26.70
丁醛			68.8			4.14	3.24
巴豆醛			736			40.70	39.40
甲基乙基酮			187			7.18	6.93
挥发性成分/(μg/cig)							
苯	50.60	52.80	97.60	1.10	0.36	0.65	0.64
甲苯	83.10	85.20	188.00	4.15	1.48	2.59	2.39
丙烯腈	11.60	16.20	31.90	0.83	0.44	0.26	0.22
1,3-丁二烯	50.70	32.40	63.80	3.07	2.15	0.29	0.27
异戊二烯	387.00	432.00	798.00	62.70	34.30	2.35	2.11
多环芳烃化合物/(ng/cig)							
BaP	6.94	8.43	14.20	<0.27	<0.19	<1	1.29
烟草特有亚硝胺/(ng/cig)							
NNN	134.00	154.00	309.00[b]	24.00	19.8	17.20	13.70
NNK	103.00	131.00	266.00	15.00	6.18	6.70	5.90
NAT	141.00		318.00	25.00		20.50	19.70
NAB	22.00		33.70	3.00		<3.15	<3.15
酚类化合物/(μg/cig)							
苯酚	11.80	8.11	13.60	0.49	0.18	1.16	1.60
邻甲苯酚	3.63		4.47	0.07		0.07	0.10
间甲苯酚	2.70		3.03	0.07		0.03	0.03
对甲苯酚	6.65		9.17	0.15		0.07	0.08
邻苯二酚	40.60	45.70	91.40	6.25	5.49	16.30	17.10
对苯二酚	43.90		93.10	4.37		8.10	8.98
间苯二酚	0.76		1.85	0.08		0.04	0.05

续表

分析物	1R4F[a]	2R4F[a]	3R4F[b]	Accord[a]	EHCSS-K[a]	THS2.2R[b]	THS2.2RM[b]
半挥发性成分/(μg/cig)							
吡啶			36.10			7.54	7.21
喹啉			0.51			<0.012	<0.012
苯乙烯			24.50			0.61	0.56
芳香胺/(μg/cig)							
1-氨基萘			20.8			0.08	0.09
2-氨基萘	6.04	7.28	11	0.05	0.123	0.05	<0.035
3-氨基联苯			3.77			<0.032	0.03
4-氨基联苯	1.32	1.41	3.26	<0.113	0.058	<0.051	<0.051
金属和非金属元素/(ng/cig)							
铅 Pb	32.00	13.50	37.00	<0.7	<1.25	<3.35	<3.35
铬 Cr	<1	<1.25	<0.55	<0.3	<0.625	<0.55	<0.55
镍 Ni	<2	<2.5	<0.55	<0.7	<1.25	<0.55	<0.55
汞 Hg			4.8			1.17	1.34
砷 As	5.27	2.92	8.15	0.35	0.792	<1.13	<1.13
镉 Cd	31.50	38.3	161	0.61	0.7	<0.350	<0.350
硒 Se			1.62			<0.55	<0.78

注:1. [a] 代表 ISO 抽吸模式,[b] 代表加拿大深度抽吸模式。

2. THS2.2R:THS2.2 的常规烟支(不含薄荷醇)。THS2.2RM:THS2.2 含有薄荷醇的常规烟支。

4.1.4.2　不同种类加热卷烟气溶胶中香气成分比较

(1) 香气成分 GC-MS/MS 分析方法

5 个品牌市售加热卷烟共 28 种:K 品牌淡薄荷味、原味、香草薄荷味、新鲜薄荷味、柠檬薄荷味、李子薄荷味共 6 个口味烟支,编号为 K1～K6;F 品牌薄荷味(含酸奶味爆珠)、烟草/浆果味(含柠檬味爆珠)、薄荷/桃子味(含哈密瓜味爆珠)、薄荷/橙味(含西柚味爆珠)、薄荷/热带水果味共 5 个口味烟支,编号为 F1～F5;W 品牌浓原味、淡薄荷味、浓薄荷味、坚果味、蓝莓味、淡原味、青柠味共 7 个口味烟支,编号为 W1～W7;H 品牌原味、薄荷味、琥珀味、葡萄味、朗姆酒味、抹茶味共 6 个口味烟支,编号为 H1～H6;M 品牌原味、淡薄荷味、提拉米苏味、葡萄甜橙味共 4 个口味烟支,编号为 M1～M4。采用各自配套的烟具进行加热,其中 K 品牌烟支为周向加热方式,F 品牌、W 品牌、H 品牌、M 品牌烟支为中心加热方式。

采用直线型吸烟机按照加拿大深度抽吸模式(HCI)抽吸加热卷烟,抽吸口数均固定为 8 口,共抽吸 3 支烟,采用 44 mm 剑桥滤片捕集加热卷烟气溶胶;采用串接于剑桥滤片之后的打孔吸收瓶捕集气相部分,吸收瓶中装有 20 mL 内标的二氯甲烷萃取溶液,置于异丙醇-干冰混合物的冷阱中。将捕集有气溶胶的剑桥滤片加入 15 mL 含内标的二氯甲烷萃取溶液,室温下超声萃取 30 min;取出捕集有气溶胶气相物的捕集液,进行 GC-MS/MS 测定。

选择 DB-5MS 弹性石英毛细管色谱柱(60 m×0.25 mm×0.25 μm)。进样口温度:280 ℃。载气:氦气(≥99.999%)。恒流模式,流速 1 mL/min。进样量:1 μL。分流模式:多级分流模式,0 到 1 min 分流比为10:1,1 min 到 5 min 分流比为 100:1,5 min 后分流比为 20:1。升温程序:初始温度 50 ℃,保持 2 min,

以 5 ℃/min 升温到 250 ℃,保持 10 min。电离方式:电子轰击源(EI)。电离能:70 eV。离子源温度:250 ℃。传输线温度:280 ℃。CID 碰撞气:氩气(≥99.999％)。溶剂延迟:5.5 min。扫描方式:MRM 多监测扫描模式。质谱参数见表 4.3。

方法评价结果见表 4.3,112 种香气物质具有良好的线性关系($R^2>0.99$),回收率范围为 75.2％～128.0％,RSD($n=5$)小于 8.9％,方法的定量限在 0.005～0.160 mg/L,表明本方法检测结果稳定可靠,能满足加热卷烟气溶胶中香气物质的检测需求。

表 4.3　目标物的质谱参数和定量限

化合物	定量离子对(m/z)	碰撞能量/eV	定量限/(mg/L)	化合物	定量离子对(m/z)	碰撞能量/eV	定量限/(mg/L)
3-羟基-2-丁酮	88.1/45.0	10/10	0.011	左旋香芹酮	108.1/92.9	12/25	0.019
异丁酸乙酯	71.1/43.0	10/10	0.015	乙酸苯乙酯	104.0/78.0	15/30	0.007
乙酸异丁酯	73.0/43.0	5/3	0.014	γ-辛内酯	85.0/57.0	7/5	0.009
丁酸乙酯	88.1/61.0	10/15	0.020	茴香醛	135.1/77.0	5/5	0.033
2-甲基四氢呋喃-3-酮	100.1/72.0	5/5	0.012	4-乙基愈创木酚	137.1/121.9	5/5	0.014
乳酸乙酯	75.1/45.0	15/19	0.025	反式-肉桂醛	131.1/103.0	5/15	0.027
2-甲基吡嗪	94.1/67.0	7/10	0.019	N,2,3-三甲基-2-异丙基丁酰胺(WS-23)	129.2/114.1	5/5	0.007
糠醛	95.1/67.1	5/7	0.042	L-乙酸薄荷酯	95.1/67.1	5/7	0.027
糠醇	98.1/70.0	7/10	0.091	4-乙烯基愈创木酚	91.1/65.0	17/14	0.092
异戊酸乙酯	88.1/60.0	15/15	0.013	乙酸香茅基酯	123.1/81.1	5/10	0.012
α-当归内酯	98.1/55.0	7/8	0.008	烟碱	162.0/84.0	5/22	0.070
乙酸异戊酯	70.2/55.1	5/15	0.018	丁香酚	164.0/148.9	15/18	0.037
2,6-二甲基吡啶	107.1/92.0	20/10	0.010	4-甲氧基苯乙酮	135.0/77.0	15/13	0.013
4-环戊烯-1,3-二酮	96.1/68.0	5/5	0.016	茄尼酮	93.1/77.0	10/10	0.096
戊酸乙酯	85.1/57.0	12/17	0.016	γ-戊基丁内酯	85.1/57.0	16/16	0.008
3-乙基吡啶	92.1/65.0	12/24	0.012	肉桂酸甲酯	131.1/103.0	10/10	0.009
5-甲基糠醛	110.1/53.0	20/7	0.019	癸酸乙酯	88.1/60.0	5/5	0.016
苯甲醛	105.0/77.0	5/5	0.014	二氢香豆素	148.1/120.0	10/10	0.007
6-甲基-5-庚烯-2-酮	108.2/93.0	10/7	0.014	降烟碱	118.9/92.0	17/25	0.008
正己酸乙酯	88.1/60.1	7/3	0.008	甲位突厥酮	69.1/41.2	5/5	0.013
2,3,5-三甲基吡嗪	122.1/81.0	12/5	0.009	甲基丁香酚	178.1/163.0	7/13	0.016
乙酸己酯	84.2/55.1	9/12	0.050	香兰素	151.2/123.0	24/26	0.010
甲基环戊烯醇酮	112.1/84.0	5/7	0.065	β-大马酮	177.2/121.0	5/5	0.008
R-(＋)-柠檬烯	93.2/76.9	14/5	0.011	α-紫罗兰酮	121.1/93.0	15/5	0.020
苯甲醇	79.1/51.1	15/5	0.029	麦斯明	117.9/78.0	12/7	0.007
苯乙醛	120.0/90.9	12/5	0.019	β-石竹烯	91.1/65.0	19/16	0.031
水杨醛	65.1/39.1	10/5	0.013	二氢-β-紫罗兰酮	121.1/93.0	5/5	0.007
4-羟基-2,5-二甲基-3(2H)-呋喃酮	128.0/85.0	8/7	0.028	香叶基丙酮	69.1/41.2	5/20	0.020
γ-己内酯	85.1/57.0	20/15	0.035	异丁香酚	164.1/120.6	10/5	0.049

续表

化合物	定量离子对(m/z)	碰撞能量/eV	定量限/(mg/L)	化合物	定量离子对(m/z)	碰撞能量/eV	定量限/(mg/L)
2-乙酰基吡咯	109.1/94.0	12/10	0.005	乙基香兰素	137.0/109.0	10/15	0.013
苯乙酮	105.1/77.0	10/15	0.007	紫苏葶	68.1/53.0	10/5	0.015
愈创木酚	109.0/81.0	10/5	0.005	新烟碱	104.9/78.0	12/5	0.043
δ-己内酯	70.1/42.1	5/7	0.019	γ-癸内酯	85.1/57.0	7/8	0.010
苯甲酸甲酯	105.0/77.0	10/15	0.008	肉桂酸乙酯	131/103.0	13/15	0.019
芳樟醇	93.1/77.0	15/8	0.012	乳酸薄荷酯	83.2/55.1	5/10	0.020
氧化异佛尔酮	83.1/55.0	8/8	0.037	β-紫罗兰酮	177.1/162.0	15/25	0.018
壬醛	98.1/56.0	7/3	0.040	δ-癸内酯	99.0/71.0	7/10	0.009
异戊酸异戊酯	85.1/57.0	10/7	0.016	2,4-二叔丁基苯酚	191.2/57.0	13/11	0.005
乙酸庚酯	70.1/55.1	5/5	0.020	甲基紫罗兰酮	93.0/77.0	13/5	0.016
麦芽酚	126.0/71.0	16/8	0.065	二氢猕猴桃内酯	111.1/43.0	10/5	0.009
苯甲醛二甲缩醛	121.1/91.0	10/15	0.020	2,3′-联吡啶	156.0/130.0	17/15	0.014
苯乙醇	122/92	8/25	0.011	覆盆子酮	107.1/77.0	5/5	0.018
异佛尔酮	138.1/82.0	8/15	0.010	橙花叔醇	69.1/41.2	5/10	0.020
3,5,5-三甲基环己烷-1,2-二酮	70.1/55.0	5/7	0.039	γ-十一内酯	85.0/57.0	7/10	0.012
γ-庚内酯	85.0/57.0	5/10	0.007	十二酸乙酯	88.1/60.1	5/5	0.005
薄荷酮	112.1/97.0	5/5	0.015	N-乙基-对薄荷基-3-甲酰胺(WS-3)	87.1/72.0	5/5	0.015
乙酸苄酯	107.9/79.1	5/5	0.008	δ-十一内酯	99.0/71.0	7/9	0.005
L-薄荷醇	95.2/67.1	10/12	0.015	γ-十二内酯	85.1/57.0	11/9	0.009
丁酸己酯	89.1/71.1	5/5	0.008	可替宁	176.0/97.9	10/7	0.013
4-甲基愈创木酚	123.1/95.0	5/10	0.019	苯甲酸苯甲酯	105.0/77.0	15/14	0.016
乙基麦芽酚	140.1/71.0	16/14	0.078	金合欢基丙酮	69.2/41.0	7/8	0.019
α-松油醇	93.1/77.0	15/10	0.019	棕榈酸甲酯	74.1/43.1	10/5	0.012
5-羟甲基糠醛	126.0/97.0	5/10	0.160	棕榈酸乙酯	88.1/60.0	7/5	0.010
香茅醇	138.1/95.0	12/8	0.020	肉桂酸苄酯	131.1/103.0	7/8	0.041
β-环柠檬醛	137.1/109.0	5/5	0.008	萘	128.0/101.9	22/16	/
苯乙酸乙酯	91.0/65.0	20/18	0.007	喹啉	129.0/102.0	17/15	/
香叶醇	123.0/81.0	15/12	0.010	正十七烷	71.0/43.0	10/10	/
乙酸芳樟酯	107.0/91.0	9/9	0.009				

(2) 不同加热卷烟气溶胶中香味成分检出总量比较

5 个品牌共 28 种加热卷烟气溶胶中香味成分检测结果见图 4.7,不同品牌间、同品牌不同口味间香味成分均有明显差异。热化学分析结果表明,加热卷烟气溶胶中的化学成分主要来自芯材及添加剂中化学成分的热解和挥发,烟碱和香味成分在挥发性成分析出阶段大量形成[59],因此芯材和添加剂的类型、加热温度均是导致不同加热卷烟气溶胶中香味成分差异的因素。

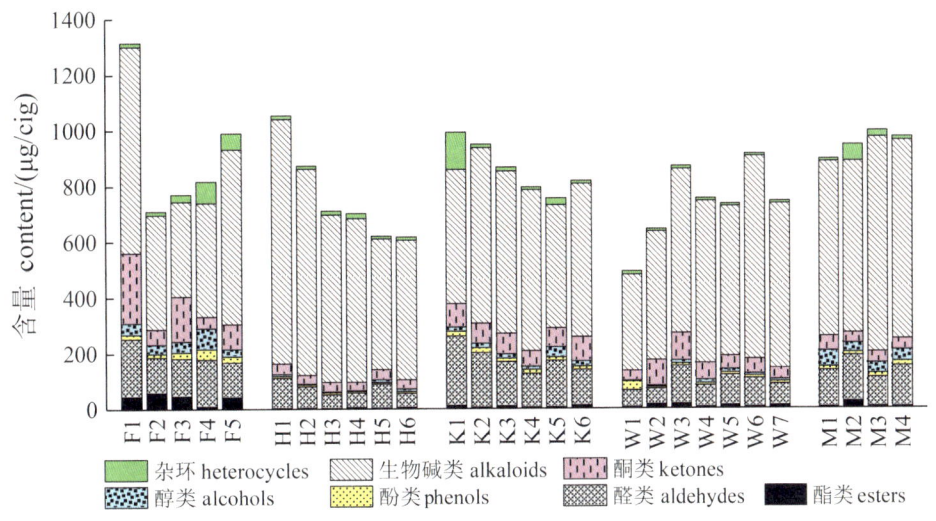

图 4.7　不同加热卷烟气溶胶中香气成分检测结果比较

注:图中醇类成分中未包含 L-薄荷醇

（3）不同加热卷烟气溶胶中酯类成分比较

从表 4.4 中可以看出,所有样品气溶胶中均检出的主要低级脂肪酸为乙酸己酯、乙酸异丁酯,高级脂肪酸为棕榈酸甲酯、棕榈酸乙酯,内酯为 α-当归内酯、γ-癸内酯等。由于大部分酯类成分具有芳香性气味,不同品牌、口味样品气溶胶中的差异显著的酯类可能来源于添加的香精,以提供果香、酒香和花香等。如 F 品牌主要为果味型,其气溶胶中检出了含量较高的酯类成分:F1～F3 中检出 11.00～26.85 μg/cig 的乙酸己酯,F1、F2、F4 和 F5 中检出 2.86～10.92 μg/cig 的正己酸乙酯,F2、F3 和 F5 中检出 2.56～4.09 μg/cig 的癸酸乙酯,F1～F3 中检出 1.35～2.50 μg/cig 的乙酸异戊酯,均可带来水果香气。F3 中检出 8.23 μg/cig 的 γ-癸内酯,是桃子香气的来源;F1 中检出 21.59 μg/cig 的 L-乙酸薄荷酯,能提供柔和的薄荷和玫瑰香气;F5 中检出 4.26 μg/cig 的苯甲酸甲酯,具有冬青油和尤南迦油香气;F5 中检出 12.81 μg/cig 的乳酸乙酯,具有酒香气味;F2 中检出 6.22 μg/cig 的肉桂酸甲酯,具有可可香气味。其他品牌加热卷烟气溶胶中,M2 中检出 3.56 μg/cig 的十二酸乙酯,H4、H6、W5 和 W7 中检出乙酸香茅基酯。

表 4.4　不同品牌加热卷烟气溶胶中酯类物质检测结果(μg/cig)*

化合物名称	F 牌(5 个)	H 牌(6 个)	K 牌(6 个)	W 牌(7 个)	M 牌(4 个)
乙酸己酯	0.67～26.85	0.18～0.48	0.67～0.90	0.28～1.79	0.35～0.58
乙酸异丁酯	0.75～2.05	0.25～0.31	0.39～0.58	0.33～0.69	0.44～0.54
α-当归内酯	0.49～1.00	0.29～0.35	0.53～0.72	0.27～0.65	0.36～0.50
棕榈酸甲酯	0.69～0.79	0.50～0.72	0.48～0.88	0.72～1.27	0.64～0.87
棕榈酸乙酯	0.30～0.53	0.38～0.65	0.22～0.24	0.30～1.68	0.57～14.06
乙酸芳樟酯	0.27～3.30	0.10～1.31	0.24～1.36	0.17～1.78	0.12～0.58
丁酸乙酯	0.19～0.60	0.12～0.13	0.12～0.13	0.12～0.14	0.14～0.16
γ-癸内酯	0.10～8.23	0.10～0.46	0.11～0.13	0.10～0.21	0.11～0.16
二氢猕猴桃内酯	0.07～0.08	0.07～0.08	0.10～0.16	0.08～0.11	0.08～0.10
L-乙酸薄荷酯	0.64～21.59	0.70～1.30(3)	0.53～6.84	0.47～9.63	0.49～2.76
正己酸乙酯	0.79～10.92	0.10～0.20(3)	0.12～0.14(3)	0.46(1)	0.11～0.14
苯甲酸甲酯	0.10～4.26	0.06～0.07(3)	0.07～0.37(3)	0.07～0.08	0.17～0.95(3)
γ-庚内酯	0.13～0.20	0.08～0.09(3)	0.09～0.12	0.14～0.22	0.10～0.14

续表

化合物名称	F 牌（5 个）	H 牌（6 个）	K 牌（6 个）	W 牌（7 个）	M 牌（4 个）
乳酸乙酯	0.24～12.81(4)	0.20(1)	ND	0.18～0.21	0.22～0.25
癸酸乙酯	0.17～4.09	0.32(1)	0.15(1)	ND	0.13～0.76
戊酸乙酯	0.06～0.09(4)	0.05(1)	0.05～0.06	0.06(1)	ND
肉桂酸甲酯	6.22(1)	ND	0.09～0.12	0.09(1)	0.14～0.16(2)
乙酸异戊酯	0.10～2.50	0.10(1)	ND	0.13(1)	ND
十二酸乙酯	ND	0.10～0.11(3)	0.14～0.89	0.11～0.12	0.38～3.56(3)
δ-己内酯	ND	0.12～0.15	0.13～0.23	0.13～0.21	0.20～0.29
乙酸苄酯	ND	0.21～0.39(3)	0.13(1)	0.10～0.84	0.12～0.14(2)
乙酸香茅基酯	ND	0.50～0.51(2)	ND	0.57～0.66(2)	ND
异戊酸乙酯	0.15～0.25(3)	ND	ND	0.12～0.13	ND

注：* 括号中数字代表检出该物质的样品个数，没有括号标识的代表该物质在全部样品中均检出；ND 表示未检出（下同）。

（4）不同加热卷烟气溶胶中酮类成分比较

羰基是致香基团，具有不饱和结构的羰基化合物都具有优美的香气，是烟气中主要致香成分，从表 4.5 中可以看出所有样品气溶胶中检出的主要酮类为茄尼酮、3-羟基-2-丁酮，以及呋喃酮和环戊烯酮。呋喃酮和环戊烯酮是半纤维素的热裂解产物，其含量高低受原料类型和温度等影响，但 F2、F3 和 F5 中 4-羟基-2，5-二甲基-3(2H)-呋喃酮显著高于其他样品，F、K 和 M 品牌中甲基环戊烯醇酮高于其他品牌，可能是为增香而添加。不同样品中差异显著的酮类成分还有：F3、K3 和 K6 中检出 14.93～22.78 μg/cig 的左旋香芹酮，是留兰香味的来源；F 中检出 2.14 μg/cig 的苯乙酮，具有愉快的芳香气味；F2 和 W5 中检出的 β-紫罗兰酮高于其他样品，为 1.01～1.13 μg/cig，可提供木香和紫罗兰香气；在 F 品牌、H 品牌和 W4 中检出 β-大马酮，可提供强烈的玫瑰花香。

表 4.5　不同品牌加热卷烟气溶胶中酮类物质检测结果（μg/cig）

化合物名称	F 牌（5 个）	H 牌（6 个）	K 牌（6 个）	W 牌（7 个）	M 牌（4 个）
茄尼酮	10.03～16.98	17.72～21.92	17.11～30.05	14.95～37.86	10.67～19.70
4-羟基-2,5-二甲基-3(2H)-呋喃酮	7.69～71.07	5.42～6.94	6.46～11.6	5.67～6.96	7.24～10.11
4-环戊烯-1,3 二酮	8.87～16.4	2.05～3.09	13.07～18.32	2.31～6.93	10.07～13.71
甲基环戊烯醇酮	2.47～14.13	0.66～1.24	0.83～5.55	0.91～1.99	3.07～4.43
3-羟基-2-丁酮	5.86～12.66	2.78～4.14	5.95～9.06	2.85～5.99	1.54～2.62
左旋香芹酮	0.11～21.45	0.10～0.14(2)	0.26～22.78	0.11～2.22(6)	0.44～0.46(2)
2-甲基四氢呋喃-3-酮	0.32～0.52	0.20～0.27	0.32～0.42	0.20～0.39	0.20～0.25
6-甲基-5-庚烯-2-酮	0.13～0.19	0.12～0.18	0.11～0.32	0.13～0.26	0.12～0.16
薄荷酮	0.89～174.95	0.12～1.59	0.14～21.38	0.14～57.9	0.24～2.36
苯乙酮	0.10～2.14	0.06～0.07	0.08～0.09	0.08～0.12	0.11～0.50
香叶基丙酮	0.37～0.74	0.39～0.46	0.44～0.68	0.42～0.77	0.36～0.43
β-紫罗兰酮	0.13～1.13	0.13～0.57	0.13～0.14	0.13～1.01(4)	0.13～0.15
异佛尔酮	0.09～0.13	0.09	0.10～0.11	0.09～0.11	0.08～0.09
β-大马酮	0.88～1.42	0.65～1.15	ND	0.70(1)	ND
二氢香豆素	0.07(1)	ND	ND	ND	0.07～0.38(3)

（5）不同加热卷烟气溶胶中醛类成分比较

糠醛类是糖类的低温裂解产物[60]，苯甲醛和苯乙醛是苯丙氨酸的代谢产物[61]，从表 4.6 可以看出在所有样品中均检出高含量的 5-羟甲基糠醛、糠醛、5-甲基糠醛和苯乙醛。不同品牌、口味样品气溶胶中差异显著的醛类成分主要有：F2、F4、K4、M3 中检出 1.06～13.02 μg/cig 的香兰素，F3、F4、K1、K3 和 K6 中检出 1.72～4.36 μg/cig 的乙基香兰素，是增加香荚兰豆和奶香香气的主要成分；F3 中检出 6.02 μg/cig 的苯甲醛；F 品牌中均检出低含量的对茴香醛。

表 4.6　不同品牌加热卷烟气溶胶中醛类物质检测结果（μg/cig）

化合物名称	F 牌（5 个）	H 牌（6 个）	K 牌（6 个）	W 牌（7 个）	M 牌（4 个）
5-羟甲基糠醛	99.93～170.91	38.15～95.17	80.64～195.93	41.42～114.75	65.71～132.19
糠醛	9.92～15.23	5.43～6.54	15.86～19.24	5.37～10.14	7.73～10.10
5-甲基糠醛	9.26～18.14	2.73～4.38	18.34～24.72	3.50～8.41	12.78～20.06
香兰素	0.19～4.22	0.17～0.29	0.20～1.06	0.17～0.23	0.21～13.02
苯乙醛	0.93～1.79	0.48～0.66	2.15～3.32	0.63～1.10	1.68～2.39
水杨醛	0.43～0.70	0.25～0.31	0.84～1.29	0.3～0.48	0.69～0.97
苯甲醛	0.35～6.02	0.21～0.36	0.25～0.31	0.24～0.80	0.31～0.52
乙基香兰素	1.82～4.36(2)	0.29(1)	0.49～3.98	0.39～0.54(2)	0.17～0.91(2)
β-环柠檬醛	ND	0.09～0.10	0.10～0.13	0.11～0.12	ND
对茴香醛	0.22～0.27	ND	ND	ND	ND

（6）不同加热卷烟气溶胶中酚类、醇类和烯类成分比较

从表 4.7 可以看出所有样品气溶胶中均检出的主要酚类为 2,4-二叔丁基苯酚、麦芽酚和愈创木酚，主要醇类为 L-薄荷醇、糠醇、芳樟醇、苯甲醇，主要烯类为 β-石竹烯、R-（＋）-柠檬烯。不同品牌、口味样品气溶胶中差异性酚类成分包括：M 品牌中麦芽酚含量高于其他品牌，F3～F5 中检出 8.86～28.58 μg/cig 的乙基麦芽酚，可提供焦糖香味；F3 中检出 5.25 μg/cig 的 4-乙基愈创木酚，具木香。不同样品中主要差异性醇类成分为：F、K 和 M 品牌中糠醇高于其他品牌；F2、F5 和 K5 中检出 11.81～21.64 μg/cig 的芳樟醇，具有铃兰香气；F4 中检出 47.00 μg/cig 的苯甲醇，F3、F4 中检出 1.74～1.96 μg/cig 的苯乙醇，具有花样香气；F3、K3 和 K7 中检出 5.24～10.00 μg/cig 的香叶醇，是玫瑰香气的来源；部分样品中 α-松油醇含量也较高，可提供松针香气；薄荷口味样品中 L-薄荷醇含量高于 458.40 μg/cig。此外 F4 和 F5 中检出 44.27～64.75 μg/cig 的 R-（＋）-柠檬烯，可提供愉快的新鲜橙子香气。

表 4.7　不同品牌加热卷烟气溶胶中酚类、醇类和烯类物质检测结果（μg/cig）

化合物名称	F 牌（5 个）	H 牌（6 个）	K 牌（6 个）	W 牌（7 个）	M 牌（4 个）
2,4-二叔丁基苯酚	5.19～6.49	3.54～4.58	7.42～9.29	4.12～26.35	2.30～6.43
香叶醇	0.09～10.00	0.08～1.19	0.14～8.02	0.10～1.61	0.25～0.59(2)
麦芽酚	1.63～3.77	1.23～1.51	1.94～3.96	1.37～1.76	5.64～8.38
愈创木酚	0.98～3.66	0.16～1.60	0.56～2.35	0.24～2.90	0.94～2.52
丁香酚	0.38～0.48	0.47～0.55	0.36～0.42	0.37～0.53	0.39～0.46
乙基麦芽酚	1.36～28.58	ND	1.13～1.19(3)	ND	1.12～1.16(2)
4-乙基愈创木酚	0.45～5.25(2)	0.54(1)	0.41～0.88(4)	0.63(1)	0.47(1)
L-薄荷醇	1835.28～3543.84	0.28～1140.73	16.12～1837.42	0.89～4456.23	39.05～2405.81
糠醇	11.28～34.65	1.27～2.29	8.39～14.74	1.48～4.83	29.49～46.51

续表

化合物名称	F牌(5个)	H牌(6个)	K牌(6个)	W牌(7个)	M牌(4个)
芳樟醇	1.20～18.70	0.14～0.98	0.14～21.64	0.15～1.33	0.15～3.74
苯甲醇	0.27～47.00	0.13～6.73	0.65～1.50	0.20～7.91	0.49～9.98
苯乙醇	0.18～1.96	0.12～0.21	0.17～0.28	0.11～0.40	0.22～0.63
α-松油醇	1.87～4.91	0.11～1.41	0.23～1.42(4)	0.29～1.76(6)	0.15～0.89(2)
β-石竹烯	9.46～13.92	9.66～17.27	7.21～22.35	6.43～11.22	5.39～16.29
R-(＋)-柠檬烯	0.33～64.75	0.25～0.84	0.85～2.12	0.25～1.56	0.25～3.84

（7）不同加热卷烟气溶胶中含氮成分比较

烟碱是加热卷烟气溶胶中主要的挥发碱,从表4.8可以看出所有样品中均检测到高含量烟碱,烟碱是抽吸满足感的主要来源。吡啶、吡咯、吡嗪类衍生物来源于非酶棕化产物,所有样品中均检出2-甲基吡嗪、2-乙酰基吡咯和2,3,5-三甲基吡嗪,它们是烤香、甜香等的重要来源,其中M3中的2,3,5-三甲基吡嗪,以及F1、F3中的3-乙基吡啶明显高于其他样品。紫苏葶是一种甜味剂,在部分样品中有检出;WS-23和WS-3为凉味剂,M2中检出含量为51.69 μg/cig的WS-23,在K1中检出123.19 μg/cig的WS-3。

表4.8　不同品牌加热卷烟气溶胶中含氮物质检测结果(μg/cig)

化合物名称	F牌(5个)	H牌(6个)	K牌(6个)	W牌(7个)	M牌(4个)
烟碱	338.67～737.71	465.73～875.44	439.79～627.18	344.32～722.55	614.8～767.47
麦斯明	0.41～0.70	0.36～0.52	0.49～0.92	0.50～1.12	0.51～0.80
可替宁	0.51～1.43	1.02～2.11	0.38～0.86	0.50～5.95	0.50～0.83
降烟碱	ND	ND	ND	ND	0.10(1)
2,3'-联吡啶	0.31～0.43	0.26～0.32	0.40～0.68	0.26～0.48	0.33～0.39
2-甲基吡嗪	0.39～0.88	0.32～0.44	0.36～0.62	0.33～0.73	0.34～0.51
2-乙酰基吡咯	0.21～0.55	0.12～0.14	0.24～0.70	0.13～0.21	0.53～0.72
2,3,5-三甲基吡嗪	0.07～0.09	0.07～0.09	0.08～0.10	0.08～0.09	0.08～1.58
2,6-二甲基吡啶	0.07～0.09	0.07	ND	0.07～0.08	0.07～0.08
3-乙基吡啶	0.55～0.60(2)	ND	ND	ND	ND
紫苏葶	0.21～0.66(3)	0.15～0.16(2)	ND	0.22(1)	ND
N,2,3-三甲基-2-异丙基丁酰胺(WS-23)	0.15～0.19	0.13～0.15	0.21～0.23	0.11～0.21	0.19～51.69
N-乙基-对薄荷基-3-甲酰胺(WS-3)	ND	ND	0.13～123.19	ND	3.50(1)

（8）不同品牌同口味加热卷烟气溶胶中香气成分比较

选取不同品牌原味加热卷烟产品(H1、K2、W1、W6和M1),比较并识别了不同品牌同口味样品气溶胶中主要差异香气成分,其中均检出但含量差异较大(5个样品中含量的变异系数大于50%)的香气成分见表4.9,这些成分可能是提供不同类型烟草原味的关键成分。部分或个别样品中检出的香气成分为乙基香兰素、乙基麦芽酚、4-乙基愈创木酚、α-松油醇、香叶醇、β-大马酮、左旋香芹酮、β-紫罗兰酮、二氢香豆素、2,6-二甲基吡啶、WS-3及多种酯类成分,这些成分可能是用于丰富烟草原味的特异性香气成分。

表 4.9 原味加热卷烟气溶胶中主要差异香气成分(μg/cig)

类别	化合物	H1(原味)	K2(原味)	W1(浓原味)	W6(淡原味)	M1(原味)	变异系数/(%)
酯类	乙酸己酯	0.43	0.82	1.79	0.40	0.35	80.2
	γ-癸内酯	0.46	0.11	0.17	0.10	0.11	81.8
	乙酸芳樟酯	0.10	0.29	0.77	1.00	0.12	89.4
醛类	5-甲基糠醛	4.38	22.42	3.50	7.99	15.86	74.9
	苯乙醛	0.66	2.77	0.63	1.08	2.39	66.8
	水杨醛	0.31	1.06	0.30	0.46	0.97	59.4
	β-环柠檬醛	0.10	0.11	0.09	0.11	0.00	56.5
酚类	2,4-二叔丁基苯酚	4.43	8.42	26.35	5.96	2.30	102.0
	愈创木酚	0.28	2.35	2.90	0.42	1.92	74.7
	麦芽酚	1.51	3.88	1.37	1.76	8.38	88.1
醇类	糠醇	2.29	14.74	1.67	4.63	46.51	135.6
	芳樟醇	0.45	0.18	0.27	0.81	0.21	67.9
	苯甲醇	3.40	1.50	0.20	0.40	9.98	130.9
	L-薄荷醇	1.44	16.58	0.89	74.30	89.39	115.5
酮类	3-羟基-2-丁酮	3.58	8.11	2.85	4.76	2.62	51.3
	4-环戊烯-1,3 二酮	3.09	15.41	2.31	5.80	13.71	75.7
	甲基环戊烯醇酮	1.24	5.55	0.95	1.49	4.43	77.1
	薄荷酮	0.12	0.77	0.14	0.84	0.56	70.4
氮杂环类	2-乙酰基吡咯	0.14	0.70	0.13	0.18	0.72	82.7
烯类	R-(+)-柠檬烯	0.37	1.56	0.25	0.31	0.66	86.4

4.1.4.3 不同种类加热卷烟气溶胶气相物和粒相物 pH 比较

测定了不同品牌、同一品牌不同口味加热卷烟气溶胶粒相物和气相物的 pH 值,结果见表 4.10 和图 4.8。可以看出,所有加热卷烟烟气粒相物和气相物均呈酸性(pH<7.0),不同品牌、同一品牌不同口味之间差异较小,气相物和粒相物 pH 值的差异也较小(差值<0.5)。其中 FIIT 系列由于滤嘴中含有爆珠,可能受外加成分的影响,不同口味加热卷烟气溶胶的 pH 值差异相对较大,如 FIIT4 样品气相物中 pH 值最低为 5.81。

表 4.10 不同品牌加热卷烟样品气溶胶气相物和粒相物 pH 统计表

样品	气相物				粒相物			
	最大值	最小值	极差	平均值	最大值	最小值	极差	平均值
MB 系列	6.82	6.09	0.74	6.48	6.91	6.20	0.72	6.51
HEETS 系列	6.61	6.34	0.27	6.46	6.61	6.20	0.41	6.35
FIIT 系列	6.83	5.81	1.02	6.39	6.78	5.99	0.79	6.36
KENT 系列	6.79	6.37	0.42	6.54	6.88	6.20	0.69	6.62
MC 系列	6.59	6.32	0.27	6.47	6.61	5.92	0.69	6.17
KZ 系列	6.58	6.58	0.00	6.58	6.87	6.87	0.00	6.87

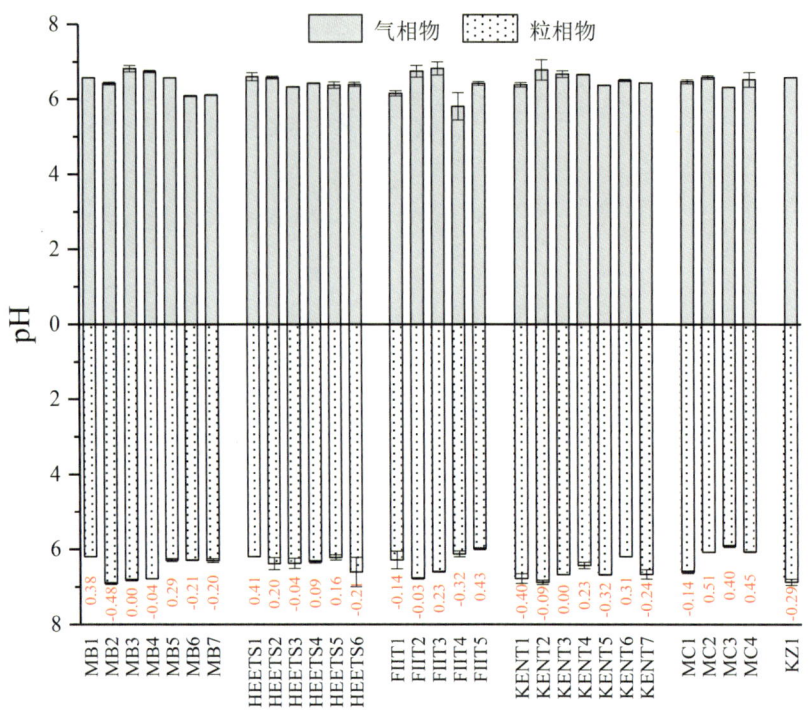

图 4.8 不同加热卷烟样品气溶胶气相物和粒相物 pH 比较图

注:柱状图下方值为气相物和粒相物 pH 的差值

4.2 加热卷烟气溶胶物理特性

由于不同加热卷烟的配方结构和加热方式等不同,所产生的烟气气溶胶的理化性质存在差异。气溶胶的物理特性,如粒数浓度、体积浓度、粒径分布等是卷烟烟气的重要表征参数,能够反映卷烟烟雾量及其释放稳定性等质量指标。加热卷烟气溶胶在粒数及粒径分布上与传统卷烟和电子烟烟气的差异,决定了其感官特性的不同,以及在人体呼吸道内沉降截留率也可能存在差异。目前已有一些报道开展了加热卷烟烟气气溶胶粒径和浓度分布研究,由于仪器原理和测定条件的不同,粒径测定值存在差异。Protano 等[62]使用 TSI 快速移动颗粒粒度仪测量 IQOS 加热产品的气溶胶颗粒特征,峰浓度低于 4.7×10^4 个/cm^3。Forster 等[3]使用 DMS500 电动迁移率分析仪对 THP1.0 进行气溶胶物理表征,气溶胶颗粒空气动力学直径与传统卷烟类似,在 $150 \sim 250$ nm 之间,总粒子数为 $5.26 \times 10^{10} \pm 1.77 \times 10^{10}$。

目前,市场上的电加热卷烟产品在加热方式、加热升温条件和加热卷烟烟支设计等方面均存在差异,其各自气溶胶的理化特性也存在较大的差异。基于 SCS-DMS 的气溶胶表征方法,对市场上主流的电加热卷烟产品的总释放气溶胶和逐口释放气溶胶的粒数浓度、粒径分布(粒数中值粒径)和体积浓度等进行了比较。

4.2.1 不同种类加热卷烟的粒径分布

样品涉及国内外 5 个品牌共 20 个电加热卷烟产品:品牌 1 的样品口味分别是浓原味、浓薄荷味、坚果味、淡原味,样品编号为 1-1、1-2、1-3、1-4;品牌 2 的样品口味分别是原味、薄荷味、朗姆酒味、抹茶味,样品编号为 2-1、2-2、2-3、2-4;品牌 3 的样品口味分别是薄荷味(含爆珠)、烟草/浆果味(含爆珠)、薄荷/桃子味(含爆珠)、薄荷/热带水果口味,样品编号为 3-1、3-2、3-3、3-4;品牌 4 的样品口味分别是淡薄荷味、原味、新鲜薄荷味、李子薄荷味，样品编号为 4-1、4-2、4-3、4-4；品牌 5 的样品口味分别是原味、淡薄荷味、提拉米苏味、葡萄甜橙味，样品编号为 5-1、5-2、5-3、5-4。各烟支样品均采用各自配套的加热器具进行加热，其中品牌 4 配套加热器具为周向加热方式，品牌 1、2、3、5 配套加热器具为中心加热方式。采用 SCS-DMS500 系统，按照 HCI 抽吸模式，设置 DMS500 的采样流量为 25.0 L/min，二级稀释比为 200∶1。

相同品牌电加热卷烟样品在芯材配方、辅材设计和加热条件等方面较为一致，所产生的气溶胶在物理特性上较为相似。图 4.9 为 5 个品牌各一款电加热卷烟样品逐口气溶胶的粒径分布图。结果显示，电加热卷烟气溶胶的粒径主要分布在 10～200 nm 范围内，最大粒数浓度集中于 20～100 nm 范围内；不同电加热卷烟的气溶胶呈现出不同的粒径分布轮廓，样品 1-1、2-1、5-1 气溶胶的粒径分布轮廓较为接近，均为单峰分布趋势，呈现出粒数浓度对粒径的近似正态分布，最高粒数浓度所对应的粒径在 40～50 nm 范围内；样品 3-1 气溶胶的粒径分布轮廓展宽较宽，部分抽吸口的气溶胶呈一定的双峰分布趋势；样品 4-1 气溶胶的粒径分布轮廓展宽较宽，除第一抽吸口外，所有抽吸口的气溶胶粒径分布均为双峰分布趋势。分析认为，烟芯材料在加热过程中多种成分受热释放，并处于饱和蒸汽状态，当抽吸卷烟时，烟芯材料的温度降低，饱和蒸汽的成分经历分子凝聚成核、冷凝增长等作用形成气溶胶，气溶胶的形成过程与饱和蒸汽的成分组成相关，蒸汽成分的沸点关系到成核的速度和最终的粒径，通常对于均匀饱和蒸汽体系，分子会经过均相成核过程形成单峰粒径分布的气溶胶。气溶胶双峰粒径分布的 4-1 样品，其烟草基质段为无序烟丝结构；而同样出现双峰分布趋势的 3-1 样品，其烟草基质段为宽度较小的薄片，其碎屑和无序程度明显高于其他样品。分析认为 4-1 和 3-1 样品的小粒径段气溶胶可能来自其烟丝或无序薄片的表面固体纳米颗粒，其在加热过程中进出并在抽吸气流的载带下引出，与后续形成的气溶胶形成了双峰粒径分布的气溶胶[63,64]。

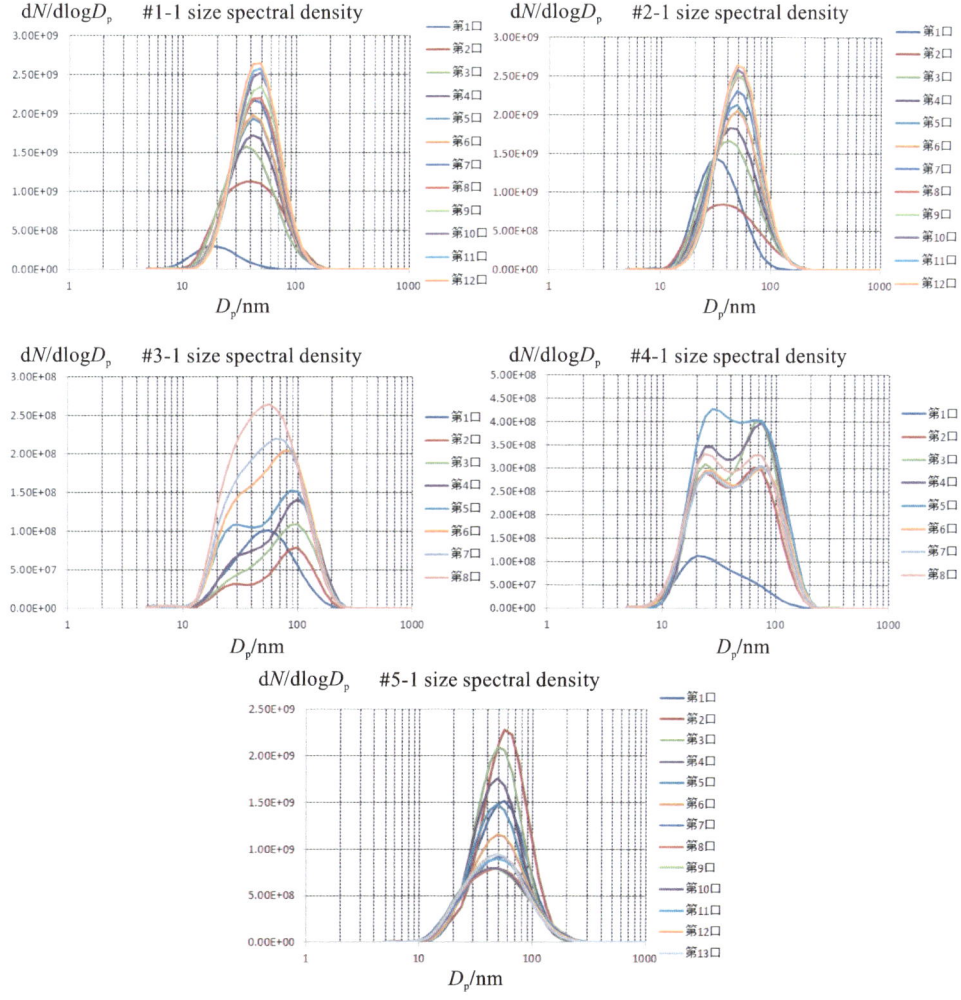

图 4.9 电加热卷烟样品气溶胶的粒径分布

4.2.2 电加热卷烟总释放气溶胶的粒数浓度、粒数中值粒径和烟雾量比较

将 5 个品牌电加热卷烟样品的气溶胶粒数浓度、粒数中值粒径和体积浓度进行对比分析。如图 4.10 所示,在粒数浓度和体积浓度方面,整体上同一品牌样品的气溶胶较为接近,不同品牌样品的气溶胶表现出明显的差异;所考察样品的粒数浓度在 $8.41 \times 10^8 \sim 1.10 \times 10^{10}$ 个/cm³ 范围内,体积浓度在 $3.93 \times 10^4 \sim 1.78 \times 10^5 \ \mu m^3/cm^3$ 范围内,品牌 3 和品牌 4 电加热卷烟气溶胶的粒数浓度和体积浓度要远低于其他品牌。粒数中值粒径方面,品牌 3 样品气溶胶粒数中值粒径普遍较大,其中样品 3-3 的气溶胶具有最大的粒数中值粒径,达到 75 nm,这可能与该品牌样品特有的吸嘴内置爆珠设计有关,当加热区形成的气溶胶经过吸嘴时,容易充分地与爆珠释放成分相结合,使气溶胶的粒径增大。其余样品的粒数中值粒径主要在 30~50 nm 范围内,均远低于传统卷烟烟气粒数中值粒径(180 nm)。其与传统卷烟烟气粒径的差异主要来自气溶胶形成过程的差异,卷烟燃烧锥的温度较高,可达 900 ℃[65],烟丝燃烧过程中会有高沸点成分释放,而高沸点成分在冷凝过程中有利于大粒径气溶胶的形成;电加热卷烟在加热条件下,烟草基质受热释放成分的沸点普遍较低,从而使形成气溶胶的粒径较小。此外,不同品牌样品气溶胶粒径的差异不大,主要是因为电加热卷烟气溶胶形成的机理和过程基本相同,烟草基质在加热条件下整体释放的成分也较为相似,饱和蒸汽状态下气体分子在抽吸降温过程中,经历了分子凝聚成簇、成核、冷凝增长等过程形成气溶胶,其相似的气溶胶组成使气溶胶的粒径较为接近。

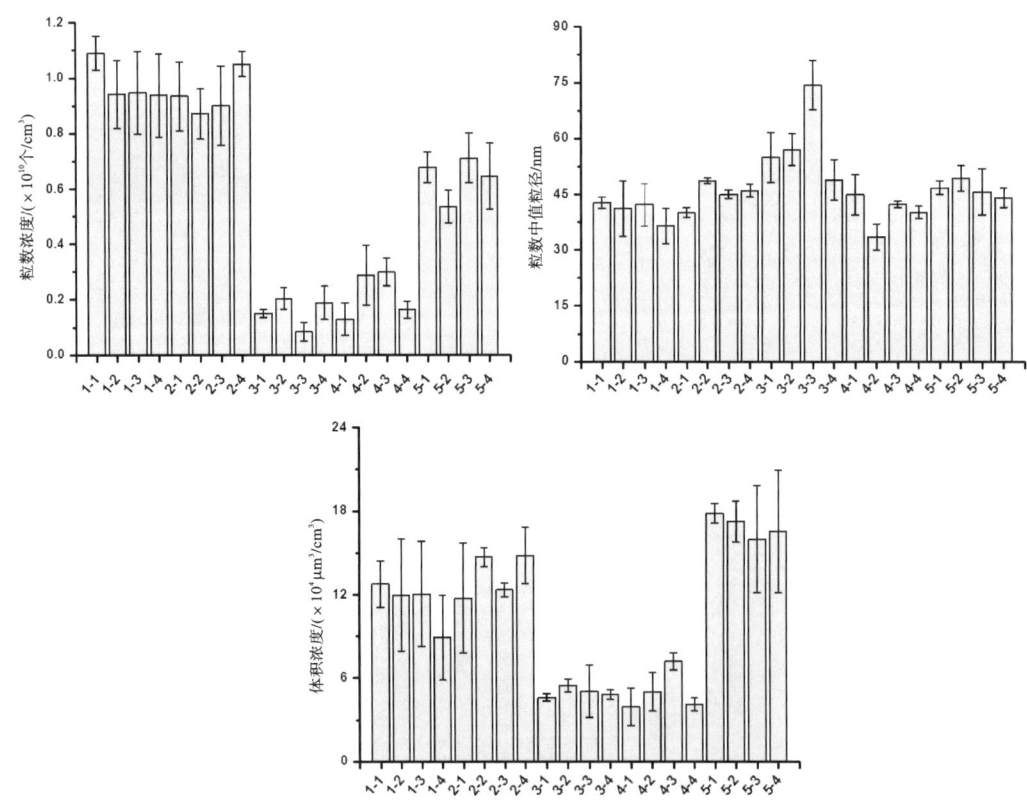

图 4.10 电加热卷烟样品气溶胶的粒数浓度、粒数中值粒径和体积浓度

4.2.3 加热卷烟气溶胶粒径分布随抽吸口序的变化

电加热卷烟样品逐口释放气溶胶的粒数浓度、粒数中值粒径和体积浓度如图 4.11~图 4.13 所示。在粒数浓度和体积浓度方面,整体上所有样品的逐口气溶胶均随抽吸口数发生变化,即表现出一定的不稳定

性。其中,品牌 1、2、3 样品的粒数浓度和体积浓度呈现逐口上升趋势,而品牌 4 样品和品牌 5 样品的粒数浓度和体积浓度整体上呈现先上升后下降趋势,但变化比例有明显差异。粒数中值粒径方面,品牌 1、2 样品呈现逐口增加趋势,而品牌 3、4、5 样品整体上呈现先增加后降低的趋势。传统卷烟逐口抽吸过程中,每次抽吸过程所燃烧的烟丝相似,从而使逐口烟气在成分组成上基本一致,逐口烟气的粒数浓度和体积浓度主要与烟丝过滤有关[66,67];而电加热卷烟的烟草基质通常在连续加热条件下释放气溶胶成分,各种成分由于热物性的差异往往具有不同的最佳释放区间,因此,电加热卷烟逐口释放成分的差异导致了逐口气溶胶物理特性的不同[68]。品牌 1、2、3 样品气溶胶粒数浓度和体积浓度的逐口上升趋势可能与其加热器具的升温曲线和烟草基质中成分的受热释放行为有关。根据报道[69],品牌 1 和品牌 2 电加热卷烟的加热器具在加热过程中存在两个主要的阶段:一是卷烟预加热阶段,该阶段加热片的温度迅速上升至 250 ℃;二是卷烟抽吸阶段,该阶段加热片温度呈现出缓慢上升的趋势,由 250 ℃ 逐渐升高至 310 ℃。该过程中,随着加热的持续进行,加热腔内的温度逐渐升高,使烟草基质中的挥发性、半挥发性成分及雾化剂开始释放,且随着温度的升高,各成分的释放量逐渐升高,导致粒数浓度呈现上升趋势。此外,加热温度的升高可能导致高沸点化合物的释放,从而有利于形成粒径较大的气溶胶,使逐口释放气溶胶的粒数中值粒径呈现一定的升高趋势。品牌 4 样品粒数浓度和体积浓度在逐口中间段较高的趋势主要与其周向加热方式有关,周向加热是由外周向内部加热,对烟草基质的加热效率较高,容易使烟草成分集中在加热的中段释放,从而使加热后段所形成的气溶胶相对较少。品牌 5 样品粒数浓度和体积浓度的逐口降低趋势可能与其雾化剂的添加有关,当雾化剂在前几口逐渐释放时,可能使后续几口气溶胶的量逐渐减少。

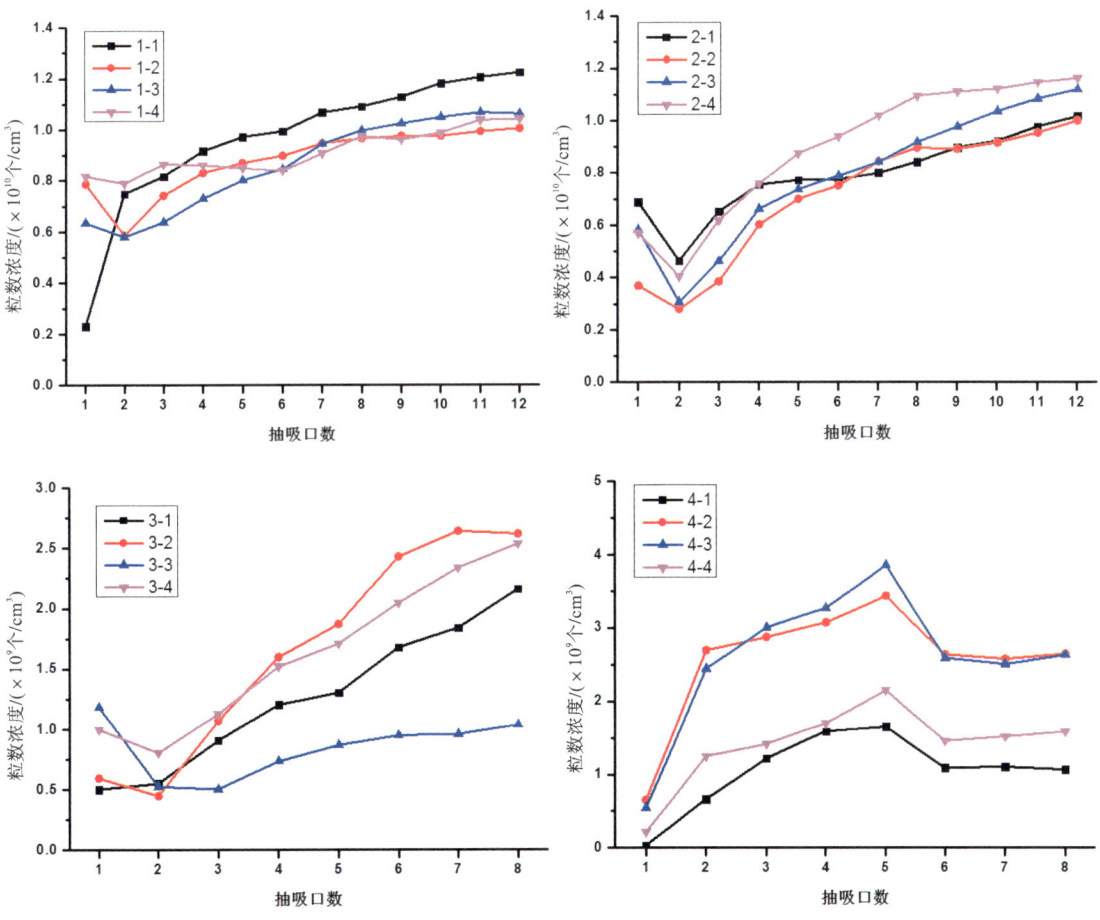

图 4.11　电加热卷烟样品逐口气溶胶的粒数浓度

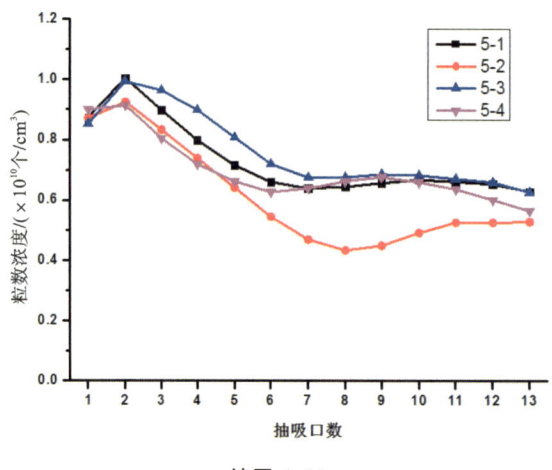

续图 4.11

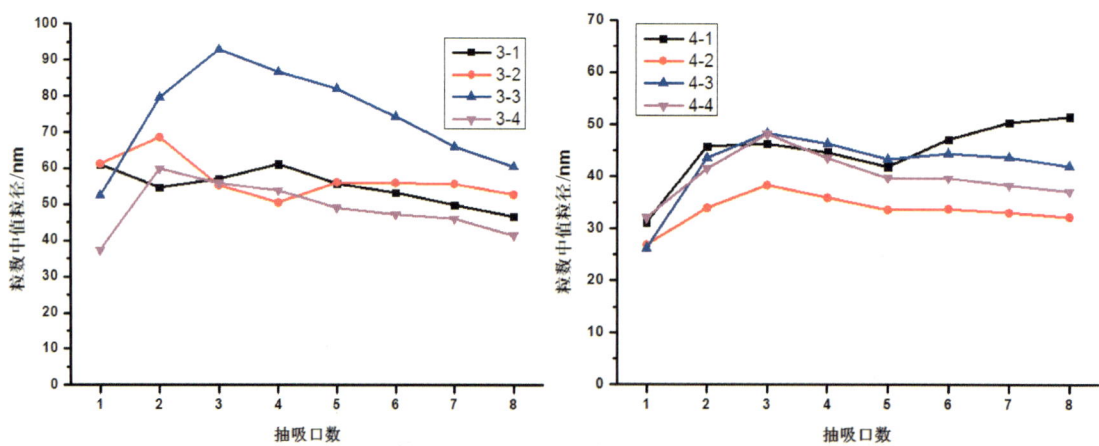

图 4.12　电加热卷烟样品逐口气溶胶的粒数中值粒径

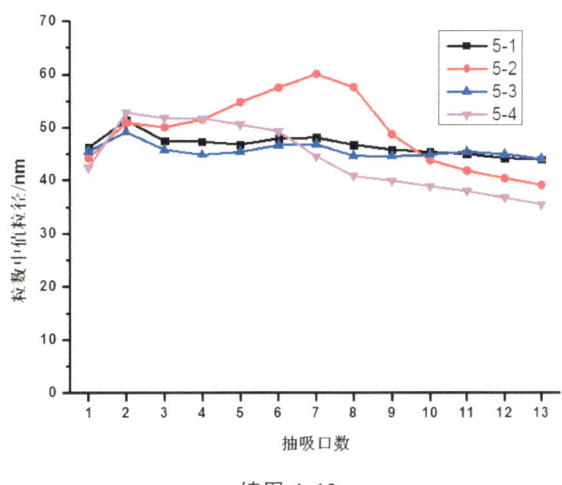

续图 4.12

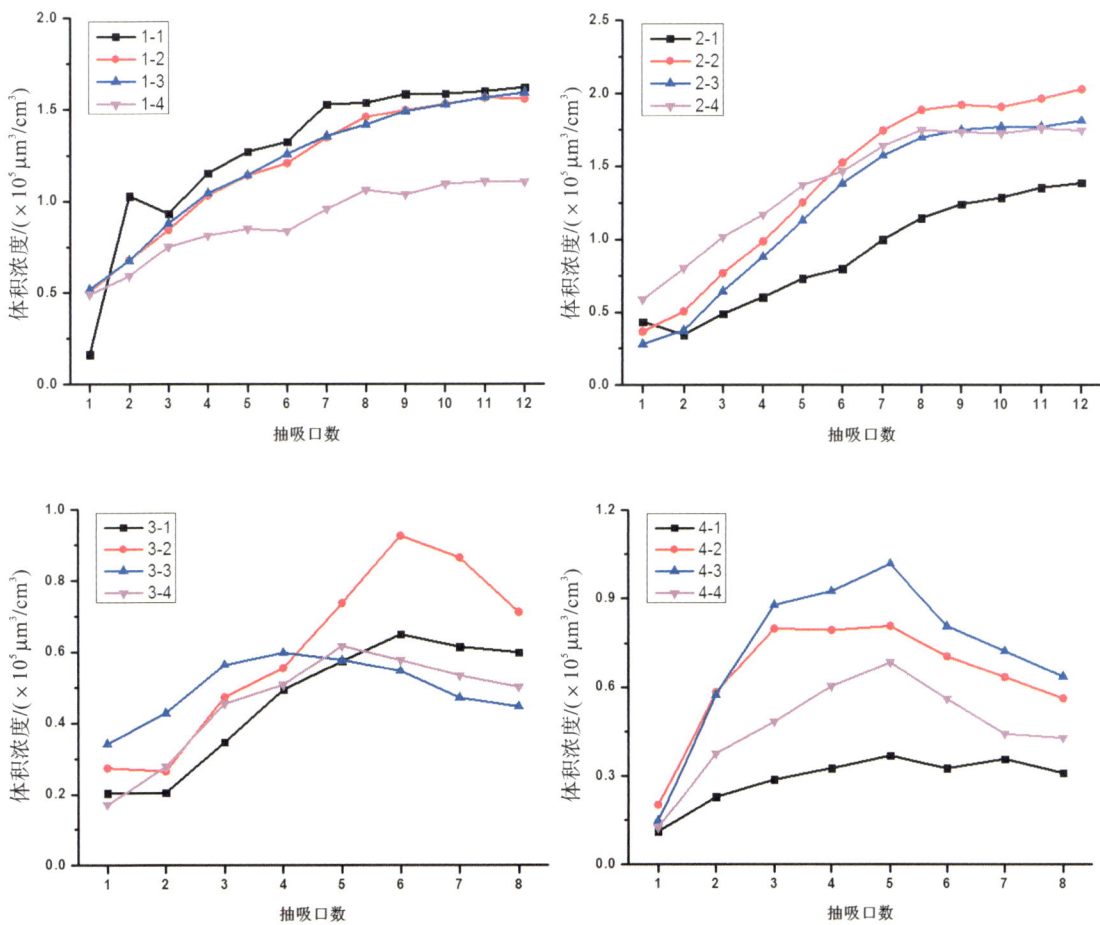

图 4.13 电加热卷烟样品逐口气溶胶的体积浓度

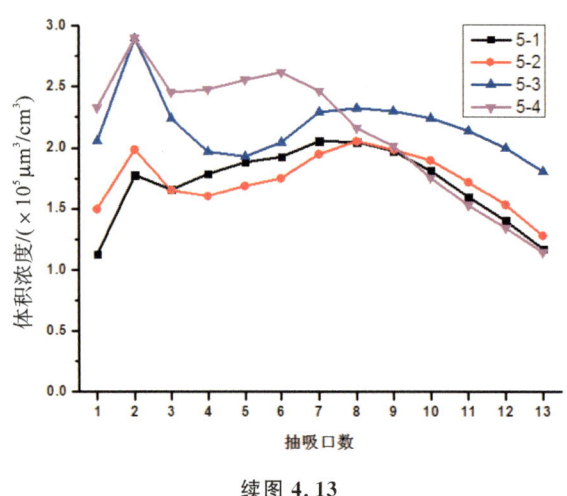

续图 4.13

4.2.4 代表性加热卷烟气溶胶温度比较

所研究样品滤嘴段均采用了三元结构,采用热电偶法测定了不同品牌、同一品牌不同口味加热卷烟第二元结构(即降温段或中空段 2)前、后及滤嘴出口逐口温度,以比较不同样品降温段(或中空段 2)、滤嘴棒的降温效果,结果见图 4.14 和表 4.11。可以看出:

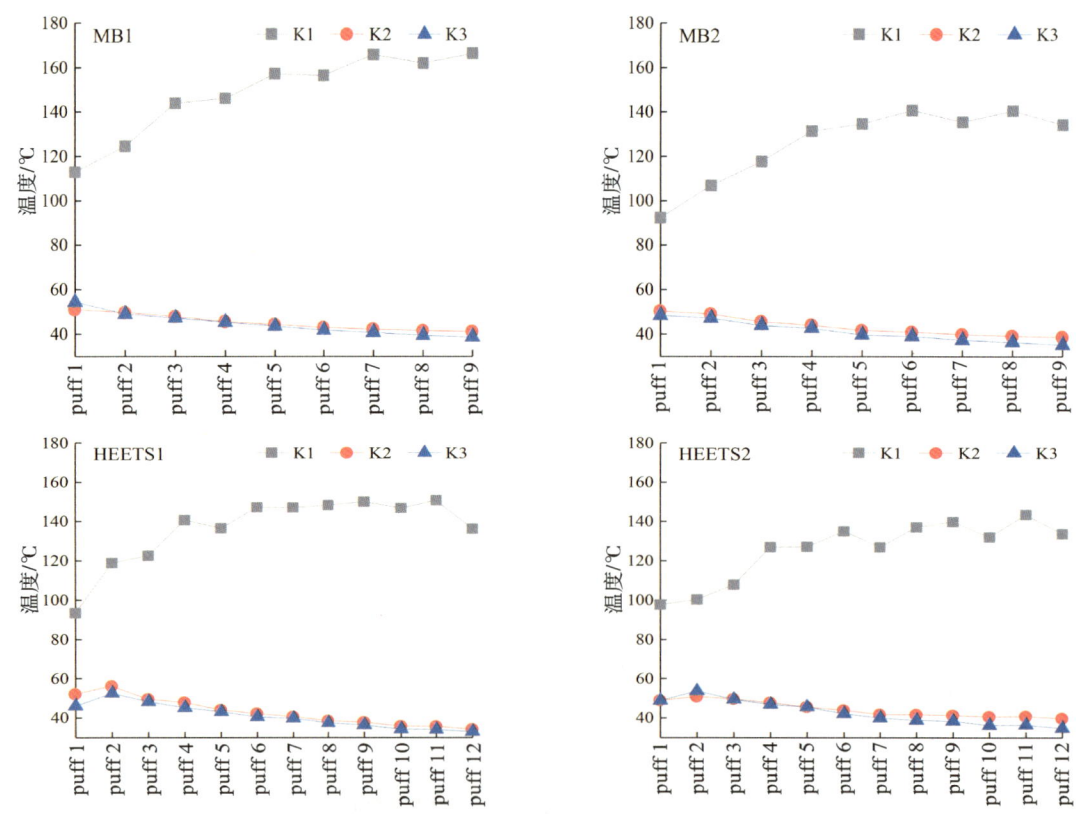

图 4.14 代表性加热卷烟样品降温段(或中空段 2)前、后及滤嘴出口逐口温度测试结果

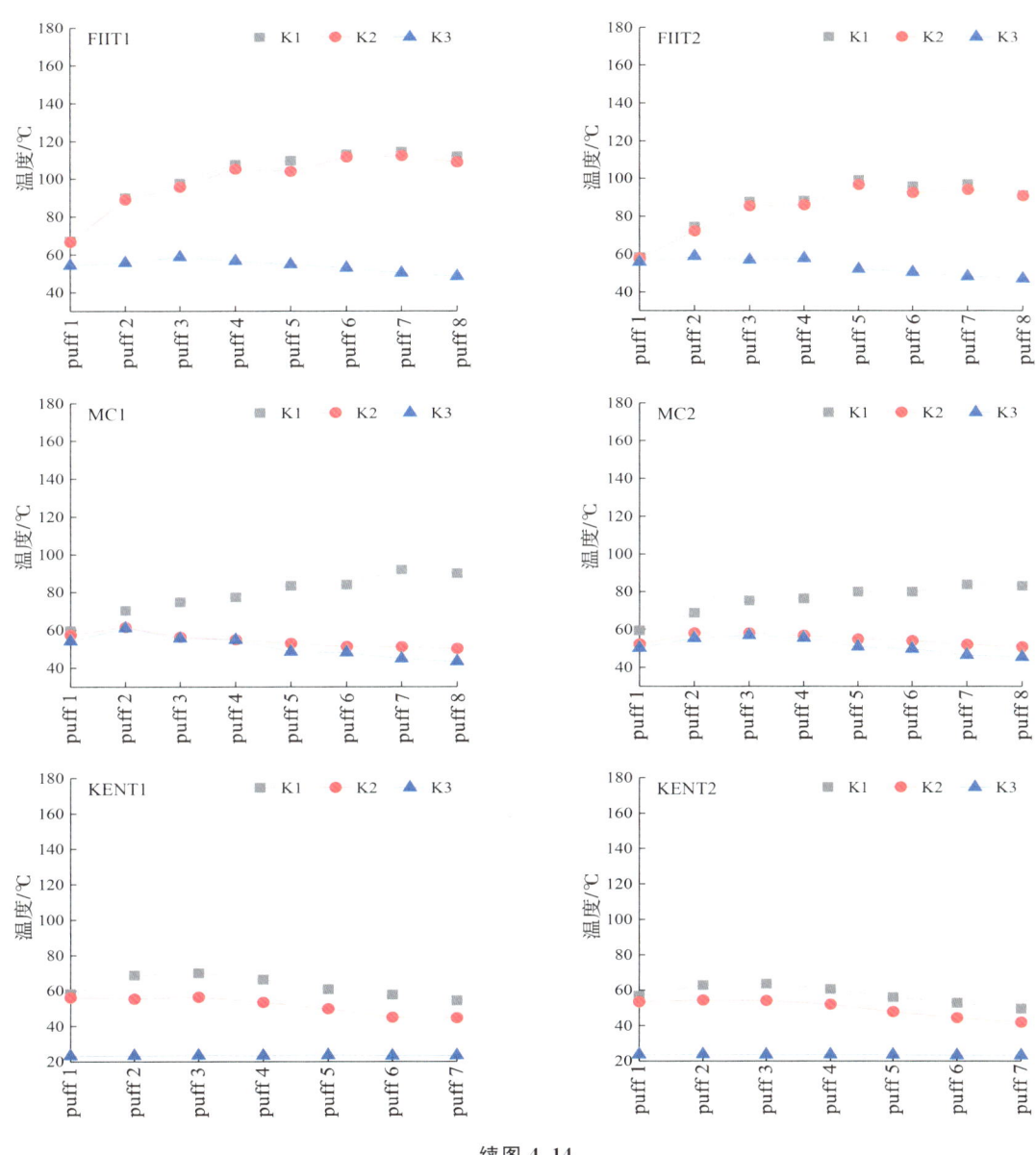

续图 4.14

MB 系列和 HEETS 系列：由于两个品牌烟支结构一致，二者在滤嘴段烟气温度的变化表现出相似的规律。降温段前烟气温度呈现逐口增加趋势，而降温段后、滤嘴出口温度呈现逐口降低趋势。烟气经过滤嘴第一元结构（中空段）后，温度仍高达 110～150 ℃，表明中空段对烟气降温作用不显著；烟气经过滤嘴第二元结构（降温段）后，温度显著下降，降幅达到 70～103 ℃；而烟气经过滤嘴第三元结构（过滤段）后，温度变化不明显，降幅小于 5 ℃，滤嘴出口处温度在 39～46 ℃之间。

FIIT 系列：第二元结构（中空段 2）前、后烟气温度呈现逐口增加趋势，而滤嘴出口温度呈现逐口降低趋势。烟气经过滤嘴第一段（中空段 1）后，温度为 84～101 ℃，相比 MB 系列和 HEETS 系列，该段中空内径较小，降温作用明显；烟气经过滤嘴第二段（中空段 2）后，温度变化不明显，温度降幅只有 2～6 ℃，可见该中空段由于内径较大，降温作用较小；而烟气经过滤嘴第三段（过滤段）后，温度降低明显，降幅达到 26～45 ℃，滤嘴出口处温度在 51～54 ℃之间。

MC 系列：降温段前烟气温度呈现逐口增加趋势，而降温段后、滤嘴出口温度呈现逐口降低趋势。烟气

经过滤嘴第一元结构(中空段)后,温度降低较为明显,为75~79 ℃,表明中空段对烟气降温作用显著;烟气经过滤嘴第二元结构(降温段)后,温度明显下降,降幅为21~25 ℃;而烟气经过滤嘴第三元结构(过滤段)后,温度变化不明显,降幅小于5 ℃,滤嘴出口处温度在50~52 ℃之间。

KENT系列:中空段2前、后烟气温度均呈现逐口降低趋势,滤嘴出口温度基本达到室温。烟气经过滤嘴第一元结构(中空段1)后,温度已显著降低,为50~62 ℃,表明中空段1对烟气降温作用显著;烟气经过滤嘴第二元结构(中空段2)后,温度下降不明显,降幅为6~11 ℃;而烟气经过滤嘴第三元结构(过滤段)后,温度明显下降,降幅为20~28 ℃,滤嘴出口处温度已达到室温。

表4.11 不同品牌加热卷烟样品烟气温度测试汇总表

样品		K1/℃	K2/℃	K3/℃	K1−K2/℃	K2−K3/℃
MB系列	MB1	148.4	45.3	44.5	103.1	0.8
	MB2	126.0	43.4	41.1	82.6	2.3
	MB3	134.7	44.9	40.8	89.8	4.2
	MB4	140.2	44.2	43.5	96.0	0.7
	MB5	132.8	41.0	39.3	91.7	1.7
	MB6	141.9	48.7	46.0	93.3	2.6
	MB7	123.3	47.9	43.8	75.4	4.1
HEETS系列	HEETS1	136.6	43.0	40.9	93.6	2.1
	HEETS2	125.7	44.5	42.6	81.1	1.9
	HEETS3	142.5	48.5	45.1	94.0	3.4
	HEETS4	122.5	45.9	43.0	76.6	2.9
	HEETS5	113.7	44.1	41.7	69.6	2.4
	HEETS6	132.0	47.2	43.9	84.8	3.3
FIIT系列	FIIT1	101.4	99.1	54.0	2.4	45.1
	FIIT2	86.4	84.3	53.4	2.1	30.9
	FIIT3	84.3	81.2	51.1	3.0	30.1
	FIIT4	88.1	85.6	51.7	2.6	33.9
	FIIT5	84.7	79.2	53.2	5.5	26.0
MC系列	MC1	78.9	54.4	51.3	24.5	3.1
	MC2	75.8	54.6	51.4	21.2	3.2
	MC3	76.2	55.0	50.4	21.2	4.6
	MC4	78.8	53.7	50.7	25.1	3.0
KENT系列	KENT1	62.2	51.4	23.4	10.8	28.0
	KENT2	57.4	49.6	23.6	7.8	26.1
	KENT3	54.0	45.9	23.7	8.1	22.2
	KENT4	50.9	44.7	23.7	6.2	21.0
	KENT5	51.1	44.8	24.0	6.2	20.9
	KENT6	56.9	48.1	23.7	8.8	24.4
	KENT7	57.1	47.5	23.9	9.5	23.6

4.2.5　加热卷烟与传统卷烟烟气气溶胶物理特性的比较

4.2.5.1　烟气气溶胶粒径分布谱的比较

收集3个卷烟样品(3R4F、红塔山、Dunhill),采用所建立的SCS-DMS烟气气溶胶测试方法对卷烟样品进行连续抽吸和粒径分布测定。整体上,3个卷烟样品烟气气溶胶的粒径分布基本一致,图4.15为Marlboro品牌加热卷烟与3R4F卷烟逐口烟气气溶胶粒数粒径分布对比图,结果显示该加热卷烟与3R4F卷烟烟气气溶胶的粒径分布轮廓较为接近,均为单峰分布趋势,呈现出粒数浓度对粒径的近似正态分布。3R4F卷烟烟气气溶胶的粒径范围在30~600 nm之间,粒数浓度最高的粒径接近170 nm;而加热卷烟气溶胶的粒径范围在10~300 nm之间,粒数浓度最高的粒径接近50 nm。传统卷烟经过燃烧产生了大量碳颗粒,烟气气溶胶以碳颗粒为中心形成,因而其粒径较大;加热卷烟通过加热含有大量添加剂的烟芯材料产生烟气气溶胶,因而其粒径明显小于传统卷烟。

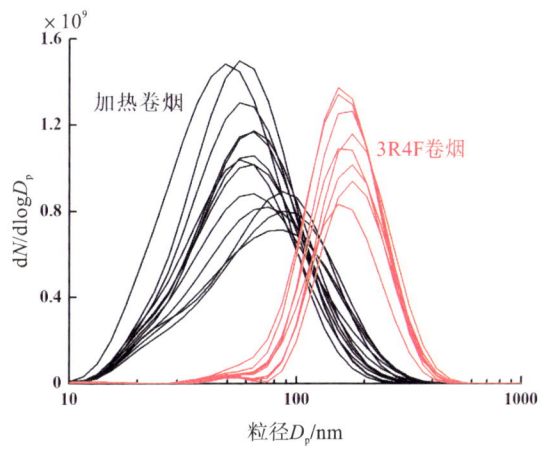

图4.15　Marlboro品牌加热卷烟与3R4F卷烟逐口烟气气溶胶粒数粒径分布对比图

对3个卷烟样品所有口数烟气气溶胶的数据进行平均处理,获得卷烟样品烟气总释放气溶胶的粒数浓度、粒数中值粒径和烟雾量,并与代表性品牌加热卷烟产品的数据进行对比作图(图4.16~图4.18)。3个卷烟样品烟气气溶胶的粒数浓度为3.2×10^9~5.9×10^9个/cm³,低于Marlboro-IQOS(1♯)和HEETS-IQOS(2♯)加热卷烟,但高于FIIT(3♯)和KENT(4♯)加热卷烟。整体上,卷烟样品烟气气溶胶的粒数浓度处于代表性品牌加热卷烟气溶胶粒数浓度的范围内。3个卷烟样品烟气气溶胶的粒数中值粒径较为一致,为173~186 nm,明显大于代表性品牌加热卷烟烟气气溶胶的粒数中值粒径(34~74 nm)。3个卷烟样品烟气气溶胶的烟雾量为1.9×10^7~2.8×10^7 μm³/cm³,明显大于代表性品牌加热卷烟烟气气溶胶的烟雾量(4.8×10^5~1.8×10^6 μm³/cm³)。因此,相比于传统卷烟样品,加热卷烟气溶胶虽然粒数浓度高,但粒数中值粒径和烟雾量相比传统卷烟均明显较小,体现在感官质量上表现为烟雾量不足,因此增大加热卷烟气溶胶的粒径和烟雾量均是加热卷烟气溶胶调控的重要方向。

4.2.5.2　烟气气溶胶逐口释放稳定性比较

烟气气溶胶粒数、粒径分布、烟雾量的逐口稳定性是加热卷烟感官品质的重要方面。将3R4F卷烟与Marlboro-IQOS和KENT-Glo加热卷烟的逐口烟气气溶胶变化情况进行了对比。如图4.19所示,Marlboro-IQOS加热卷烟和3R4F卷烟烟气气溶胶的粒数浓度稳定性较好,均呈现逐口稳定增长的趋势;KENT-Glo加热卷烟气溶胶的粒数浓度逐口稳定性较差。粒径方面(图4.20),Marlboro-IQOS加热卷烟气溶胶粒数中值粒径随抽吸口序而增大;KENT-Glo加热卷烟气溶胶粒数中值粒径随抽吸口序先增大后

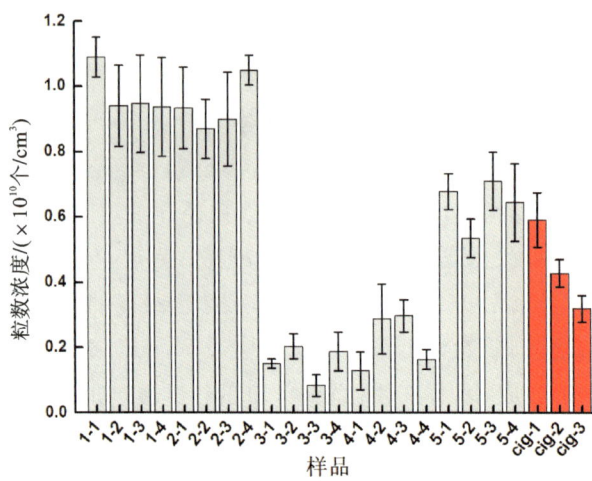

图 4.16 代表性品牌加热卷烟与 3 个卷烟样品烟气气溶胶粒数浓度的对比图

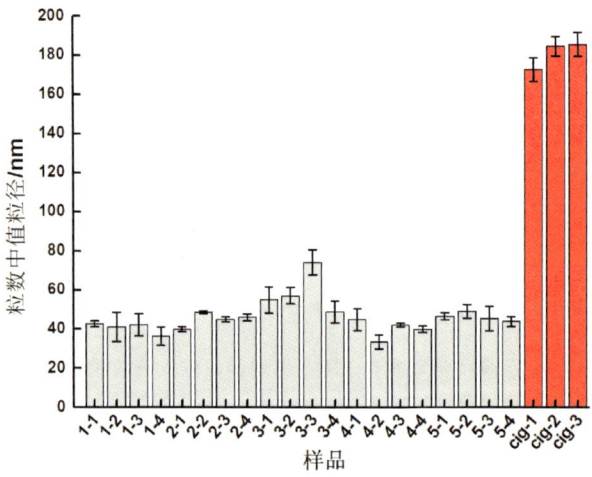

图 4.17 代表性品牌加热卷烟与 3 个卷烟样品烟气气溶胶粒数中值粒径的对比图

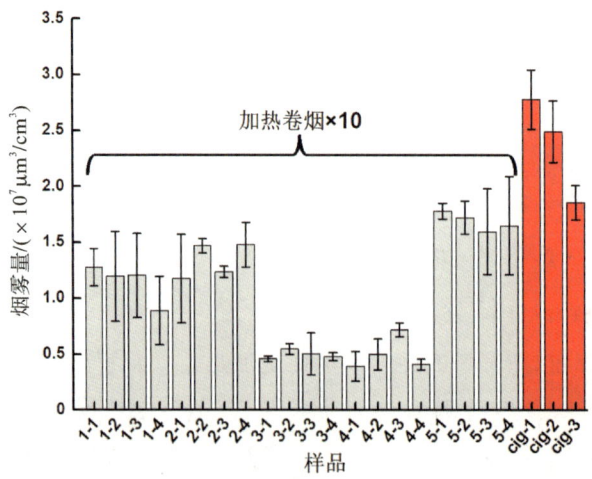

图 4.18 代表性品牌加热卷烟与 3 个卷烟样品烟气气溶胶烟雾量的对比图

保持不变；3R4F 卷烟气溶胶粒数中值粒径随抽吸口序呈一定的变小趋势，主要是燃烧后烟支变短的缘故。气溶胶烟雾量方面（图 4.21），Marlboro-IQOS 加热卷烟气溶胶烟雾量随抽吸口序略微增大；KENT-Glo 加热卷烟气溶胶烟雾量随抽吸口序先增大后降低，逐口差异明显；3R4F 卷烟气溶胶烟雾量随抽吸口序呈一定的增大趋势。综上，相比于传统卷烟样品，加热卷烟气溶胶的粒数浓度和烟雾量的逐口稳定性均较差，尤其是烟雾量的逐口差异更加明显，体现在感官质量上表现为逐口烟气感官差异明显。

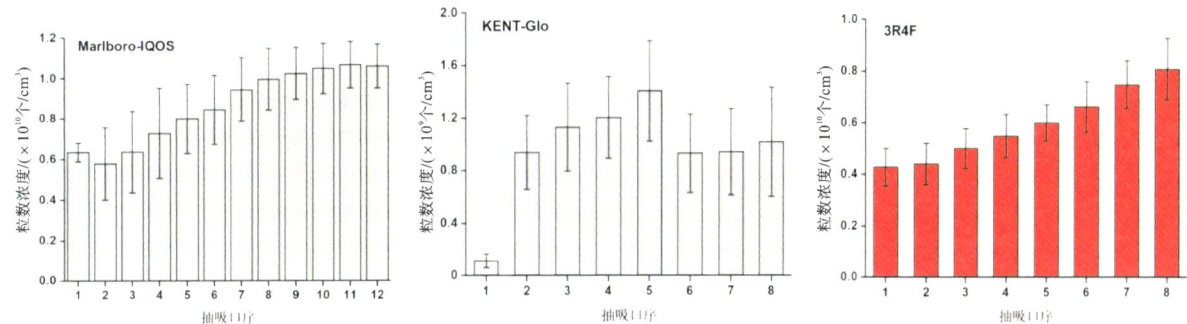

图 4.19 Marlboro-IQOS、KENT-Glo 加热卷烟与 3R4F 卷烟的逐口烟气气溶胶粒数浓度

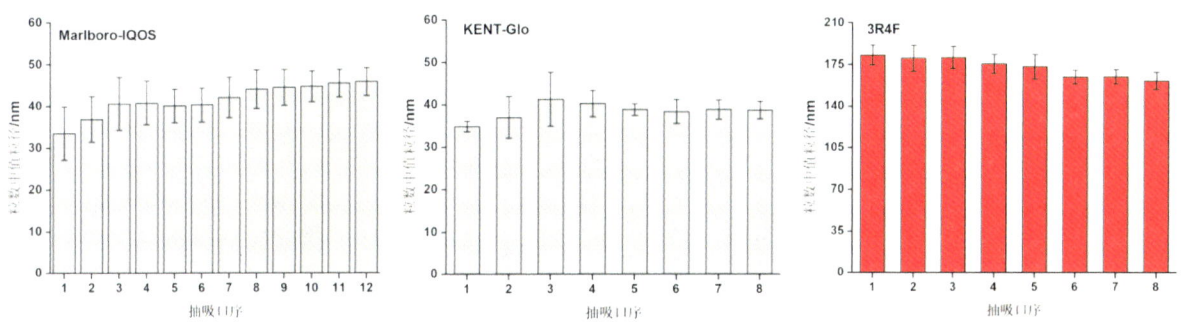

图 4.20 Marlboro-iQOS、KENT-Glo 加热卷烟与 3R4F 卷烟的逐口烟气气溶胶粒数中值粒径

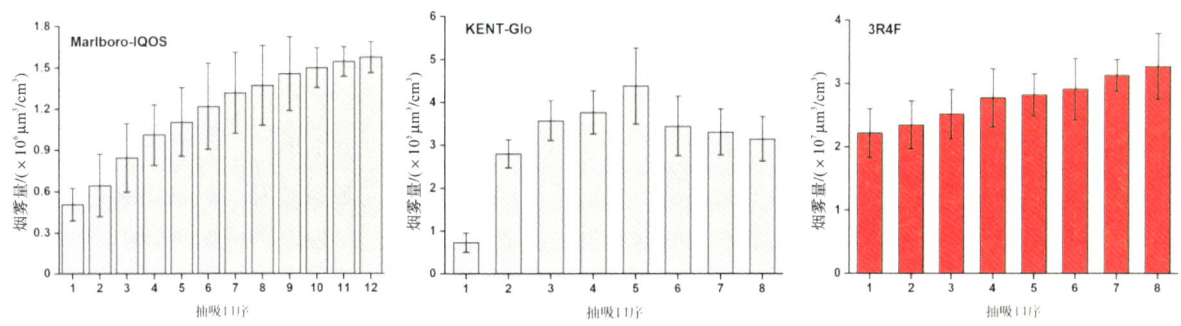

图 4.21 Marlboro-iQOS、KENT-Glo 加热卷烟与 3R4F 卷烟的逐口烟气气溶胶烟雾量

4.2.5.3 烟气气溶胶温度的比较

比较了代表性加热卷烟和传统卷烟的烟气出口温度，见图 4.22。可以看出，不同品牌中心加热卷烟烟气出口温度最高，并呈现逐口降低的趋势；不同品牌周向加热卷烟烟气出口温度低于中心加热卷烟，呈现逐口降低趋势或基本稳定不变，这可能与其加热温度、滤嘴结构和通风打孔有关；传统卷烟整体上烟气温度最低，并呈现逐口升高的趋势，这主要受烟支燃烧的影响。结合感官体验，加热卷烟存在烟气温度高而烫嘴的情况，且逐口温度体验差异较大，可见进一步降低加热卷烟烟气温度并调控烟气温度的逐口稳定性，也是加热卷烟气溶胶调控的重要方向之一。

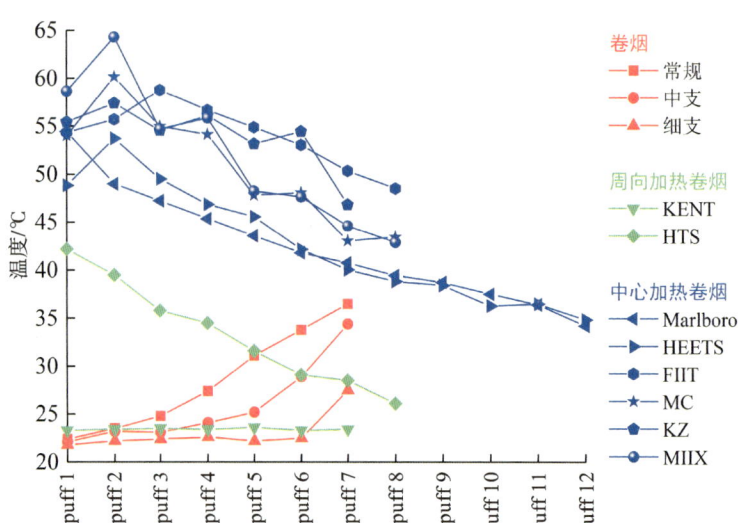

图 4.22　代表性加热卷烟与传统卷烟的逐口烟气出口温度比较

4.2.6　电加热卷烟气溶胶形成过程简述

根据气溶胶动力学方程,气溶胶形成的动态过程主要包括气溶胶的成核、表面增长和凝并过程[70],如式(4.1):

$$\frac{\partial n}{\partial t} = \left[\frac{\partial n}{\partial t}\right]_{\mathrm{nucl}} + \left[\frac{\partial n}{\partial t}\right]_{\mathrm{growth}} + \left[\frac{\partial n}{\partial t}\right]_{\mathrm{coag}} \tag{4.1}$$

成核是气态分子到气溶胶的转变过程,根据经典 Becker-Döring 理论,气溶胶的成核速率由成核蒸汽的分子质量、摩尔分数、蒸汽压力、体系温度及气溶胶密度和表面张力等因素决定[70];表面增长是气态分子凝结于气溶胶表面,使气溶胶体积增长的过程,增长速率取决于空气平均自由程与气溶胶半径的比值[70];凝并是两个气溶胶粒子经碰撞而形成新气溶胶粒子的过程,根据经典 Smoluchowski 理论,凝并作用由气溶胶的数密度、不同粒径气溶胶粒子间的碰撞频率决定[71]。

电加热卷烟的烟芯材料经过热解、蒸馏等作用形成气态分子,随着加热的持续形成过饱和蒸汽,当气流通过芯材导致温度降低时,饱和蒸汽的气态分子开始凝聚成核,伴随气态分子在凝聚核上的快速凝结以及气溶胶粒子的凝并,形成动态变化的气溶胶[68]。根据气溶胶形成的动力学过程,电加热卷烟烟芯材料受热释放蒸汽的化学组成、烟支抽吸过程的温度场和气流流场共同决定了气溶胶的成核、增长和凝并过程。因此,电加热卷烟的气溶胶物理特性与加热卷烟的烟芯材料组成、烟芯工艺以及配套加热器具的加热条件等多个因素密切相关,是多因素综合作用的结果。

4.3　加热卷烟气溶胶特性的影响及调控

加热卷烟气溶胶的形成由烟芯材料、雾化剂、加热温度和烟支结构等多因素决定。目前已有研究集中于加热温度、发烟剂、滤嘴结构对气溶胶化学成分释放的影响。赵龙等[72]利用实验室加热装置,研究了 0~50%(质量分数)甘油含量的烟丝在 300 ℃加热时,挥发性和半挥发性成分的释放特性。结果表明:烟丝中添加甘油可增加烟气中挥发性、半挥发性成分的释放量,但甘油添加量为5%～50%时,烟气中挥发性、半挥发性成分的总释放量无明显差异;糠醛、6-甲基-3,5-二羟基-2,3-二氢吡喃-4-酮、5-羟甲基-2-糠醛等糖类裂解成分释放量相对较大,且随甘油添加量的增大呈先增加后降低趋势;巨豆三烯酮、新植二烯等烟草固有成分的释放量随甘油添加量的增大呈逐渐增加趋势;烟气中还增加了甘油单羧酸酯,且随甘油添加量的增大呈持续增加趋势。Schwanz等[73]表征在不同温度(100 ℃、150 ℃、200 ℃、240 ℃和290 ℃)下烟草加热产品模型系统中颗粒相气溶胶的化学成分的影响,通过GC×GC-TOF MS进行分析,鉴定并定量测定了负责重要口味和香气特征的123种化合物,化合物的浓度随加热温度的升高而增加,它们的释放速率可分为6类,其中4种化合物在290 ℃时显示最大释放率,并且具有不同的释放行为。郑绪东等[74]通过应用电加热卷烟模拟装置系统结合气相色谱-质谱联用仪,研究了不同加热温度对电加热卷烟气溶胶释放行为的影响,得出200～470 ℃时,随着加热温度升高,电加热卷烟烟气成分增加,有害成分的释放量增加;260～320 ℃时,随着加热温度升高,烟气中丙三醇/丙二醇含量明显增加;350～470 ℃时,随着加热温度升高,烟气中粒相物含量明显增加。低于260 ℃时,烟碱迁移率随温度升高而增加;当温度高于260 ℃时,烟碱迁移率增加速度减小。朱浩等[75]考察了加热温度对加热卷烟烟熏香成分释放的影响。朱桂华等[76]利用热重法及热裂解-气相色谱质谱联用法研究了加热卷烟与传统卷烟材料的热行为,结果表明加热卷烟烟草材料的热失重分为3个阶段,主要热失重阶段发生在242～350 ℃,随着裂解温度升高,检测到的化合物种类和数量逐渐增加,加热卷烟烟碱释放量随温度变化先减后增再减。

下面将详细介绍抽吸行为、加热温度、烟支结构和设计、添加剂等因素对加热卷烟气溶胶理化特性的影响。

4.3.1　抽吸模式的影响

采用SCS-DMS对某款IQOS加热卷烟进行抽吸,分别设定了不同抽吸持续时间、不同抽吸体积、不同抽吸时间间隔的抽吸参数(表4.12)。

表 4.12　加热卷烟抽吸参数的设置

实验组	抽吸体积/mL	抽吸持续时间/s	抽吸时间间隔/s
	55	2	30
抽吸持续时间	55	3	30
	55	4	30
	35	3	30
抽吸体积	55	3	30
	75	3	30
抽吸时间间隔	55	3	30
	55	3	60

4.3.1.1　抽吸时间间隔对加热卷烟气溶胶物理特性的影响

设定加热卷烟抽吸体积为55 mL,抽吸持续时间为3 s,抽吸时间间隔分别为30 s和60 s,结果如图4.23所示。结果表明,随抽吸时间间隔的增加,烟气气溶胶的粒数浓度有所增加,粒径中位值也有所增大。分析认为,较长的抽吸时间间隔增加了烟草薄片中成分受热释放,其在加热器具内达到较高的浓度。在加热卷烟抽吸时,加热器具内部的气相成分由于温度降低而急速形成气溶胶,浓度较高的气相成分容易形成粒数浓度较高的气溶胶;同时,由于粒数浓度较高,增加了粒子碰撞凝聚的概率,从而导致粒径的中位值增大。抽吸时间间隔对气溶胶粒径分布的几何标准偏差没有明显影响。

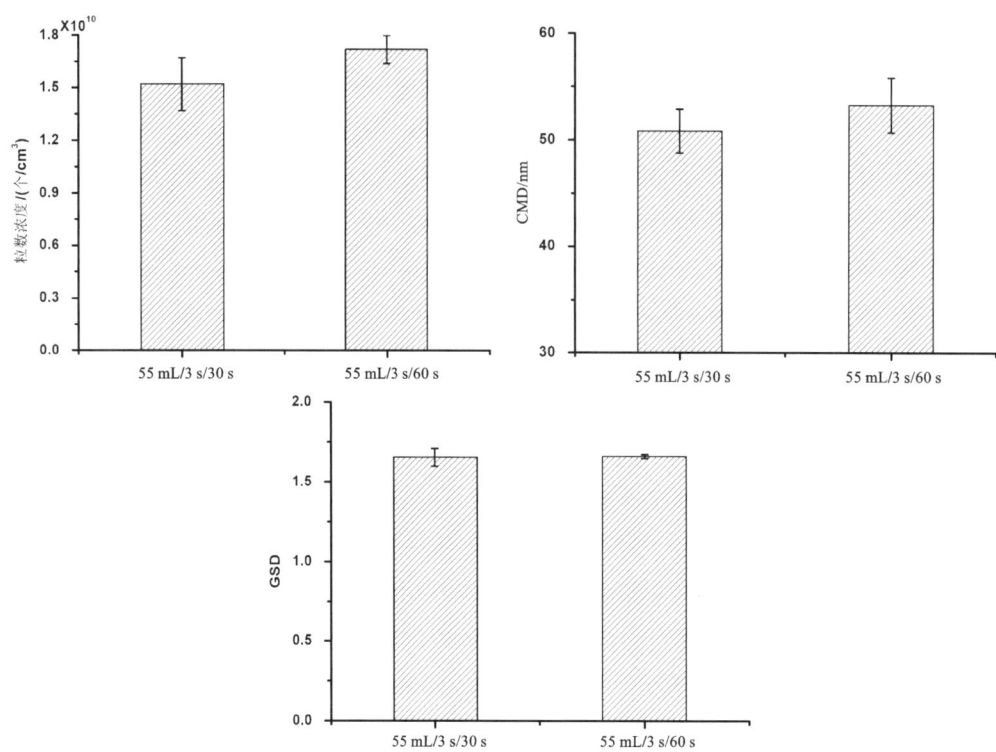

图 4.23　不同抽吸时间间隔抽吸时加热卷烟气溶胶的粒数浓度、粒径中位值和粒径 GSD 比较

4.3.1.2　抽吸持续时间对加热卷烟气溶胶物理特性的影响

设定加热卷烟抽吸体积为 55 mL,抽吸时间间隔为 30 s,抽吸持续时间分别为 2 s、3 s 和 4 s,结果如图 4.24 所示。结果表明,在所考察范围内,随着抽吸持续时间的增加,气溶胶粒数浓度有所降低,而气溶胶的粒径中位值则有所升高。分析认为,在固定抽吸时间间隔为 30 s 的情况下,30 s 内烟草薄片中的成分受热释放的绝对量应较为接近;在相同抽吸体积(55 mL)条件下,抽吸持续时间为 4 s 时的抽吸速率相对较低,这可能使热释放成分降温形成气溶胶的作用减弱,导致气溶胶的粒数浓度降低;抽吸速率较高时,热释放成分更容易降温形成气溶胶,使气溶胶粒数浓度较高。粒径中位值方面,当抽吸速率较低(抽吸持续时间为 4 s)时,气溶胶从加热腔体的引出时间有所增加,从而使粒径有所增加。此外,当抽吸速率较低时,气溶胶被引出的速率低,可能导致气溶胶粒径分布的几何标准偏差有增大趋势。

4.3.1.3　抽吸体积对加热卷烟气溶胶物理特性的影响

设定加热卷烟抽吸持续时间为 3 s,抽吸时间间隔为 30 s,抽吸体积分别为 35 mL、55 mL 和 75 mL,结果如图 4.25 所示。结果表明,在所考察范围内,随着抽吸体积的增加,气溶胶粒数浓度明显增加,粒径的中位值有所降低,粒径分布的几何标准偏差有所降低。在固定抽吸持续时间的情况下,抽吸体积的变化主要引起抽吸速率的变化。分析认为,当抽吸速率加大时,烟草薄片的热释放成分更容易降温形成气溶胶,使产生的气溶胶粒数浓度较高;同时,由于气溶胶引出的时间较短,使形成气溶胶的粒径较小,也使气溶胶粒径更集中,降低了粒径分布的几何标准偏差。

4.3.2　加热温度及加热方式的影响

加热卷烟在加热条件下产生气溶胶的过程实则为低温蒸发和热解。生物质热裂解(又称热解或裂解),通常是指在无氧或低氧环境下,生物质被加热升温引起分子分解产生焦炭、可冷凝液体和气体产物的过程,是生物质能的一种重要利用形式。影响生物质热裂解过程的主要因素包括化学和物理两大方面,化

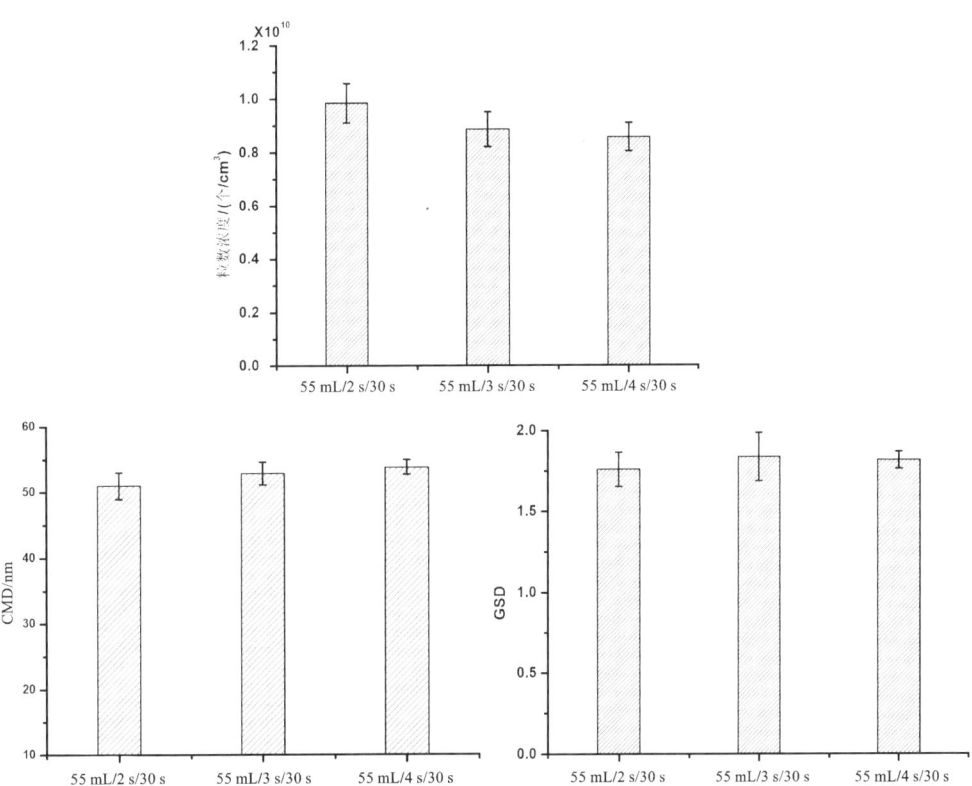

图 4.24　不同抽吸持续时间抽吸时加热卷烟气溶胶的粒数浓度、粒径中位值和粒径 GSD 比较

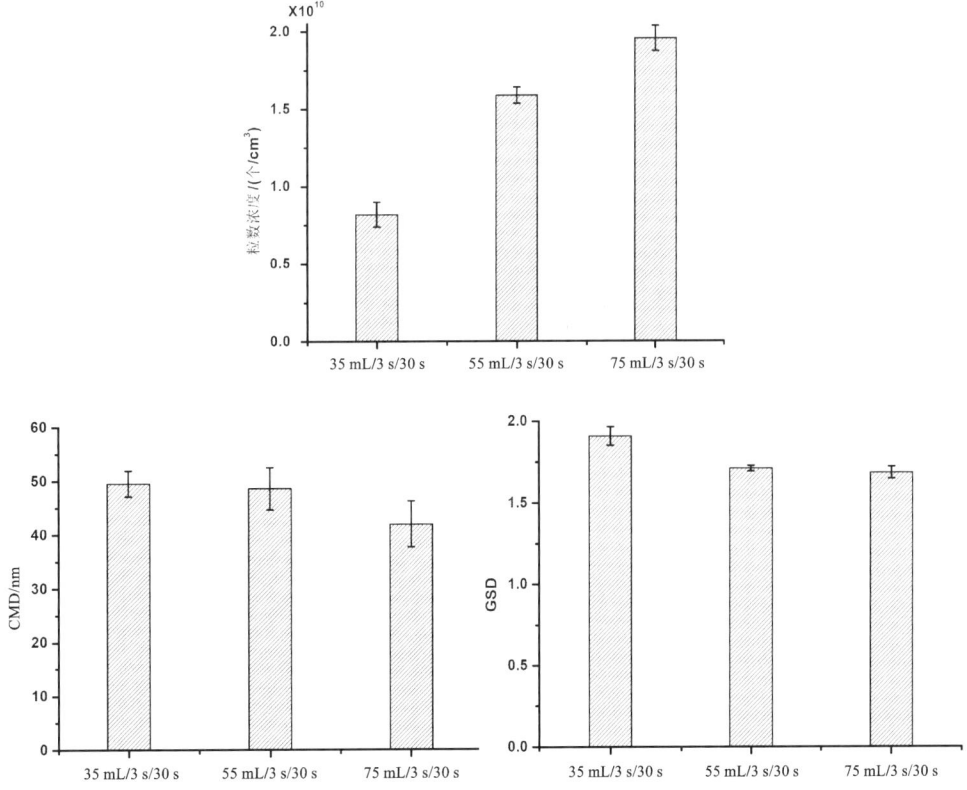

图 4.25　不同抽吸体积抽吸时加热卷烟气溶胶的粒数浓度、粒径中位值和粒径 GSD 比较

学方面主要是一系列复杂的一次反应与二次化学反应;物理因素主要是反应过程中的传热、传质以及原料物理特性等。加热和传热特性是加热卷烟的重要性能之一[77]。根据加热元件对烟支加热位置及方式的不同,目前主要有中心加热型、周向加热型两种。中心加热型将加热元件插入烟支中心,设置温度约 350 ℃进行加热,烟芯温度从表面至内部逐渐升高;周向加热型将烟支置于杯状的加热元件内部,设置温度约 250 ℃进行加热,烟芯温度从表面至内部则逐渐降低。

加热温度对加热卷烟热解、气溶胶释放特性的影响研究已有报道。研究表明,当加热温度低于 150 ℃时,烟草吸附水和低沸点化合物蒸馏挥发;150~210 ℃时,中等挥发性化合物蒸馏挥发,还原糖热降解;210~350 ℃时,碳水化合物分解,高沸点化合物和结合态水蒸馏挥发;350~550 ℃,残留物进一步裂解和炭化[1-2,76,78]。加热温度对释放的化学成分的种类、释放量和释放速率均产生影响。郑绪东等[74]通过电加热卷烟模拟装置研究表明,随着加热温度升高,烟碱释放量在低于 260 ℃时明显增加,260~320 ℃时丙三醇、丙二醇明显增加,350~470 ℃时粒相物含量明显增加。周慧明等[79]采用加热平台研究表明,烟碱和丙三醇的释放量、转移率以及在气溶胶捕集量(ACM)中的质量分数均随加热温度升高(250~375 ℃)而增大,多数产品的 ACM 和主要成分释放行为在 350 ℃发生转折。Schwanz 等[73]定量测定了烟草加热系统(THPs)在 100~290 ℃加热条件下产生的气溶胶中的 123 种香味化合物,其浓度随加热温度的升高而增加,根据释放速率可分为 6 类。朱浩等[75]研究发现烟气中烟熏香成分种类和释放量随着温度升高均显著增加。研究加热温度对气溶胶释放的影响规律,对加热卷烟温度设计具有重要指导作用。因此,制备了不同加热温度的加热烟具产品,研究了不同加热温度下气溶胶的物理特性、化学特性和释放规律。其中:

中心加热烟具和烟支:制备加热温度分别为 200 ℃、250 ℃、300 ℃、320 ℃、350 ℃、380 ℃的中心加热烟具,通过加热曲线控制提供恒定的加热温度,烟具温度经测试波动小于±5 ℃。烤烟型原味中心加热卷烟烟支,芯材为稠浆造纸法再造烟叶,芯材段采用切丝、有序聚拢制备成型,再与复合滤棒搓接成烟支,烟支规格为长度 45 mm(13 mm 芯材段+6 mm 醋酸纤维中空支撑段+18 mm 聚乳酸降温段+8 mm 醋酸纤维滤嘴段)、圆周 22.6 mm,挑选单支质量(0.75±0.01) g 的烟支进行实验。

周向加热烟具和烟支:制备加热温度分别为 170 ℃、180 ℃、190 ℃、200 ℃、210 ℃、220 ℃、230 ℃、240 ℃和 250 ℃的周向加热烟具,通过加热曲线控制提供恒定的加热温度,烟具温度经测试波动小于±5 ℃。烤烟型原味周向加热卷烟烟支,芯材为造纸法再造烟叶丝和烟丝混配,芯材段经卷制,再与复合滤棒搓接成烟支,烟支规格为长度 84 mm(54 mm 芯材段+10 mm 空腔纸管支撑段+10 mm 醋酸纤维中空降温段+10 mm 醋酸纤维滤嘴段)、圆周 17.0 mm,挑选单支质量(0.55±0.01) g 的烟支进行实验。

采用不同温度加热烟具在加热条件下按照 HCI 抽吸模式进行抽吸,按照建立的气溶胶表征方法进行不同加热温度下气溶胶理化特性测试。DMS500 系统的采样流量设置为 25.0 L/min,二级稀释比设置为 200∶1。

采用剑桥滤片捕集粒相物,采用打孔吸收瓶串接于剑桥滤片之后捕集气相物,吸收瓶中装有捕集液,置于异丙醇-干冰混合物的冷阱中,其中,水分、发烟剂和烟碱的捕集液为 15 mL 含 5 mg/L 1,4-丁二醇、5 mg/L 2-甲基喹啉和 5 mg/L 异丙醇内标的甲醇溶液,香气成分检测捕集液为二氯甲烷。采用 15 mL 含内标的甲醇超声萃取剑桥滤片 20 min,发烟剂和烟碱采用 GC-FID 检测,水分采用 GC-TCD 检测;采用二氯甲烷萃取剑桥滤片,香气成分采用 GC-MS/MS 检测。

4.3.2.1　加热温度对气溶胶浓度、粒径和烟雾量影响分析

(1) 加热卷烟总释放气溶胶的物理特性

不同加热温度条件下加热卷烟气溶胶的粒径分布基本一致。加热温度为 380 ℃时,加热卷烟样品连续抽吸 13 口的气溶胶粒径分布如图 4.26 所示,逐口气溶胶的粒径分布呈近似正态对数分布,粒径主要分布在 10~300 nm 范围内,最大粒数浓度的粒径集中于 40~90 nm 范围内。不同抽吸口序气溶胶的粒径分

布和粒数浓度均有差异,这表明了加热卷烟逐口气溶胶的不稳定性,也反映了加热卷烟每口气溶胶中烟草成分的种类和数量有所不同。

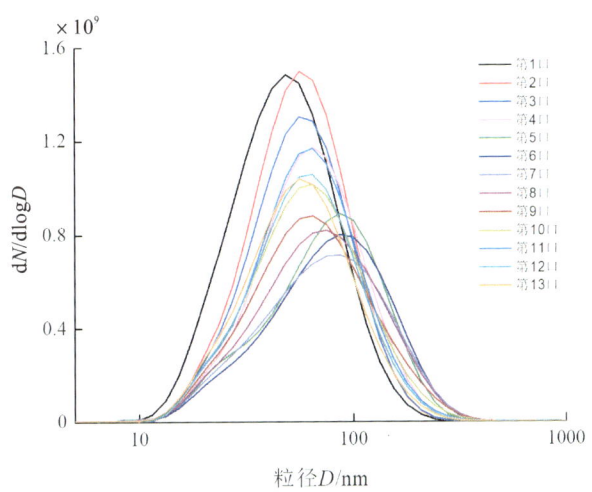

图 4.26　加热温度为 380 ℃时加热卷烟样品气溶胶的逐口粒径分布图

不同加热温度条件下加热卷烟总释放气溶胶的粒数浓度和体积浓度如图 4.27 所示,气溶胶的粒数浓度和体积浓度均随加热温度的升高而增大。在 200 ℃时,加热卷烟气溶胶的粒数浓度仅为 2.8×10^8 个/cm^3,体积浓度仅为 3.4×10^3 $\mu m^3/cm^3$,这说明该加热温度仅能使烟草基质中少量的低沸点成分释放,并在抽吸降温过程中凝聚成核,形成气溶胶。随着加热温度的升高,总释放气溶胶的粒数浓度和体积浓度明显升高,在 380 ℃时,加热卷烟气溶胶的粒数浓度为 6.4×10^9 个/cm^3,体积浓度达到 2.4×10^5 $\mu m^3/cm^3$。烟草基质受热释放的成分与气溶胶的形成密切相关,较高的加热温度可增加烟草成分的释放量,从而形成粒数浓度和体积浓度较高的气溶胶。

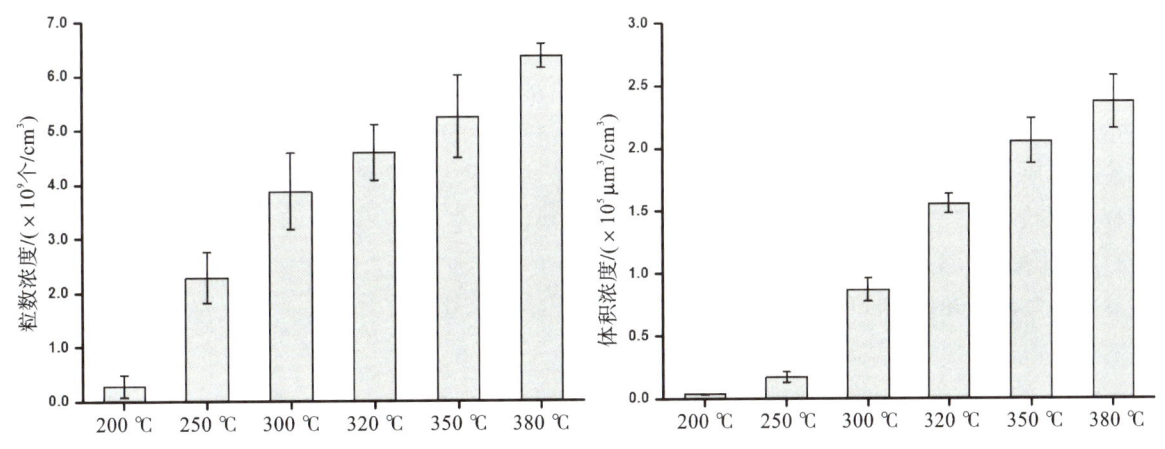

图 4.27　不同加热温度加热卷烟气溶胶的粒数浓度和体积浓度

气溶胶粒径分布方面,加热卷烟总释放气溶胶的粒数中值粒径和几何标准偏差如图 4.28 所示。气溶胶的粒数中值粒径随加热温度的升高呈增大趋势,在 200～380 ℃ 范围内,气溶胶的粒数中值粒径由 25.5 nm 增大至 65.1 nm,这是因为气溶胶是烟草基质释放成分经分子成簇、成核、冷凝及凝结等作用而形成的,其粒径主要与烟草基质释放成分的种类有关。有研究表明,当加热温度低于 150 ℃时,烟草吸附水和低沸点挥发性化合物蒸馏挥发;在 150～210 ℃时,还原糖热降解,中等挥发性化合物蒸馏挥发;210～350 ℃,碳水化合物分解,高沸点化合物和结合态水蒸馏挥发;350～550 ℃,残留物进一步裂解和炭化。因此,当加热温度较低时,烟草基质释放成分主要以水分等低沸点成分为主,而低沸点成分在气溶胶形成过

程中的成核和冷凝速率相对较低,从而使形成的气溶胶粒径较小;当加热温度较高时,烟草基质中的高沸点成分开始释放,也会出现单糖、半纤维素、纤维素、果胶等的热解行为,高沸点成分的气溶胶成核和冷凝速率相对较高,有利于形成大粒径的气溶胶。粒径分布的几何标准偏差随加热温度的升高呈先增大后降低的趋势,但整体上差异不大,主要集中在1.80~1.86的范围内。几何标准偏差反映了气溶胶粒径分布的展宽[7],可能与烟草基质释放成分的组成比例有关。

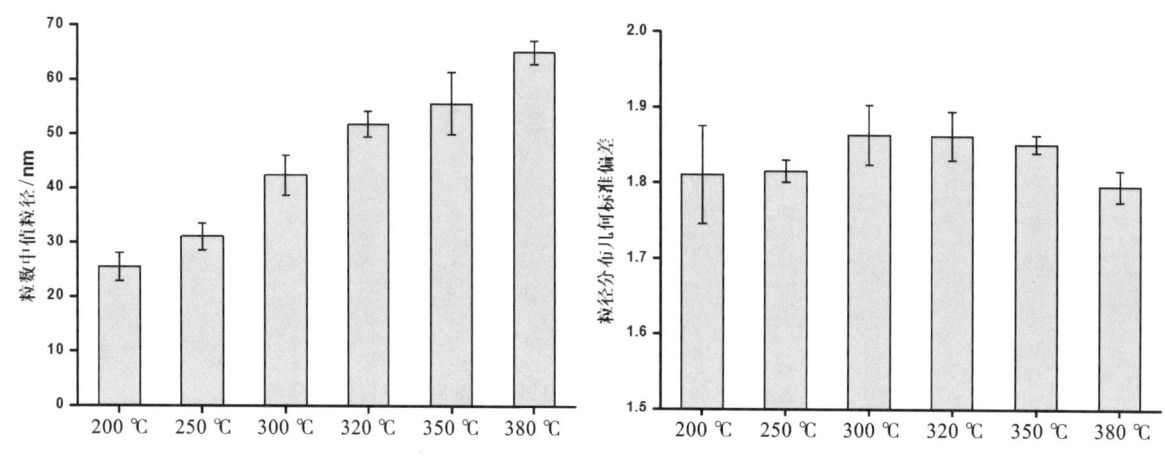

图 4.28　不同加热温度加热卷烟气溶胶的粒数中值粒径和几何标准偏差

(2) 加热卷烟逐口释放气溶胶的物理特性

不同加热温度条件下加热卷烟逐口释放气溶胶的粒数浓度和体积浓度如图4.29所示。整体上,逐口气溶胶的粒数浓度随加热温度的升高呈增大趋势,各加热温度条件下气溶胶粒数浓度的逐口变化趋势较为接近,基本上表现出先升高,后降低,再升高,最后降低的趋势,380 ℃时的最高粒数浓度为9.2×10^9个/cm^3;体积浓度随抽吸口数序号的增大基本上呈现出先升高后降低的趋势,380 ℃时的最高体积浓度达到4.8×10^6 $\mu m^3/cm^3$。分析认为,在加热前阶段,烟草基质由于温度整体较低,释放的成分以低沸点成分为主;在加热后阶段,大部分烟草基质处于相对较高温度,少部分烟草基质处于较低温度,释放成分的沸点范围跨度较大。在抽吸第 1 口时,由于烟草基质的受热时间相对较短(约 30 s),以释放低沸点成分为主,释放量也较小,形成的气溶胶数量较少,体积浓度也较低。当持续加热(抽吸第 2 口)时,整个烟芯的温度升高,烟草基质释放成分的量有所增加[80-81],气溶胶的数量和体积浓度增加。在之后的加热过程中,低沸点成分的释放量逐渐减小,但部分高温区域的烟草基质开始释放高沸点成分,使形成气溶胶的粒径有增大的趋势,从而有利于增大气溶胶的体积浓度,该过程中低沸点成分与高沸点成分释放量的不同趋势,共同决定了气溶胶的粒数浓度和体积浓度。最后阶段,烟草基质在平衡热状态下所能释放的成分逐渐减少,从而使气溶胶的粒数浓度和体积浓度均出现下降的趋势。

随加热温度升高,气溶胶粒径逐口变化规律呈现不同的趋势(图4.30)。在 350 ℃条件下,粒数中值粒径整体上随抽吸口数序号的增大呈升高趋势,这是因为随加热的持续进行,整个烟草基质的温度持续升高,雾化剂开始释放;伴随碳水化合物的分解,高沸点成分逐渐释放,有利于形成大粒径的气溶胶。在 380 ℃条件下,粒数中值粒径随抽吸口数序号的增大呈先升高后降低的趋势,这是因为气溶胶的粒径不仅与成分的沸点有关,还与成分的释放量有关。当释放量高时,气溶胶易发生凝聚而使粒径增大,380 ℃下烟草基质的高沸点成分在第 5 口抽吸时已达到较高的释放量,形成的气溶胶粒径较大,最大粒数中值粒径为 79 nm;而在后续几口抽吸时其释放量逐渐降低,气溶胶粒径减小。在 200 ℃和250 ℃下,烟草基质中仅有低沸点成分释放,形成的气溶胶粒径整体较小(20~40 nm),其中,第 3 口、第 4 口的低沸点成分的释放量较高,气溶胶的粒径较大。不同加热温度条件下,气溶胶粒径分布的几何标准偏差随抽吸口数序号的增大整体上均呈现出先增加后降低的趋势,其中最大几何标准偏差主要集中在第 4 口~第 7 口,约为 2.0,而前几

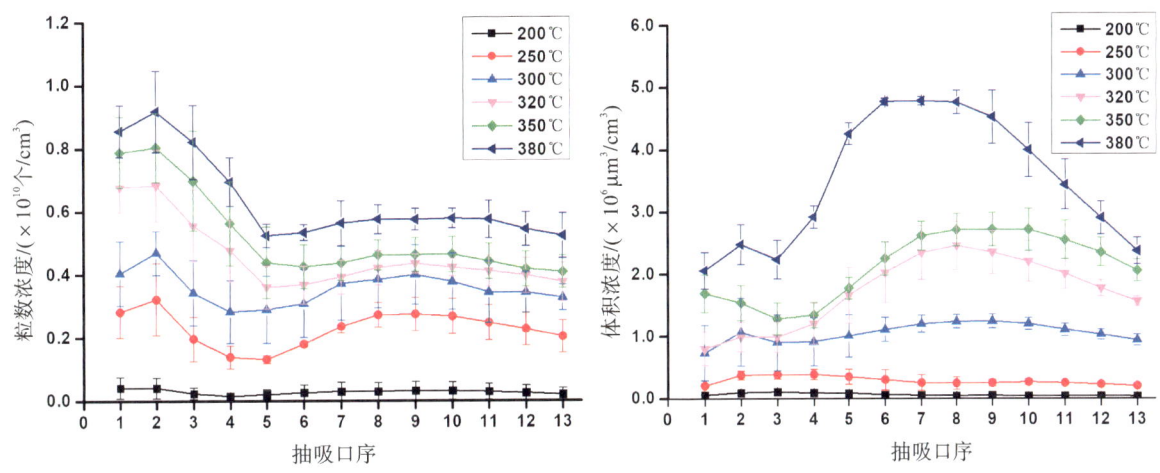

图 4.29　不同加热温度加热卷烟逐口气溶胶的粒数浓度和体积浓度

口和后几口的几何标准偏差则相对较小。分析后认为,加热卷烟前几口气溶胶以低沸点成分为主,后几口气溶胶以高沸点成分为主,形成的气溶胶粒径较为接近,使粒径分布的几何标准偏差较小;而第 4 口~第 7口气溶胶中低沸点成分和高沸点成分的释放量比例可能较为接近,由于不同沸点成分形成气溶胶的粒径不同,会增加气溶胶粒径分布的展宽,增大粒径分布的几何标准偏差。

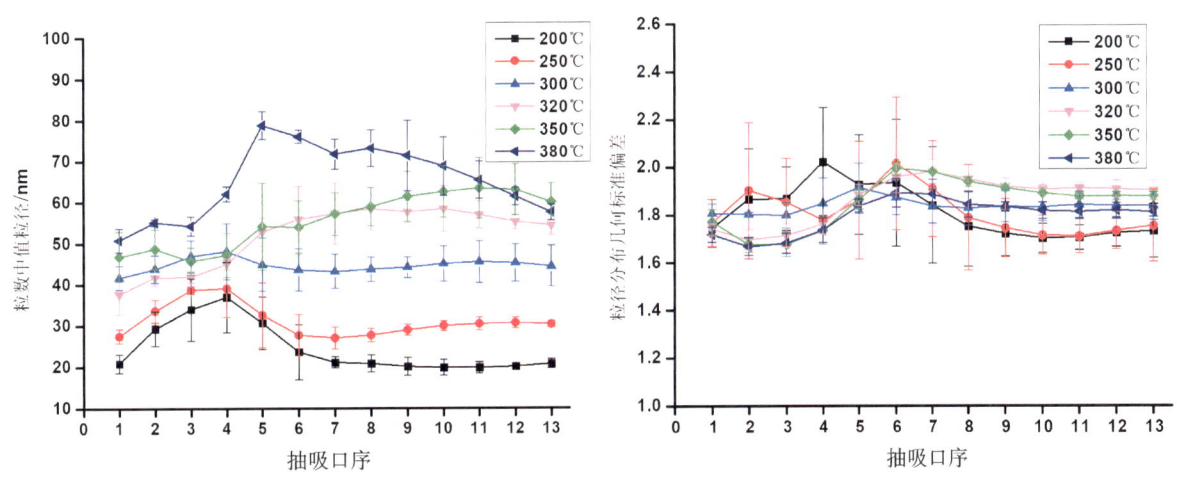

图 4.30　不同加热温度加热卷烟逐口气溶胶的粒数中值粒径和几何标准偏差

4.3.2.2　加热温度对香气成分释放量的影响

（1）两种加热方式气溶胶捕集物质量和烟支各部位质量随加热温度的变化

两种加热模式下,气溶胶捕集物质量和烟支各部位质量随加热温度的变化见图 4.31。中心加热条件下,随加热温度升高,芯材质量损失增加,ACM 增加,中空支撑段和降温段质量增加,而醋酸纤维过滤段质量变化不明显。从变化趋势分析,300 ℃和 380 ℃两个温度点芯材失重、ACM 和滤嘴段质量增加的幅度最为明显;此外,随温度升高,滤嘴段质量增加的幅度小于 ACM 质量增加的幅度,可能是由于烟气流温度增加导致截留作用减弱。醋酸纤维过滤段质量变化较小,可能是由于醋酸纤维本身吸附了一定质量的水,当烟气流通过时吸附和脱附共同作用使得其质量变化不明显。周向加热条件下,随加热温度升高,芯材的质量损失增加,ACM 增加,其中,190 ℃和 240~250 ℃的质量变化最为明显;空腔纸管支撑段、中空降温段和醋酸纤维滤嘴段在高于 200~220 ℃时质量略微增加,同样可能受烟气温度和各滤嘴功能段吸附容量的共同影响。

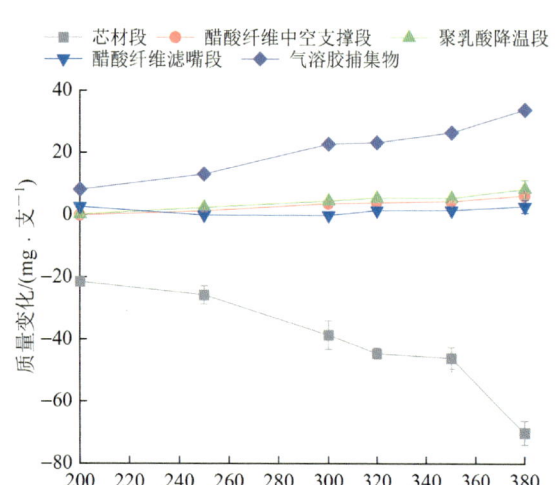
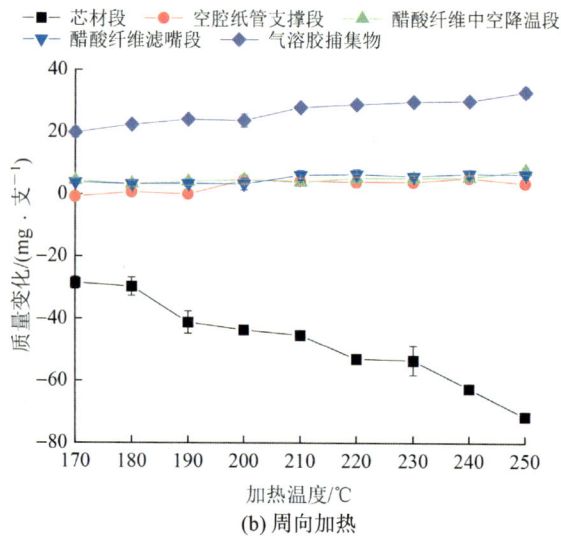

(a) 中心加热   (b) 周向加热

图 4.31　不同加热温度下气溶胶捕集物质量和烟支各部位质量的变化

（2）两种加热方式下检出的化学成分

中心加热方式下共检出 56 种成分，周向加热条件下共检出 46 种成分。两种加热方式下均检测到的成分主要有水分，发烟剂丙二醇和丙三醇，氮杂环类的烟碱、麦斯明、2,3′-联吡啶、2-甲基吡嗪和 2-乙酰基吡咯，酮类的茄尼酮、3-羟基-2-丁酮、4-环戊烯-1,3-二酮、4-羟基-2,5-二甲基-3(2H)-呋喃酮、甲基环戊烯醇酮等，醛类的糠醛类、苯甲醛、苯乙醛和香兰素，酯类的乙酸己酯、乙酸异丁酯、α-当归内酯、棕榈酸甲酯和棕榈酸乙酯等，醇类的糠醇、苯甲醇和苯乙醇，以及酚类的愈创木酚、麦芽酚和 2,4-二叔丁基苯酚。此外，中心加热条件下还检测到二氢香豆素、苯甲酸甲酯、δ-己内酯，高于 320 ℃ 时还检测到 4-甲基愈创木酚、2-甲氧基-4-甲基苯酚、4-乙基愈创木酚和 4-乙烯基愈创木酚，高于 300 ℃ 时检测到 2,6-二甲基吡啶和 2,3,5-三甲基吡嗪等；周向加热条件下还检测到水杨醛、丁香酚和癸酸乙酯等。

检出的大部分成分均主要分布于粒相物中，只有 15 种低沸点小分子在气相物中检测到，包括水、糠醛、5-甲基糠醛、苯甲醛、苯乙醛、水杨醛、3-羟基-2-丁酮、2-甲基四氢呋喃-3-酮、4-环戊烯-1,3-二酮、糠醇、苯甲醇、2-甲基吡嗪以及 R-(＋)-柠檬烯、α-当归内酯和苯甲酸甲酯。其中，2-甲基四氢呋喃-3-酮和 R-(＋)-柠檬烯超过 50% 分布于气相物中。此外，以上成分的气相分布受加热温度影响，当中心加热温度为 200 ℃、周向加热温度低于 180 ℃ 时，这些成分在气相物中的分布比例增加。这可能与低温加热条件下产生的气溶胶粒径较小有关。

（3）两种加热方式下化学成分释放量随加热温度的变化

两种加热方式下大部分化学成分释放量随加热温度升高而增加，但随加热方式不同呈现不同的变化规律。为整体展示气溶胶中化合物释放量与加热温度之间的关系，分别对两种加热方式不同温度下化学成分释放量（粒相物和气相物释放量总和）进行 HCA 并绘制树状热图。将化合物的质量分数通过标准分数（Z-Score）进行标准化，图 4.32 中色标数值即为标准化后的数值，代表每个分析物的浓度，从红色到蓝色表示浓度升高。化合物簇及其与加热温度的关系可以分别从水平和垂直方向观察，从图 4.32 可知，两种加热方式下大部分成分的释放量随温度升高而增加，表明加热温度是加热卷烟气溶胶成分释放的关键驱动力。根据加热温度（水平聚类结果），中心加热方式可以区分为 200～250 ℃、300～350 ℃、380 ℃ 3 个簇，表明 300 ℃ 和 380 ℃ 是两个关键的温度转折点，在达到这两个加热温度后化学成分释放发生了明显改变；周向加热方式可以区分为 170～180 ℃、190～240 ℃、250 ℃ 3 个簇，表明 190 ℃ 和 250 ℃ 是两个关键的温度转折点，这与芯材和 ACM 质量变化的关键温度点一致。

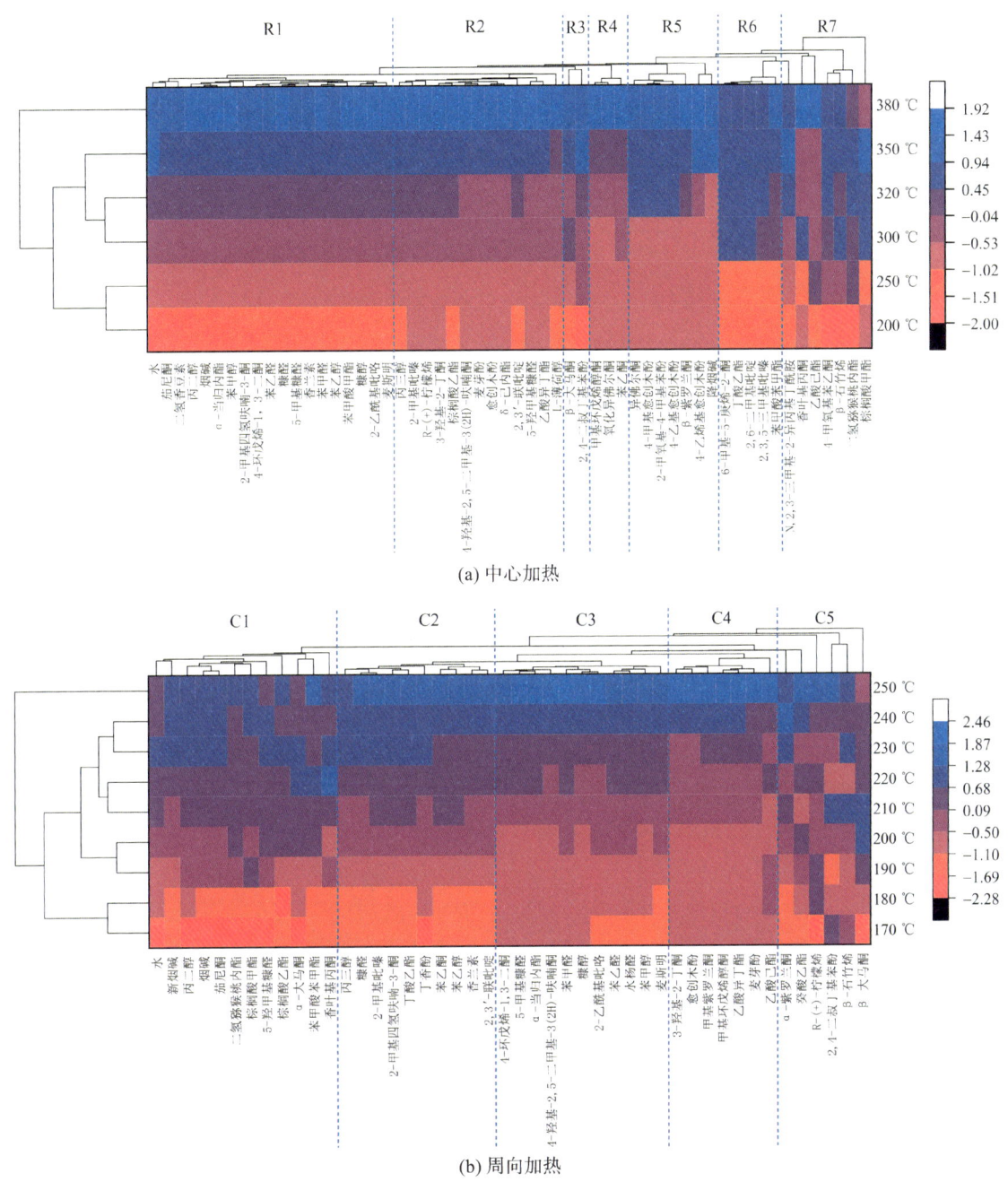

(a) 中心加热

(b) 周向加热

图 4.32　中心加热和周向加热方式下气溶胶化学成分水平聚类和样品垂直聚类的聚类图

　　根据气溶胶中化学成分释放量的变化规律(垂直聚类结果),中心加热方式下可以区分为 R1~R7 共 7 个化合物簇,大部分化合物聚类在 R1 和 R2 中,分别占总化合物数量的 33.9% 和 23.2%;周向加热方式下可区分为 C1~C5 共 5 个化合物簇,大部分化合物聚类在 C1、C2 和 C3 中,分别占总化合物数量的 26.1%、21.7% 和 23.9%。可以看出,虽然同一团簇的化合物随加热温度的变化规律相似,但同一团簇中均包含了不同类型的化合物,此外两种加热方式下化合物的释放规律也不尽相同。

　　总结两种加热方式下不同分区中化学成分释放量随加热温度的变化规律发现:①对于中心加热方式,R1、R2 和 R4 中的化合物释放量随加热温度呈指数性增长,分别在高于 250 ℃、300 ℃ 和 320 ℃ 时增速明显;R3 只包含 β-大马酮和 2,4-二叔丁基苯酚两种化合物,在 200 ℃ 时即有较高的释放量,随温度升高缓慢

增加;R5 和 R6 中的化合物分别在温度高于 320 ℃、300 ℃时才检测到,并随加热温度升高而增加;R7 中的化合物则随加热温度升高变化规律不明显。②对于周向加热方式,C1 簇中化合物释放量随加热温度升高呈二项式增长;C2 簇中化合物随加热温度升高呈线性增长;C3 和 C4 簇中化合物随加热温度升高呈指数性增长,分别在高于 200 ℃、230 ℃时增速明显;C5 中的化合物则随加热温度升高变化不明显。③不同化合物的释放除了受加热温度和加热方式的影响外,还可能与芯材的质量分数(自身质量分数、前体物的质量分数)、化合物的物理化学性质(例如,沸点、蒸汽压、溶解度和有机官能团等)、滤嘴不同功能段中的截留作用等有关,是芯材化学成分与加热条件之间复杂相互作用的结果。

4.3.3 烟草原料类型的影响

目前烟芯材料以再造烟叶为主要形式,由于加热卷烟专用再造烟叶对上机适应性、发烟剂负载能力、均质化水平等的特殊需求,需采用不同于传统卷烟用再造烟叶的工艺技术和条件,制造工艺主要有稠浆法、造纸法、辊压法等。其中稠浆法再造烟叶是将烟草粉末、发烟剂、胶黏剂、纤维等混合形成浆料后延涂形成片材,均质化程度高,且生产工序简单,水耗和能耗低,生产速度快[82]。近年来针对不同类型的加热用再造烟叶开展了性能评价和特性分析,相比之下稠浆法再造烟叶具有结构紧密、吸热量小、导热均匀性好和烟气递送稳定等优点,比较适宜用作加热卷烟烟草段材料[83]。

加热卷烟用再造烟叶的烟草原料配方是将各种不同风格、产地、品种及等级的烟叶和烟梗按一定的比例加以合理的搭配。烟草原料配方的差异,导致其抽吸品质和口感各不相同,体现在微观上,则是其烟气气溶胶的化学成分和物理特性各不相同。CN106235376A 公开了"一种适用于加热非燃烧型卷烟的再造烟叶",该发明制备的稠浆法再造烟叶以单种烟叶或多种烟草作为原料,但未公开烟叶原料的配方[84]。由于不同烟草原料化学组成、物理特性的差异,以不同烟叶原料配方制备的再造烟叶,直接关系到加热条件下释放的气溶胶的量和香气品质。此外,稠浆法再造烟叶在成型时浆料水分较高,在干燥脱水时易造成香气成分及发烟剂的流失[83]。因此,制备了不同烟叶原料的稠浆法再造烟叶,研究分析了原料选用对气溶胶释放特性的影响。

按照表 4.13 中原料类型选取烟叶样品 10 kg 以上,精磨后过 300 目筛,作为稠浆法再造烟叶生产的烟叶原料。采用研制的加热卷烟专用稠浆法再造烟叶实验生产平台,制备不同原料类型的稠浆法再造烟叶。其中添加发烟剂比例为 20%(丙二醇比例为 4%、甘油比例为 16%),外加纤维比例为 5%,黏合剂比例为 5%,不添加香精;浆料制备工艺、成型干燥工艺均按照正常加工工艺进行,稠浆的流延厚度为(0.8±0.1) mm。

表 4.13　不同再造烟叶样品信息及主要化学成分

编号	原料类型	原料产地	烟叶部位/等级	年份	水/(%)	丙二醇/(%)	丙三醇/(%)	水溶性糖/(%)	总植物碱/(%)	总氮/(%)	氯/(%)	钾/(%)
SF1-B	浓香型烤烟(云87)	湖南郴州	上部/二级	2017	8.77	3.00	12.69	11.74	1.67	1.40	0.37	1.44
MF1-B	中间香型烤烟(云87)	贵州遵义	上部/二级	2017	8.64	3.25	12.81	10.52	2.36	1.52	0.22	0.74
CF1-B	清香型烤烟(K326)	云南玉溪	上部/二级	2017	8.38	3.61	12.85	14.92	1.84	1.50	0.23	1.02
CF2-B	清香型烤烟(K326)	云南玉溪	上部/二级	2017	8.41	3.56	12.10	14.63	1.81	1.48	0.22	1.05

编号	原料类型	原料产地	烟叶部位/等级	年份	水/(%)	丙二醇/(%)	丙三醇/(%)	水溶性糖/(%)	总植物碱/(%)	总氮/(%)	氯/(%)	钾/(%)
CF3-C	清香型烤烟(K326)	云南玉溪	中部/二级	2017	9.73	3.27	12.87	14.37	0.78	1.17	0.20	1.46
CF4-X	清香型烤烟(K326)	云南玉溪	下部/二级	2017	10.40	2.77	13.19	18.20	1.23	1.24	0.31	1.08
B1-B	白肋烟(国外)	美国	上部/二级	2016	9.12	3.51	13.00	0.39	2.32	2.78	0.30	1.92
B2-B	白肋烟(国内)	湖北恩施	上部/二级	2016	9.12	2.81	12.85	0.18	2.70	2.66	0.60	2.86
A1-B	香料烟(国外)	土耳其	上部/一级	2016	9.64	3.67	13.89	9.84	0.36	1.08	0.39	1.21
A2-B	香料烟B型(国内)	云南保山	上部/一、二级混打	2016	9.81	3.10	12.54	9.22	0.25	1.25	0.62	1.30
RS1-B	晒红烟	吉林	上部/二级	2015	9.42	3.01	13.44	2.20	1.78	2.33	0.43	0.60
YS1-B	晒黄烟	辽宁抚顺	上部/一级	2016	8.04	2.91	13.28	12.46	1.64	1.23	0.28	1.74

选取不同烟叶原料稠浆法再造烟叶进行烟支样品的制备,将制备的稠浆法再造烟叶压切成丝,呈束状、有序排序卷制于卷烟纸中,制成规格为 45 mm(13 mm 烟草材料段+6 mm 支撑段+18 mm 降温段+8 mm 滤嘴段)、圆周 22.60 mm 的烟支。挑选单支质量(0.75±0.02) g 的烟支进行实验,实验烟支样品在相对湿度45%、温度22 ℃的调节大气中平衡12 h后,分别进行再造烟叶化学指标检测、烟气气溶胶物理特性表征和香气成分检测。烟支均采用中心加热卷烟烟具,在350 ℃下加热烟支。

4.3.3.1 不同烟叶原料再造烟叶中主要化学成分分析

不同烟叶原料再造烟叶的主要化学成分检测结果见表4.13。可能受不同类型烟叶原料特性的影响,以不同烟叶原料制备得到的稠浆法再造烟叶中水分、丙二醇和丙三醇有一定差异,其中以香料烟、中下部烟叶为原料的再造烟叶平衡含水率稍高于其他样品,以国外香料烟为原料的再造烟叶丙二醇和丙三醇含量较高,但以上指标在12个样品中的相对标准偏差小于10%,均控制在一定范围内。此外,不同烟叶原料由于品种特性、栽培措施和调制方法等的差异,其有机物、无机物组成和含量各不同,尤其是糖类和总氮差别最为突出。对比以不同类型烟叶为原料的再造烟叶,水溶性糖含量为烤烟、晒黄烟>香料烟>晒红烟>白肋烟;总植物碱含量为白肋烟>晒红烟、晒黄烟、烤烟>香料烟;总氮含量为白肋烟>晒红烟>烤烟、晒黄烟>香料烟。对比以不同香型烤烟为原料的再造烟叶,清香型烤烟中水溶性糖含量高于浓香型和中间香型;对比同清香型不同部位烤烟,上部烟叶中总植物碱和总氮含量高于中下部。这些有机物是加热条件下气溶胶组分的关键前体物质。氯元素在以国内白肋烟、国内香料烟B型为原料的再造烟叶中含量最高,在加热条件下也会析出[85];由于白肋烟吸收氮、钾、钙较多,钾在以白肋烟为原料的再造烟叶中含量明显高于其他样品,钾元素对纤维素和半纤维素热解具有催化作用,使主要热解温度区间向低温方向移动,醛酮类和酸类物质含量降低[86]。

4.3.3.2 不同烟叶原料再造烟叶的气溶胶浓度、粒径和烟雾量分析

芯材(再造烟叶)在 350 ℃加热条件下经挥发和热解作用产生的化学物质,随抽吸进入烟气流中,经历成核、冷凝增长形成气溶胶,再造烟叶的化学组成和结构决定了所产生气溶胶的特性。图 4.33 比较了不同烟叶原料再造烟叶加热卷烟加热抽吸时产生的气溶胶粒数浓度、CMD 和烟雾量。其中不同类型烟叶原料的再造烟叶热解产生的气溶胶粒数浓度为烤烟和晒黄烟稍高于白肋烟、香料烟和晒红烟(图 4.33(a));气溶胶 CMD 为晒黄烟、烤烟和香料烟稍高于白肋烟和晒红烟(图 4.33(b));烟雾量则受气溶胶粒数浓度和粒径大小的共同影响,烤烟和晒黄烟粒数浓度和 CMD 均大因而烟雾量也大(图 4.33(c))。不同香型的烤烟,气溶胶粒数浓度为中间香型烤烟最高,CMD 为浓香型和中间香型烤烟高于清香型烤烟,烟雾量为中间香型烤烟>浓香型烤烟>清香型烤烟;清香型不同部位烤烟,上部烤烟的气溶胶的 CMD 和烟雾量稍高于中下部。

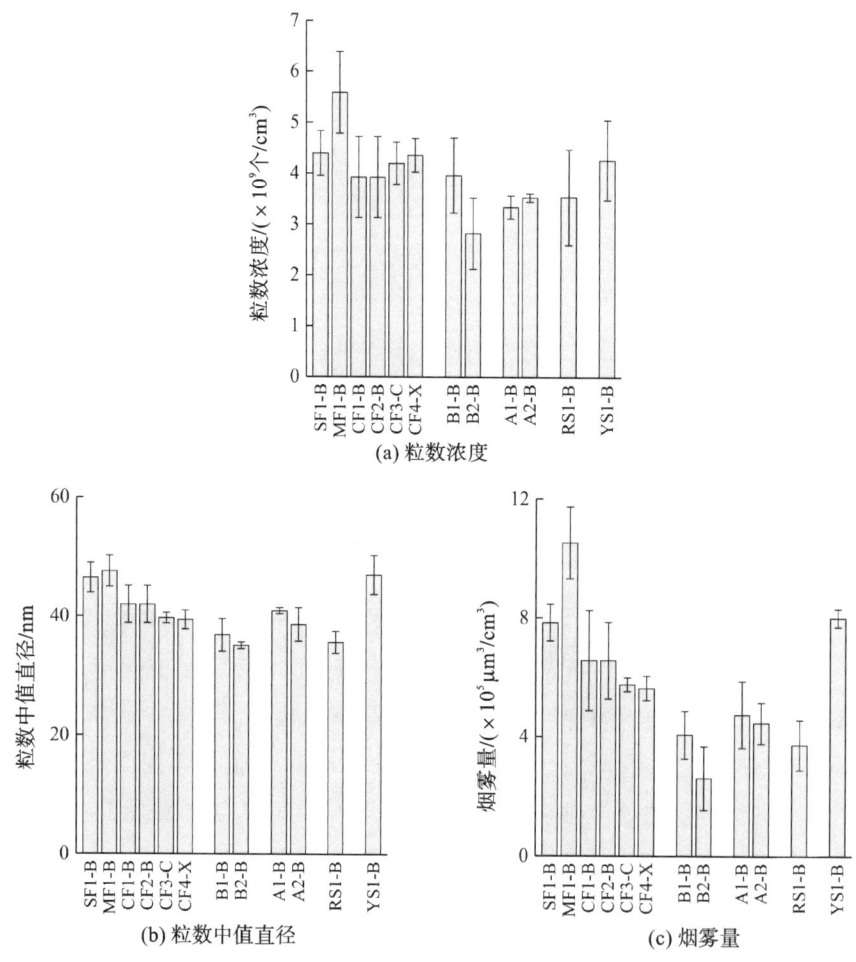

图 4.33 不同烟叶原料再造烟叶加热产生的气溶胶粒数浓度、粒数中值直径和烟雾量

不同烟叶原料再造烟叶产生的气溶胶物理特性的差异受烟叶成分的影响,结合表 4.13 可以看出,白肋烟和晒红烟中水溶性糖含量显著低于其他类型烟叶,且文献报道白肋烟中纤维素含量也明显低于其他类型烟叶[87],这些成分均是气溶胶形成的重要前体物质,其含量低导致挥发和热解产生的组分少,进而影响形成的气溶胶浓度和粒径;此外钾元素对纤维素和半纤维素热解的催化作用促进了热解[86],也可能是影响气溶胶浓度和粒径的原因。目前加热卷烟仍存在烟雾量小等不足,可以看出通过再造烟叶原料的选用,如增加烤烟和晒黄烟烟叶的用量,可增加气溶胶粒径并提高加热抽吸时的烟雾量。

4.3.3.3　不同烟叶原料再造烟叶的气溶胶香气成分分析

不同烟叶原料理化特性的差异决定了热解条件下释放的香气成分种类和释放量,并形成不同的香气品质。测定不同烟叶原料再造烟叶加热抽吸时代表性香气物质向气溶胶粒相物和气相物的释放量,结果显示香气物质主要分布在粒相物中,只有少部分低沸点小分子物质如 3-羟基-2-丁酮、2-甲基四氢呋喃-3-酮、4-环戊烯-1,3-二酮、糠醛、糠醇、5-甲基糠醛、苯甲醛、苯乙醛、2-甲基吡嗪和 α-当归内酯在气相物中检测到。

(1) 气溶胶中醛、酮类香气成分分析

羰基化合物(醛类和酮类)是影响烟气香味的重要物质,一部分来源于烟草本身,在烟草生长期间及调制、发酵、陈化等加工过程中形成,受热挥发至烟气中,另一部分经烟草热解形成。不同类型烟叶原料再造烟叶加热条件下产生的酮类物质主要有茄尼酮、4-羟基-2,5-二甲基-3(2H)-呋喃酮、4-环戊烯-1,3-二酮、甲基环戊烯醇酮、3-羟基-2-丁酮,此外还检测到低含量的香叶基丙酮、2-甲基四氢呋喃-3-酮、甲基紫罗兰酮、6-甲基-5-庚烯-2-酮、β-紫罗兰酮、异佛尔酮、苯乙酮。茄尼酮由西柏三烯类物质降解产生,是白肋烟的主要香味物质,在加热条件下白肋烟为原料的样品中生成量高,此外不同香型烤烟中中间香型烤烟为原料的样品生成量也较高(图 4.34(a))。呋喃酮和环戊烯酮是半纤维素的热裂解产物,其中不同原料样品中 4-羟基-2,5-二甲基-3(2H)-呋喃酮(图 4.34(b))、4-环戊烯-1,3-二酮、甲基环戊烯醇酮、2-甲基四氢呋喃-3-酮生成量的高低顺序为晒黄烟＞烤烟、香料烟＞白肋烟、晒红烟,3-羟基-2-丁酮(图 4.34(c))也有类似趋势。6-甲基-5-庚烯-2-酮(图 4.34(d))在白肋烟和国外香料烟为原料的样品中生成量高于其他样品;香叶基丙酮和甲基紫罗兰酮在晒红烟为原料的样品中生成量高于其他样品,此外不同香型烤烟中中间香型烤烟为原料的样品其生成量也较高。

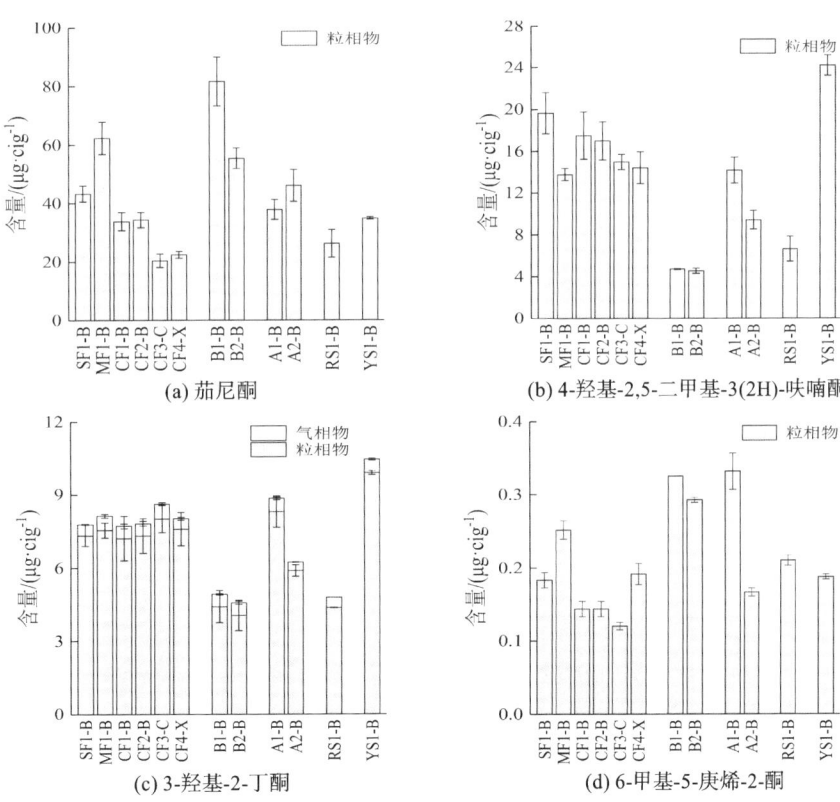

图 4.34　不同烟叶原料再造烟叶加热产生气溶胶中代表性醛、酮类成分比较

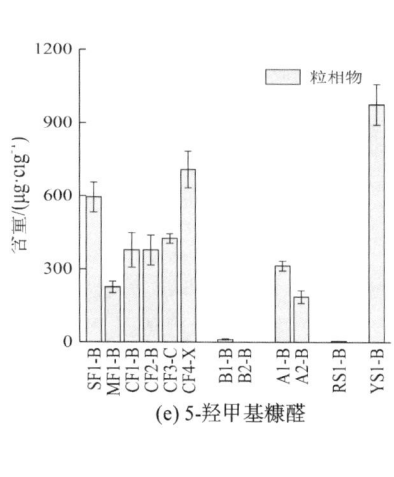

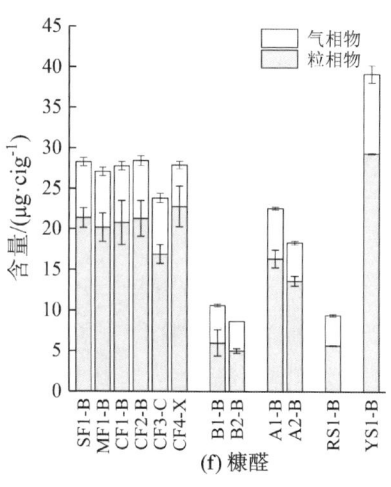

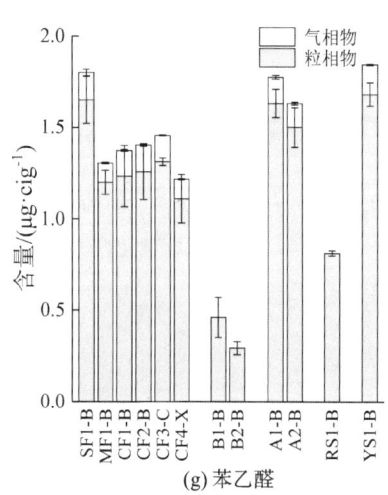

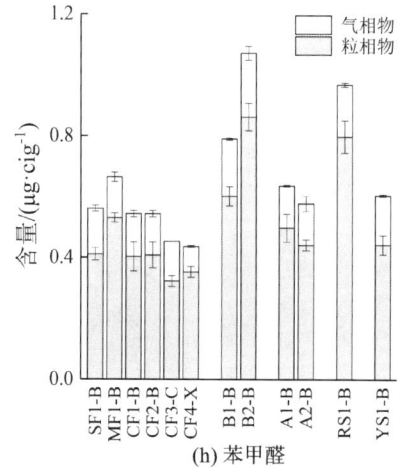

续图 4.34

不同类型烟叶原料再造烟叶加热条件下产生的醛类物质中含量较高的为 5-羟甲基糠醛、糠醛、5-甲基糠醛,并检测到低含量的苯乙醛、苯甲醛、香兰素、反式-肉桂醛、乙基香兰素。5-羟甲基糠醛是一种重要的呋喃类热解产物[60],会进一步生成糠醛、糠醇等,在加热条件下晒黄烟为原料的再造烟叶中生成量最高,而白肋烟和晒红烟为原料的再造烟叶中含量极低(图 4.34(e)),这与白肋烟和晒红烟中还原性糖含量较低有关[87]。糠醛(图 4.34(f))和 5-甲基糠醛在不同样品中的含量高低趋势与 5-羟甲基糠醛类似,糠醛和 5-甲基糠醛可源于糖类低温裂解产生,糠醛可通过 5-羟甲基糠醛脱羟基生成。从图 4.34(g)和图 4.34(h)中可以看出,白肋烟和晒红烟为原料的再造烟叶热解气溶胶中苯乙醛含量低,但苯甲醛含量高,香料烟则呈相反规律,这可能与其来源有关,苯甲醛和苯乙醛是苯丙氨酸的代谢产物,存在于烟叶中[61],多酚热解也会产生苯甲醛[88]。

(2)气溶胶中醇、酚、烯类香气成分分析

不同类型烟叶原料再造烟叶热解气溶胶中检测到的醇类有糠醇、苯乙醇、芳樟醇,酚类主要有愈创木酚、4-乙基愈创木酚、2-甲氧基-4-甲基苯酚,烯类有 R-(＋)-柠檬烯。糠醇可来源于 5-羟甲基糠醛的热解,糠醇(图 4.35(a))在晒黄烟为原料的样品中释放量最高,在白肋烟和晒红烟为原料的样品中释放量最低,与 5-羟甲基糠醛、糠醛趋势一致。酚类化合物是纤维素、木质素热解产物的主要成分,如愈创木酚是木质素在 300～400 ℃ 热解温度下的代表性酚类产物[89]。受原料中木质素含量影响,愈创木酚在晒黄烟为原料的样品中释放量最高,在白肋烟和国内香料烟为原料的样品中释放量最低;不同香型烤烟中浓香型烤烟愈创木酚释放量最高,同类型烤烟随部位降低愈创木酚释放量也降低(图4.35(b))。R-(+)-柠檬烯在国外香料烟、晒黄烟为原料的样品中释放量最高,此外不同香型烤烟中浓香型和中间香型烤烟为原料的样品生成量也较高(图4.35(c)),这可能与其在烟叶原料中的含量有关。

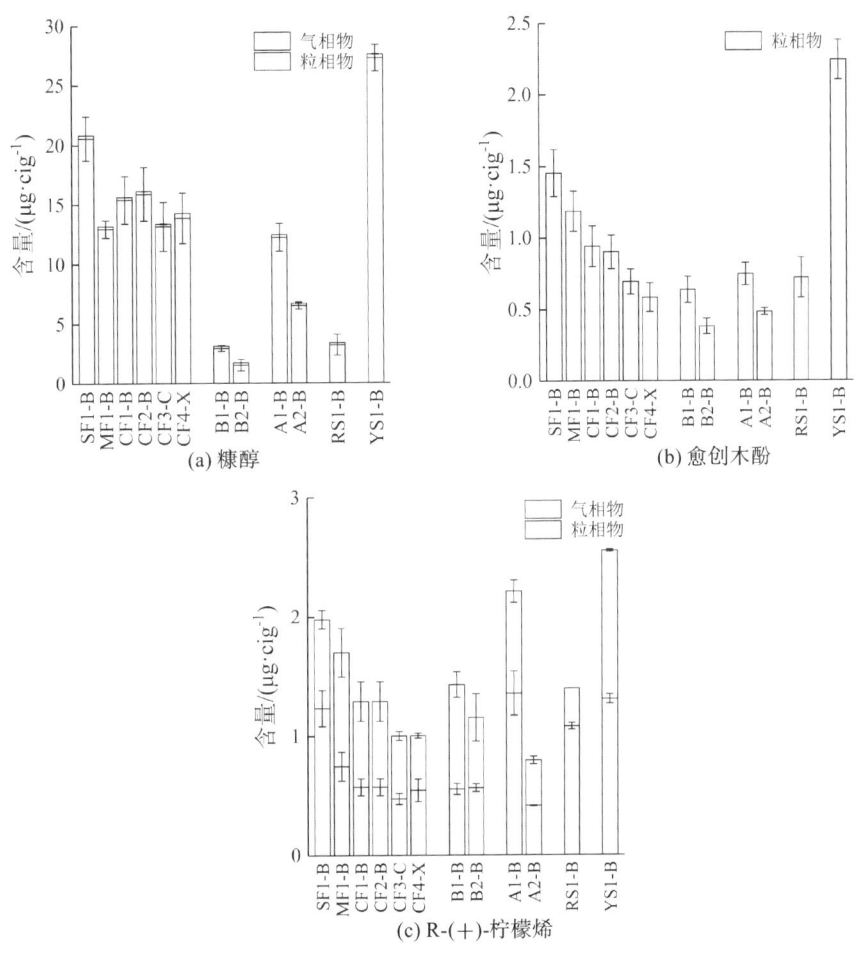

图4.35 不同烟叶原料再造烟叶加热产生气溶胶中代表性醇、酚、烯类成分比较

(3)气溶胶中酯类香气成分分析

大部分酯类存在于烟叶中,在加热条件下向烟气转移,并对烟气香气造成影响。不同类型烟叶原料再造烟叶热解气溶胶中检测到的脂肪酸酯有棕榈酸甲酯、乙酸异丁酯、棕榈酸乙酯、丁酸乙酯、乙酸己酯,内酯类有α-当归内酯和二氢猕猴桃内酯。高级脂肪酸酯主要存在于烟叶蜡质中,能使烟气变得柔和,所检测样品中棕榈酸甲酯在浓香型烤烟为原料的样品中释放量显著高于其他样品(图4.36(a))。内酯对烟气也有显著影响,如α-当归内酯具有焦甜香,在白肋烟、晒红烟为原料的样品中释放量明显低于其他样品(图4.36(b));二氢猕猴桃内酯属于类胡萝卜素的降解产物,可降低烟气刺激性,其在国外香料烟、晒红烟为原料的样品中释放量稍高于其他样品。低级脂肪酸酯具有甜味、水果香味或酒香味,与烟香协调,其中乙酸异丁酯在白肋烟、晒红烟为原料的样品中释放量明显低于其他样品(图4.36(c));乙酸己酯只在浓香和清香型烤烟为原料的样品中检测到。

(4)气溶胶中氮杂环类香气成分分析

不同类型烟叶原料再造烟叶热解气溶胶中检测到的生物碱及其转化产物有烟碱、可替宁、麦斯明、2,3'-联吡啶,其他氮杂环类有2-甲基吡嗪、2-乙酰基吡咯、2,3,5-三甲基吡嗪、2,6-二甲基吡啶和3-乙基吡啶。烟碱是热解气溶胶中主要的挥发碱,主要来自从烟草中的直接转移,以及烟碱类生物碱的热解,因此其向烟

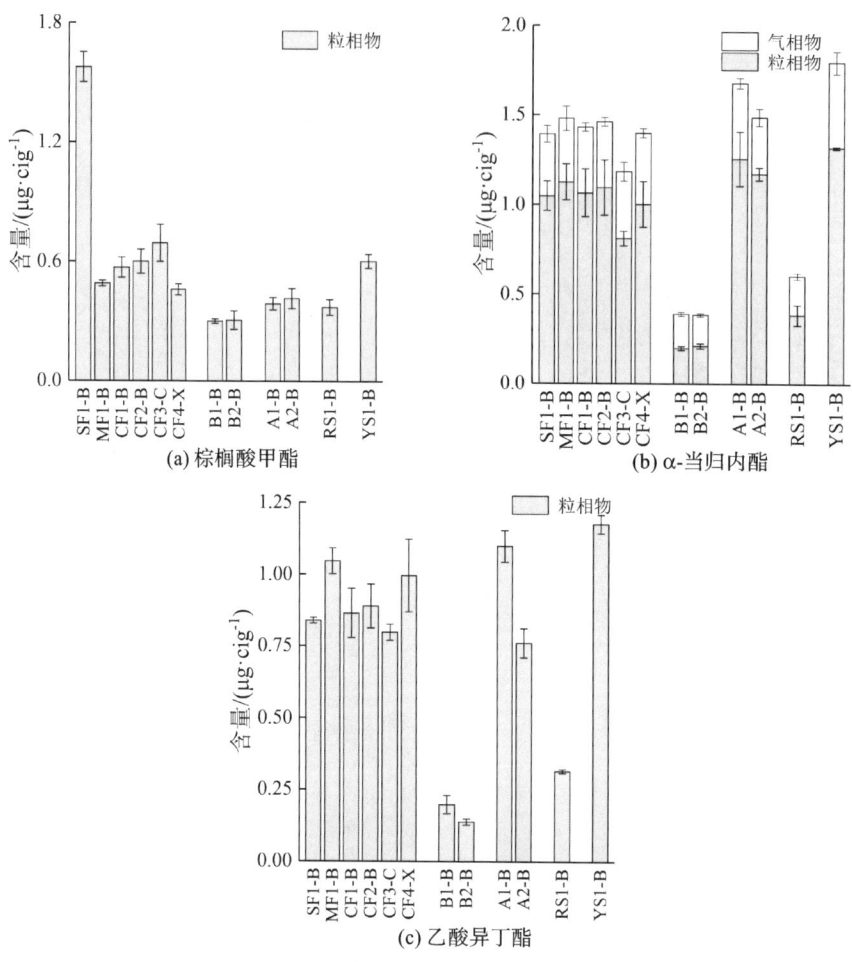

图 4.36　不同烟叶原料再造烟叶加热产生气溶胶中代表性酯类成分比较

气中的释放量与烟草中生物碱含量有关。香料烟中生物碱含量显著低于其他样品,因此香料烟为原料的样品向烟气释放的烟碱明显低于其他样品(图 4.37(a))。而其他生物碱及代谢物的释放量也可能受烟草中含量和组成影响,如麦斯明、可替宁在白肋烟、晒红烟为原料的样品中释放量明显高于其他样品(图 4.37(b))。

氮杂环类的吡啶、吡咯、吡嗪类衍生物则来源于糖与氨基酸非酶棕化产物,其含量受烟叶中糖和氨基酸含量及种类的影响。在白肋烟、晒红烟为原料的样品中 2-甲基吡嗪、2,3,5-三甲基吡嗪释放量明显高于其他样品(图 4.37(c)),而 2,6-二甲基吡啶只在国内白肋烟、香料烟为原料的样品中检测到,3-乙基吡啶只在国内白肋烟为原料的样品中检测到。白肋烟为原料的样品向烟气释放的氮杂环类成分含量高、种类多,这可能与白肋烟具有丰富的游离氨基酸,且主要氨基酸与其他样品不同有关。

综上可以下结论:①原料的类型会影响气溶胶物理特性,如烤烟和晒黄烟为原料的样品热解释放的气溶胶 CMD 和烟雾量均大。②通过原料的选用可改变香气成分释放量,如选用白肋烟为原料的再造烟叶热解产生的茄尼酮、生物碱代谢物、吡嗪和吡啶类氮杂环等物质多;晒黄烟为原料的样品产生的醛类(如 5-羟甲基糠醛和糠醛)、4-羟基-2,5-二甲基-3(2H)-呋喃酮、糠醇、愈创木酚、生物碱代谢物多;晒红烟为原料的样品产生的吡嗪、生物碱代谢物多。③烤烟香型和烟叶部位也会影响香气成分释放量,浓香型烤烟为原料的样品产生的棕榈酸甲酯、糠醇、5-羟甲基糠醛、苯乙醛、乙酸己酯等多,中间香型烤烟为原料的样品产生的茄尼酮、6-甲基-5-庚烯-2-酮、麦斯明、2-甲基吡嗪等多;同类型清香型烤烟不同部位烟叶原料的样品产生的部分香气成分随部位降低释放量减少,但下部烟叶为原料的样品产生的 6-甲基-5-庚烯-2-酮、5-羟甲基糠醛多。

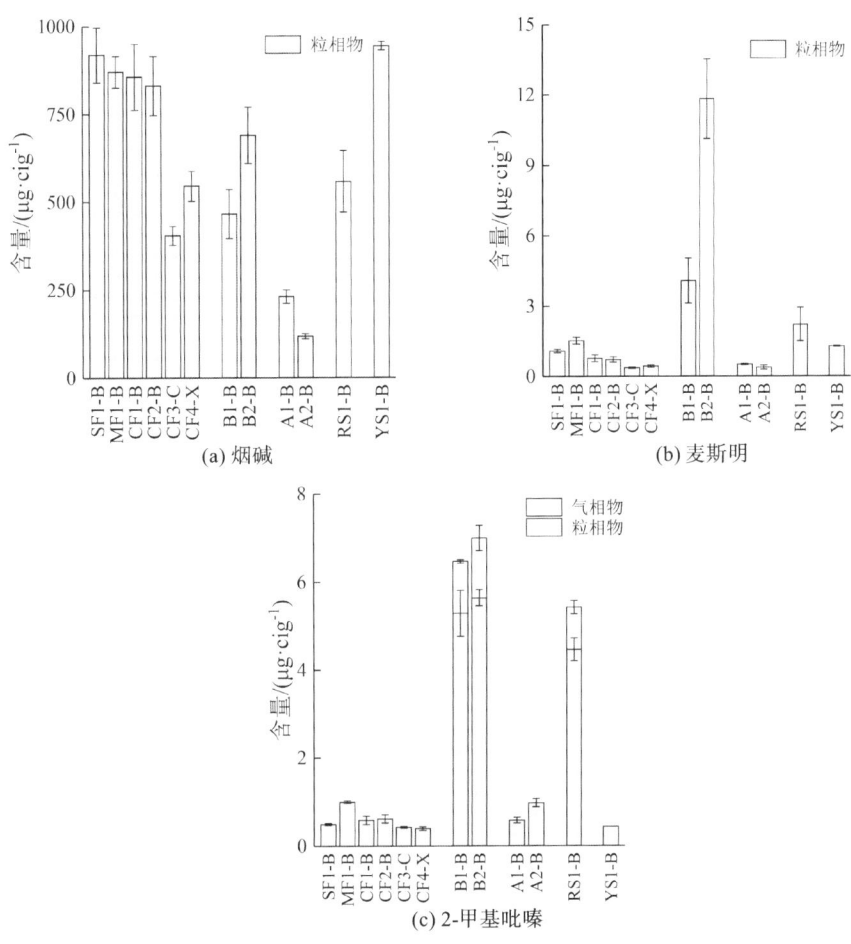

图 4.37　不同烟叶原料再造烟叶加热产生气溶胶中代表性氮杂环类成分比较

4.3.4　发烟剂及配比的影响

加热卷烟中的烟草材料经过蒸馏、热解等作用形成气-汽混合物（其主要成分为发烟剂、水和烟碱），随着温度的降低，气-汽混合物冷凝形成气溶胶[8,9]。Nordlund 等[10] 使用扩展的经典成核理论对多组分气体混合物进行数值模拟，仅在主要是丙三醇（GL）的气雾形成剂存在下才形成气雾滴，证明 GL 是触发电热烟草制品中成核过程的主要气溶胶形成剂。当 GL、烟碱和水被视为惰性物质时，仍不会产生气雾滴，不会促进成核过程。Cozzani 等[8] 认为 eHTP 烟雾是由最初存在于烟草基质中的汽化化合物（主要是 GL、水和烟碱）的冷凝而产生的。因此，多元醇（如丙二醇（PG）和 GL）作为 HTP 烟草材料主要添加组分，其功能是作为发烟剂促进烟气气溶胶的形成[90]。

由于 PG 和 GL 理化性质的差异，其含量和配比直接影响加热条件下气溶胶的形成、物理特性和化学成分释放效率等，进而影响气溶胶的理化特性和感官特性。不同加热卷烟产品中发烟剂比例、含量和释放效率不同，张丽等[37] 研究了不同类型加热卷烟中 PG、GL、烟碱和香气成分的转移率范围，分别为 7.7%～50.0%、2.9%～16.1%、10.6%～34.3% 和 1.5%～1290.0%，PG 向烟气的释放效率高于 GL。王孝峰等[91] 研究表明随 GL 含量增加，气溶胶释放量线性增加，发烟起始时间线性降低，气溶胶粒径变大、分布变宽。赵龙等[72] 研究表明烟丝中添加 GL 可增加烟气中挥发性、半挥发性成分的释放量，但 GL 添加量为 5%～50% 时无明显差异。唐培培等[92]、胡安福等[93] 分别考察了 GL、PG 对加热状态下烟气释放的影响，

添加 GL 和 PG 对烟丝热性能影响总体趋势一致,但相比之下添加 PG 的样品水分释放量高、烟碱释放量低、较低温度下烟气粒相物和焦油释放量高,即在相对较低温度下丙二醇更利于烟气浓度增加。可以看出,在加热条件下 PG 和 GL 对气溶胶的形成和释放有不同影响。

此外,从 GL、PG 的发烟条件可以看出,热解/蒸馏区的温度超过了 200 ℃,能够将 GL、PG 等添加剂雾化成烟雾,从而增大烟雾量。这一过程可能存在以下几个优点:①有利于增大烟雾量,满足提升抽吸轻松感的需求;②烟气中水分含量增大,有利于降低烟气刺激性。但也面临着以下工艺难题:①如何使 GL、PG 达到较高的添加量,且不影响烟支制造;②GL、PG 在加工和存储过程中容易损失,必须充分考虑到 GL、PG 的保留率;③抽吸过程中,嘴棒对 GL、PG 烟雾的截留效率较大,如何减少截留,凸显产品的大烟雾量优势是个关键。

综上分析,制备了不同 GL/PG 配比及添加量的加热卷烟,进一步研究了发烟剂配比对加热卷烟气溶胶逐口释放物理特性,以及主要成分逐口释放特性的影响规律,以期为加热卷烟的加工工艺和配方设计提供参考。

选取经精磨、过筛的配方烟叶原料,添加质量分数分别为 5% 的外加纤维和黏合剂,并按照表 4.14 中 GL/PG 质量比及添加总量(以质量分数计,下同)添加发烟剂。按照正常生产工艺,采用加热卷烟专用稠浆法再造烟叶实验生产平台将配方烟叶原料制备成再造烟叶,然后将制得的再造烟叶压切成丝,呈束状、有序排列卷制成加热卷烟烟支的发烟段,最终卷制成含有不同 GL/PG 质量比及添加总量的加热卷烟样品(规格为发烟段 13 mm + 支撑段 6 mm + 降温段 18 mm + 滤嘴段 8 mm,圆周 22.60 mm)。将加热卷烟样品在相对湿度 45%、温度 22 ℃ 的条件下平衡 12 h 后,P1~P9 样品中均挑选质量为 (0.76±0.01) g 的烟支样品用于实验,M1~M6 样品中依次挑选质量为 (0.70±0.01) g、(0.71±0.01) g、(0.73±0.01) g、(0.74±0.01) g、(0.76±0.01) g 和 (0.77±0.01) g 的烟支样品用于实验,以保证所用实验烟支样品的芯材质量在扣除发烟剂和水分质量后一致。

表 4.14 加热卷烟中的 GL/PG 质量比及添加总量

样品类型	样品编号	丙三醇/丙二醇比例 GL/PG(wt)	添加总量/(%)
不同发烟剂比例样品	P1	100/0	
	P2	95/5	
	P3	90/10	
	P4	85/15	20
	P5	80/20	
	P6	70/30	
	P7	60/40	
不同发烟剂比例样品	P8	50/50	20
	P9	0/100	
不同发烟剂添加量样品	M1		0
	M2		5
	M3	80/20	10
	M4		15
	M5		20
	M6		25

4.3.4.1　不同发烟剂再造烟叶中发烟剂留着率和水分分析

由于 PG 和 GL 的挥发性、制造过程中的损耗及工艺条件的波动,不同再造烟叶中 PG 和 GL 的留着率有一定差异,其中 GL 留着率为 77.8%~89.1%,PG 留着率为 79.4%~87.3%,差异小于 11.3%。此外,未添加发烟剂的 M1 样品中也检出低含量的 PG 和 GL,P1 和 P9 样品中也分别检出低含量的 PG 和 GL,这可能是来源于助剂或受到制备仪器上残留物污染。由表 4.15 还可看出,虽然发烟剂的吸湿特性会影响水分的吸附,但不同样品间水分含量差异相对较小,均在较低水平(质量分数均低于 7.73%)。随着 PG 和 GL 添加总量的增加,水分含量呈先降低最后略微增加的趋势,这可能是受发烟剂添加量和物料吸湿性的共同影响。其一,发烟剂的加入使芯材总质量增加、水分含量下降;其二,烟草本身有吸湿性,发烟剂的加入可能占据了部分水分在烟草上的吸附位点,导致水分吸附量减少;此外,发烟剂也有吸湿性,随着发烟剂的增加,其吸附的水分总量也增加。当 GL/PG 添加总量较低时,可能前两个作用占主导,因此水分含量减少;GL/PG 添加总量较高时,发烟剂吸湿性的影响占主导,水分含量呈现略微增加趋势。

表 4.15　不同发烟剂含量再造烟叶中发烟剂留着率和水分测定结果

编号	丙二醇(PG)			丙三醇(GL)			发烟剂总量			GL/PG (wt)		水分/(%)
	实测值/(%)	理论值/(%)	留着率/(%)	实测值/(%)	理论值/(%)	留着率/(%)	实测值/(%)	理论值/(%)	留着率/(%)	实测值	理论值	
P1	0.02	0	/	16.52	20	82.6	16.54	20	82.7	/	/	6.89
P2	0.84	1	84.2	15.33	19	80.7	16.17	20	80.8	18.20	19.00	6.86
P3	1.58	2	78.8	14.54	18	80.7	16.12	20	80.6	9.23	9.00	6.68
P4	2.51	3	83.7	14.03	17	82.5	16.54	20	82.7	5.59	5.67	6.35
P5	3.18	4	79.5	13.69	16	85.6	16.87	20	84.4	4.30	4.00	6.33
P6	4.96	6	82.7	12.22	14	87.3	17.19	20	85.9	2.46	2.33	6.51
P7	6.67	8	83.4	10.20	12	85.0	16.87	20	84.3	1.53	1.50	6.59
P8	8.19	10	81.9	8.57	10	85.7	16.76	20	83.8	1.05	1.00	6.23
P9	15.74	20	78.7	0.31	0	/	16.05	20	80.2	/	/	6.13
M1	0.01	0	/	0.28	0	/	0.29	0	/	/	/	7.73
M2	0.89	1	89.2	3.21	4	80.2	4.10	5	82.0	3.60	4	6.73
M3	1.68	2	84.2	6.54	8	81.7	8.22	10	82.2	3.88	4	6.49
M4	2.67	3	89.1	9.81	12	81.8	12.48	15	83.2	3.67	4	6.33
M5	3.21	4	80.2	13.63	16	85.2	16.84	20	84.2	4.25	4	6.26
M6	3.89	5	77.8	15.88	20	79.4	19.78	25	79.1	4.08	4	6.53

4.3.4.2　不同发烟剂配比加热卷烟气溶胶浓度、粒径和烟雾量分析

(1) 不同发烟剂比例对气溶胶的粒数浓度、粒数中值粒径和烟雾量的影响

发烟剂添加量与烟草基质释放成分及气溶胶的粒数浓度和烟雾量密切相关。如图 4.38 所示,在实验条件下气溶胶的粒数浓度和烟雾量随发烟剂比例的变化并未呈现显著的规律,其中 P1(理论添加量 0% PG-20%GL)和 P2(理论添加量 1%PG-19%GL)样品气溶胶粒数中值粒径相对较小、粒数浓度相对较低;P4 样品(理论添加量 3%PG-17%GL)的烟雾量最大。

(2) 不同发烟剂含量对气溶胶的粒数浓度、粒数中值粒径和烟雾量的影响

加热卷烟样品总体释放气溶胶的粒数浓度基本上呈现随发烟剂的增加而降低的趋势,烟雾量随发烟剂的增加呈现出先增加后降低的趋势。加热卷烟烟芯中发烟剂的增加在一定程度上增大了烟芯的导热系

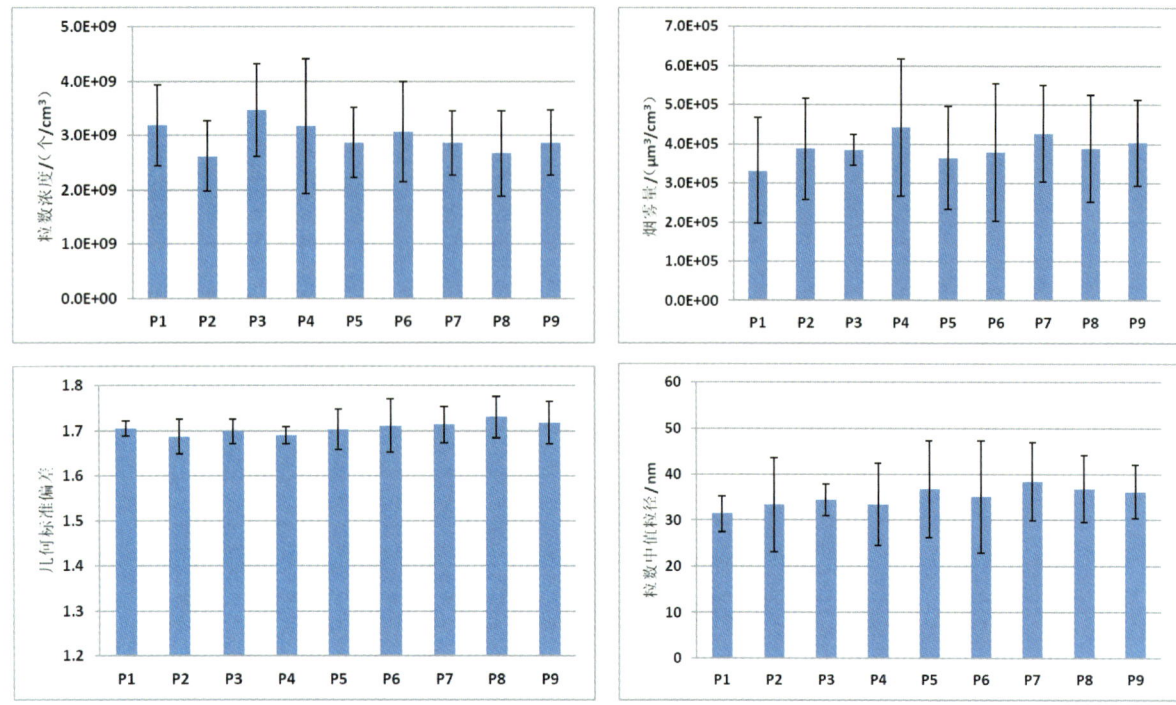

图 4.38　不同发烟剂比例加热卷烟样品气溶胶的粒数浓度、烟雾量、几何标准偏差、粒数中值粒径

数,降低了烟芯内的热扩散系数,也增大了其体积热容,在加热元件相同的热量输出条件下,较高发烟剂的添加会降低烟草基质段的温度及缩小产生气溶胶的有效加热区域,从而使烟草基质释放的成分有所降低,影响了气溶胶的形成。但同时,发烟剂的增加也增加了发烟剂的释放量,也可能促进了气溶胶的形成。因此,发烟剂增加对气溶胶形成的两方面作用共同影响了气溶胶的粒数浓度和烟雾量。粒数浓度随发烟剂的增加而降低的趋势,表明发烟剂对气溶胶粒数浓度的降低作用要占据主导;烟雾量随发烟剂的增加呈现出先增加后降低的趋势,当发烟剂的添加量较低时,烟芯体系整体温度较高,发烟剂能够有效地释放并形成气溶胶,烟雾量随发烟剂的增加而增加,当发烟剂增加至一定值时,降低了烟芯体系整体温度,也降低了发烟剂的有效释放量,从而影响了气溶胶的烟雾量。综上分析,发烟剂的增加可以提高气溶胶的烟雾量,当发烟剂增加至一定量时,需要相应调整加热元件的升温程序,使之与发烟剂的添加量相匹配,以达到继续升高烟雾量的目的。

粒数中值粒径方面,在无发烟剂添加的情况下,加热卷烟烟草基质释放成分形成的气溶胶粒径较小,粒数中值粒径仅为 30 nm;当有发烟剂添加时,气溶胶的粒径增大,气溶胶的粒数中值粒径主要集中在 40 nm 左右,整体上粒数中值粒径随发烟剂增加有一定的增加趋势。因此,发烟剂的添加有利于增大气溶胶的粒径。此外,发烟剂的添加会增大气溶胶的几何标准偏差,可能是因为高沸点丙三醇与低沸点烟草基质释放成分的释放量相接近,从而增大了气溶胶粒径分布的展宽(图 4.39)。

不同发烟剂添加量加热卷烟样品气溶胶粒数浓度和烟雾量的逐口变化趋势基本一致,表现出先降低再逐口升高的趋势,逐口释放气溶胶的粒数浓度和烟雾量在第 1 口~第 2 口呈现下降趋势,这主要是因为水分等低沸点成分快速释放,使气溶胶粒数浓度和烟雾量呈现下降趋势;粒数浓度在第 2 口~第 11 口呈现逐口升高趋势,这是因为随着加热元件的持续加热,烟芯体系的温度逐渐升高,发烟剂和烟草基质的成分开始逐渐释放,增加了气溶胶的形成,使气溶胶的粒数浓度和烟雾量逐口增加。但由于发烟剂添加对烟芯体系温度的影响,发烟剂添加量高的样品整体气溶胶粒数浓度和烟雾量较低。所考察加热卷烟样品气溶胶的粒数中值粒径随抽吸口数基本呈现逐口升高趋势,这主要是因为烟芯温度的持续升高,使释放的高沸点成分增加,有利于形成粒径大的气溶胶。此外,所考察样品气溶胶的几何标准偏差随抽吸口数的变化不明显(图 4.40)。

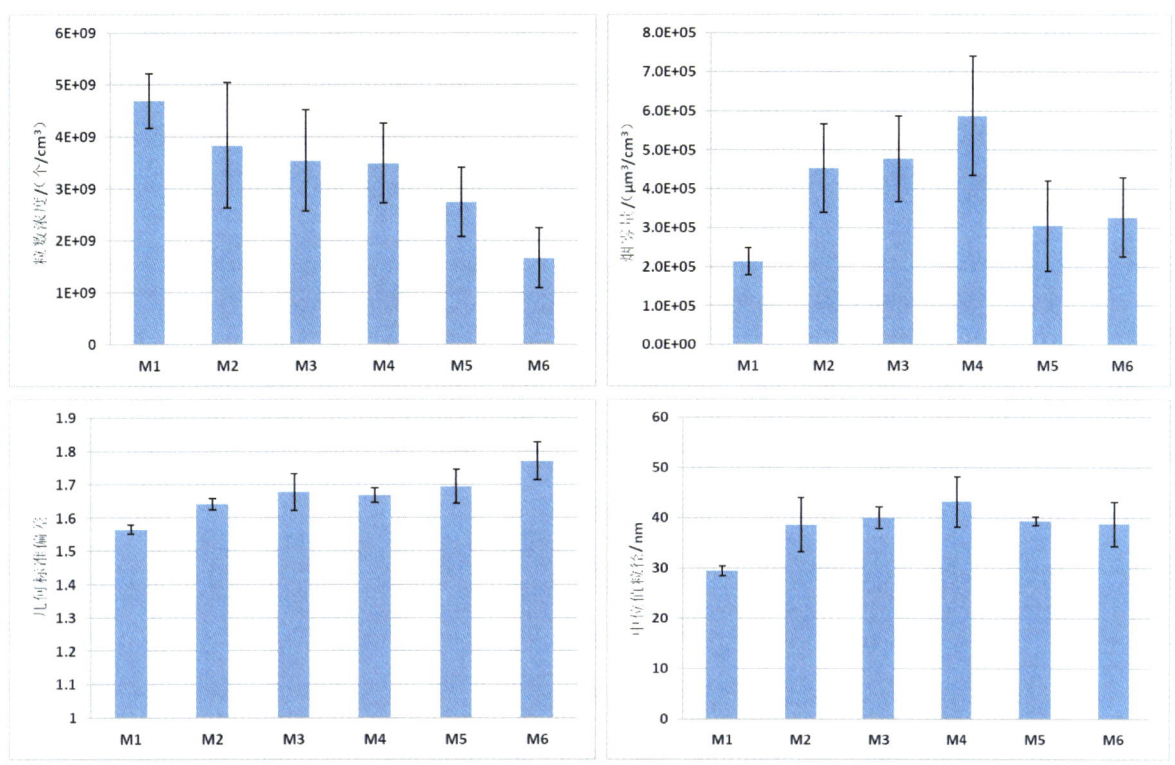

图 4.39　不同发烟剂添加量加热卷烟样品气溶胶的粒数浓度、烟雾量、几何标准偏差、粒数中值粒径

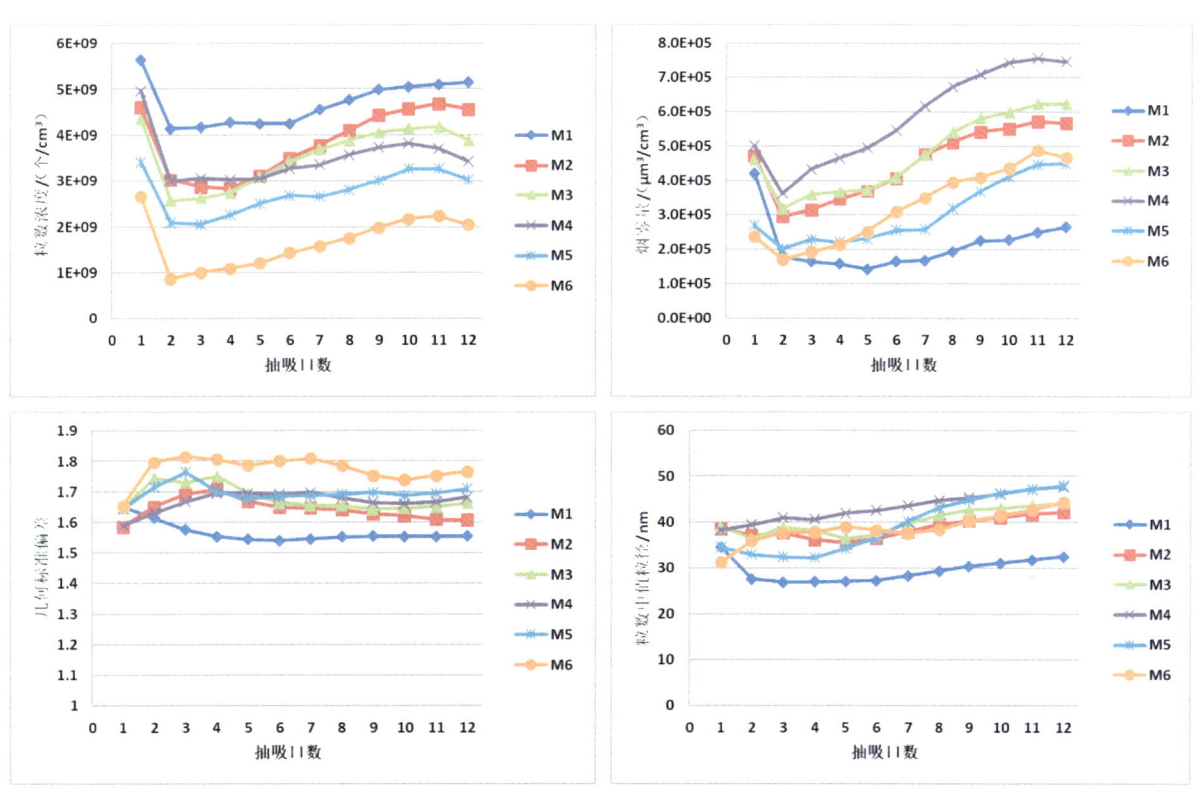

图 4.40　不同发烟剂添加量加热卷烟样品逐口气溶胶的粒数浓度、烟雾量、
几何标准偏差、粒数中值粒径

4.3.4.3 不同发烟剂配比加热卷烟气溶胶捕集物的逐口释放量

加热卷烟气溶胶捕集物主要由水、发烟剂、烟碱及其他挥发性物质组成。PG 沸点为 188 ℃，GL 沸点为 291 ℃，GL 吸湿性强于 PG，由于二者理化性质的差异，其含量和配比会影响气溶胶的形成和释放传递。从图 4.41(a)可以看出，固定 GL 和 PG 添加总量为 20％，P1 样品前 5 口气溶胶捕集物质量高于 P9 样品，这可能是因为虽然 PG 挥发性强于 GL，但 GL 吸水能力更强，添加 GL 样品的含水率稍高于添加 PG 的样品，而水分在前面口数释放量高[80]，因而前者的前 5 口气溶胶捕集物质量高于后者。GL/PG 质量比对气溶胶捕集物的逐口释放量和释放规律均产生影响，与 GL/PG 比例为 100/0 的 P1 样品比较，GL/PG 比例为 95/5(P2)和 90/10(P3)时，前 6 口的气溶胶捕集物质量变化不大，第 7 口后增加；GL/PG 比例为 85/15～60/40(P4～P7)时，所有口数气溶胶捕集物质量均明显增加；GL/PG 比例降低为 50/50(P8)时，前 5 口的气溶胶捕集物质量降低，第 6 口后增加。从图 4.41(b)中可以看出，与 GL/PG 添加总量为 0 的 M1 样品比较，当其添加总量为 5％(M2)时，气溶胶逐口捕集物质量的变化不明显；当添加总量大于 10％(M3～M6)时，气溶胶逐口捕集物质量明显增加；但当添加总量达到 25％时，气溶胶逐口捕集物质量的增加变得缓慢。GL/PG 的添加总量对气溶胶捕集物质量的逐口变化趋势影响不大，均为先增加后基本稳定再下降，并且在第 2～5 口捕集物质量最大。具体来看，随着 GL/PG 添加总量的增加，在达到最大气溶胶捕集量后，气溶胶释放量逐口下降趋势较明显，这可能是因为随着 GL/PG 添加总量的增加，整个烟芯体系的热扩散系数减小[94]，烟芯由内芯至外围的温降梯度增加，后几口有效加热温度区域减小，因此气溶胶释放量出现明显的下降趋势。

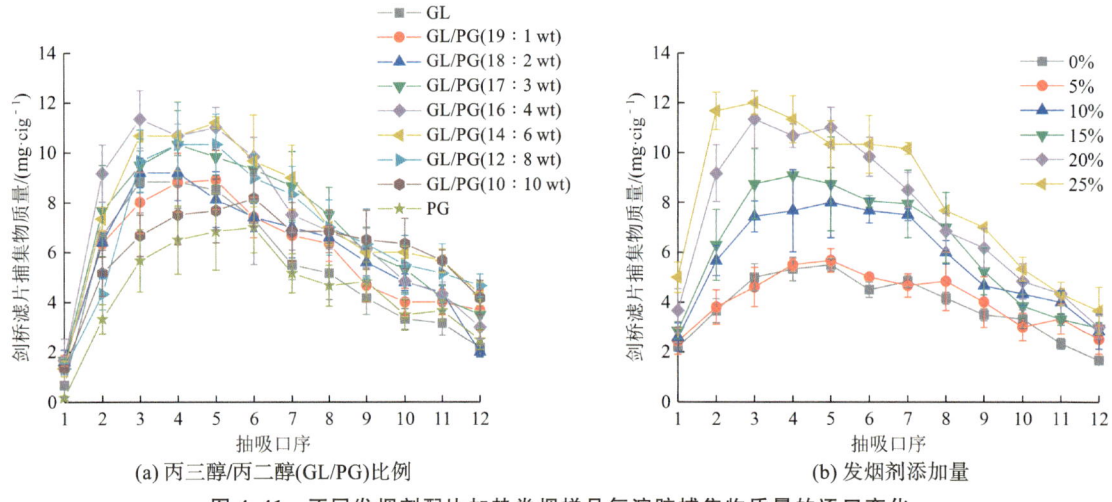

图 4.41　不同发烟剂配比加热卷烟样品气溶胶捕集物质量的逐口变化

4.3.4.4 不同发烟剂配比加热卷烟气溶胶中主要化学成分的逐口释放研究

（1）不同发烟剂比例加热卷烟气溶胶中发烟剂和烟碱逐口递送研究

加热卷烟中化学成分从烟草基质的释放，除了与加热温度和物质本身性质有关，还受与之接触物质的影响。当加入不同比例的 PG 和 GL 时，由于二者性质的差异，可能影响热量的传递和物质的汽化释放。不同 GL/PG 质量比加热卷烟样品气溶胶中 PG、GL 和烟碱的逐口释放量如图 4.42 所示。从图 4.42(a)可以看出，随着加热卷烟样品 GL/PG 质量比的降低，PG 的逐口释放量增加，但各样品 PG 逐口释放趋势无显著差异，均为随抽吸口数增加呈先增加后趋于稳定最后略微降低的趋势，PG 释放量基本在第 5～8 口达到最大值。与只添加 PG 的 P9 样品比较，GL 的加入使 PG 在前 5 口的释放速率明显降低，这可能是加入的 GL 影响了热量的传递[94]，并使体系蒸发释放所需温度升高的缘故[95]。从图 4.42(b)可以看出，随着加热卷烟样品 GL/PG 质量比的增加，GL 的逐口释放量也增加，且逐口释放量先增加再降低的趋势越明显，即 GL 逐口释放的不均匀性增加；与只添加 GL 的 P1 样品相比可知，PG 的加入(P2～P8)使 GL 释放速率变缓。从图 4.42(c)中可以看出，与无发烟剂样品相比，P1 样品中烟碱的释放量增加，说明 GL 能促进烟碱的释放，这与文献[93]报道一致；P9 后 6 口烟碱释放量低于无发烟剂样品，说明加入 PG 能降低烟碱释放量。与无发烟剂样品相比,GL/PG 质量比为 95/5～50/50 的样品(P2～P8)的烟碱逐口释放量均增加;随着 GL/PG 比例的降低,烟碱释放量整体上呈减小趋势,但烟碱逐口释放趋势变化不明显。此外,与只添加 GL 的 P1 样品相比,PG 添加量为 1%至 4%(P2～P5)时样品的前 5 口烟碱释放量略微降低,后 7 口略微增加;而当 PG 添加量超过 8%(样品 P7～P9)时,样品的逐口烟碱释放量均降低。

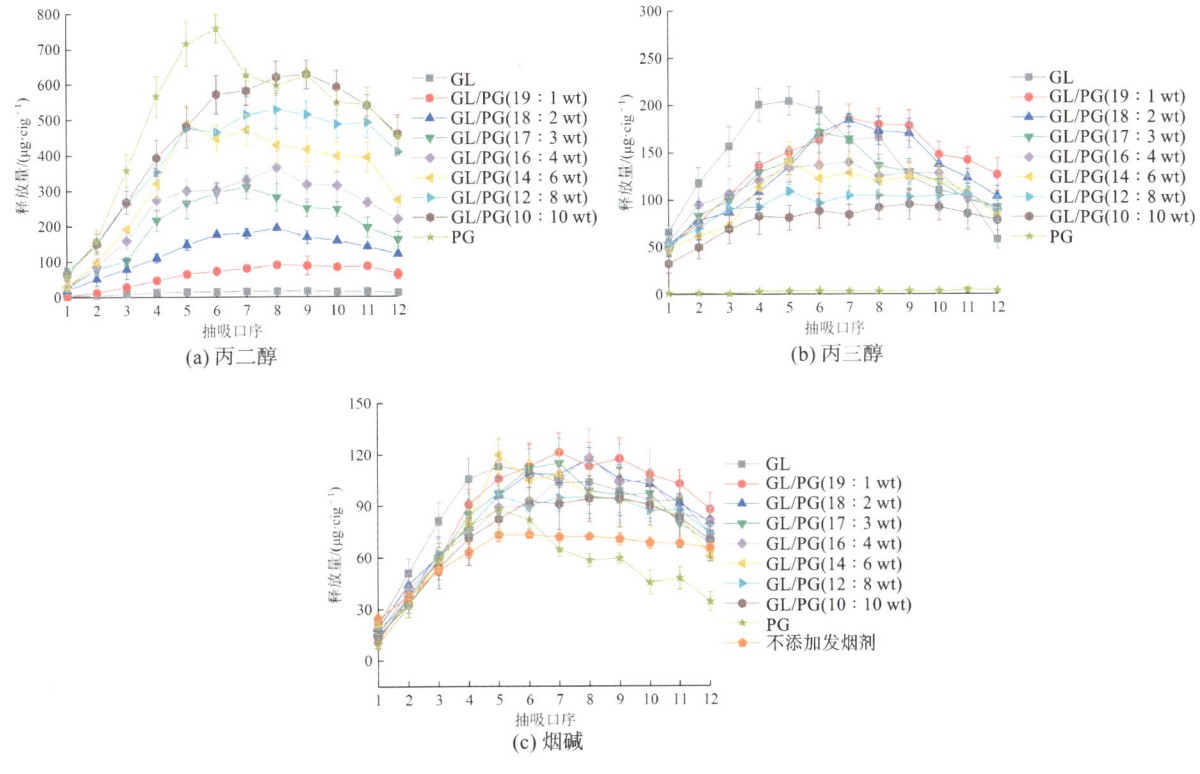

图 4.42 不同丙三醇/丙二醇(GL/PG)比例加热卷烟样品气溶胶中丙二醇、丙三醇和烟碱的逐口递送量

进一步分析了 GL/PG 比例对 GL、PG 和烟碱释放总量的影响,见图 4.43。可以看出,随着 GL/PG 比例由 95/5 降至 50/50(即比值由 19 降低至 1),烟碱的总释放量基本呈线性下降,表明 GL 的添加有利于促进烟碱的释放;而随着 GL/PG 质量比由 95/5 降至 50/50,GL 的总释放量的降低趋势越明显,PG 的总释放量的增加趋势越明显。

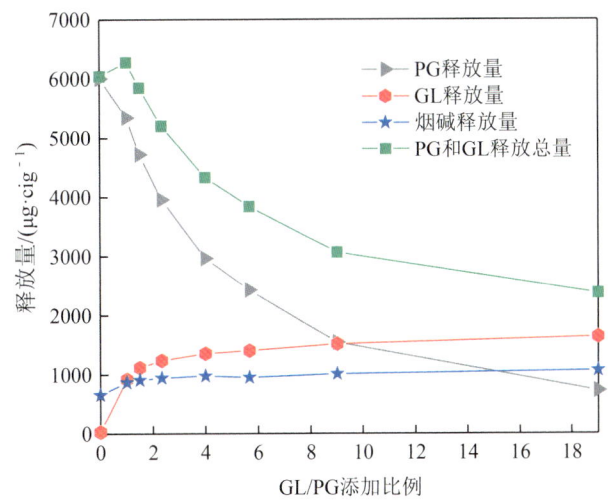

图 4.43 发烟剂比例与加热卷烟样品气溶胶中丙二醇、丙三醇和烟碱释放总量关系图

（2）不同发烟剂添加量加热卷烟气溶胶中发烟剂和烟碱逐口递送研究

发烟剂的含量可能对传热和热量利用效率产生影响，进而影响化学成分的释放。由图 4.44 可以看出，随着 GL/PG 添加总量从 0% 增加至 25%，加热卷烟样品中 PG 和 GL 的逐口释放量均增加，且先增加后降低的趋势越明显，即逐口释放的不均匀性增加。这是因为发烟剂添加量会影响整个烟芯体系的体积热容[94]，添加量增加使烟芯由内至外的升温速率降低。当发烟剂含量较高时，烟芯的体积热容大，加热前期能达到有效释放发烟剂的温度区域小，导致前面口数的发烟剂的释放量少；随着加热继续，温度持续升高，热量累积，能达到有效释放发烟剂的温度区域增加，增大了发烟剂的释放量；此后的加热过程中，由于较小的热扩散系数不足以继续增大有效释放发烟剂的温度区域，发烟剂单口释放量降低。从图 4.44（c）可以看出，随着 GL/PG 添加总量从 0% 增加至 10%，烟碱逐口释放量增加，但添加量大于 10% 时，烟碱释放量增加不明显；随着 GL/PG 添加总量的增加，烟碱逐口释放规律变化不大，呈逐口增加后趋于稳定最后又略微降低的趋势，在第 5～7 口达到最大释放量。

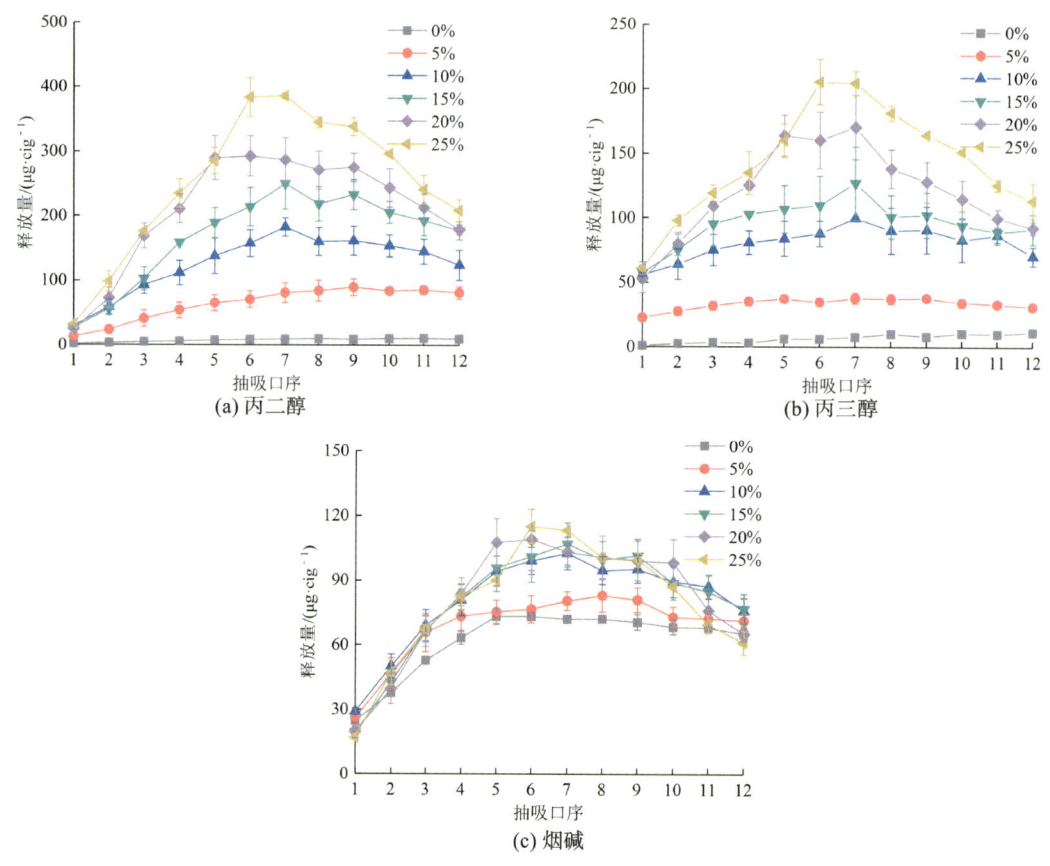

图 4.44　不同发烟剂添加量加热卷烟样品气溶胶中丙二醇、
丙三醇和烟碱的逐口递送量

进一步分析了 GL/PG 添加量对 GL、PG 和烟碱释放总量的影响，见图 4.45。随着 GL/PG 添加量增加，PG 和 GL 总释放量、烟碱总释放量增加，但当添加量高于 10% 时，PG 和 GL 的总释放量增加速率略微变缓，烟碱总释放量变化不大。

（3）不同发烟剂配比对气溶胶中丙三醇和丙二醇比例的影响

PG 和 GL 性质存在差异，因此两者在加热条件下向烟气的释放效率不同，气溶胶粒子成核的速度和最终形成气溶胶的粒径分布也有差异，因此每口烟气中释放的 GL/PG 质量比直接关系到气溶胶的理化特性。从图 4.46（a）和图 4.46（b）可以看出，添加的 GL/PG 质量比与逐口释放气溶胶中 GL/PG 质量比基本呈线性相关，第 3 口后气溶胶中 GL/PG 质量比基本达到稳定值。从图 4.46（c）和图 4.46（d）可以看出，

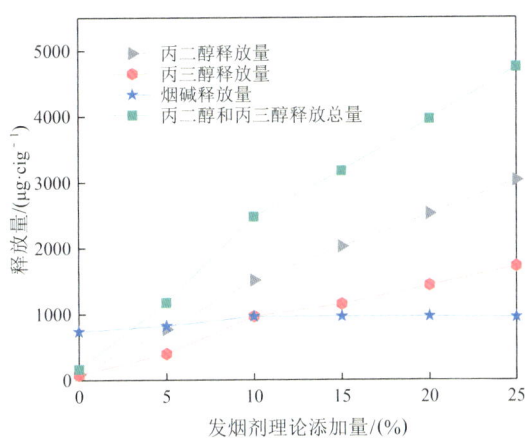

图 4.45　发烟剂添加量与加热卷烟样品气溶胶中丙二醇、丙三醇和烟碱释放总量关系图

GL/PG 添加总量对总释放气溶胶中 GL/PG 质量比影响不显著,在第 3 口后总释放气溶胶中 GL/PG 质量比也基本达到稳定值。在逐口释放气溶胶中,前 3 口气溶胶中 GL/PG 质量比高于后面口数,且后面口数 GL/PG 质量比变化不大,这可能是因为:其一,一般前面口数烟气气溶胶温度较高,少量 PG 未经冷凝就进入烟气中,分布于气溶胶气相物中,未能被剑桥滤片捕集到;其二,受体系中物质的相互影响,前面 3 口时加热卷烟芯材中水分含量高,由于大量水分的蒸发减少了 GL 和 PG 的释放,由 GL 和 PG 的逐口释放规律也可以看出,PG 在前面口数的释放受到的影响大于 GL;其三,受加热方式和传热的影响,本实验采用内芯加热方式,从内芯到外侧温度是逐渐降低的[77,96],在抽吸口数增加至较大后,靠近内芯芯材的 PG 和 GL 已经被消耗完,而在温度较低的烟芯外侧,GL 的释放效率低于 PG,因而后面口数中 GL/PG 质量比要低于前面口数。

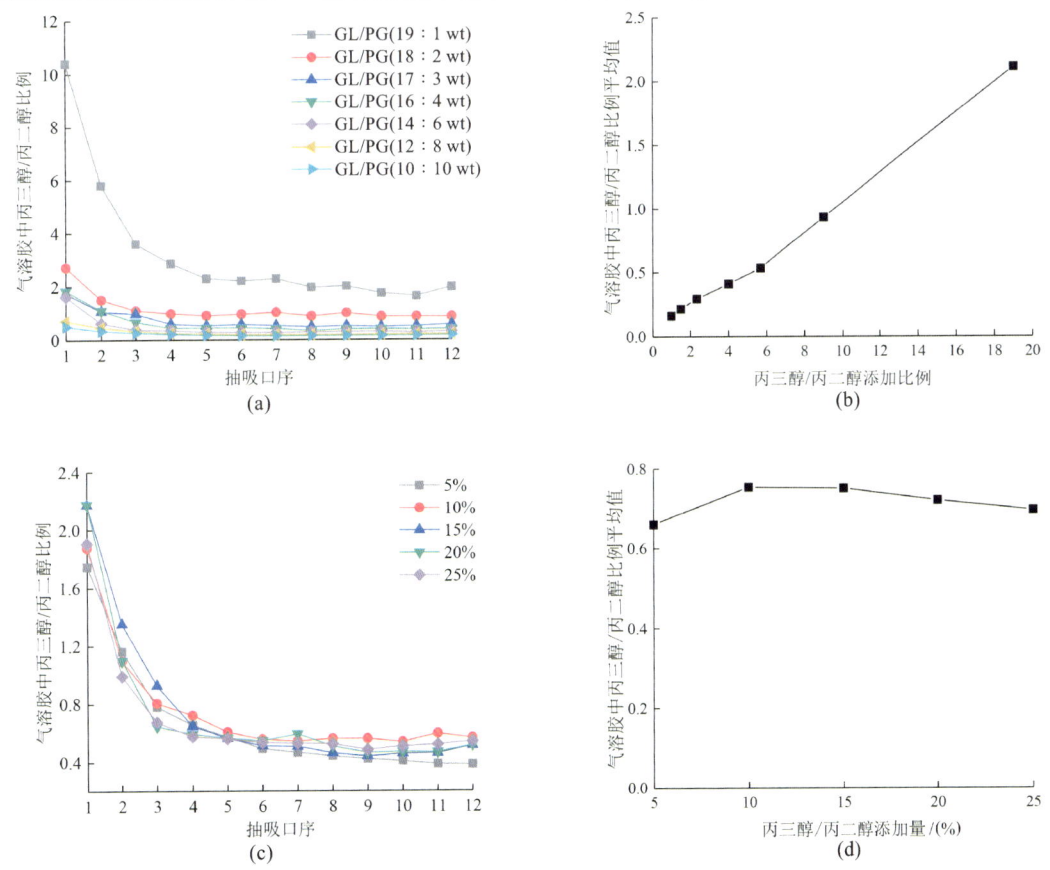

图 4.46　加热卷烟发烟剂配比与其释放气溶胶中丙三醇/丙二醇比例的关系图

注:(b)和(d)中的平均值为弃去前 2 口值计算得到

综上分析可知,改变烟雾生成剂配比,可调控气溶胶的逐口释放量和释放规律;改变烟雾生成剂添加量,可调控气溶胶的逐口释放量和释放稳定性。①固定发烟剂总量,理论添加量3%丙二醇-17%丙三醇配比时的烟雾量稍大;固定配比4%丙二醇-16%丙三醇,发烟剂总量为15%时烟雾量最大。②GL/PG比例主要影响气溶胶的释放量,固定GL和PG添加总量为20wt%,发烟剂GL/PG比例从95/5降至50/50,PG逐口释放量增加、总释放量的增速增加,GL逐口释放量减少、总释放量的降速增加,烟碱逐口释放量减少、总释放量线性减少;发烟剂GL/PG比例与气溶胶中GL/PG比例基本呈线性相关。③GL/PG添加量主要影响气溶胶的释放量和释放稳定性,固定GL/PG添加比例为80/20,添加总量从0wt%增至25wt%,PG和GL的释放量增加、逐口释放稳定性降低;添加总量大于10wt%时,气溶胶逐口捕集量明显增加,烟碱释放量变化不大;GL/PG添加总量对气溶胶中GL/PG比例影响不显著。

4.3.5 添加剂的影响

由于HTP在热解过程中产生的香味成分明显减少,因此通常在HTP中添加适量的香料,以改善烟气质和烟气量。传统燃吸型卷烟研究领域已广泛开展了烟用添加剂对烟气的影响研究,如烟用添加剂燃烧时向烟气的转移、裂解,以及对烟气化学成分的影响等,并着重关注了烟气有害成分的变化以评价烟用添加剂的安全性。与传统燃吸型卷烟相比,HTP具有加热速率慢、加热温度低、加热时间长等特点,因此其中添加的香料在受到烟具加热时可能会表现出不同的热解和受热迁移行为。Baker等人[2]研究了291种挥发性和非挥发性成分在模拟香烟燃烧条件下的热分解水平,近三分之二的物质向主流烟气的原型转移大于95%,其余物质在模拟的加热条件下会发生不同程度的热分解,对烟气化学成分有显著影响的是添加的几种糖。

目前,关于香料在加热条件下的热解反应和对烟气物理特性、化学成分的影响,以及潜在生物效应评价研究还较为缺乏。Czégény等[97]评估了300 ℃低温加热条件下烟草中香茅醇、薄荷醇、酒石酸、肉桂酸和愈创木酚5种香味化合物的稳定性和去向,与香烟燃烧条件900 ℃下的结果进行了比较,并研究了氧气(9%氧气+91%氮气)和氮气(100%氮气)气氛对热传递和断裂模式的影响。结果显示,在低温(300 ℃)和高温(900 ℃)实验中,香茅醇、薄荷醇、肉桂酸和愈创木酚高挥发性香料化合物的蒸发程度很高,达88%～100%;愈创木酚是实验条件下最稳定的化合物,在900 ℃氧化气氛下仅检测到0.3%的分解;与高温热解和模拟香烟燃烧相比,低温加热条件下的热分解反应要小得多,香茅醇和肉桂酸产生约1.5%的分解产物,而薄荷醇产生0.8%的分解产物;酒石酸由于其低挥发性,发生了其他类型的反应,在低温下观察到轻羧酸的大量形成,并且在氮和氧化气氛下,除了碳氧化物和水之外还形成环状化合物,这些现象可能通过分子间反应来解释;在高温下,酒石酸的热解产物与低温下相同,但在氧化气氛中生成的羧酸和醛类比纯氮中的多。这些结果表明风味化合物的热稳定性强烈地依赖于它们所暴露的热条件(加热温度、加热时间和气体气氛)。Blazsó等[98]利用热解-气相色谱/质谱(Py-GC/MS)在300 ℃、9%氧/91%氮的条件下,对34种芳香族化合物的热氧化降解进行了研究。研究发现,这些芳香香料化合物的热行为不同,在热氧化处理中发生直接转移和/或热诱导氧化。苯环含一个、两个或三个取代基(甲基、甲酰基、乙酰基、羟基和甲氧基)的几种芳香成分在所研究的热条件下处于稳定状态。其他芳香族物质主要反应类型是相对温和的氧化和热分裂,主要生成苯甲醛和其他醛类、酮类和苯乙烯,这些产物的回收率在10%左右。张丽等[37]研究了不同加热卷烟烟草材料、气溶胶及滤嘴中香气成分的质量及转移情况,主要针对烟草内源性物质或热解香气成分,香味成分释放效率的范围为13.2%～5403.6%,表明以上香味成分的来源除了烟草材料中原型迁移以外,还来自烟草材料受热过程中发生的物质转化。王紫燕等[36]测定了加热卷烟中9种凉味剂(L-薄荷酮、异薄荷酮、异胡薄荷醇、DL-薄荷醇、乙酸薄荷酯、乳酸薄荷酯、WS-3、WS-5和WS-23)的含量及其向主流烟气的释放量,电加热卷烟中凉味剂的含量为0.14～14.37 mg/g,转移率为4.68%～42.53%,凉味剂转移率随添加量的减少呈递增趋势,总体上乙酸薄荷酯、L-薄荷酮和异胡薄荷醇转移率高于乳酸薄荷酯、WS-3 和 WS-23。

由于 HTP 与传统卷烟存在的显著差异,有必要进一步广泛了解香料化合物在 HTP 温度范围内的热稳定性、向烟气气溶胶的转移释放行为及对烟气气溶胶性质的影响等。因此,选取了 6 种不同化学和热物理性质的代表性香料化合物,包括凉味剂 L-薄荷醇和 N,2,3-三甲基-2-异丙基丁酰胺(WS-23),以及花香、果香和烤香的代表性物质香叶醇、异戊酸异戊酯、2,3,5-三甲基吡嗪和 2-乙酰基吡咯,实验制备了添加 6 种烟用添加剂的加热卷烟样品,研究 6 种代表性添加剂向烟气的转移释放,以及对气溶胶粒径分布、化学成分及感官质量的影响规律。

选取空白 HTP,在相对湿度 45%、温度 22 ℃ 的调节大气中平衡 24 h 后,制备添加不同香料的样品(表 4.16)。采用无水乙醇配制一定质量浓度的香料溶液,吸取 40 μL 上述香料溶液,采用微量注射器按照少量多次的方式均匀注射于空白 HTP 的烟草材料段(简称芯材),同时制备空白对照样品。将上述样品于相对湿度 45%、温度 22 ℃ 下平衡 4 h 以上,待香料充分吸收后进行后续检测。

表 4.16　6 种香料化合物的添加量

香料	编号	空白对照样	低水平(L)		高水平(H)	
		添加量	添加量①	添加质量/(μg/支)	添加量①	添加质量/(μg/支)
L-薄荷醇	ME	0	2%	5400.0	5%	13500.0
N,2,3-三甲基-2-异丙基丁酰胺(WS-23)	WS	0	1%	2700.0	2%	5400.0
香叶醇	GE	0	0.02%	54.0	0.08%	216.0
异戊酸异戊酯	II	0	0.005%	13.5	0.02%	54.0
2,3,5-三甲基吡嗪	TP	0	0.001%	2.7	0.004%	10.8
2-乙酰基吡咯	AP	0	0.005%	13.5	0.02%	54.0

注:①添加量按照芯材质量的百分比计算。

4.3.5.1　6 种香料的低温热解分析

为了解 6 种香料在低温加热条件下的释放行为,比较了 6 种香料直接进样(a1、b1、c1、d1、e1 和 f1)和热裂解进样(a2、b2、c2、d2、e2 和 f2)的总离子流色谱图(TIC),见图 4.47。6 种香料在 350 ℃ 以下、空气氛围中均以蒸发原型转移为主,L-薄荷醇、WS-23、异戊酸异戊酯、2,3,5-三甲基吡嗪和 2-乙酰基吡咯均未检测到挥发性热解产物,其中异戊酸异戊酯为 3 个异构体的混合物,色谱图中出现 3 个峰,在直接进样和热裂解进样色谱图中 3 个色谱峰的峰面积比例未发生变化;香叶醇产生约 3.3% 的热解产物,在低温 350 ℃ 下发生了较弱的脱氢、重排和氧化过程,产生了少量的柠檬醛、β-香叶烯、顺式-β-罗勒烯等。

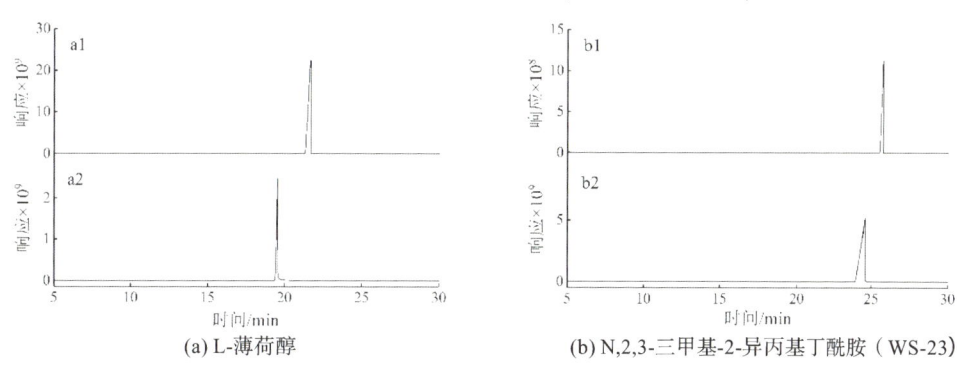

(a) L-薄荷醇　　　　　　　　　　(b) N,2,3-三甲基-2-异丙基丁酰胺（WS-23)

图 4.47　6 种香料化合物直接进样和热裂解进样色谱图比较

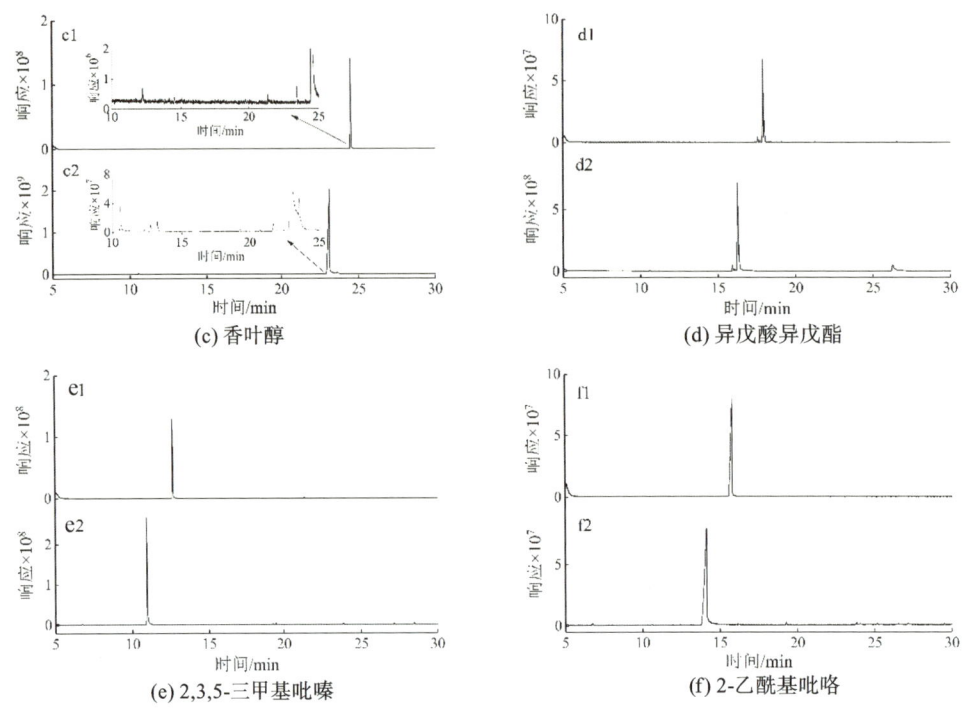

续图 **4.47**

4.3.5.2　6种香料在加热抽吸条件下的释放迁移情况

HTP进行抽吸时,芯材中香料向烟气气溶胶的迁移除了与化合物的沸点、结构、稳定性和添加量等有关,还受滤嘴段(包括中空支撑段、聚乳酸降温段和醋酸纤维过滤段)对香料截留的影响。在加热抽吸条件下,不同香料向烟气气溶胶和烟支部位的迁移情况见图4.48。可以看出,6种香料在加热条件下均容易从芯材中释放,最终在芯材中的残留率均低于7%。6种香料在滤嘴段均有较大的截留率(即滤嘴段三个部位中检测到的香料总质量与添加量的比值),为22.1%~83.3%,但不同香料的截留率差异较大,这影响了其向烟气气溶胶的迁移情况。从向气溶胶的总迁移率(即在气溶胶粒相物和气相物中检测到的香料总质量与添加量的比值)来看,香叶醇和2-乙酰基吡咯向烟气气溶胶的总迁移率较低,为2.8%~8.1%,其他4种香料向烟气气溶胶的总迁移率为17.6%~54.4%;从向气溶胶粒相物与气相物的迁移情况来看,异戊酸异戊酯和2,3,5-三甲基吡嗪向烟气气溶胶气相物的迁移率分别为21.3%~24.3%、2.0%~2.8%,而其他4种香料均只向气溶胶粒相物中迁移。这可能是因为中空段和滤嘴段材料为醋酸纤维,孔隙小,表面富含乙酰基、羟基基团,对含亲核基团物质结合作用较强;聚乳酸纤维孔隙稍大,亲水性差,对气溶胶中物质的截留可能主要依靠物质降温冷凝及聚乳酸本身受热变形后的包裹作用;香叶醇含有羟基,而2-乙酰基吡咯分子结构中含有乙酰基和仲胺,二者在滤嘴段会发生强吸附作用,因此向烟气气溶胶的迁移率最低。L-薄荷醇含有羟基,而WS-23含有酰胺基,二者在滤嘴段也有较强的吸附作用,但由于添加量较高,可能受吸附容量及烟气流洗脱作用的影响,因此向气溶胶的迁移率高于前二者;异戊酸异戊酯和2,3,5-三甲基吡嗪比其他4种香料沸点低,且其分子结构中含有的酯基、叔胺基的极性低于羟基、乙酰基等,受滤嘴段的截留作用相对较弱,一部分未冷凝形成气溶胶粒相物,存在于气相物中。此外,还可以看出2,3,5-三甲基吡嗪的回收率(即向烟气的迁移率、滤嘴段的截留率、芯材中残留率的总和)最低,可能是其沸点较低而容易损失所致。

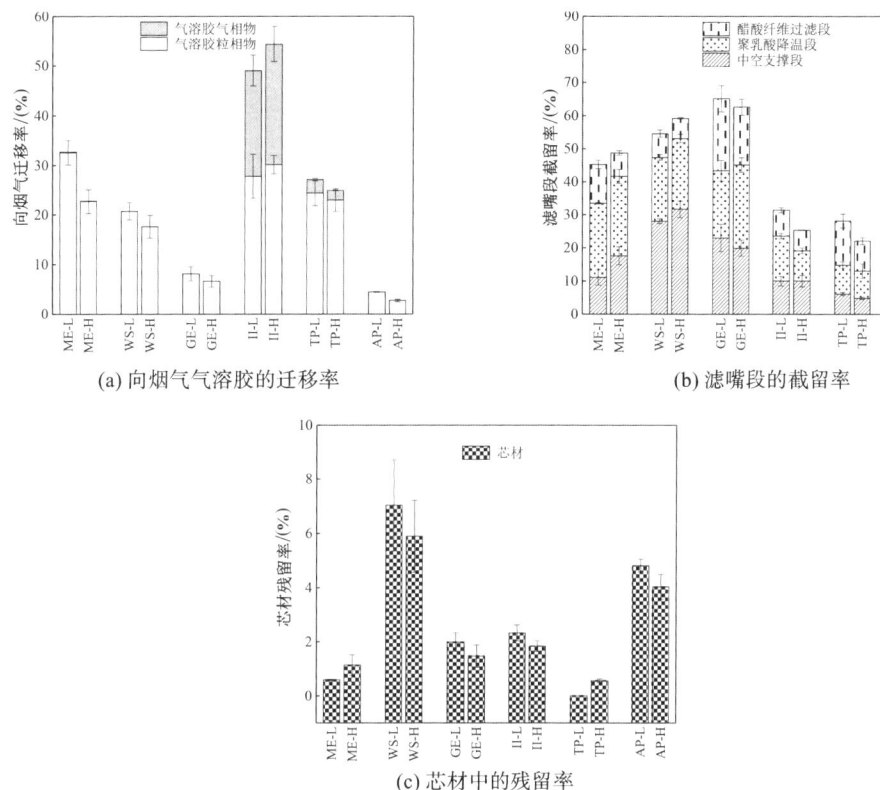

图 4.48　加热抽吸条件下 6 种香料向烟气气溶胶的迁移率、
在滤嘴段的截留率和在芯材中的残留率

4.3.5.3　不同香料对加热卷烟气溶胶中主要化学成分释放的影响

丙三醇、丙二醇和烟碱是 HTP 气溶胶中的主要成分,其中丙三醇和丙二醇是主要发烟剂,而烟碱是抽吸满足感的主要来源。当 HTP 中加入一定量的香料后,由于香料的蒸发和/或热解作用,可能会影响烟碱和发烟剂的蒸发效率及其在烟支中的迁移传递。图 4.49 为不同香料对 HTP 烟气气溶胶中主要化学成分释放的影响。其中所检测样品的气溶胶气相物中丙二醇、丙三醇和烟碱含量均低于检出限,未能检出,即均分布于气溶胶粒相物中。可以看出,与不添加香料的空白样品相比,HTP 中添加 5% 的 L-薄荷醇、1% 和 2% 的 WS-23 后,加热抽吸条件下烟碱、丙二醇和丙三醇向烟气气溶胶中的释放量均降低了 20% 以上,在滤嘴段的截留量也降低了 10% 以上,即从芯材中的释放总量降低;其他 4 种香料也使烟碱、丙二醇和丙三醇向烟气气溶胶中的释放量有所降低,但只有当添加 0.08% 的香叶醇、0.02% 的 2-乙酰基吡咯时,释放量均降低了 10% 以上,此外在所研究添加量范围下使烟碱、丙二醇和丙三醇在滤嘴段的截留量均降低了 10% 以下。由于 L-薄荷醇、WS-23、香叶醇和 2-乙酰基吡咯的沸点均在 212 ℃～233 ℃ 间,在 350 ℃ 加热条件下均容易挥发释放,当添加量较高时,在一定程度上限制了芯材中其他化学成分的挥发释放,此外添加的香料在滤嘴段的吸附也可能影响其他化学成分的吸附,从而降低了其他化学成分的截留量。

4.3.5.4　不同香料对加热卷烟气溶胶粒径分布和烟雾量的影响

加热卷烟的芯材在加热条件下经过蒸馏、热解等作用会产生气-汽混合物,这些混合物随抽吸进入烟气流中,经成核、冷凝增长形成气溶胶。芯材中添加的香料经挥发直接参与气溶胶的形成,同时会影响发烟剂等成分的蒸发,从而影响烟气气溶胶的形成和物理特性。图 4.50 比较了 6 种香料对加热卷烟气溶胶粒数浓度、粒数中值直径(CMD)和烟雾量的影响。从图 4.50(a) 和图 4.50(b) 可以看出,与不添加香料的对照样相比,当 L-薄荷醇添加量达到 5% 时,气溶胶粒数浓度降低了 28%,CMD 增加了 8%;当 WS-23 添加量分别为 1% 和 2% 时,粒数浓度分别降低了 12% 和 14%,但对 CMD 的影响不大(变化量小于 6%);其他 4

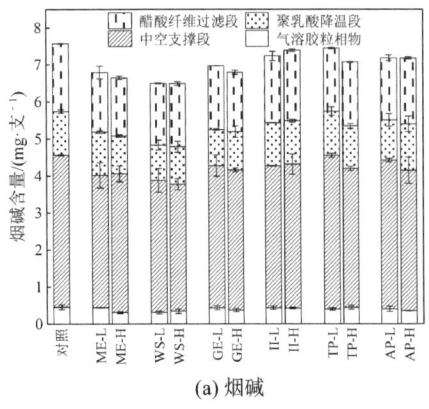

(a) 烟碱

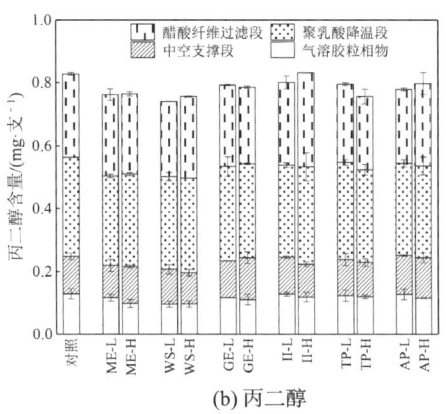

(b) 丙二醇

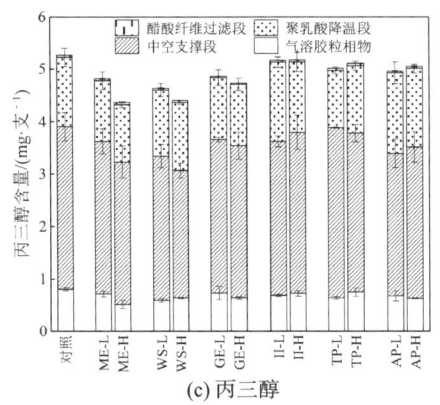

(c) 丙三醇

图 4.49　6 种香料对加热卷烟烟气气溶胶中主要化学成分释放的影响

种香料在所研究的添加量下对气溶胶的粒数浓度、CMD 均无明显影响,与空白对照样相比变化量均小于 6%。烟雾量受气溶胶粒数浓度和粒径大小的共同影响,从图 4.50(c)可以看出,添加 6 种香料对烟气气溶胶的烟雾量影响不大,与空白对照样相比变化量均小于 5%。结合以上结果分析,添加较高比例的 L-薄荷醇,由于薄荷醇向烟气气溶胶迁移率高,减少了发烟剂及其他成分的递送,但会增加粒子的团聚作用,因而明显改变了气溶胶的粒数浓度和粒径,进而可能影响烟气感官品质等[22]。添加 WS-23 也会减少发烟剂及其他成分的递送,从而使气溶胶粒数浓度降低,但对粒径影响不明显。

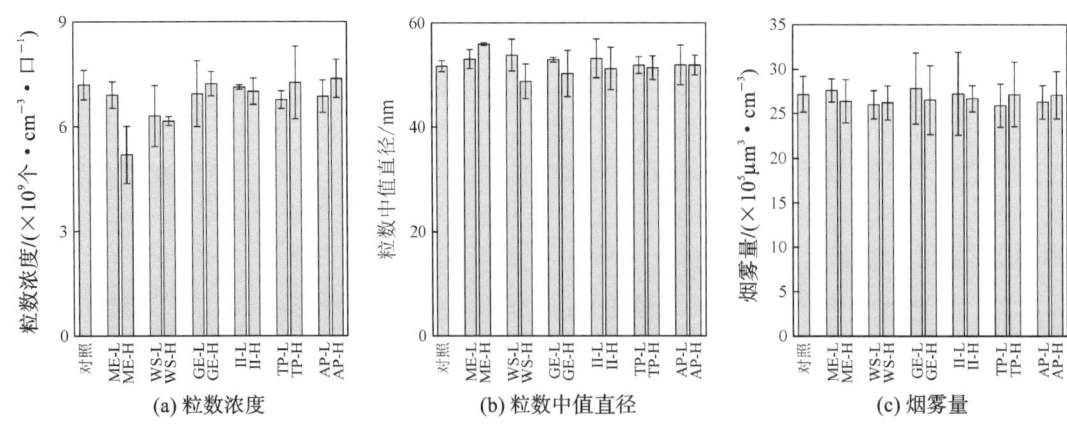

(a) 粒数浓度　　　　　　　　　(b) 粒数中值直径　　　　　　　　　(c) 烟雾量

图 4.50　6 种香料对加热卷烟烟气气溶胶粒数浓度、粒数中值直径和烟雾量的影响

综上分析可知,香料在低温加热条件下的迁移释放行为及对烟气的影响,需结合香料本身的热化学性质、热解模式、添加量、滤嘴截留作用等进行综合评估,以便更全面地了解其在最终产品中的可能行为。

①6种香料在350 ℃加热条件下以原型蒸发为主,只有3.3%的香叶醇发生了热解。②受化合物本身性质和滤嘴材料截留作用等的影响,6种香料化合物在加热抽吸条件下的释放迁移呈现不同特征。其中异戊酸异戊酯和2,3,5-三甲基吡嗪分布于烟气气溶胶粒相物和气相物,其他4种香料均只分布于粒相物中;其中香叶醇和2-乙酰基吡咯向烟气气溶胶迁移率较低,为2.8%~8.1%,其余4种香料为17.6%~54.4%。③当香料添加量较高时,会影响烟气气溶胶的理化特性,如L-薄荷醇添加比例达5%时,会使加热抽吸时丙二醇、丙三醇和烟碱释放量减小,气溶胶粒数浓度降低,CMD变大;WS-23添加量为1%、2%时也会使丙二醇、丙三醇和烟碱的释放量减少,气溶胶粒数浓度降低。香料在低温加热条件下的迁移释放行为及对烟气的影响,需结合香料本身的热化学性质、热解模式、添加量、滤嘴截留作用等进行综合评估,以便更全面地了解其在最终产品中的可能行为。

4.3.6 含水率的影响

加热卷烟由于甘油含量较高,极易受潮,受潮后不仅影响卷烟外观质量,还对卷烟的感官质量有影响,包括卷烟发烟量、劲头等,因此水分含量对加热卷烟品质的影响也极为重要,直接影响烟支品质,包括芯材的品质和耐加工性、气溶胶的形成和释放、感官品质等。李朝建等[99]开展了烟支水分与甘油、烟碱相关性研究,结果显示烟气水分释放、烟气粒相物重量与烟支含水量成正比,粒相物水分含量为53.33%~65.89%;受烟支加热温度及烟草薄片性质的影响,卷烟A烟气甘油释放量与烟支含水量成正比,卷烟B烟气甘油释放量与烟支含水量成反比,但两者烟气烟碱释放量均为50%湿度平衡后的烟支最高;另外,卷烟A的烟气中水分、甘油、烟碱转移率均显著高于卷烟B。

为研究加热卷烟含水率对气溶胶粒径分布、烟气化学成分和感官品质的影响,制备了不同含水率加热卷烟,研究了加热卷烟含水率(水分活度)对气溶胶理化特性的影响规律。选取原味加热卷烟产品,挑选单支质量(0.75±0.02) g的烟支进行实验。实验加热卷烟均分为5份,在温度为22 ℃,相对湿度为20%、30%、40%、45%、50%、60%的大气环境下平衡24 h以上后进行实验。经过平衡24 h后水分活度与环境相对湿度较为一致,表明已达到平衡,样品的水分含量在3.03%~8.45%。RH50%和60%条件下平衡后样品中丙二醇含量略高于20%~45%条件下平衡的样品;而不同湿度下平衡后的样品中丙三醇含量无明显变化(表4.17)。

表 4.17 不同平衡湿度条件下加热卷烟的水分活度和主要化学成分检测结果

测定结果		20%	30%	40%	45%	50%	60%
水分活度(a_w)	平均值	0.181	0.306	0.399	0.447	0.508	0.612
水含量	平均值/(%)	3.03	3.94	5.16	5.64	6.50	8.45
丙二醇*	平均值/(%)	0.44	0.45	0.42	0.42	0.46	0.50
丙三醇*	平均值/(%)	9.62	9.70	9.60	9.44	9.42	9.65

注:* 丙二醇、丙三醇含量为干重,即扣除水分含量计算得到。

4.3.6.1 不同含水率加热卷烟的热失重分析

图4.51比较了30%~60%条件下平衡的样品芯材的热失重。由TG-DTG曲线可知,30~500 ℃范围内,4个样品的热失重均分为4个阶段,但各阶段的热失重量存在差别。第1阶段主要是水分与小分子挥发性成分的散失,由于不同样品含水率的差异,不同样品在该阶段的热失重最为明显,30%~60%湿度下平衡的样品在该阶段的热失重从4.41%增加至9.01%,即随着含水率增加,质量损失增加。第2阶段为烟草添加剂(甘油、丙二醇等)、易挥发性成分、半纤维素成分受热分解,4个样品在该阶段的失重量差别不明显,热失重在20.98%~21.55%。第3阶段主要是碳水化合物、高沸点化合物和纤维素的热分解,大分子化合物、纤维素晶体、难挥发性成分的降解,4个样品在该阶段的质量损失速率达到较大值,50%和60%湿度下平衡的样品质量损失相比之下稍小。第4阶段主要是多糖、木质素等的热分解,焦炭的燃烧,残留物

的进一步裂解,4个样品在该阶段的质量损失速率均达到最大值,在该阶段30%湿度下平衡的样品质量损失相比之下稍大,表明较低的含水率影响了焦炭燃烧阶段,使得质量损失增加。

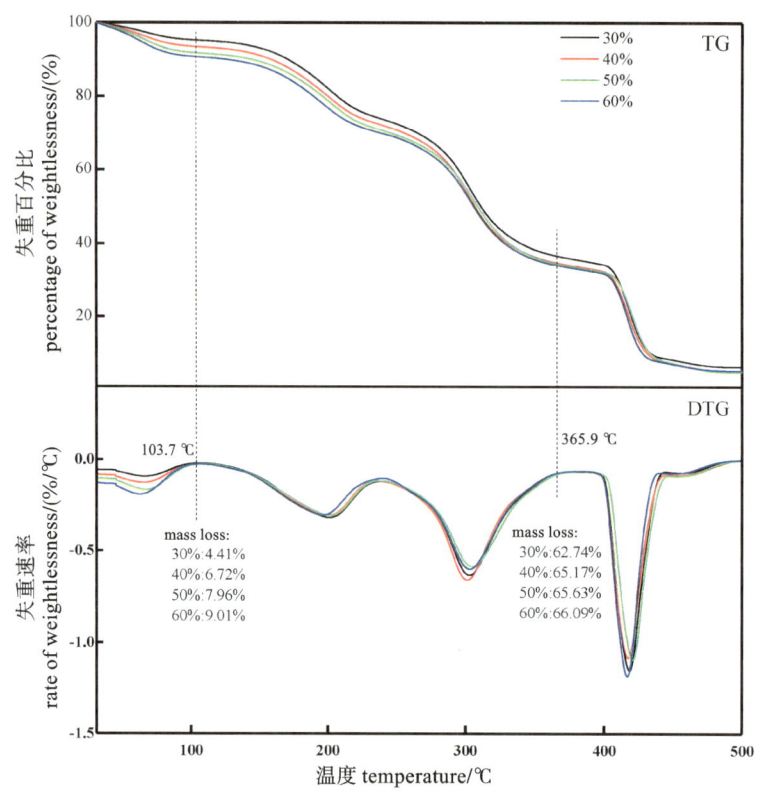

图4.51 不同含水率加热卷烟的热重(TG)和微商热重(DTG)图

4.3.6.2 不同含水率对加热卷烟气溶胶温度的影响

芯材在350℃条件下加热,由热重结果可知,在温度低于103.7℃的失重区间受热蒸发,并随烟气流传递至滤嘴。随着滤嘴段温度下降,水蒸气从气体变成液体,在液化过程中大量放热,因此芯材中含水率的高低直接影响烟气的温度。样品在不同相对湿度环境中平衡后,随着平衡相对湿度从20%增加至60%,芯材含水率从3.03%增加至8.45%。虽然不同芯材受热温度相同,受水蒸气液化放热的影响,滤嘴降温段前端、滤嘴烟气出口处的烟气温度均与含水率呈正相关(图4.52)。该过程中水蒸气液化冷凝参与气溶胶的形成,同时放热,因此芯材含水率的高低直接影响气溶胶的形成及性质。

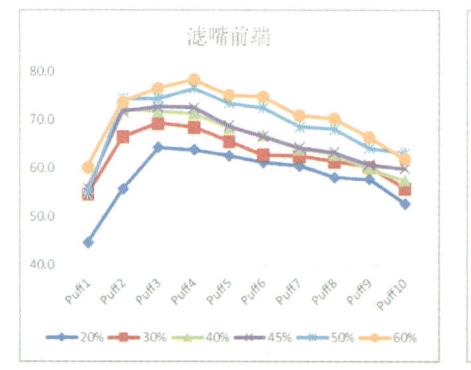
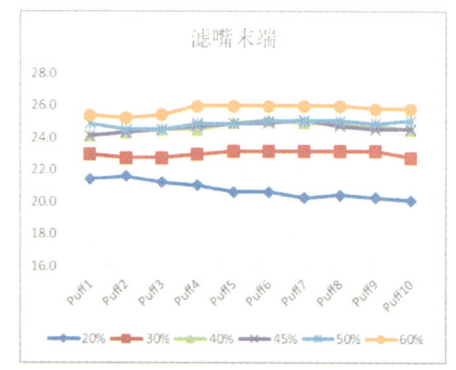

图4.52 不同含水率对烟气温度的影响

注:滤嘴前端指降温段前;滤嘴末端指烟气出口处

4.3.6.3　不同含水率对加热卷烟气溶胶粒径分布谱及烟雾量的影响

（1）不同含水率对气溶胶的粒数浓度、粒数中值粒径和烟雾量的影响

从图 4.53 可以看出，加热卷烟样品总体释放气溶胶的粒数浓度基本上呈现随烟芯含水率的增加而增大的趋势，这是因为加热卷烟的温度远高于水的沸点，不同含水率烟芯中的水分在设定的加热温度下通常能较为充分地释放，因此，含水率直接关系到所形成气溶胶的粒数浓度。然而，烟芯含水率的增加会在一定程度上增大烟芯的导热系数，降低烟芯内的热扩散系数，也增大了其体积热容，在加热元件相同的热量输出条件下，烟芯含水率的增加降低了烟草基质段的温度并缩小了产生气溶胶的有效加热区域，从而使烟草基质释放的成分有所降低，尤其是沸点相对较高的成分，影响了气溶胶的形成。综上，烟芯含水率的增加，一方面由于水分释放量的增加，可有利于气溶胶的形成；另一方面，由于整个烟芯体系温度的降低，又不利于气溶胶的形成。而与粒数浓度趋势不同，加热卷烟样品的烟雾量随烟芯含水率未表现出明显的变化趋势，推测该结果是水分增加对烟雾量的贡献与加热温度降低对烟雾量的影响的综合表现。粒数中值粒径方面，加热卷烟样品总体释放气溶胶的粒数中值粒径主要集中在 44～46 nm，整体上随烟芯含水率增加的变化不明显，30%～50% 条件下的样品粒数中值粒径稍高。其中，20% 烟芯含水率样品的气溶胶粒径分布的几何标准偏差相对较高，分析认为，该样品烟芯体系的加热温度相对较高，有利于高沸点成分的释放，其与水分同时释放时，所形成气溶胶的粒径分布展宽较宽。此外，加热卷烟样品总体释放气溶胶的几何标准偏差随烟芯含水率增加未见明显的变化规律。

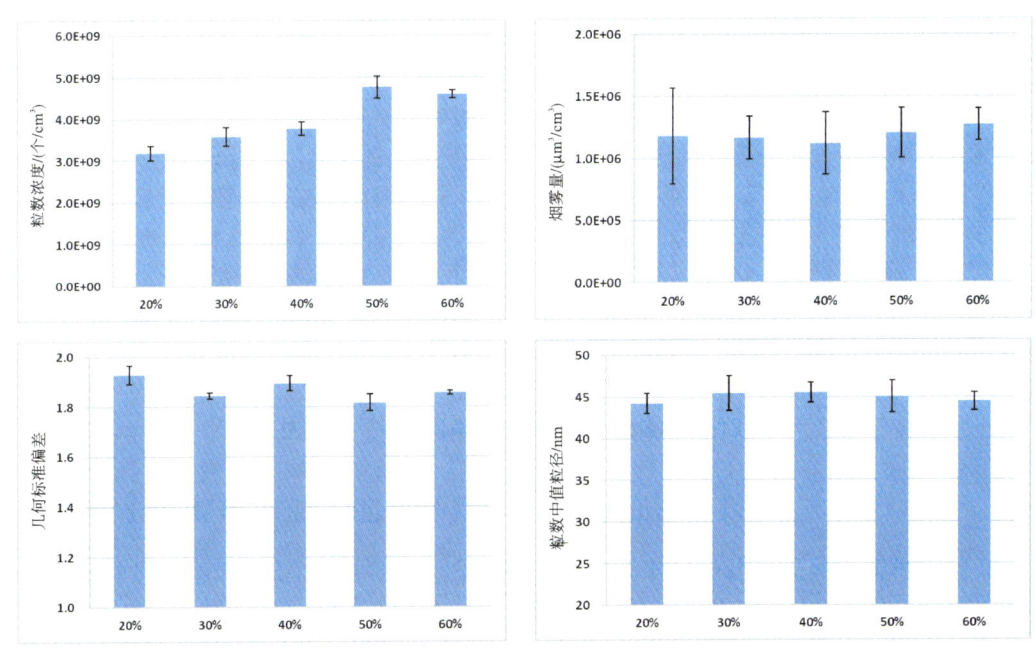

图 4.53　不同含水率烟芯加热卷烟样品气溶胶的粒数浓度、烟雾量、几何标准偏差、粒数中值粒径

（2）不同含水率对逐口气溶胶粒数及粒径的影响

从图 4.54 可以看出，加热卷烟样品逐口释放气溶胶的粒数浓度在第 1 口～第 4 口呈现下降趋势，这主要是因为水分释放量的逐口降低，使得粒数浓度呈现下降趋势；粒数浓度在第 5 口～第 11 口呈现逐口升高趋势，这是因为随着加热元件的持续加热，烟草基质的成分开始逐渐释放，促进了气溶胶的形成。整体上，高烟芯含水率加热卷烟样品的逐口气溶胶具有相对较高的粒数浓度。不同烟芯含水率样品逐口释放气溶胶的烟雾量变化趋势基本一致，呈现出先降低后逐步升高的趋势，这主要是因为第 1 口抽吸时水分快速释

放,之后随着加热的持续(第2口~第11口),烟草基质中相对高沸点的成分释放,增加了逐口气溶胶的烟雾量。其中,高烟芯含水率样品第2口~第6口气溶胶的烟雾量相对较低,第6口~第11口气溶胶的烟雾量相对较高,这是因为在加热前几口阶段高含水率降低了烟草基质段的温度并缩小了产生气溶胶的有效加热区域,使烟雾量较低;随着加热的持续,相对较高沸点成分在第6口~第11口时具有较大的释放量,即高含水率滞后了烟草基质高沸点成分的释放,使后几口气溶胶烟雾量较高。

几何标准偏差方面,20%~60%烟芯含水率样品气溶胶几何标准偏差的逐口变化趋势基本一致,呈现出先增大再降低的趋势。第4口~第6口的几何标准偏差较高,主要是来自水分与相对高沸点成分的释放,由于释放成分的沸点关系到形成气溶胶的粒径,因此,当两类成分释放量相近时,气溶胶粒径分布的展宽加宽,增加了几何标准偏差。粒数中值粒径方面,20%~50%烟芯含水率样品气溶胶粒数中值粒径的逐口变化趋势基本一致,呈现先降低再增大再降低的趋势;而60%烟芯含水率样品气溶胶粒数中值粒径呈现先降低再升高的趋势,这也是因为高含水率滞后了烟草基质高沸点成分的释放,可能使高沸点成分相对集中地进行释放,从而加大了气溶胶的粒数中值粒径。

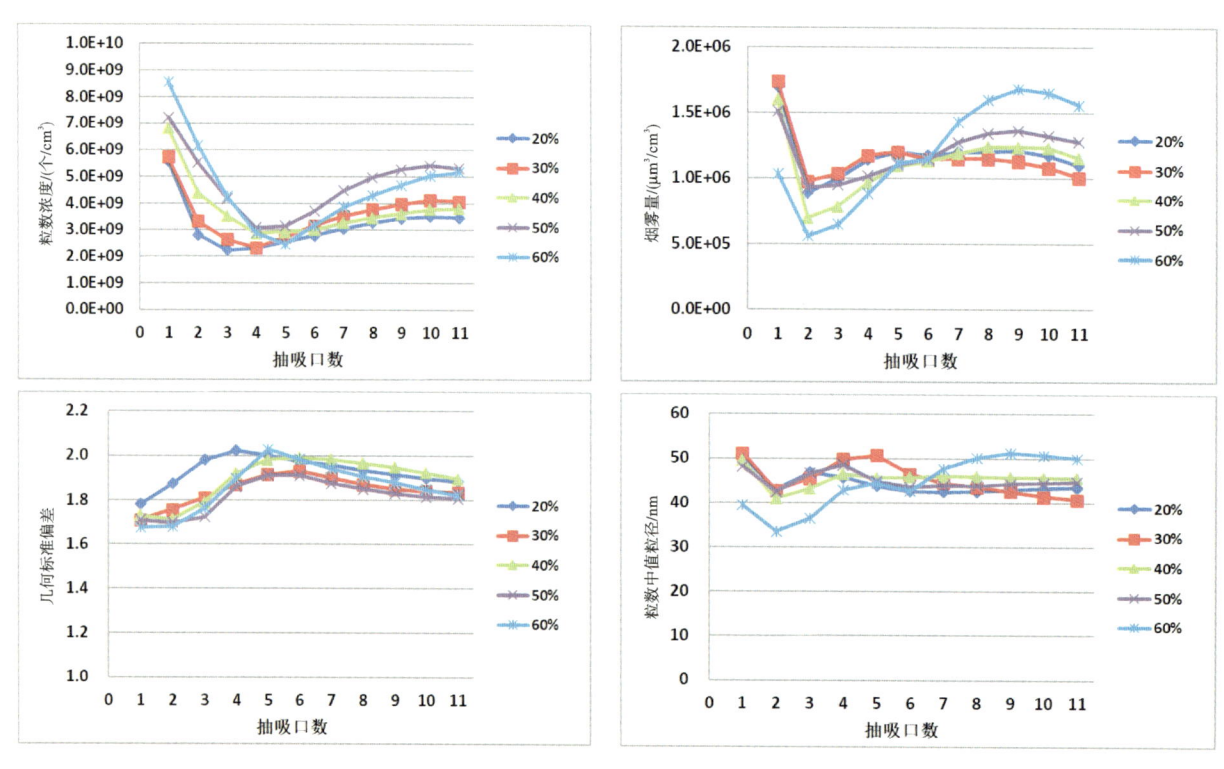

图4.54　不同含水率烟芯加热卷烟样品逐口气溶胶的粒数浓度、烟雾量、几何标准偏差、粒数中值粒径

4.3.6.4　不同含水率对加热卷烟气溶胶主要化学成分释放的影响

可能受烟支结构、传热方式和加热温度等的影响,两种加热方式的烟支释放的主要化学成分随烟支水分的变化规律不尽相同。从图4.55可以看出,两种加热方式下,随烟支含水率增加,总粒相物呈增加趋势。对于丙二醇,随平衡湿度增加(RH30%~50%),两种加热方式的烟支释放的丙二醇均呈增加趋势,当平衡湿度达60%时,又略微降低。对于丙三醇,当平衡湿度超过45%时,周向加热的烟支释放的丙三醇呈逐渐降低趋势;而中心加热的烟支,随平衡湿度增加(RH20%~40%),释放的丙三醇呈逐渐增加趋势,当超过40%后基本保持不变。两种加热方式的烟支中发烟剂释放规律的差异,可能与发烟剂沸点、含量,以及不同加热方式加热温度和传热的差异有关,因而表现出不同的释放规律。不同平衡湿度下,两种加热方式的烟支中烟碱的释放规律与丙三醇类似。

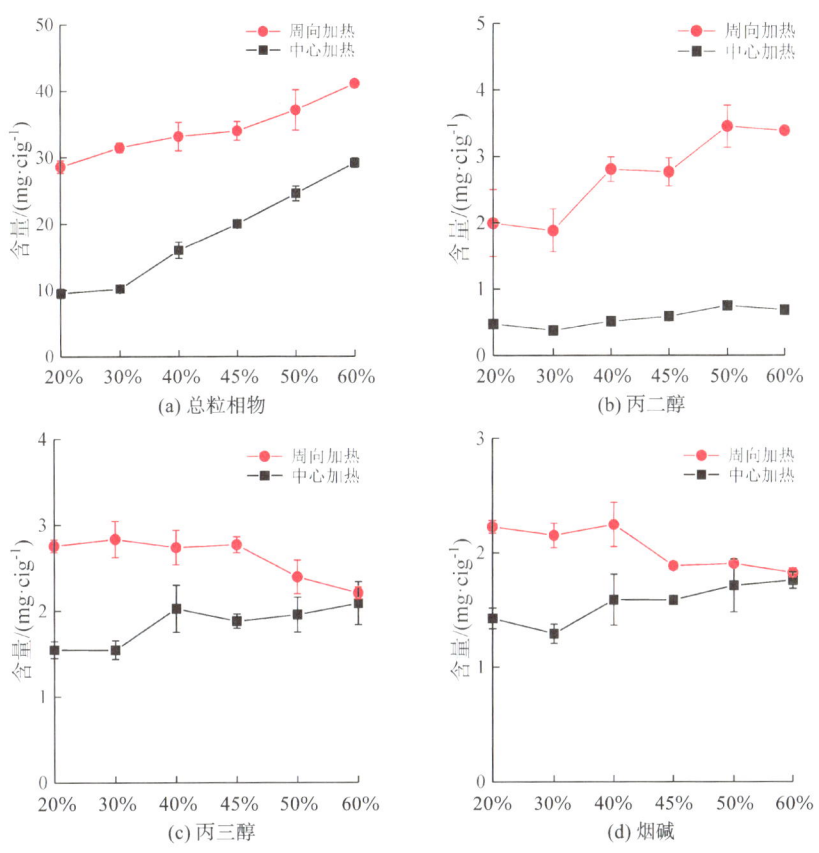

图 4.55　不同水分含量加热卷烟烟气气溶胶中主要化学成分释放量比较

4.3.6.5　不同含水率加热卷烟气溶胶中化学成分的层次聚类分析

为整体展示加热卷烟气溶胶中化合物释放量与烟支含水率之间的关系,对不同烟支含水率样品气溶胶中化学成分释放量(粒相物和气相物释放量总和)进行 HCA 并绘制树状热图。化合物簇及其与含水率的关系可以分别从水平和垂直方向观察,其中色标代表每个分析物的浓度,从红色到蓝色表示浓度升高。从图 4.56 中可以看出,根据平衡湿度(即烟支含水率,水平聚类结果),可以区分为 RH30%、40%~50%和 60%三个簇,表明 40%和 50%是关键的湿度转折点,在达到这两个湿度后化学成分释放发生了明显改变。

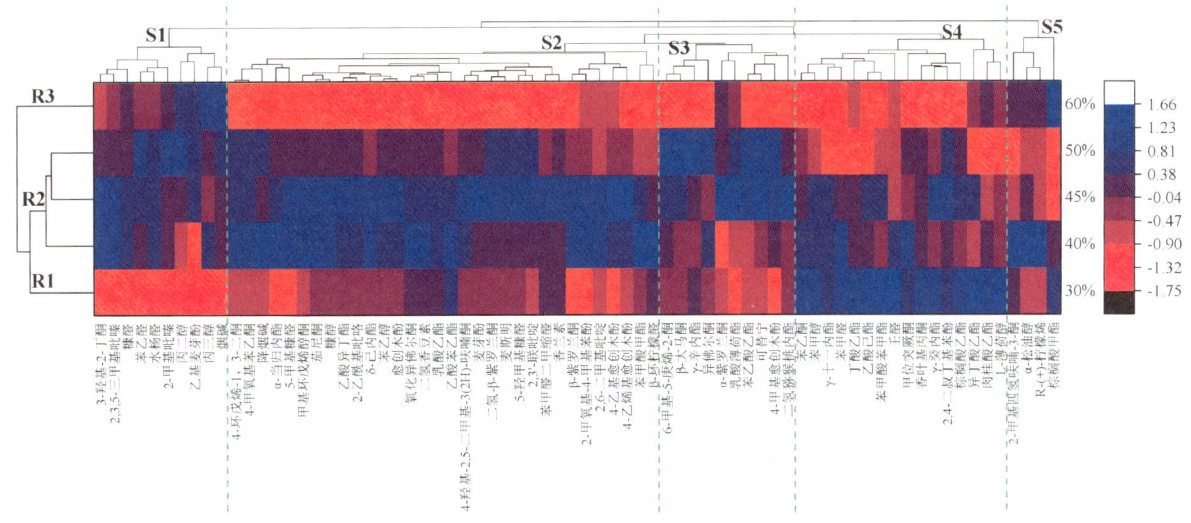

图 4.56　不同水分含量加热卷烟烟气气溶胶中化学成分水平聚类和样品垂直聚类的聚类图

根据气溶胶中化学成分释放量(垂直聚类结果),按照其释放量与含水率的关系可以区分为 S1~S5 共

5 个化合物簇,大部分化合物都聚类在 S2 和 S4 中。S2 占总化合物数量的 44.4%,其中化合物在 RH40% 和 45% 下平衡的样品中释放量最高;S4 占总化合物数量的 22.2%,其中化合物在 RH30% 下平衡的样品中释放量最高;S1 占总化合物数量的 13.9%,其中化合物在 RH40%～60% 下平衡的样品中释放量最高;S3 占总化合物数量的 13.9%,其中化合物在 RH45%～50% 下平衡的样品中释放量最高;S5 占总化合物数量的 5.6%,其中化合物在 RH45%～50% 下平衡的样品中释放量最低。

可以看出,虽然同一团簇的化合物随含水率的变化规律相似,但同一团簇中均包含了不同类型的化合物。这些化合物除了直接挥发,还可能来源于热分解和化学反应等。由于含水率对气溶胶的形成和释放、烟气温度等产生了影响,不同化合物的生成方式、化合物的物理化学性质(例如沸点、蒸气压、溶解度、有机官能团等)、在芯材中的含量(自身含量、前体物的含量)等均会影响其释放情况。

综上分析可知:①随着平衡相对湿度从 20% 增加至 60%,芯材含水率从 3.03% 增加至 8.45%。②滤嘴降温段前端、滤嘴烟气出口处的烟气温度均与含水率呈正相关。③随烟芯含水率的增加,气溶胶的粒数浓度增大,但气溶胶粒数中值粒径、烟雾量变化不大。逐口变化趋势方面,粒数浓度在第 1～4 口呈下降趋势,第 5～11 口逐口升高;20%～50% 样品气溶胶粒数中值粒径呈现先降低再增大再降低的趋势;烟雾量呈现出先降低后逐步升高的趋势。④不同烟支含水率样品气溶胶中化学成分释放量,根据平衡湿度可以区分为 RH30%、40%～50% 和 60% 三个簇;根据气溶胶中化学成分释放量可以区分为 S1～S5 共 5 个化合物簇,S2 占总化合物数量的 44.4%,其中化合物释放量在 RH40% 和 45% 下平衡的样品中最高,S4 占总化合物数量的 22.2%,其中化合物释放量在 RH30% 下平衡的样品中最高。⑤RH40% 和 45% 下平衡的样品,烟雾量足、感官品质最佳。

4.3.7 通风率的影响

在传统卷烟领域,滤嘴通风是降低卷烟焦油、减少烟气中有害成分的有效方法。研究表明,随着滤嘴通风率的增加,烟气常规成分 CO、焦油以及烟碱等释放量减少。赵乐等[100]研究表明滤嘴通风率与 CO、NH_3、HCN、巴豆醛、苯酚和 BaP 的释放量呈显著的负相关关系。滤嘴通风率也会影响卷烟主流烟气中香味成分的释放,随着滤嘴通风率的增加,酸性、中性和碱性香味成分的释放量减少[101]。关于滤嘴通风率对气溶胶物理特性影响的研究报道相对较少,如 Alderman 等[102]研究表明,在抽吸容量为 30 mL、抽吸持续时间为 60 s、间隔时间为 2 s 的条件下,滤嘴通风率增加会降低主流烟气的释放量从而降低气溶胶浓度。目前滤嘴通风稀释技术在传统卷烟中大量采用,部分加热卷烟也采用了该技术。为此,制备了不同滤嘴通风率的两用型烟支(可燃吸、配套烟具加热后抽吸),比较了滤嘴通风率对点燃和加热条件下产生的烟气气溶胶的温度、粒数粒径分布及主要化学成分释放等的影响。

选取烟草材料段为造纸法再造烟叶丝和烟丝混配而成的烤烟型原味烟支,将其烟草材料段卷制后,再与复合滤棒搓接成新的烟支,新的烟支规格为长度 84 mm(54 mm 烟草材料段＋10 mm 空腔纸管支撑段＋10 mm 醋酸纤维中空降温段＋10 mm 醋酸纤维滤嘴段)、圆周 17.0 mm,该烟支可以点燃抽吸或采用配套加热烟具加热后抽吸。通过对空腔纸管支撑段进行不打孔、单排打孔、双排打孔方式,制备得到不同滤嘴通风率的烟支(表 4.18)。实验烟支在相对湿度 45%、温度 22 ℃ 的环境中平衡 24 h 以上进行实验。

表 4.18 不同通风率加热卷烟烟支物理参数

编号	打孔数	吸阻/kPa	纸通风率/(%)	滤嘴通风率/(%)	总通风率/(%)
V0	不打孔	1.32	12.78	0	12.78
V1	单排打孔(15 个)	1.34	5.31	47.86	53.17
V2	双排打孔(30 个)	1.26	2.99	64.08	67.07

点燃条件下烟支直接点燃抽吸,加热条件下采用配套的加热烟具加热后抽吸,均采用 HCI 抽吸模式,每支卷烟均固定抽吸 8 口。基于不同大小气溶胶颗粒电迁移率的差异进行粒径分级和检测,选取低稀释倍数,降低了挥发性成分的挥发损失对气溶胶粒径分布造成的影响,设置采样流量为 1.0 L/min,关闭二级

稀释,粒径测定范围为 5~2500 nm。

4.3.7.1　点燃和加热条件下不同滤嘴通风率烟支的烟气温度

比较了 3 类不同滤嘴通风率烟支在点燃和加热条件下逐口烟气的出口温度(即滤嘴嘴端温度),见图 4.57。从图 4.57(a)可以看出,在点燃条件下,烟气出口温度逐口升高,原因是随着烟支的燃烧,烟支长度变短且热量累积,其中单排打孔和双排打孔对第 3 口后的烟气温度的降低作用明显,且随着滤嘴通风率增加,温度降低作用越明显。从图 4.57(b)可以看出,采用周向加热型烟具加热后抽吸,烟气出口温度逐口降低,主要原因是前几口烟气气溶胶中水分释放量高并冷凝放热,滤嘴通风率为 64.08% 时对烟气出口温度降低作用明显。以上结果表明,滤嘴通风对降低点燃和加热条件下烟气出口温度效果显著。

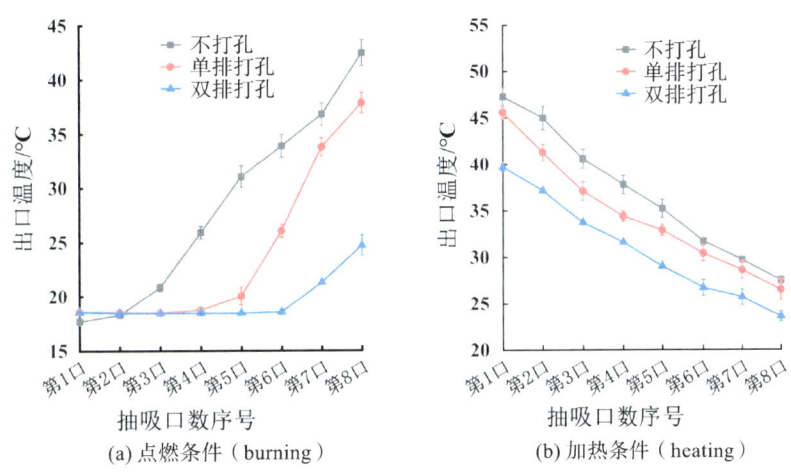

图 4.57　点燃和加热条件下不同滤嘴通风率卷烟逐口烟气的出口温度

4.3.7.2　点燃和加热条件下不同滤嘴通风率烟支烟气气溶胶中主要化学指标

比较了不同滤嘴通风率烟支在点燃和加热条件下烟气气溶胶中主要化学指标,见表 4.19。可见,在点燃条件下,随着滤嘴通风率从 0 增加至 64.08%,总粒相物释放量以及粒相物中烟碱、丙二醇、丙三醇和水分的释放量均显著减少,气相物中水分的释放量在滤嘴通风率为 64.08% 时略微降低。在加热条件下,与滤嘴不打孔的样品相比,进行通风打孔后,总粒相物释放量以及粒相物中烟碱、丙二醇和丙三醇释放量增加,特别是烟碱和丙三醇增加较为明显,但滤嘴通风率过大即从 47.86% 增加至 64.08% 后,总粒相物释放量以及粒相物中烟碱和丙三醇释放量又略微降低;而粒相物和气相物中水分的释放量则随滤嘴通风率的增加略微降低。以上结果表明,滤嘴打孔通风后,与滤嘴不打孔烟支相比,点燃条件下滤嘴通风使得通过燃烧锥的气流量减少,进而导致单口烟丝燃烧量减少,同时也降低了气流速率,提高了烟丝段和滤嘴打孔前段的过滤效率。因此,气溶胶粒相物以及粒相物中烟碱、丙二醇和丙三醇的释放量明显降低。在加热条件下则表现出相反的作用,打孔通风后流经烟草材料段的气流量减少,对烟草材料段的降温作用减弱,烟气温度高,导致半挥发性烟气成分如烟碱和丙三醇的释放量明显增加,并减少了在滤嘴通风打孔处前端的截留;对于低沸点的水分,由于随气流带出量减少,其释放量反而略微降低。

表 4.19　点燃和加热条件下不同滤嘴通风率卷烟气溶胶中主要化学指标

抽吸条件	编号[①]	总粒相物释放量/(mg/支)	烟碱释放量/(mg/支)		丙二醇释放量/(mg/支)		丙三醇释放量/(mg/支)		水分释放量/(mg/支)	
			粒相物	气相物	粒相物	气相物	粒相物	气相物	粒相物	气相物
点燃	V0	31.67±1.41	1.21±0.06	—	1.29±0.04	—	2.42±0.05	—	10.32±0.73	7.41±0.53
	V1	20.44±0.47	1.05±0.04	—	0.75±0.07	—	2.01±0.11	—	3.94±0.35	7.66±0.57
	V2	11.44±0.71	0.72±0.03	—	0.58±0.02	—	1.35±0.08	—	0.96±0.09	5.00±0.46

续表

抽吸条件	编号[①]	总粒相物释放量/(mg/支)	烟碱释放量/(mg/支)		丙二醇释放量/(mg/支)		丙三醇释放量/(mg/支)		水分释放量/(mg/支)	
			粒相物	气相物	粒相物	气相物	粒相物	气相物	粒相物	气相物
加热	V0	28.00±0.94	0.34±0.07	—	1.29±0.10	—	0.48±0.04	—	24.61±0.37	12.88±0.09
	V1	32.88±0.51	1.02±0.03	—	1.42±0.05	—	2.03±0.07	—	16.78±0.20	11.36±0.11
	V2	28.89±0.71	0.90±0.02	—	1.54±0.07	—	1.65±0.10	—	15.76±0.35	8.03±0.27

注:①V0、V1、V2 的滤嘴通风率分别为 0、47.86%、64.08%。

4.3.7.3 点燃和加热条件下不同滤嘴通风率烟支烟气气溶胶的粒径分布比较

不同滤嘴通风率烟支在点燃和加热条件下的烟气气溶胶粒数浓度粒径分布如图 4.58 所示。点燃条件下通过燃烧产生以碳颗粒为核心的气溶胶,加热条件下通过蒸发和热解产生液滴状气溶胶。由于点燃和加热条件下烟气气溶胶产生方式、气溶胶特性完全不同[103],因此其粒径分布范围及受滤嘴通风率的影响均不同。在点燃和加热条件下,不同滤嘴通风率烟支烟气气溶胶粒数浓度随粒径大小均呈现近似对数正态分布。从图 4.58(a)可以看出,在点燃条件下,不同滤嘴通风率烟支的烟气气溶胶粒径均主要分布在 60~2000 nm,从峰值可以看出粒数浓度存在一定差异。从图 4.58(b)可以看出,加热条件下,滤嘴通风率为 0 时,烟气气溶胶粒径均主要分布在 40~500 nm;滤嘴通风率为 47.86% 和 64.08% 时,第 1 口烟气气溶胶粒径均主要分布在 20~500 nm,第 2~8 口粒径均主要分布在 40~1000 nm。从峰值可以看出,不同滤嘴通风率烟支烟气气溶胶粒数浓度存在较明显差异。此外,在加热条件下,不同滤嘴通风率烟支的第 1 口烟气气溶胶的粒数浓度、粒径分布均明显小于后面口数,主要原因可能是预热阶段产生较多的低沸点成分,蒸汽成分的组成影响了成核过程和最终的粒径[104]。以上结果表明,滤嘴通风率对加热条件下烟气气溶胶粒径分布的影响明显大于点燃条件,滤嘴打孔后,整体上,加热条件下烟气气溶胶粒数浓度和粒径增大。

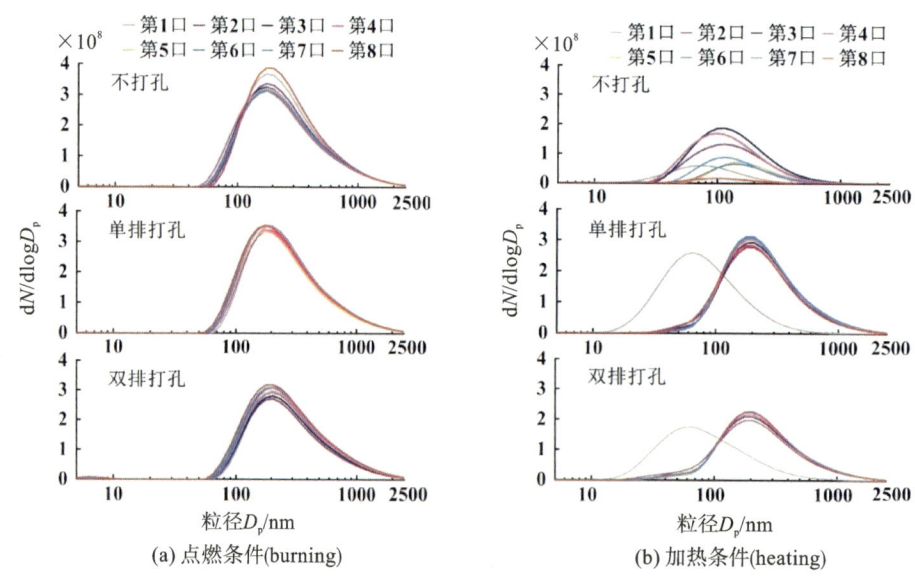

(a) 点燃条件(burning)　　　(b) 加热条件(heating)

图 4.58　点燃和加热条件下不同滤嘴通风率卷烟烟气气溶胶粒数浓度粒径分布

4.3.7.4 点燃和加热条件下不同滤嘴通风率烟支逐口烟气气溶胶的物理特性

不同滤嘴通风率烟支在点燃和加热条件下烟气气溶胶的粒数浓度和粒数中值粒径(CMD)的逐口变化如图 4.59 所示,图 4.59 中误差棒为 3 次平行测定的相对偏差。由图 4.59(a)可以看出,在点燃条件下,除第 1 口外,随抽吸口数的增加,不同滤嘴通风率烟支烟气气溶胶的粒数浓度略微增加,CMD 则略微降低,原因是随着烟支燃烧，烟丝段变短，导致烟气通过烟支的距离缩短，同时烟气温度升高使烟气的团聚作用减弱，烟气在烟丝和滤嘴中的吸附减少、脱附增强[105]。随着滤嘴通风率的增加，全部口数烟气气溶胶的粒数浓度的平均值在通风率增加至 64.08％时明显减小，CMD 平均值增大。原因可能是滤嘴通风率增加，导致进气量减少，从而使单口烟丝燃烧量减少，进而导致气溶胶粒数减少；而烟气流速减小，使烟气气溶胶在烟支中的停留时间延长，此外滤嘴打孔通风对打孔处后端的降温作用也会促进气溶胶的凝聚，两个作用均会导致粒径增加。

由图 4.59(b)可知，在加热条件下，随着抽吸口数的增加，滤嘴通风率为 0 时，烟气粒数浓度和 CMD 均先增大后减小，滤嘴通风率为 47.86％和 64.08％时，烟气粒数浓度和 CMD 均增大。与滤嘴通风率为 0 的样品比较，滤嘴通风率增加，全部口数的烟气粒数浓度和 CMD 的平均值显著增大，但滤嘴通风率由 47.86％增加至 64.08％时，粒数浓度略微降低。加热条件下烟气气溶胶物理特性受滤嘴通风率的影响规律与点燃条件下明显不同，主要是受烟气产生方式的影响。一方面，加热条件下，滤嘴通风率增加，经烟草材料段的进气量减少，减弱了对烟草材料段的降温作用，反而有利于烟气成分的蒸发和释放；此外由于烟气温度高，减少了气溶胶在滤嘴通风打孔处前端的截留。另一方面，滤嘴通风率增加，降低了滤嘴通风打孔处后端的温度，增强了凝结和团聚作用，以上两个作用增大了烟气粒数浓度和 CMD。当滤嘴通风率为 64.08％时，经烟草材料段的进气量进一步减少、通风稀释作用增强，从而使烟气粒数浓度有所降低。以上结果和分析表明，滤嘴打孔通风后，点燃条件下影响了烟丝燃烧量、烟气流速和滤嘴温度等，使烟气气溶胶粒数浓度减小、CMD 增大；加热条件下影响了烟气成分蒸发量、滤嘴截留量和滤嘴温度等，使烟气气溶胶粒数浓度增大、CMD 增大；但滤嘴通风对加热条件下气溶胶的产生和传递作用的影响显著大于点燃条件。

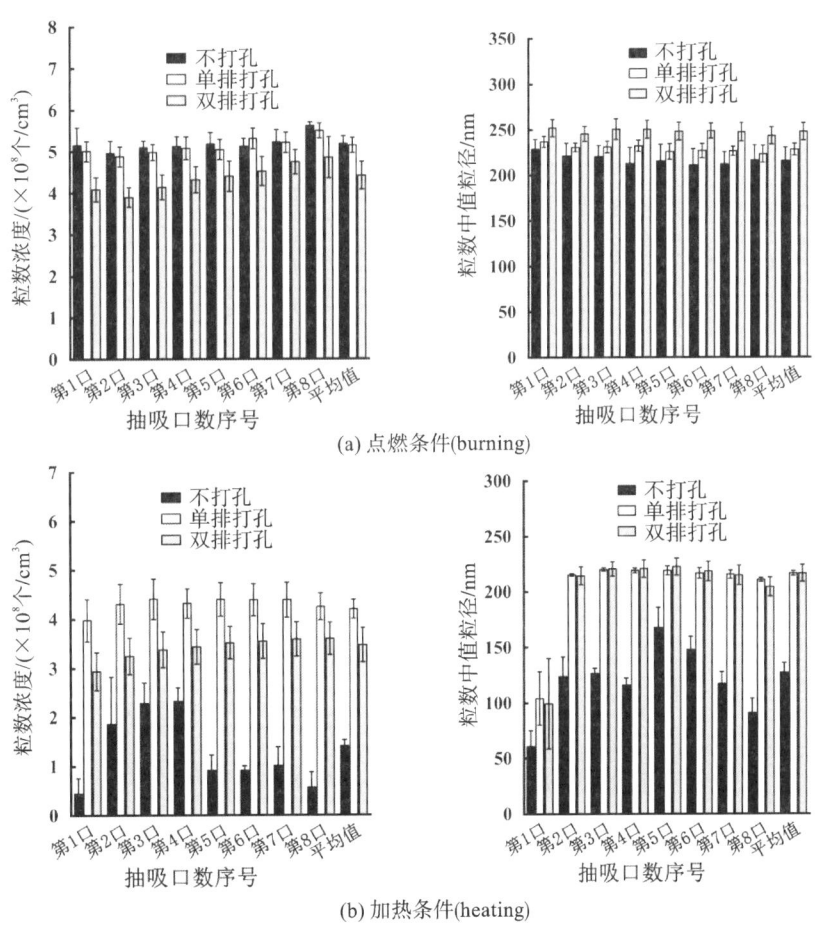

图 4.59　点燃和加热条件下不同滤嘴通风率卷烟烟气气溶胶的
逐口粒数浓度和粒数中值粒径($n = 3$)

不同滤嘴通风率烟支在点燃和加热条件下烟气气溶胶的粒子体积浓度和 VMD 的逐口变化如图 4.60 所示。由图 4.60(a)可知,在点燃条件下,除第 1 口外,随抽吸口数的增加,不同滤嘴风率烟支烟气气溶胶的粒子体积浓度略微增大;随着滤嘴通风率的增加,全部口数烟气气溶胶粒子体积浓度和 VMD 的平均值变化不显著。由图 4.60(b)可知,在加热条件下,随着抽吸口数的增加,不同滤嘴通风率烟支烟气气溶胶粒子体积浓度和 VMD 均先增大后减小,尤其是滤嘴通风率为 0 时逐口变化较明显;与滤嘴通风率为 0 的卷烟比较,随着滤嘴通风率增加,全部口数的烟气气溶胶粒子体积浓度和 VMD 的平均值显著增大,但滤嘴通风率由 47.86% 增加至 64.08% 时,粒子体积浓度略微降低。以上结果表明,滤嘴通风对加热条件下气溶胶体积浓度、VMD 的影响显著大于点燃条件,在加热条件下,滤嘴通风能够明显增大烟气气溶胶粒子的体积浓度和 VMD。

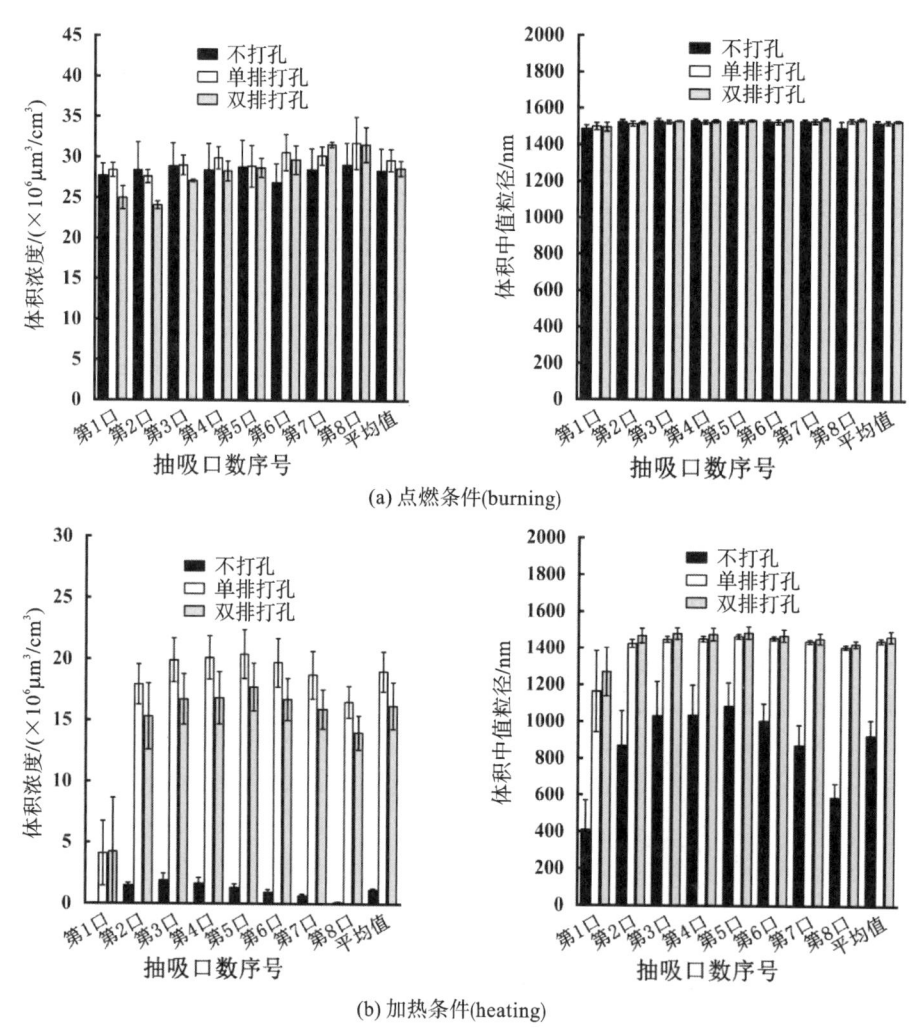

图 4.60　点燃和加热条件下不同滤嘴通风率卷烟烟气气溶胶的逐口粒子体积浓度和体积中值粒径($n=3$)

4.3.7.5　不同滤嘴通风率对点燃和加热条件下气溶胶释放影响的分析

滤嘴通风率增加,对烟草材料段的影响主要表现为通过的气流量减小,但由于点燃和加热产生气溶胶的方式不同,因此受气流量变化的影响也不同。传统卷烟抽吸燃烧时温度迅速上升,烟草组分经燃烧、热解、蒸馏等复杂变化而形成固、液、气三相,随温度的降低而凝结形成烟雾气溶胶。燃吸条件下滤嘴通风率增加,进气量减少,导致单口烟丝燃烧量减少,产生的烟气量减少,同时气流量减少、流速降低,烟气流经烟丝段时温度降低,增加了在烟丝段的截留和凝聚作用,因此,烟支出口端气溶胶中烟气成分释放量减少、全部口数的气溶胶粒数浓度的平均值减小、CMD 的平均值增大。加热卷烟抽吸时,受环境空气及挥发性物质的蒸发的影响,温度下降[7],经低温蒸发和热解作用形成气-汽混合物,随气流向烟支出口端递送的过程中温度不断降低,成核并凝结形成气溶胶。加热条件下滤嘴通风率增加,进气量减少反而减少了对烟草材料段的降温作用,因此,增加了半挥发性成分的蒸发和释放,而滤嘴通风率增加降低了滤嘴温度,加速了烟气流的凝结和团聚,烟气气溶胶粒数浓度、CMD 均增大。

在点燃和加热条件下,滤嘴通风率对烟气气溶胶释放特征的影响不同:①随着滤嘴通风率从 0 增加至 64.08%,在点燃条件下,总粒相物释放量、粒相物中烟碱、丙二醇和丙三醇及粒相物和气相物中水分的释放量均显著减少;在加热条件下,滤嘴通风打孔后,粒相物中烟碱、丙二醇和丙三醇的释放量增加,粒相物和气相物中水分的释放量略微降低,但滤嘴通风率增加至 64.08% 后,粒相物中烟碱和丙三醇的释放量又略微降低。②随着滤嘴通风率从 0 增加至 64.08%,在点燃条件下,烟气气溶胶的粒数浓度粒径分布变化不大,粒数浓度降低,CMD 增大;在加热条件下,烟气气溶胶的粒数浓度粒径分布从 20~500 nm 增加至 40~1000 nm,与滤嘴通风率为 0 的烟支相比,烟气气溶胶粒数浓度、粒子体积浓度、CMD 和 VMD 显著增大,但滤嘴通风率由 47.86% 增加至 64.08% 时,粒数浓度和粒子体积浓度略微降低。

4.3.8　烟支结构的影响

目前电加热烟支根据加热元件对烟支加热位置及方式的不同,可分为中心加热型、周向加热型及其他类型。中心加热型是将加热元件插入烟支中心进行加热,中心加热烟支主要采用"烟芯段+中空/支撑段+降温段+滤嘴端"的结构,不同品牌各段尺寸长度略有不同;周向加热型是将烟支置于杯状的加热元件内部进行加热,周向加热烟支采用"烟芯段+中空段"结构;气流加热产品较少。不同类型加热卷烟产品、不同烟支结构设计等均会影响加热卷烟气溶胶的产生和释放,并形成不同理化特性和感官品质的烟气气溶胶。以中心加热卷烟产品为重点研究对象,通过有目的地设计不同复合结构、不同辅材搭配的烟支,系统开展了烟支结构设计对加热卷烟气溶胶粒径分布、烟气温度、主要化学成分传递的影响研究。

4.3.8.1　烟支设计对气溶胶粒径分布的影响

加热卷烟烟支样品包括"烟芯段+中空段"二元结构、"烟芯段+降温段+中空段"三元结构与"烟芯段+中空段+降温段+实心段"四元结构三种类型,具体信息如表 4.20~表 4.22 所示。烟支未做说明,直径均为 7.7 mm,卷烟纸透气度为 70 CU,中空段为醋酸纤维圆形空管,降温段为 PLA 薄膜,实心段为醋酸纤维丝束。

表 4.20　样品信息表 1

样品编号	烟芯段长度 /mm	中空段长度 /mm	降温段长度 /mm	实心段长度 /mm	备注
0-1	12	33	0	0	中空段空心直径 4 mm
0-2	15	30	0	0	中空段空心直径 4 mm

表 4.21　样品信息表 2

样品编号	烟芯段长度 /mm	降温段长度 /mm	中空段长度 /mm	实心段长度 /mm	备注
1	15	6	24	0	中空段空心直径 4 mm
2	15	12	18	0	中空段空心直径 4 mm
3	15	18	12	0	中空段空心直径 4 mm

表 4.22　样品信息表 3

样品编号	烟芯段长度 /mm	中空段长度 /mm	降温段长度 /mm	实心段长度 /mm	备注
4	15	6	6	18	中空段空心直径 4 mm
5	15	6	12	12	中空段空心直径 4 mm
6	15	6	18	6	中空段空心直径 4 mm
7	15	12	6	12	中空段空心直径 4 mm
8	15	12	12	6	中空段空心直径 4 mm
9	15	18	6	6	中空段空心直径 4 mm
10	12	9	18	6	中空段空心直径 4 mm
11	15	12	12	6	直径为 7.3 mm
12	15	12	12	6	卷烟纸透气度 10 CU
13	15	12	12	6	卷烟纸透气度 20 CU
14	15	12	12	6	卷烟纸透气度 40 CU
15	15	12	12	6	中空段空心直径 2 mm
16	15	12	12	6	中空段空心直径 5.5 mm
17	15	24	6	0	中空段空心直径 4 mm
18	15	18	12	0	中空段空心直径 4 mm
19	15	12	18	0	中空段空心直径 4 mm
20	12	15	12	6	中空段空心直径 5.5 mm
21	12	18	9	6	中空段空心直径 5.5 mm
22	12	21	6	6	中空段空心直径 5.5 mm

（1）烟芯段和中空段组配对气溶胶粒径分布的影响

二元结构样品：设计了 12 mm 烟芯段＋33 mm 中空段、15 mm 烟芯段＋30 mm 中空段 2 种二元结构的加热卷烟烟支。在二元结构中即无降温段和实心段时，烟气粒径分布较宽（20～300 nm），烟气粒径较大（粒数中值直径在 50～100 nm）。烟芯段由 12 mm 变为 15 mm，烟气前 3 口浓度变大，但分布变窄（20～150 nm），粒径变小（粒数中值直径在 50～60 nm），从第 5 口开始烟气粒径分布变化明显（图 4.61）。

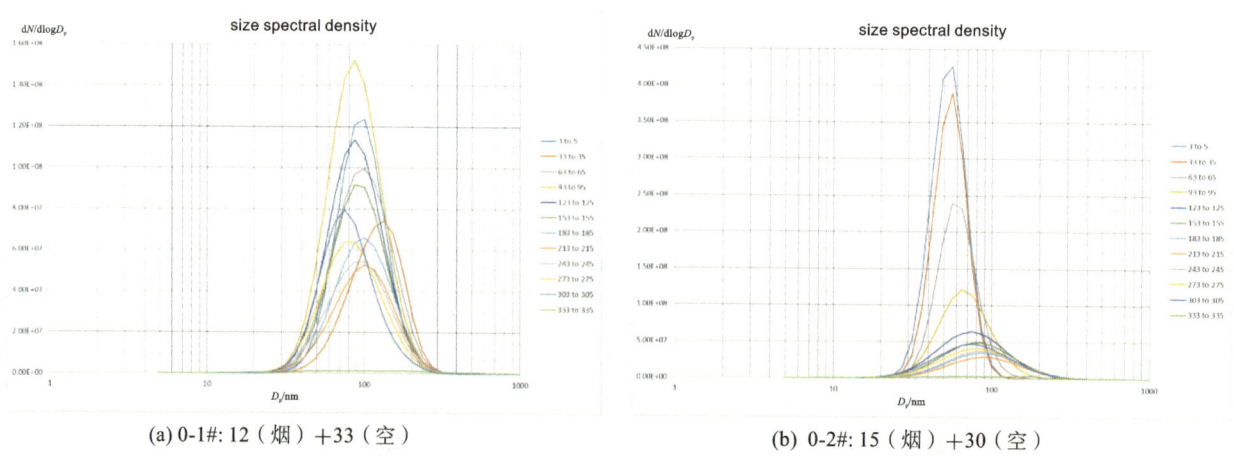

(a) 0-1#: 12（烟）＋33（空）　　　　(b) 0-2#: 15（烟）＋30（空）

图 4.61　二元复合结构烟支（烟芯段＋中空段组合）逐口烟气气溶胶粒径分布情况

从图 4.62(a)可以看出,烟芯段较长为 15 mm 时,前 3 口烟气粒数浓度大,第 4 口后的烟气粒数浓度逐渐降低并趋于稳定;烟芯段变短为 12 mm 时,烟气粒数浓度在第 3~5 口达最大值,逐口烟气粒数浓度释放更为稳定,且在第 4 口后烟气粒数浓度高于烟芯段为 15 mm 的样品。这可能是由于在相同加热功率条件下,烟芯段长度增加,芯材被加热达到的温度降低,导致气溶胶产生效率降低,因而气溶胶粒数浓度减小。前 3 口气溶胶粒数浓度增大,则是由于前面口数主要为易挥发成分的蒸发,而烟芯段长度增加,增加了前面口数挥发性成分的挥发总量,使前面口数气溶胶浓度增加,但粒径较小。此外,烟芯段长度增加,同时中空段减短,减少了在中空段的停留时间,也会影响气溶胶的形成。从图 4.62(b)和图 4.62(c)中可以看出,烟芯段为 12 mm 时逐口气溶胶粒数中值直径高于烟芯段为 15 mm 时,烟雾量也是同样的规律。此外,由于在相同功率下加热,烟芯段变短导致烟芯加热后温度高,最终烟气温度也呈升高趋势。

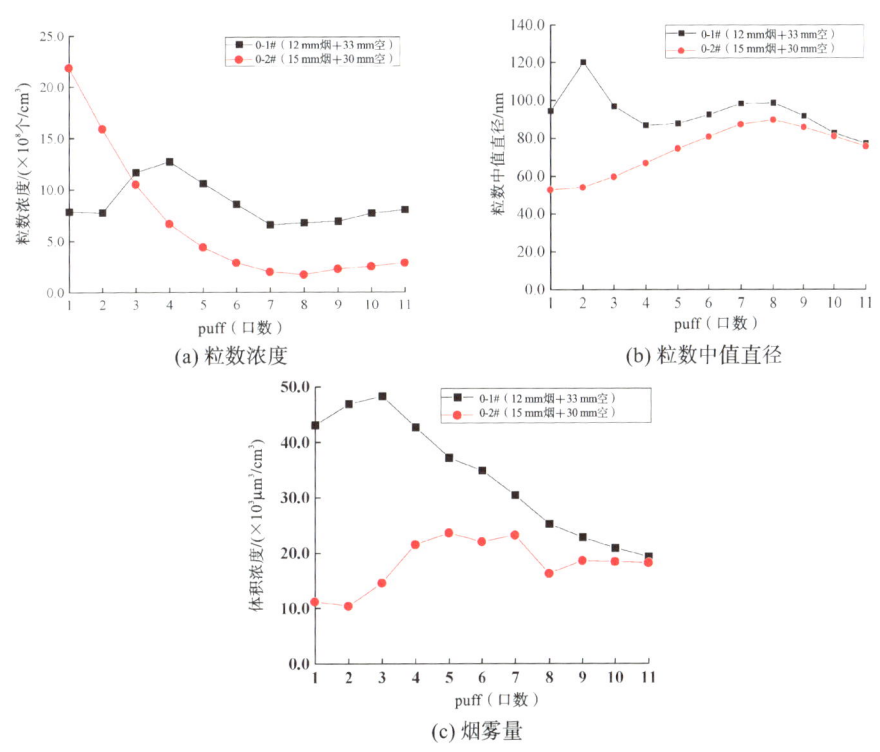

图 4.62　二元复合结构中烟芯段长度对逐口烟气气溶胶粒数浓度、粒数中值直径、烟雾量的影响

四元结构样品:设计了 12 mm 烟芯段+15 mm 中空段+12 mm 降温段+6 mm 实心段、15 mm 烟芯段+12 mm 中空段+12 mm 降温段+6 mm 实心段 2 种四元结构的加热卷烟烟支。在四元结构中(增加了降温段和实心段),烟气粒径分布范围为 20~200 nm,与二元结构相比整体向小粒径方向位移,粒数中值直径在 40~60 nm(图 4.63)。从图 4.64(a)中可以看出,烟芯段较长为 15 mm 时,逐口烟气粒数浓度小于烟芯段为 12 mm 的样品。烟芯段为 12 mm 时,烟气粒数浓度在第 3~5 口达最大值;而烟芯段为 15 mm 时逐口释放的气溶胶粒数浓度更加稳定。以上趋势可能是由于烟芯段长度增加,在相同加热功率条件下气溶胶产生效率降低,因而气溶胶粒数浓度减小;此外四元结构烟芯段对逐口气溶胶释放规律的影响,还与降温段、实心段有关,因而呈现不同的规律。从图 4.64(b)和图 4.64(c)可以看出,烟芯段为 12 mm 时前 5 口粒数中值直径和烟雾量较大,第 6 口后两个样品较为接近,可能是由于热量的蓄积增加了烟芯段较长样品中发烟剂的蒸发。

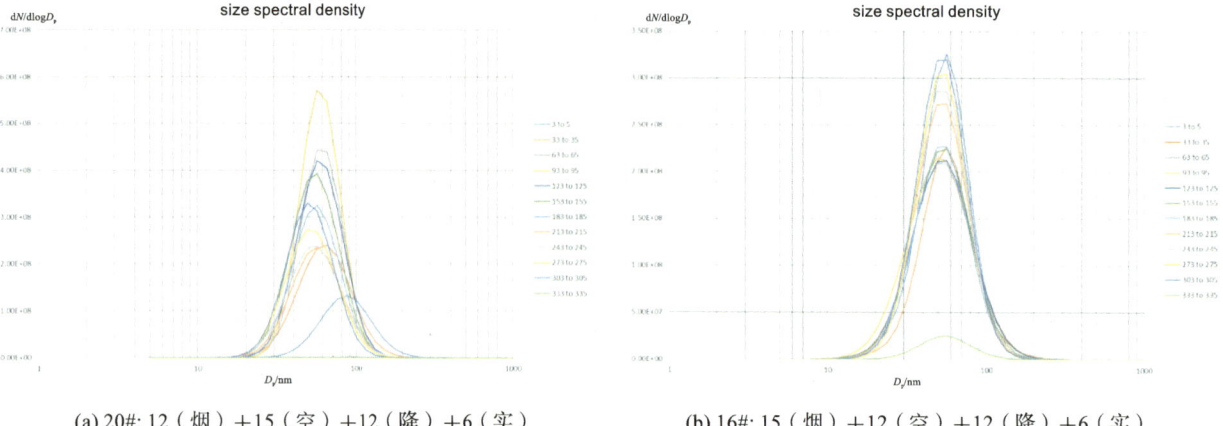

(a) 20#: 12（烟）＋15（空）＋12（降）＋6（实）　　(b) 16#: 15（烟）＋12（空）＋12（降）＋6（实）

图 4.63　四元复合结构烟支逐口烟气气溶胶粒径分布情况

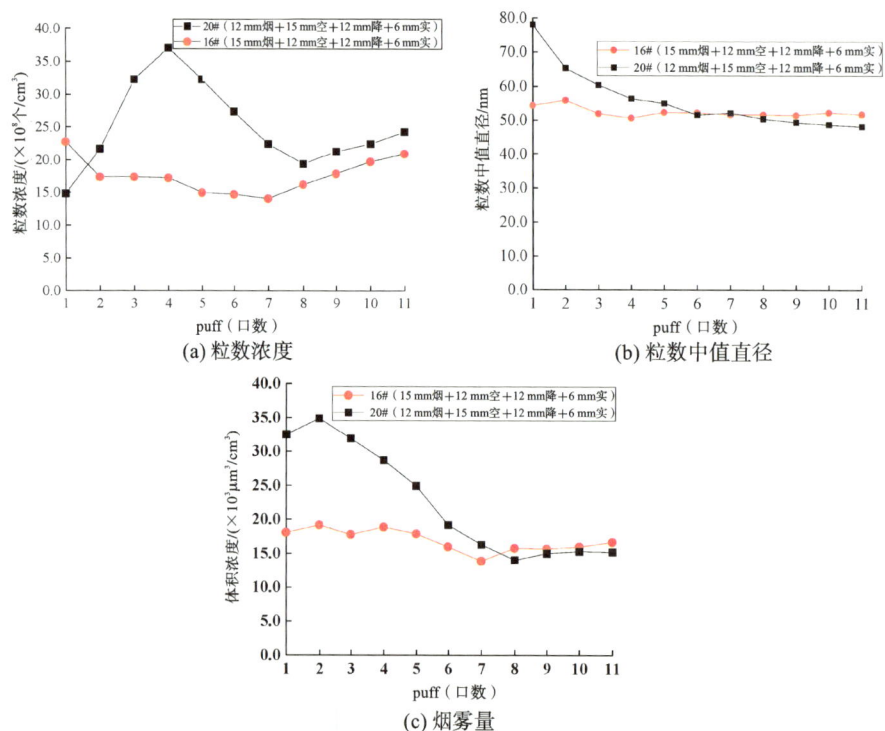

(a) 粒数浓度　　　　　　　　　　(b) 粒数中值直径

(c) 烟雾量

图 4.64　四元复合结构中烟芯段长度对逐口烟气气溶胶粒数浓度、粒数中值直径、烟雾量的影响

（2）中空段和降温段组配对气溶胶粒径分布的影响

①"中空段＋降温段"组配对气溶胶粒径分布的影响。

三元结构样品:设计了 3 种"中空段＋降温段"组配的三元结构加热卷烟烟支,中空段长度分别为24 mm、18 mm 和 12 mm,降温段长度相应增加。3 种"中空段＋降温段"组配样品的气溶胶粒径均分布在 10～300 nm,随着中空段长度变短为 12 mm,气溶胶粒径分布整体向小粒径方向位移,即整体粒径变小(图 4.65)。从图 4.66 中可以看出,随着中空段长度变短,前 3 口气溶胶粒数浓度差异不大,第 4 口后逐口烟气气溶胶粒数浓度呈增加趋势;中空段长度变短为 12 mm 时粒数中值直径明显减小,但中空段长度为 18 mm 和 24 mm 时差异不大;中空段长度变短为 12 mm 时烟雾量明显减小,但中空段长度为 18 mm 和 24 mm 时差异不大。

四元结构样品:设计了 3 种"中空段＋降温段"组配的四元结构加热卷烟烟支,中空段长度分别为21 mm、18 mm 和 15 mm,降温段长度相应增加。3 种"中空段＋降温段"组配样品的气溶胶粒径均分布在20～300 nm,随着中空段长度变短,气溶胶粒径分布整体向小粒径方向位移,即整体粒径变小(图 4.67)。从图 4.68 中可以看出,四元结构时随着中空段变短,逐口烟气气溶胶粒数浓度呈增加趋势,粒数中值直径呈减小趋势,烟雾量呈减小趋势,但中空长度为 18 mm 和 21 mm 时差异不大。

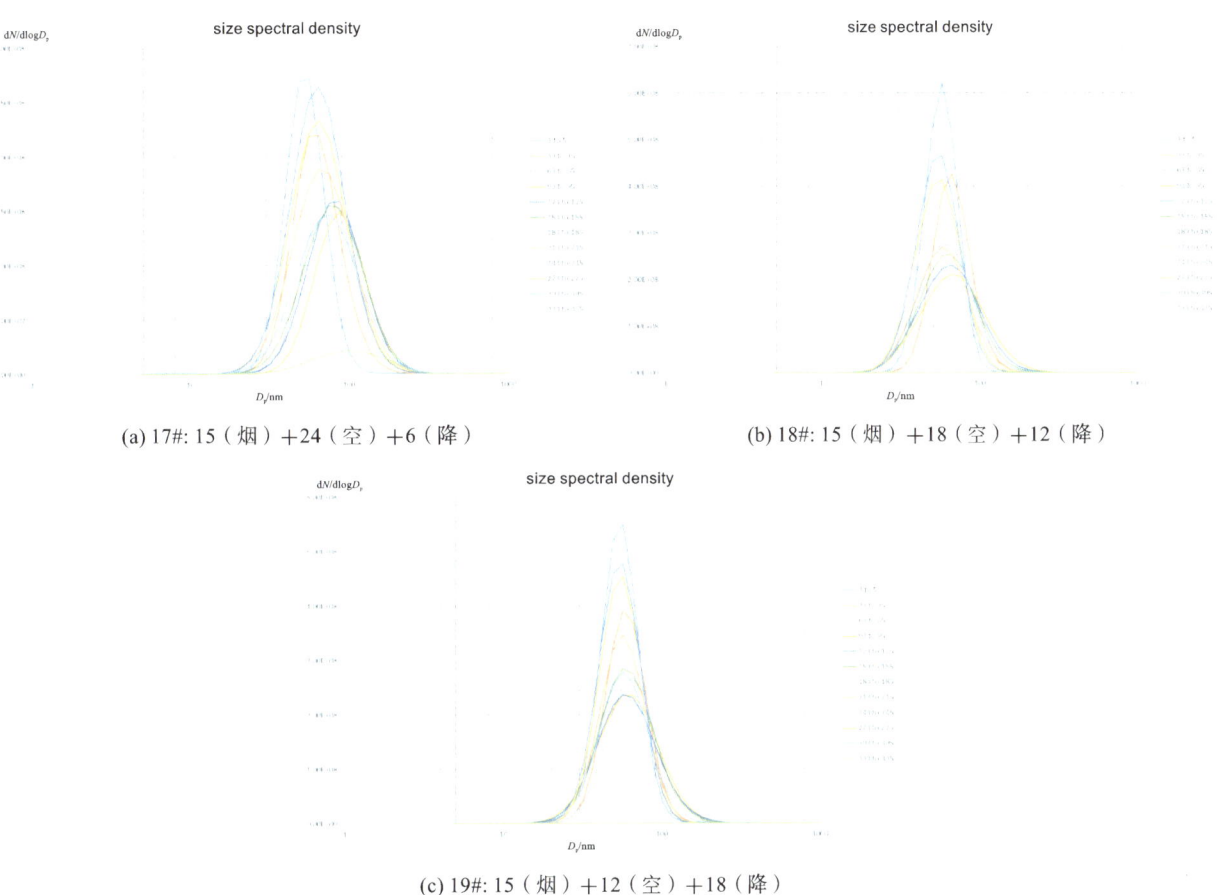

(a) 17#: 15（烟）+24（空）+6（降）

(b) 18#: 15（烟）+18（空）+12（降）

(c) 19#: 15（烟）+12（空）+18（降）

图 4.65　三元结构不同"中空段+降温段"组配烟支逐口烟气气溶胶粒径分布情况

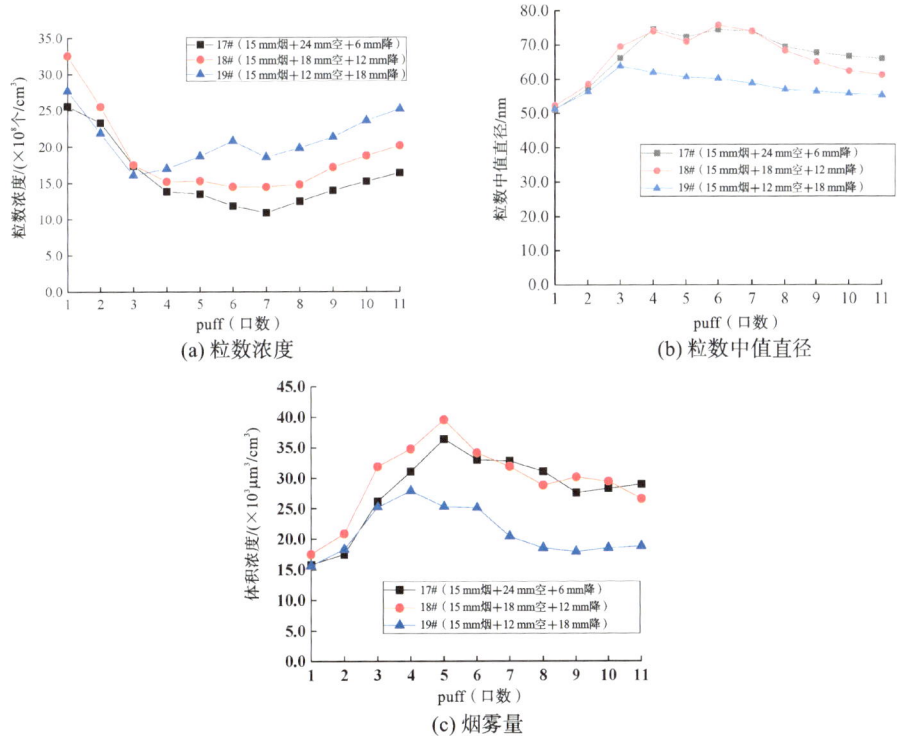

(a) 粒数浓度

(b) 粒数中值直径

(c) 烟雾量

图 4.66　三元结构不同"中空段+降温段"组配对逐口烟气气溶胶粒数浓度、粒数中值直径、烟雾量的影响

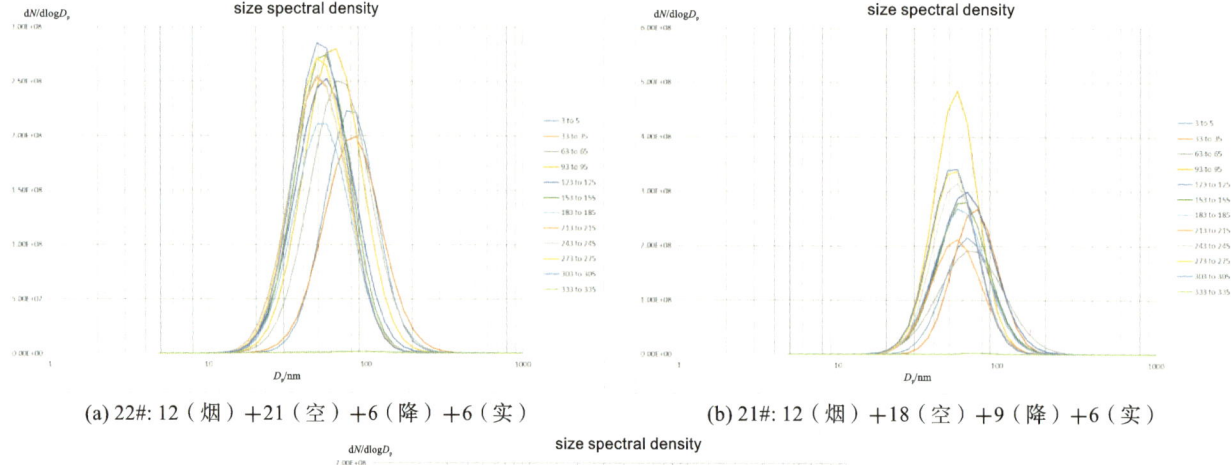

(a) 22#: 12（烟）＋21（空）＋6（降）＋6（实）   (b) 21#: 12（烟）＋18（空）＋9（降）＋6（实）

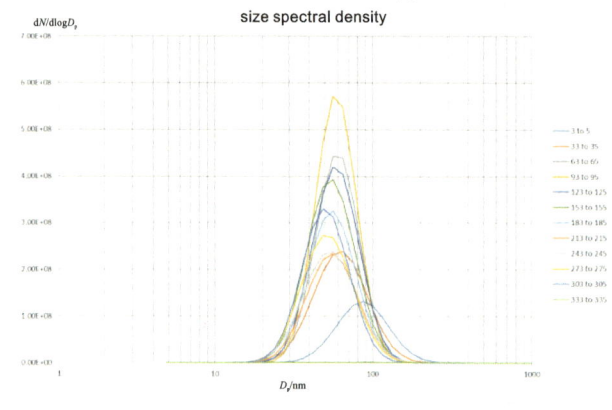

(c) 20#: 12（烟）＋15（空）＋12（降）＋6（实）

图 4.67　四元结构不同"中空段＋降温段"组配烟支逐口烟气气溶胶粒径分布情况

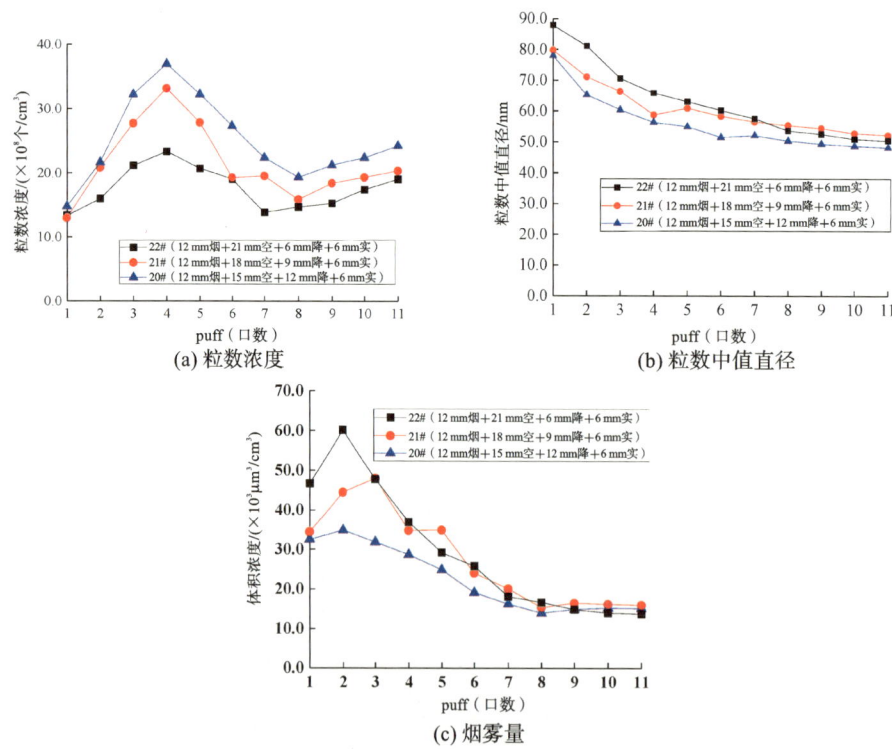

(a) 粒数浓度

(b) 粒数中值直径

(c) 烟雾量

图 4.68　四元结构不同"中空段＋降温段"组配对逐口烟气气溶胶粒数浓度、粒数中值直径、烟雾量的影响

②"降温段＋中空段"组配对气溶胶粒径分布的影响。

设计了 3 种"降温段＋中空段"组配的三元结构加热卷烟烟支,降温段长度分别为 6 mm、12 mm 和 18 mm,中空段长度相应变短。3 种"降温段＋中空段"组配样品的气溶胶粒径均分布在 20～200 nm,随着降温段长度增加,气溶胶粒径分布变化不大,粒径呈变小的趋势(图 4.69)。从图 4.70 中可以看出,随着降温段长度增加,气溶胶粒数浓度、粒径和烟雾量均呈现减小趋势,特别是长度增加至 18 mm 时显著减小。

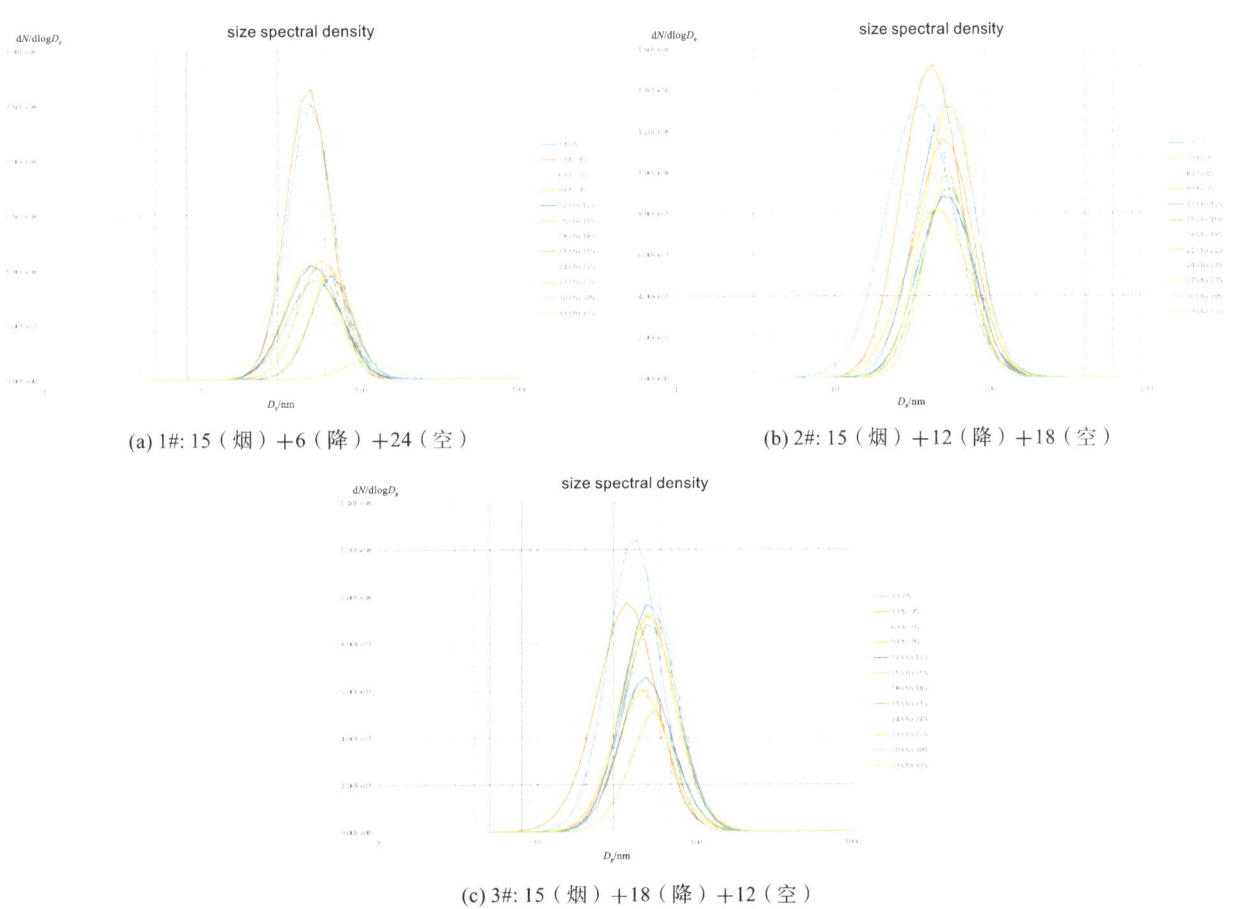

(a) 1#: 15（烟）＋6（降）＋24（空）　　(b) 2#: 15（烟）＋12（降）＋18（空）

(c) 3#: 15（烟）＋18（降）＋12（空）

图 4.69　不同"降温段＋中空段"组配烟支逐口烟气气溶胶粒径分布情况

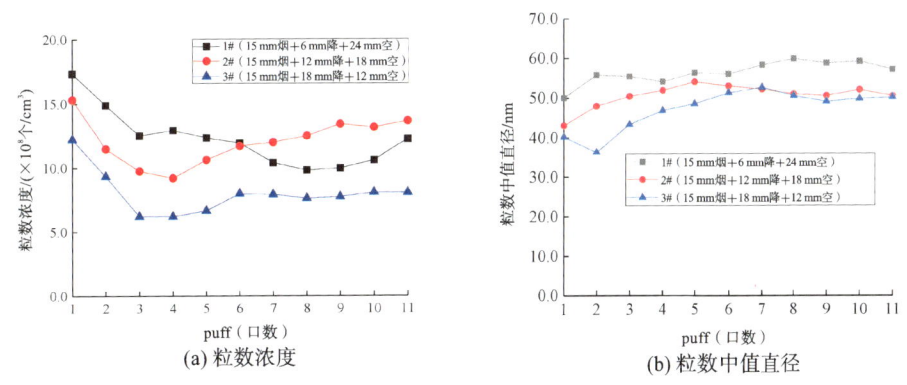

(a) 粒数浓度　　　　　　　　　　　(b) 粒数中值直径

图 4.70　不同"降温段＋中空段"组配对逐口烟气气溶胶粒数浓度、粒数中值直径、烟雾量的影响

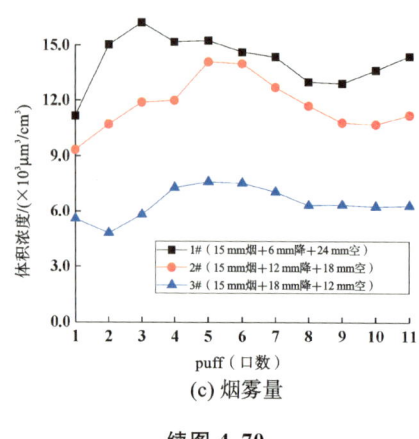

(c) 烟雾量

续图 4.70

③降温段和中空段组配顺序对气溶胶粒径分布的影响。

固定烟丝段长度,比较了"中空段+降温段"组配与"降温段+中空段"组配方式对气溶胶逐口粒数浓度、粒数中值直径和烟雾量的影响(图 4.71),可以看出长度相同时,"中空段+降温段"组配方式的气溶胶逐口粒数浓度、粒数中值直径和烟雾量均明显高于"降温段+中空段"组配方式。此外,"降温段+中空段"组配方式的降温效果差于"中空段+降温段"组配方式。

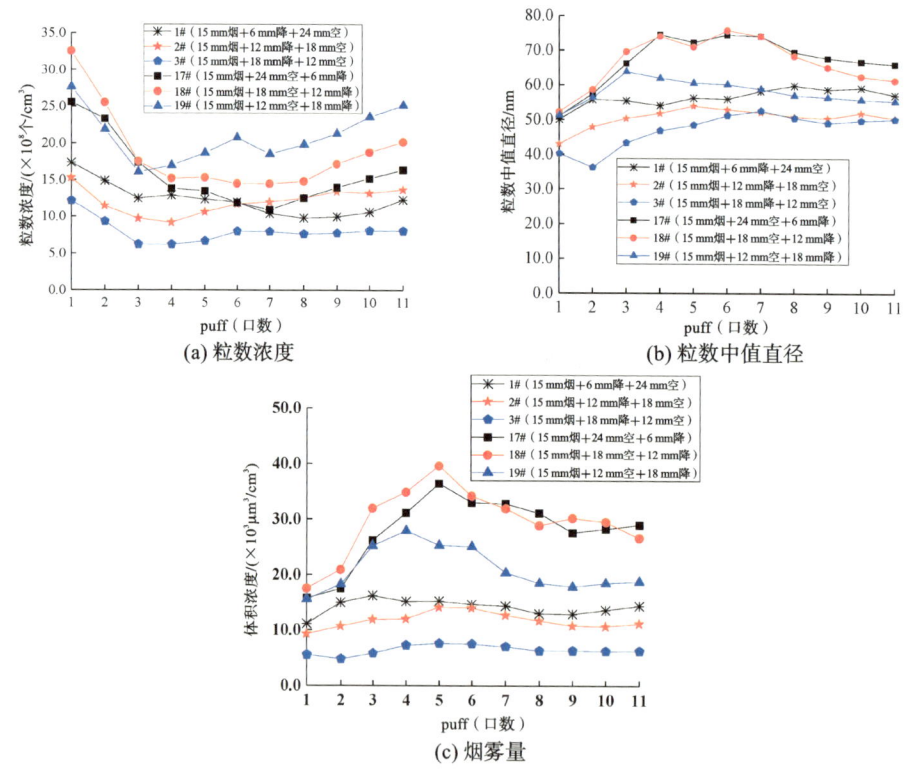

图 4.71 降温段、中空段组配顺序对逐口烟气气溶胶粒数浓度、粒数中值直径、烟雾量的影响

(3)降温段和实心段组配对气溶胶粒径分布的影响

固定烟芯段和中空段,设计了 3 种"降温段+实心段"组配的四元结构加热卷烟烟支,降温段长度分别为 6 mm、12 mm 和 18 mm,实心段长度相应减小(分别为 18 mm、12 mm 和 6 mm)。3 种"降温段+实心段"组配样品的气溶胶粒径均分布在 10~200 nm(图 4.72)。随着降温段长度变短、实心段变长,逐口气溶胶粒数浓度、烟雾量明显降低,实心段变长为 18 mm 时粒数中值直径也呈减小趋势(图 4.73)。

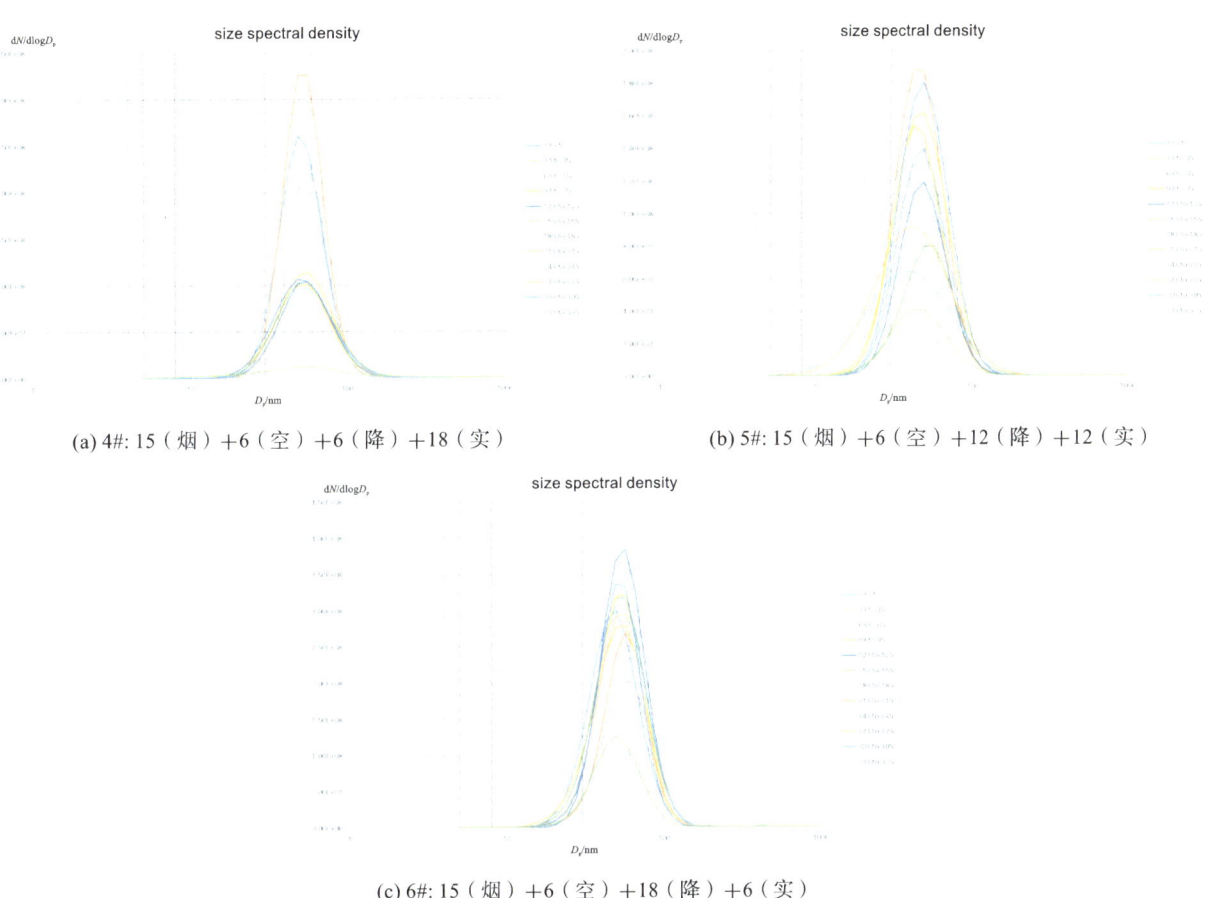

(a) 4#: 15（烟）＋6（空）＋6（降）＋18（实）

(b) 5#: 15（烟）＋6（空）＋12（降）＋12（实）

(c) 6#: 15（烟）＋6（空）＋18（降）＋6（实）

图 4.72　不同"降温段＋实心段"组配烟支逐口烟气气溶胶粒径分布情况

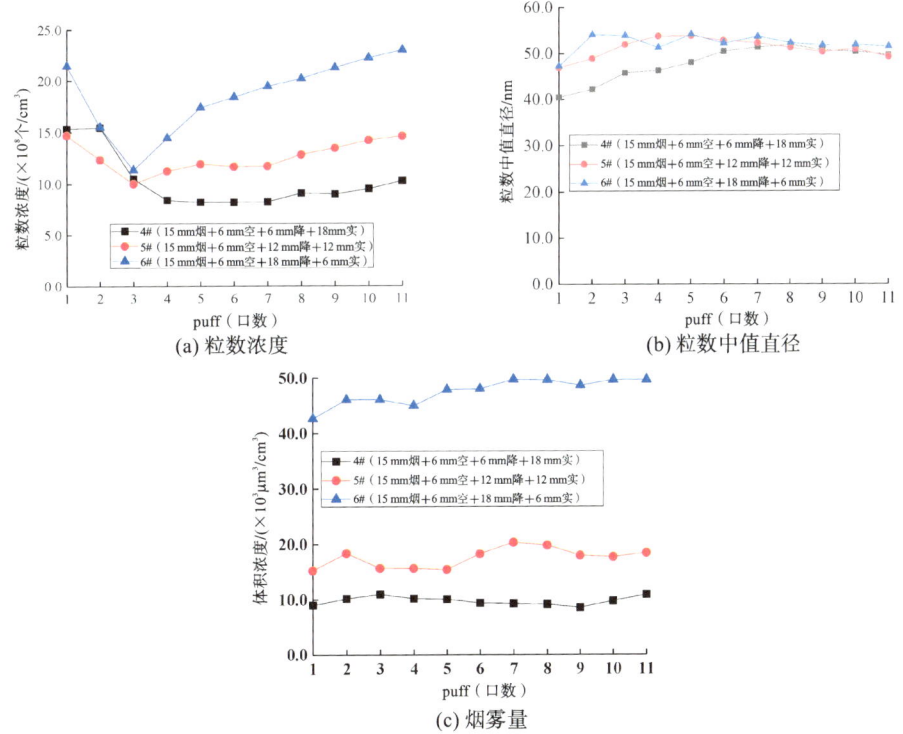

(a) 粒数浓度

(b) 粒数中值直径

(c) 烟雾量

图 4.73　不同"降温段＋实心段"组配对逐口烟气气溶胶粒数浓度、粒数中值直径、烟雾量的影响

（4）中空段直径对气溶胶粒径分布的影响

设计了 3 种中空段直径（包括 2.0 mm、4.0 mm 和 5.5 mm）的加热卷烟烟支，3 种烟支直径样品的气溶胶粒径均分布在 10～200 nm（图 4.74），但烟气粒径和浓度有一定的差别。当中空段直径增加至 4.0 mm 和 5.5 mm 时，粒数浓度大于直径 2.0 mm。但从逐口的粒数中值直径比较，中空段直径为 4.0 mm 时粒径明显大于中空段直径为 2.0 mm 和 5.5 mm 时的粒径，相应烟雾量也较大，但逐口烟雾量差异较大，特别是前 2 口烟雾量相对较低（图 4.75）。综上分析，一定的中空体积有利于气溶胶的形成，但中空段直径较大，增加至 5.5 mm 时，由于降温效果差、烟气温度高，反而不利于气溶胶的形成。感官评吸结果同样显示，当中空段直径变大至 5.5 mm 后，因嘴棒壁变薄，烟支嘴棒温度会变高。

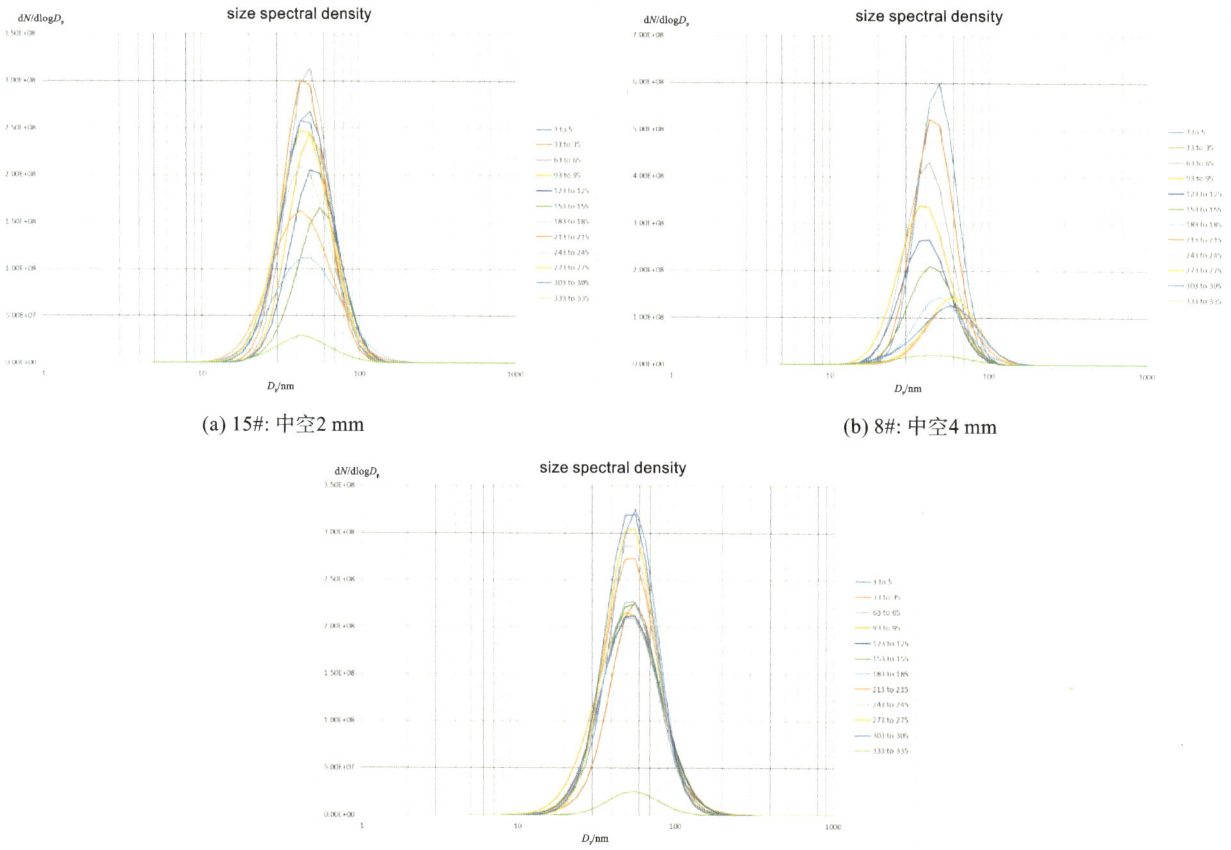

(a) 15#：中空 2 mm   (b) 8#：中空 4 mm

(c) 16#：中空 5.5 mm

图 4.74　不同中空段直径烟支逐口烟气气溶胶粒径分布情况

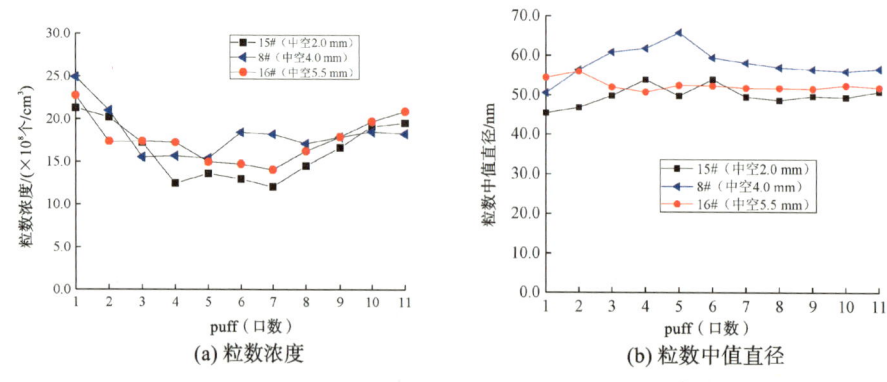

(a) 粒数浓度   (b) 粒数中值直径

图 4.75　中空段直径对逐口烟气气溶胶特性的影响

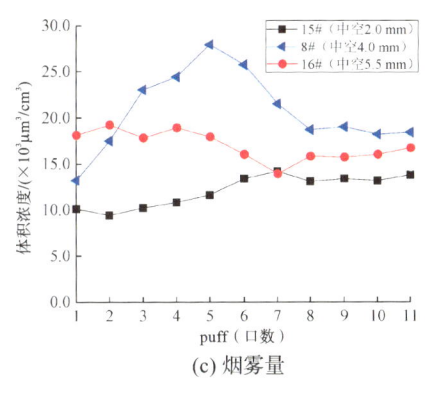

(c) 烟雾量

续图 4.75

（5）烟支直径对气溶胶浓度的影响

设计了两种烟支直径(7.3 mm 和 7.7 mm)的加热卷烟样品，两种烟支直径样品的气溶胶粒径均分布在 10～200 nm，烟气粒径中位值基本在 40～60 nm(图 4.76)。从逐口烟气粒子特性可以看出，7.7 mm 烟支样品的气溶胶粒数浓度、粒数中值直径和烟雾量均稍大于 7.3 mm 烟支(图 4.77)。但感官评吸结果显示，相同烟支结构条件下，烟支直径增加至 7.7 mm 时，烟气酸感略微增加。

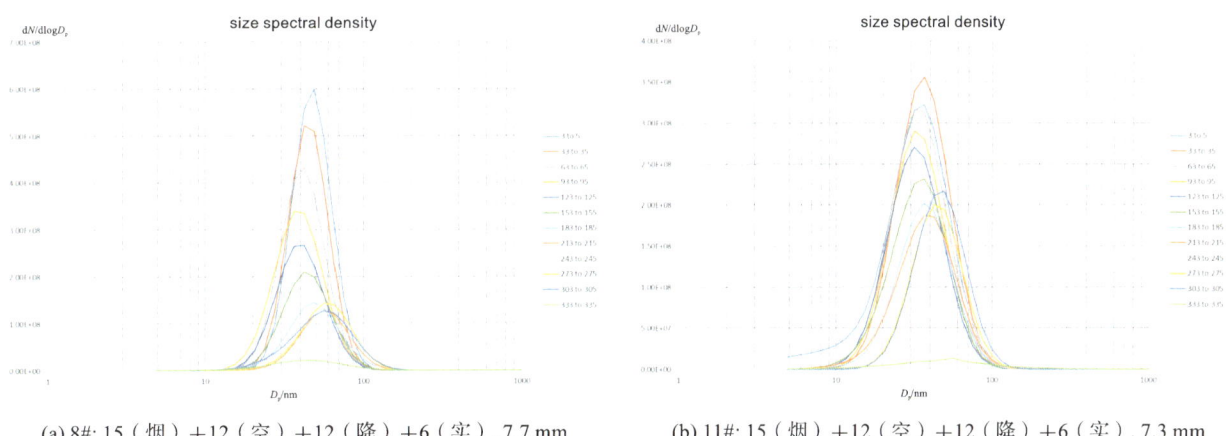

(a) 8#: 15（烟）+12（空）+12（降）+6（实），7.7 mm　　(b) 11#: 15（烟）+12（空）+12（降）+6（实），7.3 mm

图 4.76　不同直径烟支逐口烟气气溶胶粒径分布情况

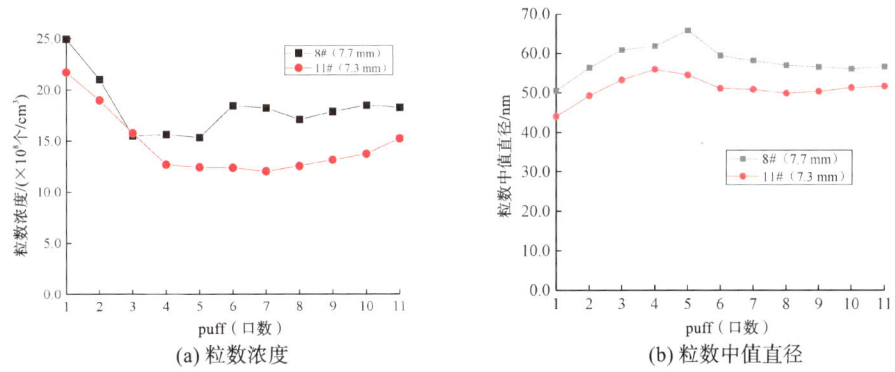

(a) 粒数浓度　　　　　　　　　　　　　　(b) 粒数中值直径

图 4.77　烟支直径对逐口烟气气溶胶物理特性的影响

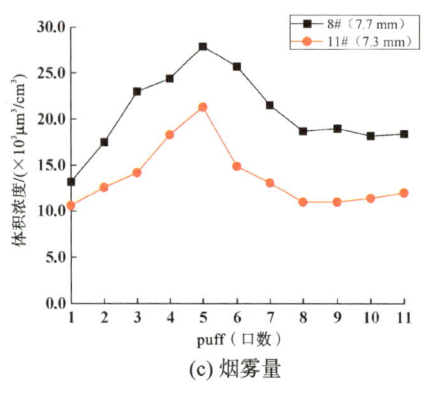

(c) 烟雾量

续图 4.77

（6）卷烟纸透气度对气溶胶浓度的影响

设计了不同卷烟纸透气度（10 CU、20 CU、40 CU 和 70 CU）的加热卷烟烟支，4 种不同透气度样品的气溶胶粒径均分布在 10～200 nm，烟气粒径中位值基本在 50 nm 左右（图 4.78）。从逐口烟气粒子特性分析，10～40 CU 对逐口气溶胶特性影响不大，但透气度增加至 70 CU 时，烟气粒数浓度增加；烟气粒数中值直径也略微增加，特别是中间口数；综合粒数浓度和粒径的影响，逐口烟雾量也呈增加趋势，特别是中间第 3～7 口增加明显（图 4.79）。此外，透气度增加至 70 CU 时，烟气出口温度也低于低透气度的样品。

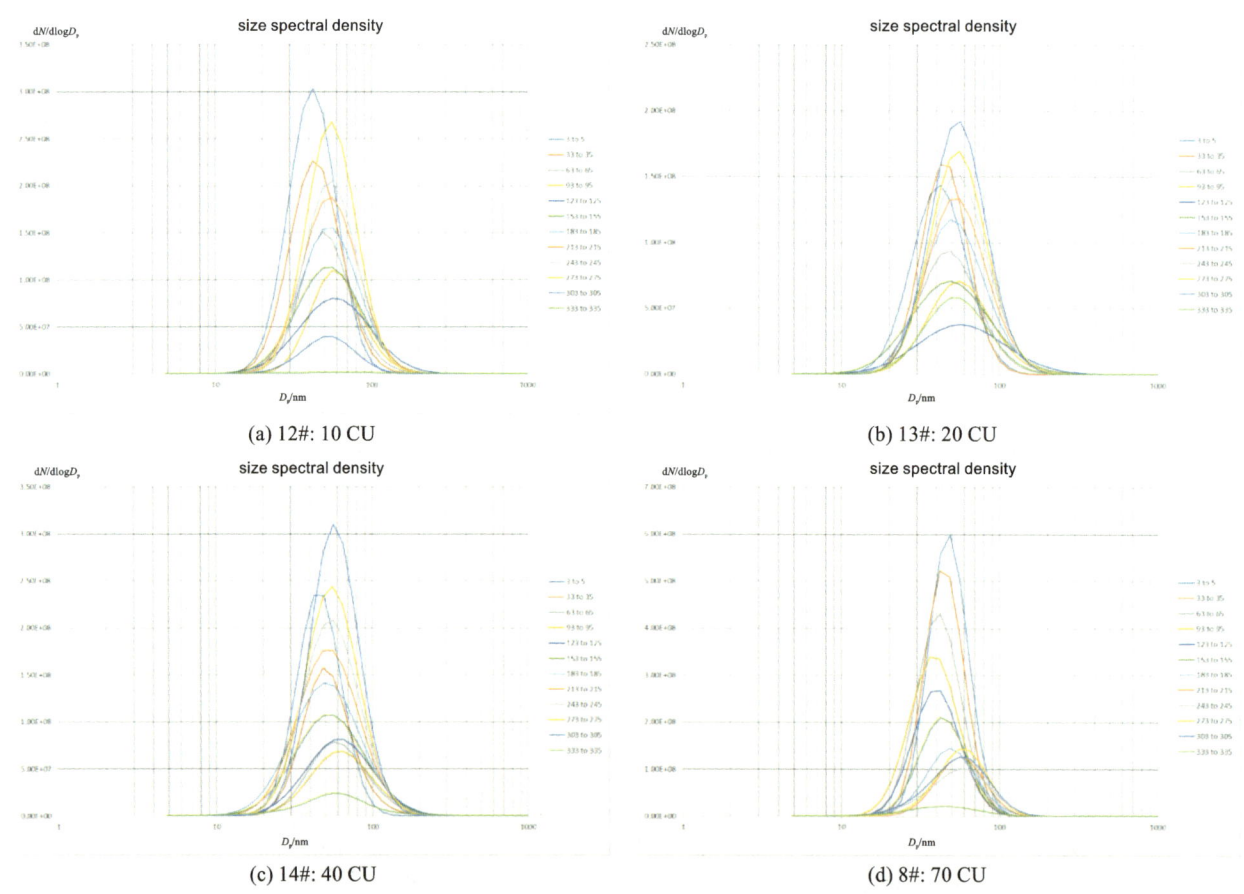

(a) 12#: 10 CU

(b) 13#: 20 CU

(c) 14#: 40 CU

(d) 8#: 70 CU

图 4.78　不同卷烟纸透气度烟支逐口烟气气溶胶粒径分布情况

（7）周向加热卷烟不同烟支辅材搭配对烟气粒径分布的影响

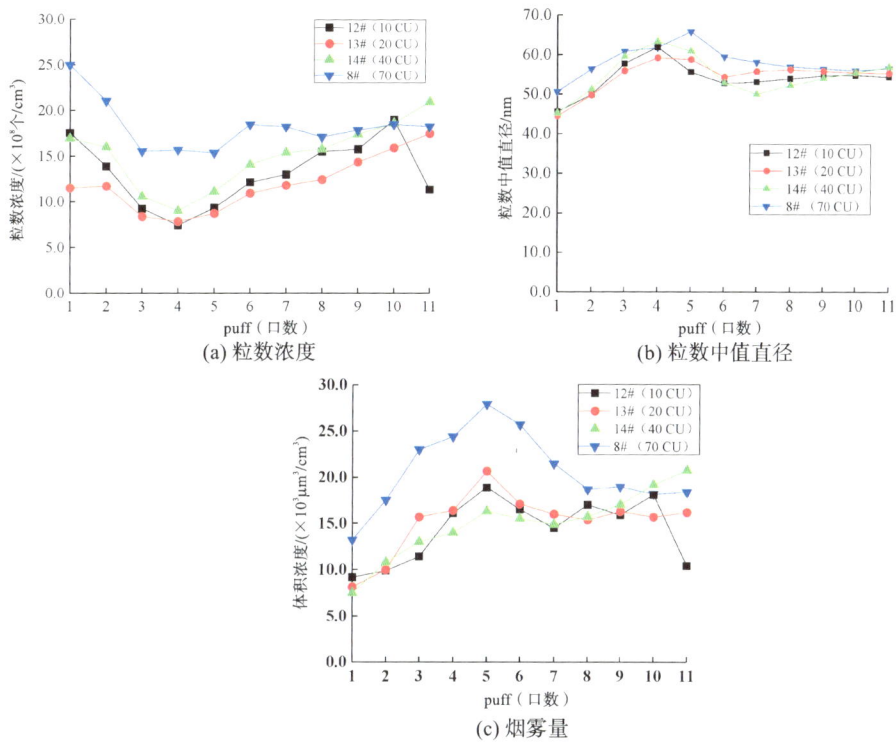

(a) 粒数浓度　　　　　　(b) 粒数中值直径

(c) 烟雾量

图 4.79　卷烟纸透气度对逐口烟气气溶胶物理特性的影响

设计了不同卷烟纸、滤嘴中空形状和芯材配方组配的加热卷烟，见表 4.23。烟具为周向加热烟具，加热温度为 310 ℃，在抽吸容量 55 mL、抽吸时间 3 s、间隔时间 30 s 的抽吸模式下利用粒径谱仪进行测试，取第 3~8 口的平均值。从图 4.80 可以看出，不同烟支的烟气粒径分布范围、粒径大小、浓度差异较大，说明卷烟叶组配方、卷烟纸、滤嘴中空形状均是影响加热不燃烧卷烟烟气粒径分布的重要因素。①烟支 1、烟支 2、烟支 4 的烟气粒径分布范围较宽，主要从 10 nm 到 350 nm，同时粒数浓度较高。烟支 3、烟支 5、烟支 6 烟气粒径分布范围较窄，从 10 nm 到 140 nm，同时粒数浓度相对较低。综合以上结果，75 g 卷烟纸样品较铝箔纸样品的气溶胶粒径分布范围宽、粒径大、粒数浓度大。②对比烤烟型和混合型样品可以发现，烤烟型样品气溶胶粒数浓度高于混合型样品。③对比不同嘴棒中空形状的样品，通过比较 2 号和 4 号样品可以发现，五角形中空滤嘴烟气气溶胶粒数浓度高于六角形中空滤嘴；对比 3 号和 6 号样品可以发现，圆形中空滤嘴气溶胶粒径分布范围和粒径大小均稍大于五角形中空滤嘴。

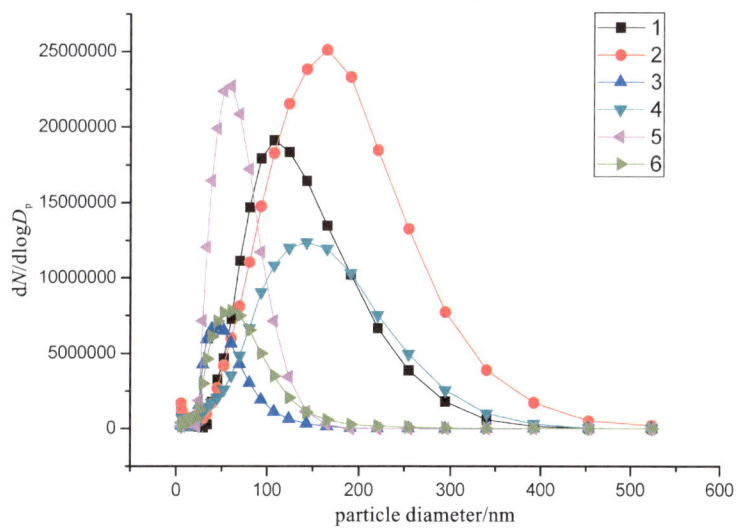

图 4.80　不同烟支对加热不燃烧卷烟烟气粒径分布的影响

表 4.23　不同加热卷烟烟支样品参数组配信息表

样品编号	样品	备注
1	1,4(混)	1——75 g 卷烟纸；
2	1,5(烤)	2——铝箔纸；
3	2,5(混)	4——圆形中空滤嘴；
4	1,6(烤)	5——五角形中空滤嘴；
5	2,6(烤)	6——六角形中空滤嘴；
6	2,4(混)	混——混合型；
		烤——烤烟型

4.3.8.2　烟支结构对气溶胶温度的影响

选取烟支结构为"15 mm 烟芯段＋30 mm 过滤段"的中心加热烟支,过滤段为"10 mm＋10 mm＋10 mm"三元结构,设计了 4 种滤嘴结构样品(表 4.24),分别测定烟芯段后、各元结构后烟气温度,并记录逐口最高烟气温度,以评价不同滤嘴段材料及长度对降温效果的影响(图 4.81)。

表 4.24　实验烟支具体设计参数

编号	烟芯段/mm	过滤段/mm		
		一元	二元	三元
0	15	中空段 10	PLA 段 10	醋纤段 10
1	15	中空段 10	中空段 10	中空段 10
2	15	PLA 段 10	PLA 段 10	PLA 段 10
3	15	醋纤段 10	醋纤段 10	醋纤段 10

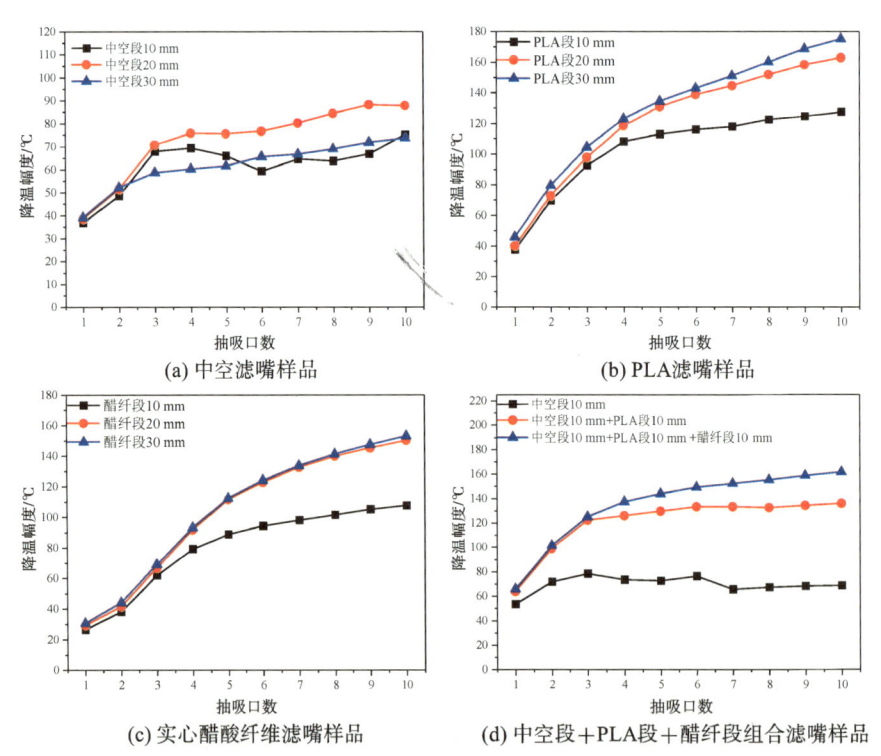

(a) 中空滤嘴样品　　　(b) PLA滤嘴样品

(c) 实心醋酸纤维滤嘴样品　　　(d) 中空段＋PLA段＋醋纤段组合滤嘴样品

图 4.81　不同滤嘴结构降温幅度比较

注:图中降温幅度为烟芯段出口温度与滤嘴材料段出口温度的差值

中空段长度:中空滤嘴对烟气有一定的降温效果,中空段长 10 mm 时降温幅度为 40～70 ℃,第 4 口后降温效果较为平稳。中空段长度增加至 20 mm 时,降温效果增加;而中空段长度增加至 30 mm 时降温效果无明显变化。

PLA 降温段长度:PLA 段长 10 mm 时,即呈现出大幅度降温趋势,降温 40～130 ℃,这说明 PLA 段具有显著降低烟气温度的效果。PLA 段长度超过 20 mm 时,降温作用增加不明显。不同 PLA 长度的降温效果均呈逐口增加趋势,表明 PLA 具有持久降温效果,这可能源于 PLA 的相变吸热特性。

实心醋酸纤维段长度:实心醋酸纤维段长 10 mm 时,呈现出大幅度降温趋势,降温 30～100 ℃,这说明实心醋酸纤维段具有明显降低烟气温度的效果。实心醋酸纤维段长度超过 20 mm 时,降温作用无明显变化。不同实心醋酸纤维段长度的逐口降温效果均呈先明显增加,第 5 口后略微增加的趋势。

中空段＋PLA 段＋醋纤段组合:不同滤嘴材料降温效果为 PLA＞实心醋酸纤维＞中空段,对典型结构组合"中空段 10 mm＋ PLA 段 10 mm ＋醋纤段 10 mm"滤嘴进行分析,可以看出降温作用主要体现在中空段和 PLA 段,但 PLA 段在第 3 口后才体现出明显的降温作用。

4.3.8.3　烟支结构对气溶胶主要化学成分释放的影响

选取烟支结构为 15 mm 烟芯段＋30 mm 过滤段的中心加热烟支,烟支直径均为 7.2 mm,设计了过滤段分别为中空段、降温段、实心醋酸纤维段的样品,以及不同中空段＋降温段、中空段＋实心醋酸纤维段组合的样品,研究了烟支过滤段对烟气气溶胶中主要化学成分释放的影响。

(1) 中空段、PLA 段和醋纤段的影响

随着抽吸口数增加,各样品逐口烟碱总体呈现逐渐升高后降低趋势,最大值出现在第 5～7 口;逐口丙二醇总体呈现逐渐升高后降低趋势,最大值出现在第 4～6 口;逐口甘油总体呈现逐渐升高后降低趋势,最大值出现在第 6～9 口(图 4.82)。从逐口化学成分释放量可以看出,不同滤嘴材料和结构对烟气主要成分的截留差异明显。对烟碱截留率为:实心醋纤段≫PLA 段＞中空段。对丙二醇的截留率为:实心醋纤段≫PLA 段≈中空段。对丙三醇截留率为:实心醋纤段＞PLA 段≫中空段。

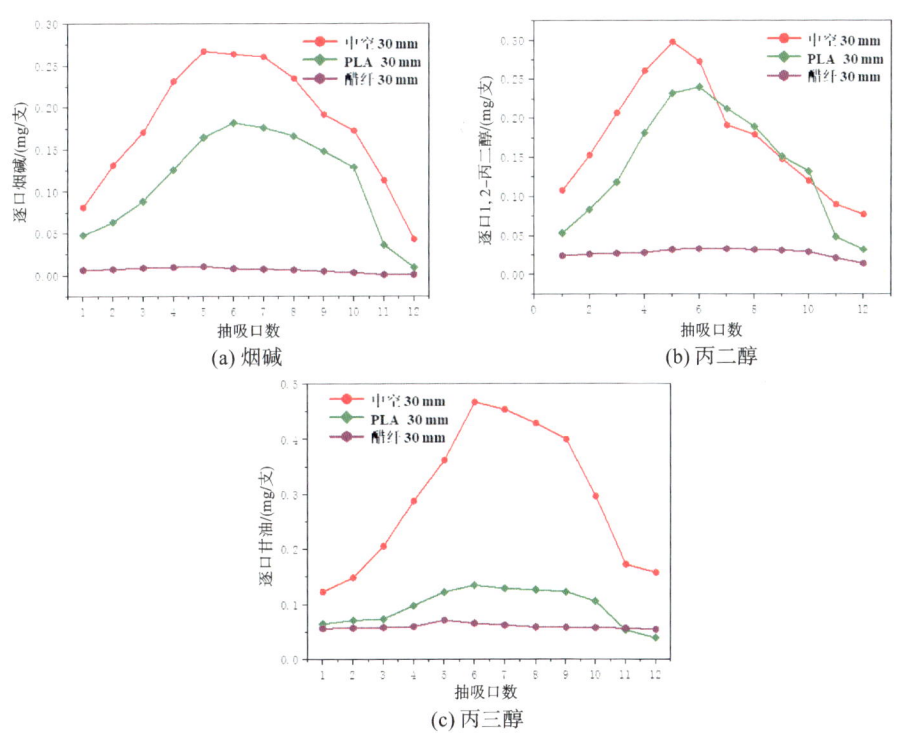

图 4.82　不同滤嘴材料和结构对烟气主要成分释放量的影响

（2）中空段和 PLA 段组合的影响

比较了不同中空段和 PLA 段组合的样品（表 4.25），随着中空段长度减小和 PLA 段长度增大，烟碱释放量减小，但 PLA 段长度超过 10 mm 后降低不明显；丙二醇释放量减小不明显；丙三醇释放量显著减少，但 PLA 段长度超过 20 mm 后降低不明显（图 4.83）。

表 4.25　实验烟支具体设计参数

样品名称	烟芯段/mm	中空段/mm	PLA 段/mm
中空 30＋PLA 0	15	30	0
中空 20＋PLA 10	15	20	10
中空 10＋PLA 20	15	10	20
中空 0＋PLA 30	15	0	30

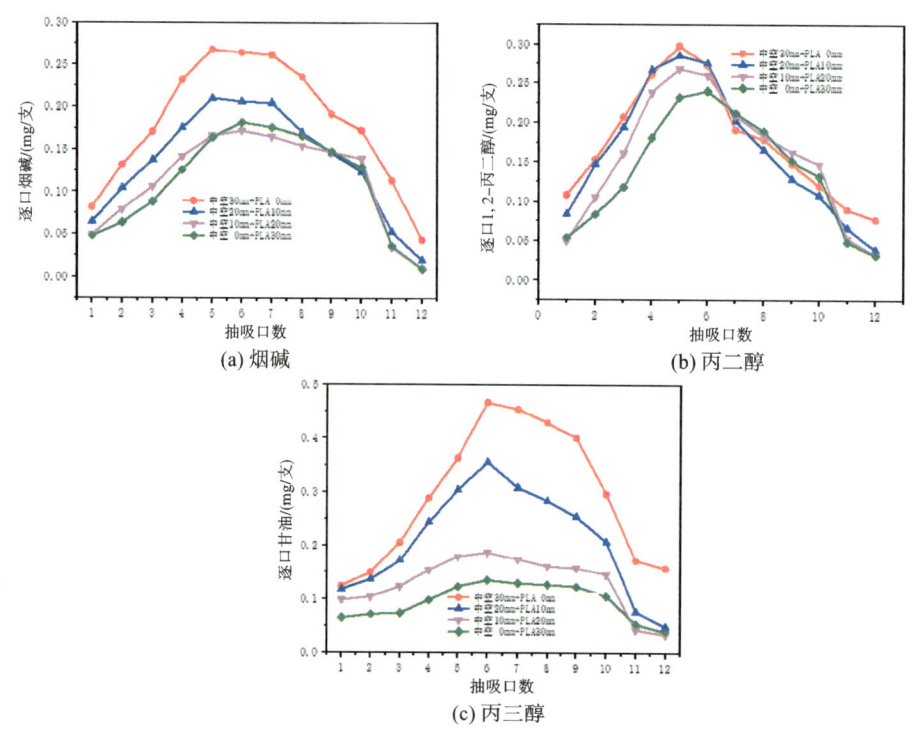

图 4.83　不同中空段和 PLA 段组合对烟气主要成分释放量的影响

（3）中空段和醋纤段组合的影响

设计了不同中空段和醋酸纤维段组合的样品（表 4.26），随着中空段长度减小和醋纤段长度增大，逐口烟碱、丙二醇和甘油均明显减少，特别是丙三醇在醋纤段长度大于 10 mm 时即显著减少（图 4.84）。可以看出，实心醋纤段对烟气成分的高截留率是影响发烟剂和烟碱释放的关键因素。

表 4.26　实验烟支具体设计参数

样品名称	烟芯段/mm	中空段/mm	醋纤段/mm
中空 30＋醋纤 0	15	30	0
中空 20＋醋纤 10	15	20	10
中空 10＋醋纤 20	15	10	20
中空 0＋醋纤 30	15	0	30

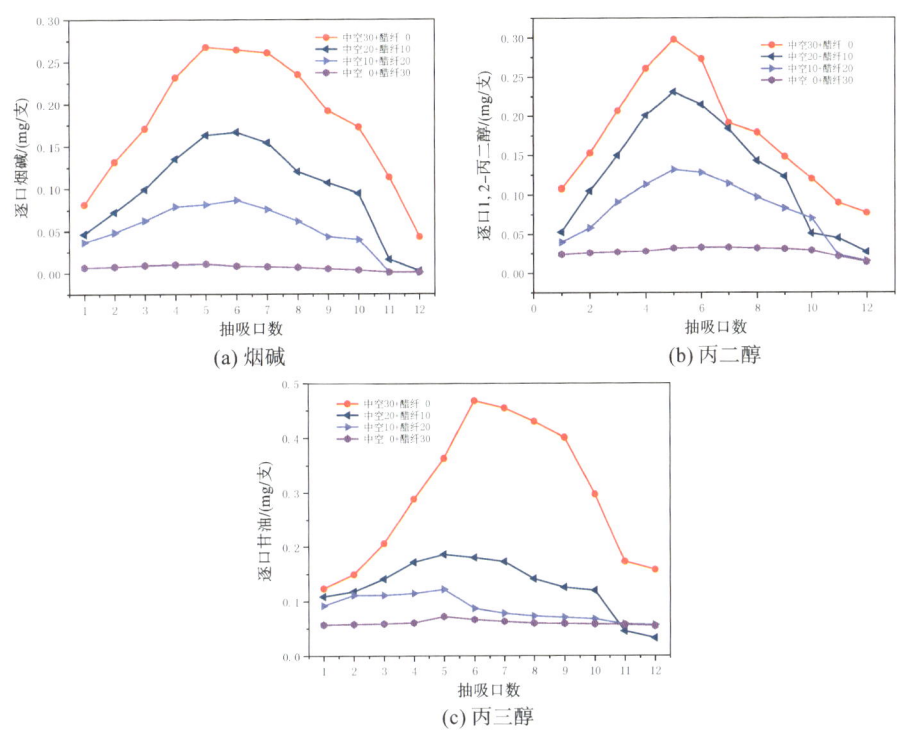

图 4.84　不同中空段和醋纤段组合对烟气主要成分释放量的影响

4.3.8.4　烟支结构对气溶胶特性影响小结

（1）烟支结构对烟气气溶胶粒径分布的影响

①"烟芯段＋中空段"组配时,烟芯段长度减小(减小 3 mm)、中空段长度增加,烟气粒数浓度、烟气粒径、烟雾量增加,但烟气温度和烟支嘴棒温度明显增加,烟气酸感增强。②"中空段＋降温段"组配时,中空段长度减小,降温段长度增大,粒数浓度减小,粒径和烟雾量减小;"降温段＋中空段"组配时,降温段长度增加,中空段长度减小,气溶胶粒数浓度、粒径和烟雾量均呈现减小趋势;"中空段＋降温段"组配方式的气溶胶逐口粒数浓度、粒径和烟雾量均明显高于"降温段＋中空段"组配方式。③"降温段＋实心段"组配时,随着降温段长度变短、实心段变长,粒数浓度和烟雾量降低。④中空段直径的影响:直径增加至适中(4.0 mm),粒数中值直径变大,烟雾量增加。⑤烟支直径的影响:烟支结构相同时,烟支直径增加,粒数浓度、粒径和烟雾量增加。⑥卷烟纸透气度的影响:卷烟纸透气度增加(70 CU),逐口释放烟气粒数浓度略微增加,粒数中值直径略微变大,烟雾量增加。

（2）烟支结构对烟气气溶胶温度的影响

中空段降温作用一般,长度增加至 30 mm,降温作用无明显变化;PLA 段降温效果显著,长度超过 20 mm,降温作用增加不明显;实心醋纤段降温作用一般,长度超过 20 mm,降温作用增加不明显。

（3）烟支结构对烟气主要化学成分的截留作用

实心醋纤段＞PLA 段＞中空段,其中 PLA 段不宜超过 20 mm,中空段不宜超过 10 mm,会导致丙三醇、烟碱显著降低。

4.4　基于影响规律总结的气溶胶特性调控技术

如何通过产品设计、配方调控和技术创新等方式,产生不同物理特性和化学特性的气溶胶,提升烟雾

量,提高烟气气溶胶释放稳定性,增加香气成分释放和递送,丰富口味等,并进一步降低有害成分释放量,以满足不同消费者的需求,是我国加热卷烟产品开发面临的挑战。

根据研究结果总结了加热卷烟的烟支结构和参数、滤嘴材料组配、烟具加热温度、芯材配方(如原料类型、水分活度/含水率、发烟剂比例和含量、典型添加剂)等对加热卷烟气溶胶物理特性(粒径分布、烟雾量、烟气温度等)、化学特性(烟雾生成剂、烟碱、香气成分释放量等)以及感官品质等的影响规律,并根据调控作用大小识别了关键影响因素,为搭建加热卷烟结构、配方、烟具温度参数与气溶胶特性和品质之间的桥梁提供了一定的基础数据和支撑。气溶胶物理特性和化学特性调控技术体系简要总结于表 4.27 和表 4.28 中。

表 4.27　加热卷烟气溶胶物理特性调节技术总结

方式	方法描述	增大粒径	增大烟雾量	增加粒数浓度	降低烟气温度	说明
温度设计	加热温度升高	↑↑↑	↑↑↑	↑↑↑	↓	中心加热高于 300 ℃、周向加热高于 190 ℃,增加明显
原料配方	晒黄烟	↑↑	↑↑↑	↑		
	浓香型烤烟	↑↑	↑↑↑	↑↑		
	中间香型烤烟	↑↑	↑↑↑	↑↑↑		
烟支和辅材设计	减短芯材长度(中空段增加)	↑	↑↑	↑↑	↓	15 mm 减小为 12 mm
	增加 PLA 段长度(实心醋纤段变短)	↑	↑↑	↑↑	↑	6 mm 增加至 18 mm
	增加中空段长度(降温段变短)	↑	↑↑	↓	↓	12 mm 增加至 18 mm,过长效果不明显
	"中空段＋降温段"组配	↑↑↑	↑↑↑	↑↑↑	↑	与"降温段＋中空段"组配比较
	增加中空段直径	↑↑	↑↑	↑		2.0 mm 增加至 4.0 mm
	增加卷烟纸透气度	↑	↑↑	↑↑	↑	20 CU 增加至 70 CU
	增加烟支直径	↑	↑↑		↑	7.3 mm 增加至 7.7 mm
发烟剂添加量	理论添加量 15%(丙二醇:丙三醇＝2:8)	↑	↑↑↑	↓		添加量控制在 5%～15%,15%最佳
水分活度控制	控制为 0.4～0.5			↑↑	↑	

注:本研究调控作用根据各因素梯度之间的效果差异进行计算,特别地,不同原料的效果评价基于所研究样品平均值计算。其中:

"↑↑↑"表示调控作用显著,效果超过 20%的;

"↑↑"表示调控作用较好,效果在 10%～20%的;

"↑"表示调控作用一般,效果在 5%～10%的;

"↓"表示调控会带来负面影响。

表 4.28　加热卷烟气溶胶化学成分释放调节技术总结

方式	方法描述	增加烟碱递送	增加发烟剂递送	增加香味成分递送		说明
温度设计	中心加热温度升高	↑↑↑	↑↑↑	↑↑↑	87%香味成分随温度升高而增加,约9%、14%分别高于300 ℃,320 ℃才检测到	200~380 ℃,300 ℃、380 ℃是关键温度点
	周向加热温度升高	↑↑↑	↑↑↑	↑↑↑	87%香味成分随温度升高而增加,约13%高于230 ℃才明显增加	170~250 ℃,190 ℃、250 ℃是关键温度点
原料配方	晒黄烟	↑↑	/	↑↑	醛类(如5-羟甲基糠醛和糠醛)、糠醇、愈创木酚、生物碱代谢物	
	浓香型烤烟	↑↑↑	/	↑↑	棕榈酸甲酯、糠醇、5-羟甲基糠醛、苯乙醛、乙酸己酯	
	中间香型烤烟	↑↑↑	/	↑↑	茄尼酮、6-甲基-5-庚烯-2-酮、麦斯明、2-甲基吡嗪	
	白肋烟		/	↑↑↑	茄尼酮、生物碱代谢物、吡嗪和吡啶类氮杂环物质	
	晒红烟		/	↑↑↑	吡嗪、生物碱代谢物	
发烟剂配方	理论添加量15%(丙二醇∶丙三醇=2∶8)	↑	↑↑↑	/		0%增加至15%:大于15%发烟效率降低;大于10%,烟碱变化不大
	增加丙二醇比例	↓	↑↑↑	/		固定总量20%,丙二醇比例超过50%,发烟剂释放总量降低
添加剂	L-薄荷醇	↓	↓	↑↑↑	向粒相物迁移率22%~33%	添加量大于5%对发烟剂和烟碱影响显著
	WS-23	↓	↓	↑↑	向粒相物迁移率17%~21%	添加量大于1%对发烟剂和烟碱影响显著
	异戊酸异戊酯			↑↑↑	向粒相物迁移率27%~31%,向气相物迁移率21%~25%	在气相中分布比例高
	2,3,5-三甲基吡嗪			↑↑	向粒相物迁移率22%~25%,向气相物迁移率1%~3%	在气相中有分布
	香叶醇			↑	向粒相物迁移率6%~9%	滤嘴截留率高
烟支和辅材设计	增大中空段长度	↑↑↑	↑↑↑	/		
	减小降温段长度	↑↑↑	↑↑	/		不宜超过20 mm
	减小醋纤段长度	↑↑↑	↑↑	/		不宜超过10 mm

续表

方式	方法描述	增加烟碱递送	增加发烟剂递送	增加香味成分递送	说明
水分活度控制	0.4~0.5	↑	↑	72.2%的化合物在水分活度为0.4~0.5的样品中释放量最高	高于0.6,释放量低、温度高

参考文献

[1] Gasparyan H,Mariner D,Wright C,et al. Accurate measurement of main aerosol constituents from heated tobacco products(HTPs):Implications for a fundamentally different aerosol[J]. Regulatory Toxicology and Pharmacology,2018,99:131-141.

[2] Baker R R,Bishop L J. The pyrolysis of tobacco ingredients[J]. Journal of Analytical and Applied Pyrolysis,2004,71(1):223-311.

[3] Forster M,Fiebelkorn S,Yurteri C,et al. Assessment of novel tobacco heating product THP1.0. Part 3:Comprehensive chemical characterisation of harmful and potentially harmful aerosol emissions[J]. Regulatory Toxicology and Pharmacology,2018,93:14-33.

[4] Schaller J-P,Pijnenburg J P M,Ajithkumar A,et al. Evaluation of the Tobacco Heating System 2.2. Part 3:Influence of the tobacco blend on the formation of harmful and potentially harmful constituents of the Tobacco Heating System 2.2 aerosol[J]. Regulatory Toxicology and Pharmacology,2016,81:S48-S58.

[5] Schaller J-P,Keller D,Poget L,et al. Evaluation of the Tobacco Heating System 2.2. Part 2:Chemical composition,genotoxicity,cytotoxicity,and physical properties of the aerosol[J]. Regulatory Toxicology and Pharmacology,2016,81:S27-S47.

[6] Forster M,McAughey J,Prasad K,et al. Assessment of tobacco heating product THP1.0. Part 4:Characterisation of indoor air quality and odour[J]. Regulatory Toxicology and Pharmacology,2018,93:34-51.

[7] Eaton D,Jakaj B,Forster M,et al. Assessment of tobacco heating product THP1.0. Part 2:Product design,operation and thermophysical characterisation[J]. Regulatory Toxicology and Pharmacology,2018,93:4-13.

[8] Cozzani V,Barontini F,McGrath T,et al. An experimental investigation into the operation of an electrically heated tobacco system[J]. Thermochimica Acta,2020,684:178475.

[9] Winkelmann C,Kuczaj A K,Nordlund M,et al. Simulation of aerosol formation due to rapid cooling of multispecies vapors[J]. Journal of Engineering Mathematics,2018,108(1):171-196.

[10] Nordlund M,Kuczaj A K. Modeling aerosol formation in an electrically heated tobacco product[J]. International Journal of Chemical, Molecular, Nuclear, Materials and Metallurgical Engineering,2016,10(4):358-370.

[11] Kogel U,Schlage W K,Martin F,et al. A 28-day rat inhalation study with an integrated molecular toxicology endpoint demonstrates reduced exposure effects for a prototypic modified risk tobacco product compared with conventional cigarettes[J]. Food Chem. Toxicol.,2014, 68:204-217.

[12] Crooks I,Neilson L,Scott K,et al. Evaluation of flavourings potentially used in a heated

tobacco product：Chemical analysis，in vitro mutagenicity，genotoxicity，cytotoxicity and in vitro tumour promoting activity[J]．Food and Chemical Toxicology，2018，118：940-952.

[13]　Benowitz N L. Nicotine addiction[J]．N. Engl. J. Med.，2010，362：2295-2303.

[14]　Farsalinos K E，Le Houezec J. Regulation in the face of uncertainty：The evidence on electronic nicotine delivery systems（e-cigarettes）[J]．Risk Manag. Healthc. Policy，2015，8：157-167.

[15]　Zenzen V，Diekmann J，Gerstenberg B，et al. Reduced exposure evaluation of an electrically heated cigarette Smoking system. Part 2：Smoke chemistry and in vitro toxicological evaluation using smoking regimens reflecting human puffing behavior[J]．Regul. Toxicol. Pharmacol.，2012，64：S11-S34.

[16]　Jaccard G，Tafin Djoko D，Moennikes O，et al. Comparative assessment of HPHC yields in the Tobacco Heating System THS2. 2 and commercial cigarettes[J]．Regulatory Toxicology & Pharmacology，2017，90：1-8.

[17]　郑燕婷，马婉婉，陈欢，等.加热卷烟气溶胶特征性成分及其分析方法研究进展[J].烟草科技，2024，57（2）：103-112.

[18]　邱建华，何静宇，李倩，等.滤片捕集-气相色谱法测定加热卷烟气溶胶中水分的含量[J].理化检验-化学分册，2022（4）：400-405.

[19]　Ghosh D，Jeannet C. An improved Cambridge filter pad extraction methodology to obtain more accurate water and "tar" values：In situ Cambridge filter pad extraction methodology[J]．Beiträge zur Tabakforschung International，2014，26（2）：38-49.

[20]　李翔宇，许蔼飞，姜兴益，等.原位萃取法测定加热卷烟气溶胶中的水分和焦油[J].烟草科技，2022，55（2）：70-76.

[21]　Li Q，Zhan Y，Wang L，et al. Analysis of symptoms and their potential associations with e-liquids' components：A social media study [J]．BMC Public Health，2016，16：674.

[22]　高峰涵，黄洁洁，高洁，等.电加热卷烟传热传质和关键物质释放规律研究进展[J].烟草科技，2022，55（8）：100-112.

[23]　Uchiyama S，Noguchi M，Takagi N，et al. Simple determination of gaseous and particulate compounds generated from heated tobacco products[J]．Chemical Research in Toxicology，2018，31（7）：585-593.

[24]　Li X，Luo Y，Jiang X，et al. Chemical analysis and simulated pyrolysis of Tobacco Heating System 2. 2 compared to conventional cigarettes[J]．Nicotine & Tobacco Research，2019，21（1）：111-118.

[25]　舒俊生，徐志强，胡永华，等.丙三醇热裂解形成羰基化合物机理研究[J].食品科学，2010，31（11）：113-118.

[26]　Murphy J，Liu C，McAdam K，et al. Assessment of tobacco heating product THP1. 0. Part 9：The placement of a range of next-generation products on an emissions continuum relative to cigarettes via pre-clinical assessment studies[J]．Regulatory Toxicology and Pharmacology，2018，93：92-104.

[27]　Yu S J，Kwon M K，Choi W，et al. Preliminary study on the effect of using heat-not-burn tobacco products on indoor air quality [J]．Environmental Research，2022，212：113217.

[28]　Hashizume T，Ishikawa S，Matsumura K，et al. Chemical and in vitro toxicological comparison of emissions from a heated tobacco product and the 1R6F reference cigarette[J]．Toxicology Reports，2023，10：281-292.

[29]　曹芸，王成虎，王鹏，等.甘油与丙二醇复配比例对烟草颗粒热解和释烟特性的影响[J].烟草科

技,2022,55(3):50-58.

[30] 彭新辉,孙建华,孙楠,等.甘油受控热解气溶胶中甲醛和乙醛含量的影响因素考察[J].湖南师范大学自然科学学报,2022,45(6):125-129.

[31] Cancelada L,Sleiman M,Tang X,et al. Heated tobacco products:Volatile emissions and their predicted impact on indoor air quality [J]. Environmental Science & Technology,2019,53 (13):7866-7876.

[32] Sleiman M,Logue J M,Montesinos V N,et al. Emissions from electronic cigarettes:Key parameters affecting the release of harmful chemicals [J]. Environmental Science & Technology,2016,50(17):9644-9651.

[33] Chen X,Bailey P C,Yang C,et al. Targeted characterization of the chemical composition of JUUL systems aerosol and comparison with 3R4F reference cigarettes and IQOS heat sticks [J]. Separations,2021,8(10):168.

[34] St Helen G,Jacob Iii P,Nardone N,et al. IQOS:Examination of Philip Morris International's claim of reduced exposure [J]. Tobacco Control,2018,27(Suppl. 1):s30-s36.

[35] Jaccard G,Belushkin M,Jeannet C,et al. Investigation of menthol content and transfer rates in cigarettes and Tobacco Heating System 2. 2[J]. Regulatory Toxicology and Pharmacology, 2019,101:48-52.

[36] 王紫燕,韩敬美,袁大林,等.电加热卷烟和传统卷烟中凉味剂转移率比较[J].烟草科技,2020, 53(10):46-55.

[37] 张丽,王维维,张小涛,等.加热不燃烧卷烟气溶胶中主要成分的转移行为[J].烟草科技,2019, 52(03):46-55.

[38] Bekki K,Uchiyama S,Inaba Y,et al. Analysis of furans and pyridines from new generation heated tobacco product in Japan [J]. Environmental Health and Preventive Medicine,2021,26 (1):89.

[39] Davis B,Williams M,Talbot P. iQOS:Evidence of pyrolysis and release of a toxicant from plastic[J]. Tobacco Control,2019,28(1):34-41.

[40] Kim Y H,An Y J,Shin J W. Carbonyl compounds containing formaldehyde produced from the heated mouthpiece of tobacco sticks for heated tobacco products [J]. Molecules,2020,25 (23):5612.

[41] McGrath T E,Wooten J B,Geoffrey Chan W,et al. Formation of polycyclic aromatic hydrocarbons from tobacco:The link between low temperature residual solid (char) and PAH formation[J]. Food and Chemical Toxicology,2007,45(6):1039-1050.

[42] Uguna C N,Snape C E. Should IQOS emissions be considered as smoke and harmful to health? A review of the chemical evidence [J]. ACS Omega,2022,7(26):22111-22124.

[43] Jankowski M,Brożek G M,Lawson J,et al. New ideas,old problems? Heated tobacco products—A systematic review [J]. International Journal of Occupational Medicine and Environmental Health,2019,32(5):595-634.

[44] Auer R,Concha-Lozano N,Jacot-Sadowski I,et al. Heat-not-burn tobacco cigarettes:Smoke by any other name[J]. JAMA Internal Medicine,2017,177(7):1050-1052.

[45] Elias J,Dutra L M,St Helen G,et al. Revolution or redux? Assessing IQOS through a precursor product [J]. Tobacco Control,2018,27(Suppl. 1):s102-s110.

[46] Ardati O,Adeniji A,El Hage R,et al. Impact of smoking intensity and device cleaning on IQOS emissions:Comparison with an array of cigarettes[J]. Tobacco Control,2024,33(4):

449-456.

[47] DeBethizy J D, Borgerding M F, Doolittle D J, et al. Chemical and biological studies of a cigarette that heats rather than burns tobacco[J]. Journal of Clinical Pharmacology, 1990, 30 (8): 755-763.

[48] Hoffmann D, Hoffmann I. The changing cigarette, 1950-1995[J]. Journal of Toxicology and Environmental Health, 1997, 50(4): 307-364.

[49] Brunnemann K D, Kagan M R, Cox J E, et al. Analysis of 1, 3-butadiene and other selected gas-phase components in cigarette mainstream and sidestream smoke by gas chromatography-mass, selective detection[J]. Carcinogenesis, 1990, 11(10): 1863-1868.

[50] Byrd G D, Fowler K W, Hicks R D, et al. Isotope dilution gas chromatography-mass spectrometry in the determination of benzene, toluene, styrene and acrylonitrile in mainstream cigarette smoke[J]. Journal of Chromatography, 1990, 503(2): 359-368.

[51] Brown B, Kolesar J, Lindberg K, et al. Comparative studies of DNA adduct formation in mice following dermal application of smoke condensates from cigarettes that burn or primarily heat tobacco[J]. Mutat. Res. , 1998, 414(1-3): 21-30.

[52] Borgerding M F, Bodnar J A, Chung H L, et al. Chemical and biological studies of a new cigarette that primarily heats tobacco. Part 1. Chemical composition of mainstream smoke[J]. Food and Chemical Toxicology, 1998, 36(3): 169-182.

[53] Meckley D R, Hayes J R, Van Kampen K R, et al. Comparative study of smoke condensates from 1R4F cigarettes that burn tobacco versus ECLIPSE cigarettes that primarily heat tobacco in the SENCAR mouse dermal tumor promotion assay[J]. Food & Chemical Toxicology, 2004, 42(5): 851-863.

[54] Roethig H J, Kinser R D, Lau R W, et al. Short-term exposure evaluation of adult smokers switching from conventional to first generation electrically heated cigarettes during controlled smoking[J]. Journal of Clinical Pharmacology, 2005, 45(2): 133-145.

[55] Roethig H J, Zedler B K, Kinser R D, et al. Short-term clinical exposure evaluation of a second-generation electrically heated cigarette smoking system[J]. Journal of Clinical Pharmacology, 2007, 47(4): 518-530.

[56] Stabbert R, Voncken P, Rustemeier K, et al. Toxicological evaluation of an electrically heated cigarette. Part 2: Chemical composition of mainstream smoke [J]. Journal of Applied Toxicology, 2003, 23(5): 329-339.

[57] Werley M S, Freelin S A, Wrenn S E, et al. Smoke chemistry, in vitro and in vivo toxicology evaluations of the electrically heated cigarette smoking system series K[J]. Regulatory Toxicology and Pharmacology, 2008, 52(2): 122-139.

[58] Gonzalez-Suarez I, Martin F, Marescotti D, et al. In vitro systems toxicology assessment of a candidate modified risk tobacco product shows reduced toxicity compared to that of a conventional cigarette[J]. Chemical Research in Toxicology, 2016, 29(1): 3-18.

[59] 胡永华, 宁敏, 张晓宇, 等. 不同热失重阶段烟草的裂解产物[J]. 烟草科技, 2015, 48(3): 66-73.

[60] 张阳, 陆强, 廖航涛, 等. 葡萄糖热解生成5-羟甲基糠醛机理[J]. 燃烧科学与技术, 2015, 21(1): 89-95.

[61] 叶协锋, 李佳颖, 张腾, 等. 烤烟苯丙氨酸类致香物质与土壤理化性状的典型相关分析[J]. 土壤, 2013, 45(2): 277-284.

[62] Protano C, Manigrasso M, Avino P, et al. Second-hand smoke generated by combustion and

electronic smoking devices used in real scenarios:Ultrafine particle pollution and age-related dose assessment[J]. Environment International,2017,107:190-195.

[63] Vladimir B M, Marielle C B, Courtney A G, et al. Real-time measurement of electronic cigarette aerosol size distribution and metals content analysis [J]. Nicotine & Tobacco Research,2016:1895-1902.

[64] 王诗太,金勇,李克,等.醇类溶剂对电子烟雾化气溶胶粒径分布的影响[J].中国烟草学报,2017,23(6):31-35.

[65] Baker R R. Smoke generation inside a burning cigarette:Modifying combustion to develop cigarettes that may be less hazardous to health[J]. Progress in Energy & Combustion Science,2006,32(4):373-385.

[66] Richardson R B. Cigarette smoke aerosol[J]. Chem. Ind. (Lindon),1972:63-64.

[67] Adam T,McAughey J,McGrath C,et al. Simultaneous on-line size and chemical analysis of gas phase and particulate phase of cigarette mainstream smoke[J]. Analytical and Bioanalytical Chemistry,2009,394(4):1193-1203.

[68] Markus N, Arkadiusz K K. Modeling aerosol formation in an electrically heated tobacco product[J]. International Journal of Chemical and Molecular Engineering,2016,10(4):373-385.

[69] Chaudhary. The absence of combustion in PMI's heated tobacco product-Platform 1. https://www. pmiscience. com/library/publication/absence-of-combustion-in-platform-1.

[70] Friedlander Sheldon K. Smoke,Dust,and Haze:Fundamentals of Aerosol Dynamics[M]. 2nd ed. Oxford University Press,2000.

[71] Müller H. Zur allgemeinen theorie ser raschen koagulation [J]. Fortschrittsberichte über Kolloide und polymere,1928,27(6):223-250.

[72] 赵龙,刘珊,曾世通,等.甘油对烟丝加热状态下烟气中挥发性和半挥发性成分的影响[J].烟草科技,2016,49(4):53-60.

[73] Schwanz T G,Nespeca M G,Dias J C,et al. GC×GC-TOFMS and chemometrics approach for comparative study of volatile compound release by tobacco heating system as a function of temperature[J]. Microchemical Journal,2020,159:105578.

[74] 郑绪东,李志强,王程娅,等.不同加热温度下电加热不燃烧卷烟烟气释放特性研究[J].安徽农业科学,2018,46(36):168-171.

[75] 朱浩,席辉,柴国璧,等.温度对加热非燃烧卷烟烟熏香成分释放的影响[J].烟草科技,2017,50(11):33-38.

[76] 朱桂华,刘春波,杨晨,等.加热卷烟烟草材料分段裂解分析[J].食品与机械,2020,36(2):62-68,72.

[77] 时春鑫,郑绪东,吴建德,等.加热卷烟加热元件温度场分析及试验研究[J].烟草科技,2020,53(11):89-96.

[78] Burton H R,Burdick D. Thermal decomposition of tobacco Ⅰ. Thermogravimetric analysis [J]. Tobacco Science,1967,11:180-185.

[79] 周慧明,刘鸿,刘广超,等.自制研究平台不同加热温度下电加热卷烟主要成分的释放行为[J].烟草科技,2021,54(6):50-57.

[80] 龚淑果,刘巍,黄平,等.加热不燃烧卷烟烟气主要成分的逐口释放行为[J].烟草科技,2019,52(2):62-71.

[81] 韩敬美,张明建,尚善斋,等.不同滤嘴结构的电加热烟草产品烟气主要成分逐口释放规律研究

［J］.中国烟草学报,2021,27(1):1-7.

［82］　张园园,唐婷婷,张佳琳,等.加热不燃烧烟草薄片发展现状及其展望［J］.中华纸业,2020,41 (18):14-17.

［83］　董高峰,田永峰,尚善斋,等.用于加热不燃烧(HnB)卷烟的再造烟叶生产工艺研究进展［J］.中 国烟草学报,2020,26(1):109-117.

［84］　刘达岸,罗诚浩,唐向兵.一种适用于加热非燃烧型卷烟的再造烟叶:CN106235376A［P］.2016- 12-21.

［85］　赵宁,刘东,郭中山,等.低阶烟煤热解过程中氯的迁移释放特性研究［J］.燃料化学学报,2019, 47(9):1032-1041.

［86］　武宏香,李海滨,冯宜鹏,等.钾元素对生物质主要组分热解特性的影响［J］.燃料化学学报, 2013,41(8):950-957.

［87］　杨斌,殷引,张浩博,等.洗涤剂法测定烟草及烟草制品中中性洗涤纤维、酸性洗涤纤维、酸性洗 涤木质素的研究［J］.中国烟草学报,2012,18(3):10-15.

［88］　刘静,侯英,杨蕾,等.烟草中多酚热裂解产物研究［J］.化学研究与应用,2011,23(1):63-65.

［89］　王则祥,李航,谢文鋆,等.木质素基本结构、热解机理及特性研究进展［J］.新能源进展,2020,8 (1):6-14.

［90］　Gómez-Siurana A,Marcilla A,Beltrán M,et al. TGA/FTIR study of tobacco and glycerol- tobacco mixtures［J］. Thermochimica Acta,2013,573:146-157.

［91］　王孝峰,周顺,何庆,等.加热状态下烟草气溶胶释放特性的影响因素:温度、甘油和气氛［J］.烟 草科技,2017,50(10):48-54.

［92］　唐培培,曾世通,刘珊,等.甘油对烟叶热性能及加热状态下烟气释放的影响［J］.烟草科技, 2015,48(3):61-65.

［93］　胡安福,刘珊,杨君,等.丙二醇对烟叶加热非燃烧状态下烟气释放的影响［J］.河南农业大学学 报,2016,50(6):818-822.

［94］　马亚萍,刘朝贤,王乐,等.不同温度条件下烟丝—发烟剂体系热物性研究［J］.食品与机械, 2017,33(9):69-73.

［95］　黄道惠.应用《甘油及其水溶液沸点》的数学模型加密其实验数据的一点注记［J］.中国油脂, 1980(2):13-18.

［96］　王乐,王亚林,李志强,等.电加热卷烟烟芯段温度分布和烟气关键成分逐口变化:第1部分　实 验［J］.烟草科技,2021,54(3):31-39.

［97］　Czégény Z,Bozi J,Sebestyén Z,et al. Thermal behaviour of selected flavour ingredients and additives under simulated cigarette combustion and tobacco heating conditions［J］. Journal of Analytical and Applied Pyrolysis,2016,121:190-204.

［98］　Blazsó M,Babinszki B,Czégény Z,et al. Thermo-oxidative degradation of aromatic flavour compounds under simulated tobacco heating product condition［J］. Journal of Analytical and Applied Pyrolysis,2018,134:405-414.

［99］　李朝建,金勇,周成喜,等.水分含量对不同类型加热不燃烧卷烟化学成分的影响［J］.食品与机 械,2019(10):35-39,149.

［100］　赵乐,彭斌,于川芳,等.辅助材料设计参数对卷烟7种烟气有害成分释放量的影响［J］.烟草科 技,2012(10):46-50,84.

［101］　Jing Y,Gong C,Xian K,et al. The effects of filter ventilation on flavor constituents in cigarette smoke［J］. Contributions to Tobacco & Nicotine Research,2005,21(5):280-285.

［102］　Alderman S L,Ingebrethsen B J. Characterization of mainstream cigarette smoke particle size

distributions from commercial cigarettes using a DMS500 fast particulate spectrometer and smoking cycle simulator[J]. Aerosol Science and Technology,2011,45(12):1409-1421.

[103] 司晓喜,汤建国,朱瑞芝,等.两种抽吸模式下电加热不燃烧卷烟烟气气溶胶的粒径分布[J].烟草科技,2018,51(8):47-52.

[104] 崔华鹏,陈黎,樊美娟,等.电加热卷烟气溶胶物理特性的表征[J].轻工学报,2022,37(2):87-93,101.

[105] 司晓喜,朱瑞芝,杨建云,等.切丝宽度对卷烟主流烟气气溶胶粒径分布的影响[J].烟草科技,2019,52(2):88-95.

第5章

电子烟气溶胶理化特性及影响因素

▶

5.1 电子烟简介及其气溶胶形成原理

5.1.1 电子烟的定义、组成及分类

WHO《烟草控制框架公约》秘书处向第五届缔约方会议提交的报告中对电子烟的定义为："电子烟碱传送系统(electronic nicotine delivery systems,简称ENDS)用于向呼吸系统传送烟碱。该术语涵盖的制品含有源于烟草的物质,但不一定使用烟草。它们是电池动力装置,通过传送汽化丙二醇/烟碱混合物,使人吸入剂量不等的烟碱。电子烟碱传送系统使用不同品牌和名称销售,最流行名称是'电子烟'。"[1] WHO 对电子烟的定义包含了工作原理、能源形式和气溶胶的组成。

美国 FDA 对电子烟的定义为"由电池动力装置供电,用来传递烟碱、香料和其他化学物质的装置。它们将化学物质,包括具有高致瘾性的烟碱,转化成可供使用者吸入的气溶胶"[2]。而欧盟的定义明确了电子烟的工作原理、电子烟类型和电子烟结构,欧盟烟草制品指令(2014/40/EU):"通过吸嘴或其他部件吸食含有烟碱的产品,包括烟弹、续液仓和其他部件。"[3] 英国标准化协会(BSI)对电子烟的定义为"采用电力装置,通过雾化和吸气产生可吸入电子烟烟液释放物的装置"[4]。美国电子烟液制造标准协会(AEMSA)将电子烟定义为"模拟抽吸卷烟行为,将以丙二醇和/或甘油为基础的溶液雾化成气溶胶蒸汽的电子吸入装置"[5]。

2015 年 3 月,法国标准化协会(AFNOR)在法国标准 XP D90-300-1 里将电子烟定义为"能够将电子烟液转化为气溶胶并用于抽吸的装置"[6]。这个定义不仅说明了电子烟的工作原理,也包括了现有的电子烟类型和未来可能出现的类型,且不涉及是否含有烟碱。

2022 年 10 月 1 日正式实施的 GB 41700《电子烟》界定了电子烟,将电子烟(electronic cigarette)定义为"用于产生气溶胶供人抽吸等的电子传送系统(注:不包括卷烟)"[7]。

不同的组织和机构对电子烟液的定义侧重点也不同,一般有如下要素:功能、属性类别、消费形式、产品形态及组分等。烟碱的存在包括以下三种:含有烟碱、含或不含烟碱和未涉及。

WHO 对电子烟液的定义为"由丙二醇/烟碱组成的混合物,供烟具加热产生气溶胶"[1],此定义明确了电子烟液的功能和组分。

FDA将电子烟液定义为"这种液体可以被加热成消费者可吸入的气溶胶"[2]，说明了电子烟液的消费属性、消费方式（加热成气溶胶）和产品形态，没明确是否含烟碱。

美国电子烟液制造标准协会（AEMSA）对电子烟液的定义为"在电子烟中能够产生气体的液体，也被称作'e-juice'或'e-liquid'"[5]。

AFNOR发布的标准中电子烟液的定义为"用于电子烟产生气溶胶、供消费者抽吸使用的液体或凝胶"[8]，定义中包含了功能、属性类别、消费形式、产品形态等要素，能够涵盖现有及将来可能出现的电子烟液类型。

GB 41700《电子烟》对电子烟液的定义为"液体形态的雾化物"，这里"雾化物"是指"可被电子装置全部或部分雾化为可吸入气溶胶的混合物及辅助物质"。

电子烟一般由发光二极管、电源、控制电路、开关、雾化器和吸嘴等组成。当抽吸电子烟时，气动感应开关（也称作咪头）在抽吸的负压下触发（对于按键式电子烟，则通过按键启动），集成控制电路接通，雾化器的发热丝产生高温，使烟液发生雾化，雾化产生的气溶胶进入人体口腔，从而达到模拟抽烟的效果[9]。近年来，尽管电子烟的产品形式越来越多元化和个性化，且不断被赋予新的附属功能，但其主要部件均包括雾化器、电源和控制系统。各种形态的电子烟如图5.1所示。

图5.1　各种形态的电子烟

从电子烟产品形式分析，烟具和电子烟液可以以两个独立的产品形式进行生产、销售，也可以将电子烟液预填充至烟具中一起销售，烟气（气溶胶）是消费者感受到的烟具和电子烟液共同作用的最终部分。因此，虽然电子烟产品形式多种多样，但都可以划分为烟具、电子烟液两部分。电子烟液的主要成分是溶剂（丙二醇和丙三醇）、烟碱和香味物质。丙二醇/丙三醇作为溶剂/雾化剂使用，占电子烟液质量百分比在90%左右，两者质量比介于5：5～8：2之间，以实现烟液香味、蒸汽密度等性能的平衡[10]。烟碱含量一般在0～3%之间，为了增加电子烟的口感体验和满足感，目前市面销售的大多数电子烟含有烟草提取物或烟碱成分。

按照电子烟的结构特点，电子烟则可分为三类：一次性电子烟、可充电型电子烟和可注油式电子烟。

5.1.2　电子烟的气溶胶形成机理

液体形成蒸汽状主要有三种方法，分别为：高频振动雾化、高压雾化、加热汽化。电子烟雾化主要采用高频振动雾化和加热汽化两种方法。详细的电子烟气溶胶产生方法如图5.2所示。

超声波雾化原理是利用换能器产生超声波，通过液体介质进行传播，由振幅所构成的振峰把液滴从表面分离并破碎，即超声波的空化作用。液体雾化的粒径随着超声波频率增大而减小，在超声波的高频振动作用下，一般可获得粒径较小的液滴。电子烟超声波雾化主要方法是：利用导油棉将电子烟烟油导到晶体换能片上，高频发生器将无线电波输入超声波雾化器，并传输给压电晶体换能器，经电能转换成高频振动的机械能，高频振动使得烟油变成细雾。虽然超声波技术较为成熟，但运用到电子烟上雾化出的烟雾粒径在微米级别远大于加热汽化的烟雾粒径，从而对吸食者的口感产生影响。超声波雾化缺陷：①产品结构复杂，制作成本高；②由于超声波雾化效率比较高，会导致烟油消耗量较大；③烟油断流容易导致换能片烧损；④雾化颗粒较大导致口感不佳。

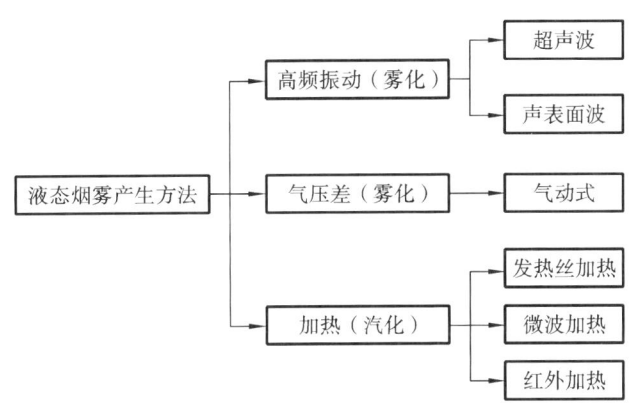

图 5.2　电子烟气溶胶形成机理分类

声表面波的雾化原理比较复杂,具体的雾化机理还未被完全解释,普遍被人接受的是声表面波雾化是通过衍射进入液体的声能产生的声流对液体表面产生的表面张力波的扰动引起的,即在压电基片表面传播的 SH 型体声波遇到微流体,有一部分能量会以漏声表面波的形式辐射到微流体中。表面张力波是漏声表面波在液滴与空气的界面以低阶模式振动传播,即在液滴内部连续的声波环流。表面张力波是沿着两种介质分界面传播的,它的动力学特性是由表面张力效果决定的。如果输入的声表面波功率较大,那么低阶的振动比分界面上的表面张力要强,导致分界面上的扰动就会引起界面上的液滴破碎成更小的液滴并迅速脱离液滴界面,即实现液体分离的雾化效果。声表面波相对于超声波频率更高,具有能耗小、雾化粒径小等优点,因此雾化效果比超声波要好,但在电子烟的运用上还处在前期研发阶段。

微波雾化原理从微观角度分析:物质吸收微波,物质中分子在交变场中发生极矩弛豫,分子之间相互作用从而产生热量,达到加热的效果。从宏观角度分析:物质吸收微波与介质损耗角的正切值相关,物质吸收微波能力随着介质损耗角正切值增大而增强。首先,物质都有特征频率,在此频率下物质吸收微波效果最佳,但在实际应用中,民用微波频段非常有限,微波加热器的频率几乎均设置在 2450 MHz。另外,微波加热过程中,黏度越大的物质对分子运动的阻碍作用也就越大,即会影响介质损耗角的正切值。其次,介质损耗角同样与物质的温度有关,大多数有机液体随着温度升高,介质损耗角的正切值增大。因此,微波加热与物质的特征频率、温度、形状等有关。微波加热雾化相对于超声波雾化、声表面波雾化外观尺寸要大一些,另外微波对人体有明确的危害,微波可导致人体及动物多系统、多脏器的生物学效应。因此,目前微波加热技术还无法成功用于电子烟加热。

红外辐射加热是利用电磁辐射传热原理,在真空环境中以直接辐射方式传热而达到加热物体的目的,从而避免了热传递过程中加热介质导致的能量损失。另外,红外辐射具有容易产生、可控性良好等优点,实际使用过程中需要考虑热传导及对流的能耗影响。由于传统加工工艺及材料等多方面因素的影响,红外辐射源外观结构比较大,驱动功率最低也需要十几瓦。随着微机电系统 MEMS 的应用与发展,微型红外光源得以飞速发展,红外光源驱动功率仅有几百毫瓦。MEMS 红外源作为一种非接触的微型红外热辐射源具有功耗低、体积小、响应速度快、温度高等优点。MEMS 红外源的辐射强度和热电转换效率较高,而这两个方面主要受光源的辐射材料和结构的影响,目前 MEMS 红外源辐射层材料主要有半导体和金属类。半导体材料的熔点相对较高,且与 MEMS 工艺有良好的兼容性,但在高温条件下易发生再结晶现象;金属材料的机械强度很高,能够负载较高的功率。半导体材料有良好的红外辐射和耐高温特性,但工艺复杂、制作成本较高;金属类红外元件的高温特性能够有较好的波长调制范围,极大地满足了电子烟雾化技术的基础要求。

5.2　电子烟气溶胶主要化学成分

随着人们对电子烟认识的加深,以及对人体健康的关注,越来越多的研究者关注电子烟气溶胶中的化学成分。引起人们重视的化学成分有:1,2-丙二醇、甘油、烟碱、次级生物碱、TSNAs(NNN、NNK、NAB、NAT)、羰基化合物(甲醛、乙醛、丙烯醛、乙二醛、甲基乙二醛和邻甲基苯甲醛等)、挥发性和半挥发性有机化合物(甲苯、二甲苯等)、多环芳烃(苯并[α]芘)、酚类(邻甲酚、间甲酚和对甲酚)、非金属元素和金属元素(锡、银、铁、镍、铝、硅)以及杂质等。

5.2.1　1,2-丙二醇、甘油及其杂质

1,2-丙二醇、甘油或两者的混合物通常占电子烟烟液质量的90%左右,它们在电子烟气溶胶中所占比例也较大,一些文献报道了对气溶胶中1,2-丙二醇、甘油及其杂质的分析。2010年,Gerardo等[11]采用GC-MS对电子烟气溶胶中的甘油杂质二甘醇进行了定性和定量分析。2012年,Pellegrino等[12]的研究表明,1,2-丙二醇和丙三醇在电子烟气溶胶中的分配比例与它们在烟液中所占比例相似。2013年,Melvin等[13]分别在ISO,HCI和一个优化的抽吸模式(抽吸容量为每口55 mL,每口抽吸时间为4 s,抽吸间隔为30 s)下抽吸了4种市售商用电子烟,考察了不同抽吸模式下的电子烟气溶胶释放量,采用GC-FID法测定了连续捕集的250口气溶胶中丙二醇和甘油的释放量,研究表明,丙二醇和甘油在气溶胶中的生成量比例与它们在电子烟烟液中所占的比例基本一致,该研究结论与Pellegrino的结论相似。

5.2.2　烟碱及次级生物碱

烟碱是电子烟气溶胶的主要成分之一,一些文献报道了电子烟气溶胶中的烟碱的测定,代表性的研究主要有:2013年,Goniewicz等[14]采用单孔道吸烟机按每口抽吸容量70 mL,每口抽吸时间1.8 s,抽吸间隔10 s,抽吸15口为一个抽吸方案,取20个抽吸方案共300口的气溶胶进行分析,采用GC-TSD测定了16种电子烟烟弹、填充烟液和气溶胶中的烟碱浓度。结果显示,16种电子烟气溶胶中的烟碱释放量为0.5～15.4 mg/300口;大多数电子烟在150～180口内能有效递送烟碱,平均而言,烟弹中的烟碱能雾化50%～60%;不同电子烟品牌和装置有不同的烟碱递送效率;假设抽吸15口电子烟等同于抽吸1支传统卷烟,抽吸15口电子烟的烟碱释放量低于传统卷烟主流烟气的烟碱释放量。同年,Melvin等[13]的研究结果表明,烟碱在气溶胶中的释放量所占比例与烟液中烟碱所占比例基本一致。显然,由于电子烟装置和填充溶液的不同,烟液中烟碱的雾化效率不同,气溶胶中烟碱的释放量各不相同。2013年,Goniewicz等[14]的研究则表明,在英国市场品牌占有率较高的电子烟烟弹中,烟碱的雾化效率为10%～81%,烟碱的释放量为2～5 mg/300口,而且气溶胶中烟碱释放量与烟液中烟碱含量没有显著的相关性($r=0.06$,$P=0.92$),显然,电子烟气溶胶中的烟碱没有达到传统卷烟烟气中的烟碱浓度。

次级生物碱是烟碱的降解产物,一些含有烟碱的电子烟气溶胶中检出含有次级生物碱。2011年,Trehy等[15]采用手动空气泵以每口抽吸时的空气流量为100 mL来抽吸电子烟,每口抽吸间隔为60 s,收集30口的气溶胶来进行分析,对3种电子烟气溶胶进行烟碱和5种次级生物碱的测定。结果表明,3种电子烟气溶胶中烟碱释放量为50～254 μg/30口,5种次级生物碱的检出限在4.7～20 μg/30口之间,均未在电子烟气溶胶中检出5种次级生物碱。2013年,Mccormack等[16]采用直线型吸烟机,按每口抽吸容量55 mL,每口抽吸时间2 s,抽吸间隔30 s,抽吸10口为一个抽吸方案,取5个抽吸方案的气溶胶进行分析,采用已建立的传统卷烟主流烟气的分析方法定量测定电子烟气溶胶中的生物碱,降烟碱等7种次级生物碱

的检出限均为 0.053 μg/10 口。结果表明,在电子烟气溶胶中除降烟碱未检出外,其他 6 种次级生物碱均有检出,它们的释放量在 0.95～4.99 μg/50 口之间。

5.2.3　烟草特有亚硝胺(TSNAs)

烟草中生物碱的亚硝化作用形成 TSNAs,某些含有烟碱的电子烟气溶胶中能检出痕量浓度的 TSNAs,4 种 TSNAs(NNN、NNK、NAB、NAT)在电子烟气溶胶中的分析研究均有报道。2009 年,文献报道[17]在 NJOY 电子烟气溶胶中检出 NAT 的浓度为 2～5 ng/L 烟气量。2013 年,Goniewicz 等[18]采用单孔道吸烟机按每口抽吸容量 70 mL,每口抽吸时间 1.8 s,抽吸间隔 10 s,每个抽吸方案抽吸 15 口,采用 UPLC-MS 法检测了 12 种电子烟气溶胶中的 TSNAs,得到 NNN 和 NNK 的释放量范围分别是 0.08～0.43 ng/15 口、0.11～2.83 ng/15 口。同年,Taylor[19]按每口抽吸容量 35 mL,每口抽吸时间 2 s,抽吸间隔 60 s,抽吸曲线分别是钟形、三角形和方波,收集 100 口电子烟气溶胶来进行分析,结果表明,3 种抽吸曲线下,4 种 TSNAs 在 2 种电子烟气溶胶中的释放量均不大于 1.0 ng/100 口。

5.2.4　羰基化合物

一些羰基化合物能在电子烟气溶胶中检出。2010 年,Uchiyama 等[20]在电子烟气溶胶中检出甲醛等 8 种羰基化合物。2011 年,Ohta 等[21]在电子烟气溶胶中检出甲醛、乙醛、丙烯醛、乙二醛和甲基乙二醛。

2013 年,Goniewicz 等[14]采用单孔道吸烟机按每口抽吸容量 70 mL,每口抽吸时间 1.8 s,抽吸间隔 10 s,每个抽吸方案抽吸 15 口,采用 HPLC-DAD 方法分析了 12 种电子烟气溶胶中的 15 种羰基化合物,仅检出甲醛、乙醛、丙烯醛和邻甲基苯甲醛 4 种化合物,它们的释放量范围分别是 0.20～5.61 μg/15 口、0.11～1.36 μg/15 口、0.07～4.19 μg/15 口、0.13～0.62 μg/15 口。同年,Melvin 等[13]按照每口抽吸容量 55 mL,每口抽吸 4 s,抽吸间隔为 30 s 的抽吸模式抽吸电子烟,采用 DNPH 衍生化法和 RPLC 技术分别检测了电子烟烟液和气溶胶中的 14 种羰基化合物,结果发现,电子烟烟液中仅检出甲醛和乙醛,气溶胶中检出甲醛、乙醛和丙烯醛,而且以每克烟液来计,羰基化合物在气溶胶中的释放量基本上都高于它们在该电子烟烟液中的含量。Uchiyama 等[22]按每口抽吸容量 55 mL,每口抽吸时间 2 s,抽吸间隔 30 s,每个抽吸方案抽吸 10 口,采用 HPLC 分析技术对 13 个品牌的共 363 种电子烟气溶胶中羰基化合物进行测定。结果表明,气溶胶中的羰基化合物主要有甲醛、乙醛、丙烯醛、乙二醛和甲基乙二醛;4 个品牌的样品中均未检出羰基化合物,其他 9 个品牌的样品均有羰基化合物检出;他们发现电子烟气溶胶中羰基化合物的浓度没有典型的分布,检出羰基化合物的平均浓度与中位值浓度有较大的差异,这说明了电子烟生成高浓度的羰基化合物是偶然发生的,并认为羰基化合物生成的一个可能性原因是:烟液中的丙三醇和丙二醇偶尔接触到雾化器中加热的镍线圈从而氧化生成这些羰基化合物。

5.2.5　挥发性、半挥发性有机化合物

一些品牌的电子烟气溶胶中含有痕量的香味化合物、Hoffmann 名单中的几种挥发性苯系物以及溶剂杂质,这些化合物主要来源于电子烟中添加的香精香料、烟草提取物或特殊功能添加剂。2013 年,Goniewicz 等[14]采用单孔道吸烟机按每口抽吸容量 70 mL,每口抽吸时间 1.8 s,抽吸间隔 10 s,每个抽吸方案抽吸 15 口,收集 10 个抽吸方案的电子烟气溶胶,采用 GC-MS 对 12 种电子烟气溶胶中的 11 种 VOCs 进行了测定。结果表明,在 11 种电子烟气溶胶中仅检出甲苯和对(间)-二甲苯,它们的释放量范围是 0.2～6.3 μg/150 口、0.1～0.2 μg/150 口。Martin 等[23]通过对电子烟气溶胶的不同捕集方法和检测技术进行比较,确定以 Borgwaldt A14 syringe drive 来抽吸电子烟,使用热脱附管捕集电子烟所产生的气溶胶,采用 TD-GC-TOF/MS 技术分析气溶胶化学成分,通过自动解卷积数据分析软件检出了约 130 种化合物,该方法的定量限为 5 ng/L 烟气。

5.2.6　多环芳烃

电子烟气溶胶中多环芳烃的分析文献较少。2012 年,Lauterbach 等[24]按每口抽吸 55 mL,每口抽吸

3 s,抽吸间隔为 30 s 的条件抽吸电子烟,对电子烟气溶胶中的苯并[α]芘进行检测,方法的检出限为 0.7 μg/L 烟气量,结果表明,电子烟气溶胶中未检出苯并[α]芘。同年,Lauterbach 等[25] 按照 ISO 抽吸参数对一个烟碱标注含量为 16 mg/烟弹的电子烟进行抽吸,在 50 口气溶胶释放量中未检出苯并[α]芘。eSmoking Institute[26] 对烟碱标注含量均为 25 mg/mL 并含有香味成分的 10 种电子烟进行分析,它们的气溶胶中多环芳烃的总释放量为 0.01~0.16 μg/30 口。

5.2.7 酚类

对电子烟气溶胶中酚类化合物的分析研究相对较少,2013 年,Lauterbach[27] 按每口抽吸 55 mL,每口抽吸 3 s,抽吸间隔为 30 s 的条件抽吸电子烟,对电子烟气溶胶中的酚类化合物进行检测。结果表明,电子烟气溶胶中的邻甲酚为 0.4 μg/L 烟气量,间甲酚＋对甲酚的释放量小于 0.56 μg/L 烟气量。2013 年,Mccormack 等[16] 采用 HCI 抽吸模式抽吸电子烟,捕集 50 口电子烟气溶胶进行研究,结果表明,所测电子烟气溶胶中未检出酚类化合物。

5.2.8 非金属元素和金属元素

电子烟气溶胶中能检出非金属元素和金属元素,不同品牌的电子烟产品,其气溶胶中非金属元素和金属元素的种类和浓度各不相同。Goniewicz 等[18] 采用单孔道吸烟机按每口抽吸容量 70 mL,每口抽吸时间 1.8 s,抽吸间隔 10 s,每个抽吸方案抽吸 15 口,收集 10 个抽吸方案的电子烟气溶胶,采用 ICP-MS 法对 12 个电子烟样品进行测定。结果表明,电子烟气溶胶中检出镉、镍、铅 3 种金属元素,它们的释放量范围分别是:0.01~0.22 μg/150 口、0.11~0.29 μg/150 口、0.03~0.57 μg/150 口,3 种元素在 12 个样品中的检出率高于 90%。Williams 等[28] 在电子烟气溶胶中检出非金属元素硅和 20 种金属元素,其中粒径大于 1 μm 的元素有锡、银、铁、镍、铝、硅,粒径小于 100 nm 的元素有锡、铬和镍,并发现有 9 种元素的气溶胶释放量高于或等同于传统卷烟烟气中的释放量。

电子烟气溶胶与传统卷烟烟气中部分化学成分释放量的比较如表 5.1 所示。

表 5.1　电子烟气溶胶与传统卷烟烟气中部分化学成分释放量的比较[17,19,25-27,29]

检测项目	单位	电子烟	FFKS 卷烟	比值(传统卷烟/电子烟)
MS TPM	mg/L 烟气量	113.6	1070	9
CO	mg/L 烟气量	＜0.26(BDL)	54.9	
水分	mg/L 烟气量	1.0	37.1	38
烟碱	mg/L 烟气量	0.1	4.0	40
焦油	mg/L 烟气量	10.5	66.4	6
二甘醇	mg/L 烟气量	＜0.04(BDL)	未检出	
甲醛	μg/L 烟气量	10.9	116.0	11
乙醛	μg/L 烟气量	20.7	2282.0	170
丙烯醛	μg/L 烟气量	3.0	231.0	76
间甲酚＋对甲酚	μg/L 烟气量	＜0.56 但≥0.17	31.4	
邻甲酚	μg/L 烟气量	0.4	12.7	29
BaP	μg/L 烟气量	＜0.70(BDL)	39.2	
总 HCN	μg/L 烟气量	＜1.93 但≥0.58	853.0	
1,3-丁二烯	μg/L	＜0.67(BDL)	199.0	
丙烯腈	μg/L	＜1.02(BDL)	53.0	
苯	μg/L	＜3.19(BDL)	148.0	

检测项目	单位	电子烟	FFKS 卷烟	比值（传统卷烟/电子烟）
NNN	ng/L	5.1	601.0	119
NNK	ng/L	2.8	519.0	187
NAT	ng/L	0.6	68.0	122
NAB	ng/L	1.7	441.0	267

注：BDL 为检出限；FFKS 卷烟为 US-blend，full flavor cigarette KS cigarette，美式混合型全香型 KS 卷烟。

2013 年，Goniewicz 等[18]对传统卷烟主流烟气与电子烟气溶胶的一些有害成分进行了比较（表 5.2），研究表明电子烟气溶胶能释放一些在传统卷烟中出现的有害成分，但它们在电子烟气溶胶中的释放量仅是传统卷烟主流烟气中释放量的 1/450～1/9，即 0.2%～11.1%。

表 5.2　电子烟气溶胶与传统卷烟主流烟气中部分有害成分释放量的比较[18]

有害成分	传统卷烟主流 烟气/(μg/cig)	电子烟气溶胶 /(μg/15 口)	平均比值 （传统卷烟/电子烟）
甲醛	1.6～52.0	0.20～5.61	9
乙醛	52.0～140.0	0.11～1.36	450
丙烯醛	2.4～62.0	0.07～4.19	15
甲苯	8.3～70.0	0.02～0.63	120
NNN	0.005～0.19	0.00008～0.00043	380
NNK	0.012～0.11	0.00011～0.00283	40

5.3　电子烟气溶胶物理特性

5.3.1　不同类型电子烟的粒径分布

为了研究电子烟产品自身稳定性对其气溶胶粒径分布的影响，选择 9 个品牌的电子烟产品（每个品牌选择不同口味产品，合计 17 个样品），在固定抽吸模式下（Model Ⅱ（见表 5.5)，即 CORESTA 推荐抽吸模式和行业标准中抽吸模式），按照 2.4.2 节的测试条件，每个品牌产品抽吸 5～6 支电子烟，每支电子烟抽吸 20 口，取 20 口的平均值。

为了对比电子烟产品与传统卷烟产品之间稳定性的差异，选取 1 个品牌 3 个规格的传统卷烟，在 ISO 模式下，在 2.4.2 节的测试条件下，平行测定 4 次其气溶胶粒径的分布。

电子烟 1～20 口的气溶胶粒径分布取平均值后作图，不同品牌的电子烟样品单独作图，如图 5.3 所示。首先，从气溶胶粒径分布的范围来看，相同品牌电子烟样品不同烟支的粒径分布范围变化非常小或基本无变化；其次，从单位体积的粒数浓度来看，相同品牌电子烟样品不同烟支的气溶胶粒径分布差异较大，单位体积的粒数浓度最大差异有 5 倍左右，最小的为 2 倍左右。

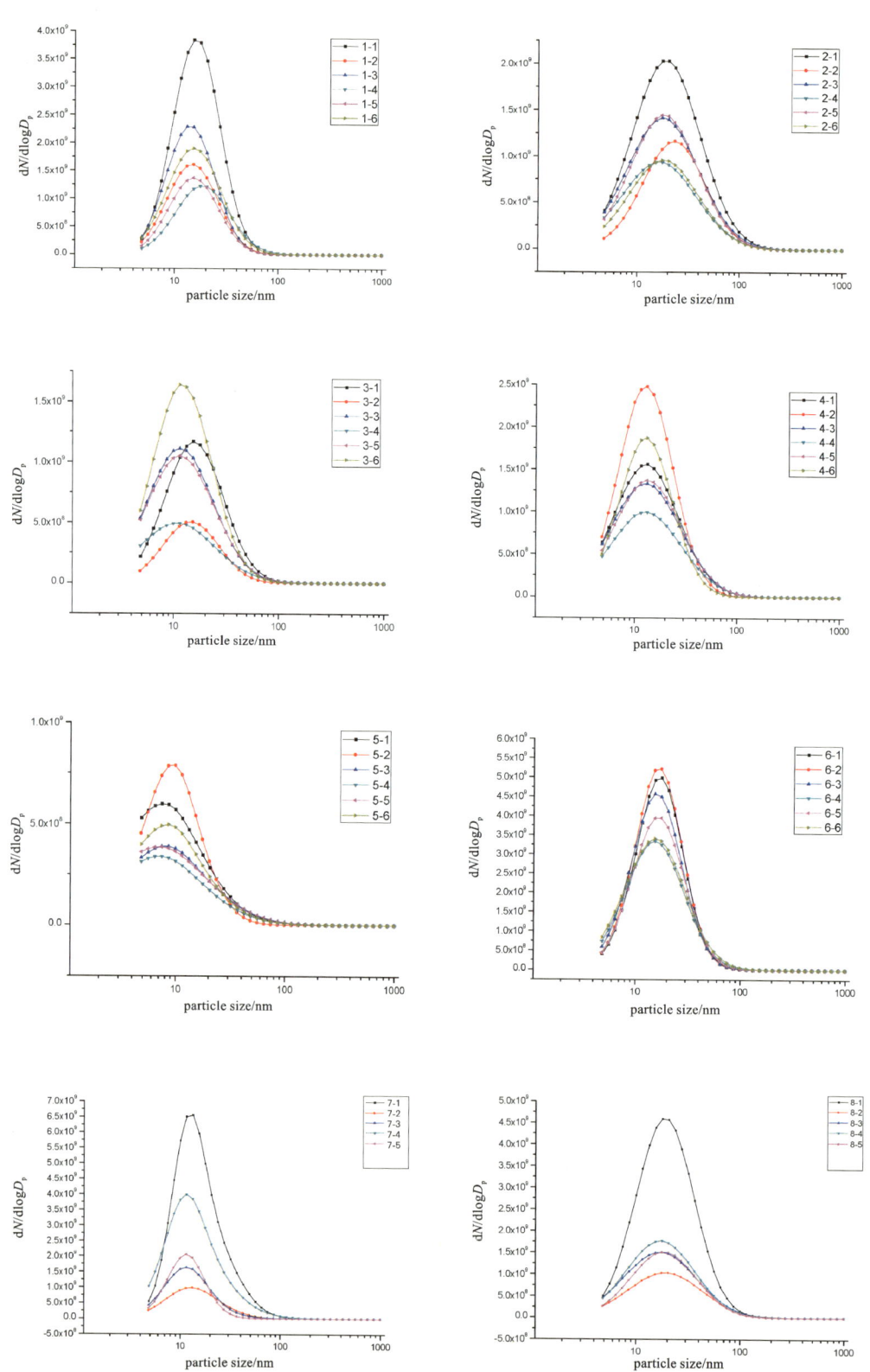

图 5.3　不同电子烟样品气溶胶粒径分布比较及稳定性对比（1#～17#，$n＝5$ 或 6）

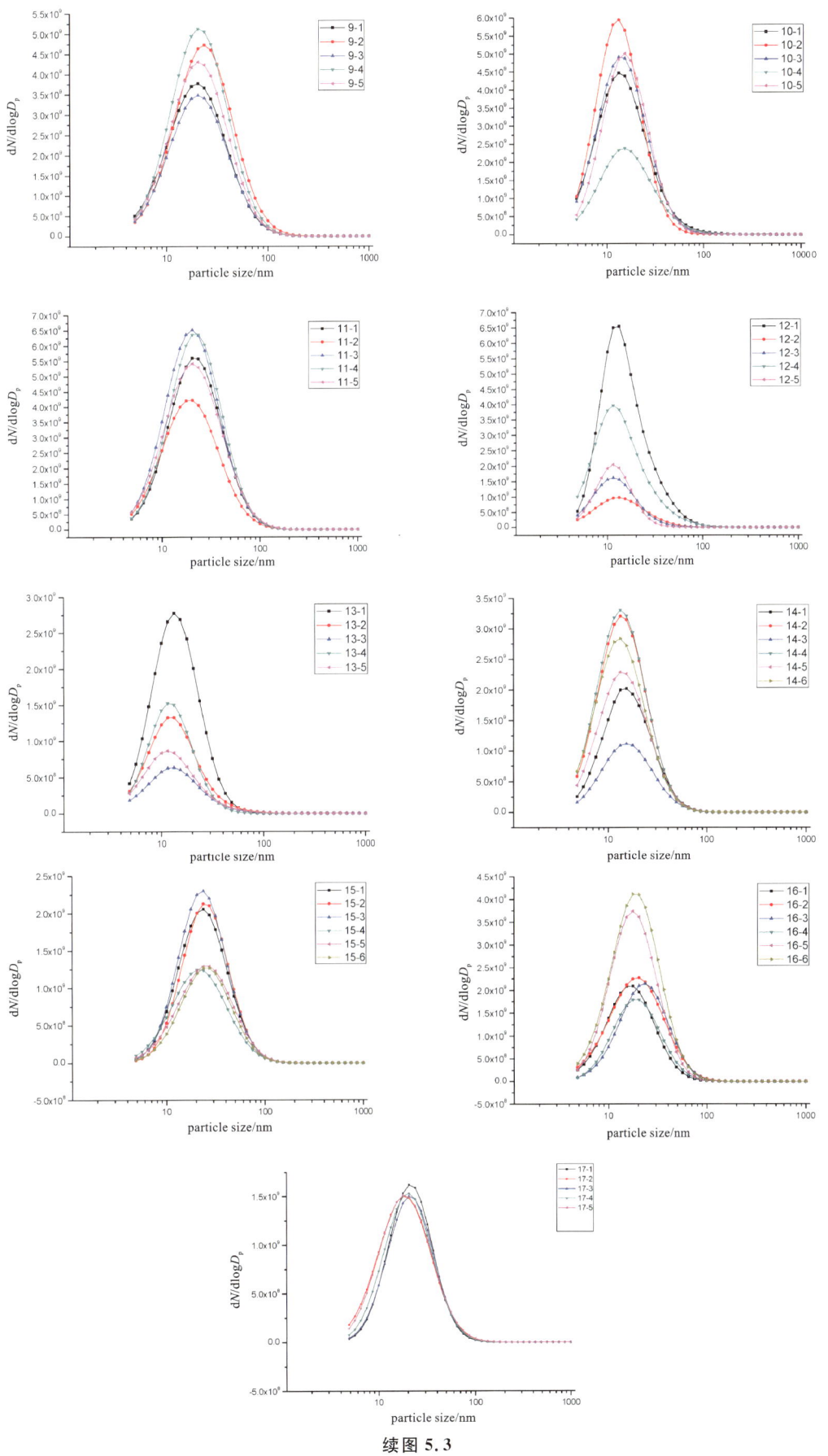

续图 5.3

传统卷烟的 1～7 口的气溶胶粒径分布取平均值后作图,不同规格的卷烟样品单独作图,如图 5.4 所示。从图 5.4 可以看出,三个规格的传统卷烟样品的稳定性远远优于电子烟样品的稳定性。

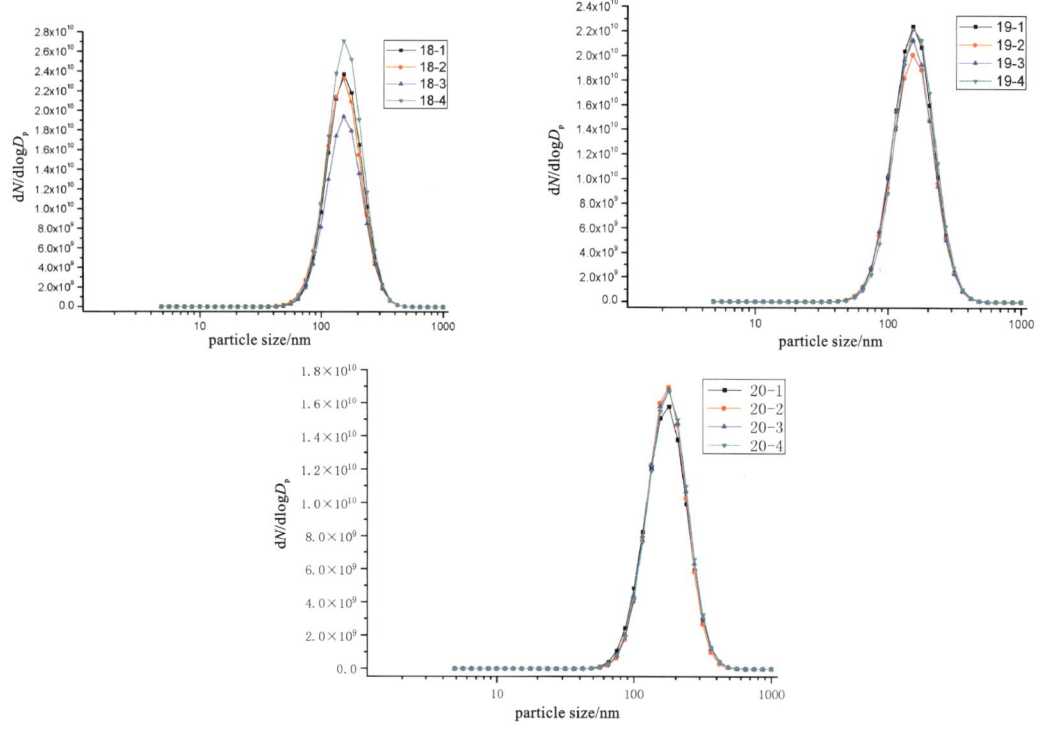

图 5.4 传统卷烟样品气溶胶粒径分布的比较及稳定性(18♯～20♯,n＝4)

从表 5.3 可以看出,相同品牌电子烟中位值粒径变化相对于气溶胶粒数浓度来说差异较小,几何平均直径与中位值粒径相差无几,同时几何标准偏差较小,说明气溶胶粒子粒径分布较集中,分散程度较小。总的来说,电子烟样品的稳定性较差,这主要是相同品牌电子烟样品的气溶胶粒数浓度差异造成的,这可能与电子烟样品零部件的差异、在组装过程中手工制作的不稳定性以及电池电量不稳定有关。

表 5.3 电子烟与传统卷烟气溶胶几何平均直径及粒径中位值的稳定性($n \geqslant 5$)

样品编号	GMD		CMD	
	平均值/nm	RSD/(%)	平均值/nm	RSD/(%)
1	16.96	4.56	16.80	4.86
2	20.05	9.39	19.42	11.18
3	14.60	8.38	13.95	10.15
4	14.84	4.89	14.13	3.70
5	12.12	6.62	11.03	4.93
6	17.83	17.19	17.64	17.64
7	14.60	14.99	14.20	15.73
8	19.60	4.55	19.04	4.79
9	21.62	5.22	21.42	5.40
10	15.27	7.12	14.84	6.82
11	21.274	4.63	21.06	5.03
12	12.58	18.08	12.38	17.59

样品编号	GMD		CMD	
	平均值/nm	RSD/(%)	平均值/nm	RSD/(%)
13	14.17	5.90	13.58	4.50
14	14.89	6.78	14.56	6.93
15	23.15	4.13	23.07	4.26
16	19.02	11.47	18.97	11.82
17	19.79	6.69	19.64	7.09
18	154.36	2.42	154.51	2.38
19	154.79	1.98	155.06	1.70
20	173.10	0.91	173.28	0.93

5.3.2　电子烟气溶胶粒径分布随抽吸口序的变化

为了研究抽吸口序对电子烟气溶胶粒径分布的影响,选择 9 个品牌的电子烟产品(共 17 个不同口味样品),在固定抽吸模式下(Model Ⅱ),按照 2.4.2 节的测试条件,每支电子烟抽吸 60～100 口。图 5.5 为典型性电子烟样品 1～100 口的气溶胶粒径分布图。从图 5.5 中可以看出,电子烟样品随着抽吸口数的增加,电子烟气溶胶粒数浓度逐渐下降,同时,电子烟气溶胶粒径分布的范围基本不变。这可能是因为随着抽吸口数的增加,电子烟电池电量降低,因此电子烟气溶胶粒数浓度降低,而电子烟气溶胶粒径的分布与电子烟电池电量无关。

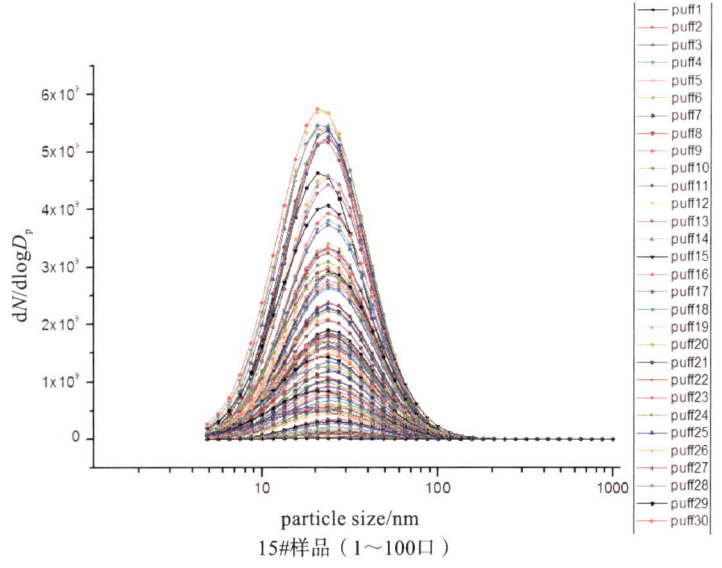

图 5.5　典型性电子烟的气溶胶粒径分布逐口变化趋势

为了进一步研究抽吸口序对电子烟气溶胶粒径分布的影响规律,对典型性样品的气溶胶粒数浓度与抽吸口序进行线性回归分析,在线性回归分析中对部分数据进行了筛选,对第一口或异常数据进行了剔除,最后气溶胶粒数浓度与抽吸口序的线性回归分析结果如图 5.6 和表 5.4 所示。从图 5.6 中可以看出,电子烟气溶胶粒数浓度与抽吸口序成反比,线性关系良好。从表 5.4 中可以看出,相同规格的电子烟样品之间线性分析结果中截距与斜率不同,再次说明电子烟样品稳定性、均一性差。

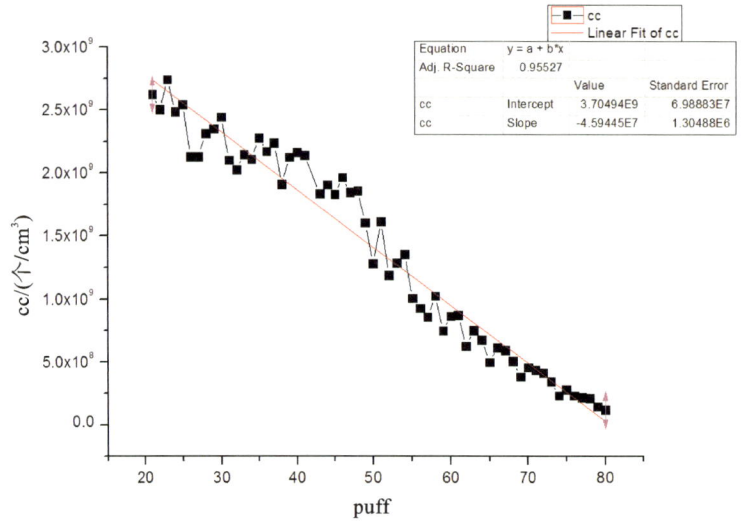

图 5.6 典型性样品气溶胶粒数浓度与抽吸口序的相关性分析

表 5.4 典型性样品线性分析结果($y = ax + b$)

样品编号	截距	斜率	R^2	样品编号	截距	斜率	R^2
1-1	2.977E9	−3.366	0.9376	15-4	2.948E9	−4.202	0.961
1-2	2.478E9	−2.420	0.9770	15-5	3.068E9	−4.709	0.9578
1-3	2.828E9	−3.009	0.9606	15-6	3.749E9	−7.866	0.913
1-4	2.027E9	−2.591	0.9665	16-1	3.705E9	−4.594	0.9553
1-5	1.749E9	−1.701	0.9833	16-2	3.476E9	−3.929	0.9916
1-6	1.886E9	−2.004	0.9592	16-3	2.970E9	−3.296	0.9759
15-1	3.859E9	−4.703	0.9253	16-4	2.541E9	−2.987	0.9687
15-2	3.484E9	−4.970	0.9587	16-5	4.724E9	−5.062	0.9904
15-3	2.811E9	−4.750	0.9531	16-6	5.447E9	−5.680	0.9649

5.4 电子烟气溶胶特性的影响及调控

5.4.1 抽吸模式的影响

为了研究不同抽吸模式对电子烟气溶胶粒径分布的影响,共设计了 5 种不同的抽吸模式,见表 5.5。选择 2 个品牌的电子烟,在 5 种抽吸模式下(Model Ⅰ～Ⅴ),按照 2.4.2 节的测试条件,每个品牌产品抽吸 6 支电子烟,每支电子烟抽吸 20 口,取所有口数的平均值。

表 5.5 不同抽吸模式的抽吸参数

抽吸模式编号	抽吸体积	抽吸间隔	抽吸时间	抽吸波形
Model Ⅰ	55 mL	20 s	3 s	方波

续表

抽吸模式编号	抽吸体积	抽吸间隔	抽吸时间	抽吸波形
Model Ⅱ	55 mL	30 s	3 s	方波
Model Ⅲ	55 mL	30 s	2 s	方波
Model Ⅳ	55 mL	30 s	3 s	正弦波（sin）
Model Ⅴ	70 mL	30 s	3 s	方波

图 5.7 所示为 2 种电子烟产品在不同抽吸模式下的气溶胶粒径分布变化，从图中可以看出，抽吸体积、抽吸时间、间隔时间和抽吸波形的变化对电子烟气溶胶粒径分布的影响较小，但是对电子烟气溶胶单位粒数浓度的影响较大，在设计的 5 种抽吸模式下，2 种电子烟气溶胶粒数浓度变化范围为 2～3.5 倍；从 2 种电子烟产品的气溶胶粒径分布的变化规律来看，不同抽吸参数对 2 种电子烟的影响规律不尽相同，这可能是因为电子烟样品的不稳定性和 2 种电子烟样品的启动方式不同。

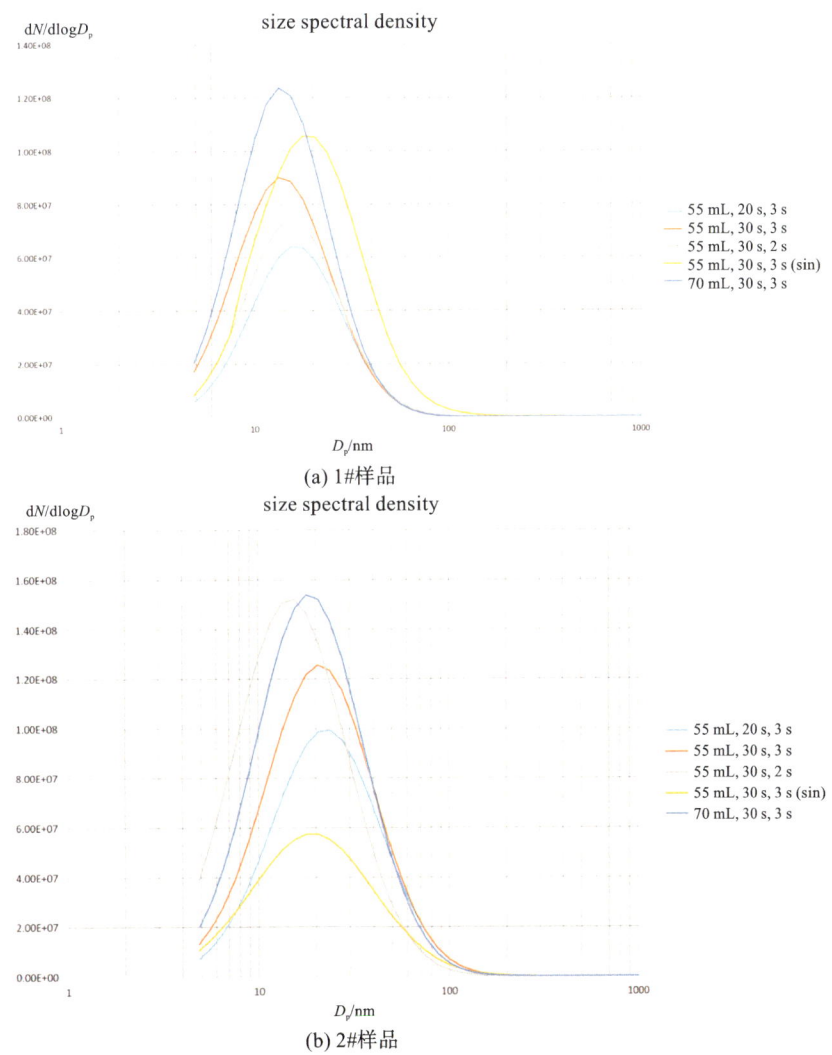

(a) 1#样品

(b) 2#样品

图 5.7　抽吸模式对电子烟气溶胶粒径分布的影响

5.4.2　烟液配比的影响

为了研究不同烟油配方对电子烟气溶胶粒径分布的影响，在固定电子烟雾化器和电子烟雾化电压的

情况下,分别采用 VG∶PG=2∶8、4∶6、6∶4、8∶2 的不同比例,在固定测试条件下分别进行测试,每个电子烟样品测试 20 口,取所有口数的平均值。

图 5.8 为不同溶剂比例(VG∶PG)下,在 HCI 抽吸模式下,电子烟气溶胶的粒径分布。从图中可以看出,除粒数浓度在 VG∶PG=6∶4 时达到最大,其他溶剂比例对气溶胶粒径分布影响不大,同时对中位值粒径的影响也不明显。这说明为了使电子烟烟雾量达到最大比例,甘油和丙二醇的溶剂最佳比例在 6∶4 附近。

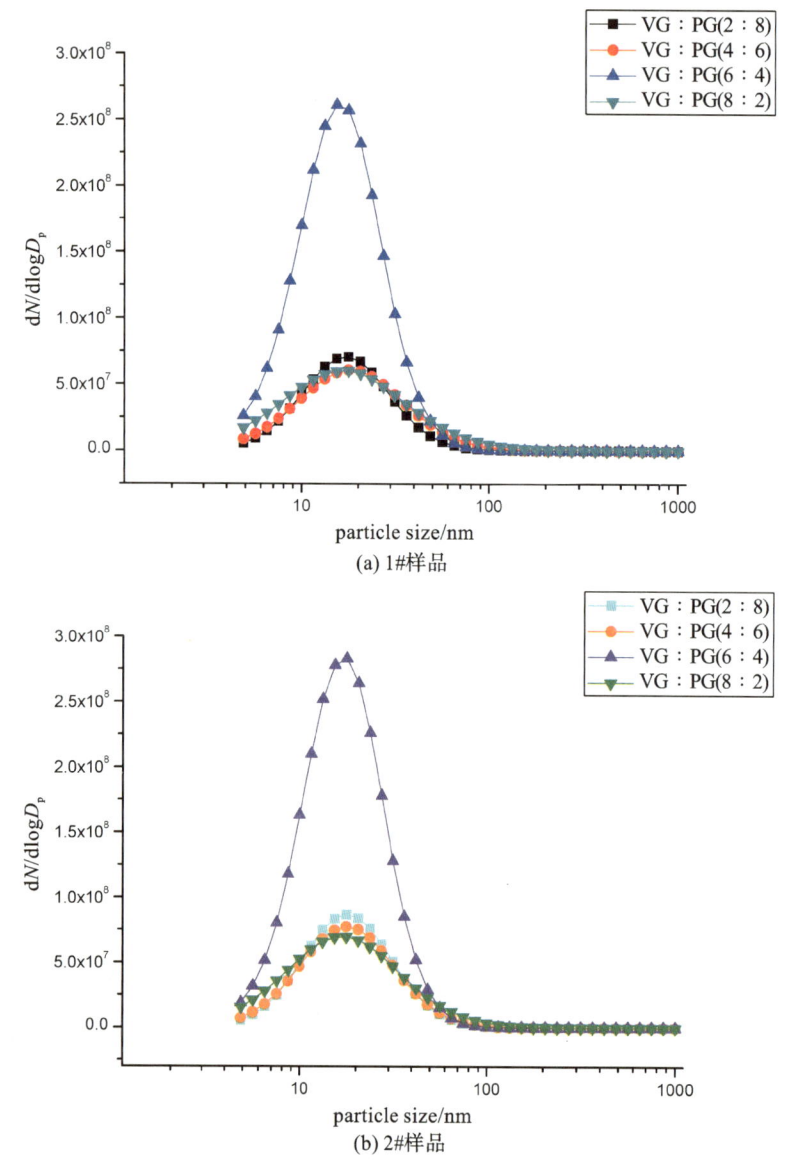

图 5.8 溶剂比例对电子烟气溶胶粒径分布的影响

5.4.3 电压的影响

为了研究电压对电子烟气溶胶粒径分布的影响,在固定电子烟雾化器、烟液的情况下,分别采用 2 种固定电压,在固定测试条件下分别进行测试,每个电子烟样品测试 20 口,取所有口数的平均值。

图 5.9 和图 5.10 为不同电压(3.7 V/4.2 V,4.2 V/4.7 V)下,在 HCI 抽吸模式下,电子烟气溶胶粒数浓度变化和中位值粒径变化。从图中可以看出,相同电子烟,随着电压增加,电子烟气溶胶中粒数浓度在

增大,同时电子烟气溶胶中粒子的中位值粒径也在增大,说明电压和功率增大,对电子烟气溶胶粒径分布有较大影响。

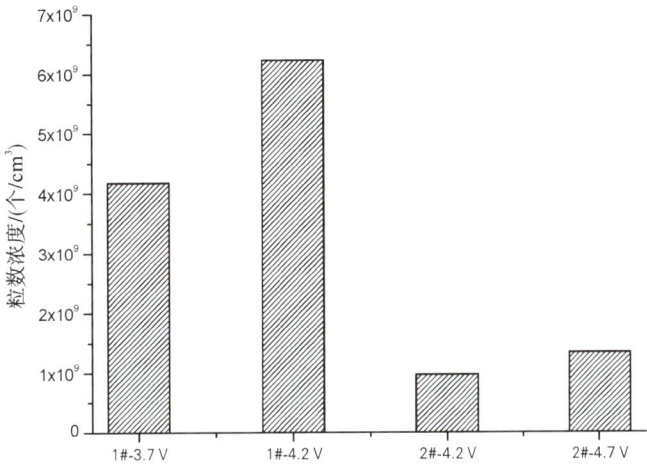

图 5.9 电压对电子烟气溶胶粒数浓度的影响

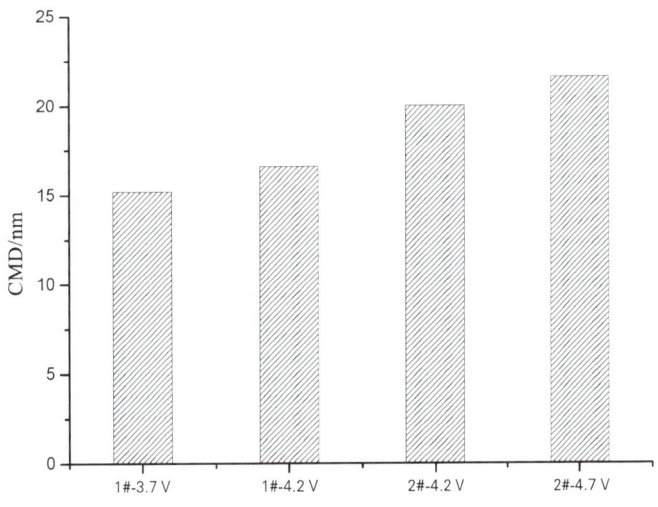

图 5.10 电压对电子烟气溶胶中位值粒径的影响

5.4.4 基于影响规律总结的电子烟气溶胶特性调控技术

与传统卷烟和加热卷烟相比,电子烟的气溶胶调控技术基本已经趋于成熟。新材料的开发以及其在雾化芯中的应用、新的雾化技术的应用、优选的电子烟设计和控制方案等,让电子烟气溶胶调控变得更加精准。表 5.6 总结了抽吸模式、烟液配比和电压等单因素对电子烟气溶胶物理特性的影响规律。

表 5.6 电子烟气溶胶物理特性调节技术总结[29,30]

方式	方法描述	增大粒径	增大烟雾量	增大粒数浓度	烟气温度	说明
进气量	进气口调节,使进气量增加	↓	↑	↑	↓↓	进气量应与电子烟功率匹配才能达到最佳效果
烟液配比	甘油∶丙二醇比例增加	↑	↑↑	↑↑	↓	先升高后降低,甘油和丙二醇比例为 6∶4 时,烟雾量达最大值

续表

方式	方法描述	增大粒径	增大烟雾量	增大粒数浓度	烟气温度	说明
电压	一定范围内增加电压	↑↑	↑↑↑	↑↑↑	↑↑↑	
	抽吸体积增加	↓	↑↑	↑↑	↓↓	
	抽吸间隔增加	↓	↓	↓	↓	
抽吸模式	抽吸时长增加	↑	↑↑↑	↑↑↑	↑↑	
	抽吸波形由正弦波变为方波	↑	↑	↑	↑	

参考文献

[1] FCTC. COP/5/13. Electronic nicotine delivery systems, including electronic cigarettes: Report by the Convention Secretariat, Conference of the Parties to the WHO Framework Convention on Tobacco Control, fifth session, Provisional agenda item 6. 5 [EB/OL]. Seoul, Republic of Korea[2012-06-18]. http://apps. who. int/iris/bitstream/10665/75811/1/FCTC_COP5_13-en. pdf.

[2] Food and Drug Administration. 21 code of federal regulations part 1100, 1140 and 1143[Z]. 2016-5-10.

[3] European Commission. DIRECTIVE 2014/40/EU: The manufacture, presentation and sale of tobacco and related products and repealing directive 2001/37/EC [EB/OL]. http://eur-lex. europa. eu/, 2014-04-29.

[4] BSI. PAS 54115, Manufacture, importation, testing, and labelling of vaping products, including electronic cigarettes, e-shisha and directly-related products-Code of practice [S]. http://www. bsigroup. com/, 2015-07-29.

[5] AEMSA. E-liquid manufacturing standards version 2. 0 [S]. http://www. aemsa. org/, 2015-04-29.

[6] AFNOR. XP D90-300-1: Electronic cigarettes and e-liquids-Part 1: Requirements and test methods for electronic cigarettes [S]. http://www. afnor. org, 2015-05-20.

[7] 国家烟草专卖局. 电子烟:GB 41700—2022[S]. 北京:中国标准出版社, 2022.

[8] AFNOR. XP D90-300-2: Electronic cigarettes and e-liquids-Part 2: Requirements and test methods for e-liquids [S]. http://www. afnor. org, 2015-05-20.

[9] 余梦灵, 马林, 贾梦珠, 等. 关于电子烟安全性的研究进展[J]. 农产品加工, 2016 (7):44-48.

[10] 孟晓军, 韩青龙, 温升波, 等. 电子烟发展现状及趋势预测[C]. 决策论坛——政用产学研一体化协同发展学术研讨会, 2015:243, 246.

[11] Gerardo A, Smith C A. Chemical analysis of electronic cigarette smoke[C]. Abstracts of Papers, 240th ACS National Meeting, Boston, MA, United States, August 22-26, 2010.

[12] Pellegrino R M, Tinghino B, Mangiaracina G, et al. Electronic cigarettes: An evaluation of exposure to chemicals and fine particulate matter (PM)[J]. Annali di Igiene: Medicina Preventiva e di Comunita, 2012, 24(4):279-288.

[13] Melvin M S, Gillman G, Humphries K E. Aerosol production and analysis of electronic cigarettes using a linear smoking machine [C]. 67th Tobacco Science Research Conference, 2013.

[14] Goniewicz M L,Kuma T,Gawron M,et al. Nicotine levels in electronic cigarettes[J]. Nicotine & Tobacco Research,2013,15(1):158-166.

[15] Trehy M L, Ye W, Hadwiger M E, et al. Analysis of electronic cigarettes cartridges, refill solutions, and smoke for nicotine and nicotine related impurities[J]. Journal of Liquid Chromatography & Related Technologies. 2011,14:1442-1458.

[16] Mccormack T, Taylor M J. Comparative yields of selected smoke constituents from conventional cigarettes and e-cigarettes[C]. 67th Tobacco Science Research Conference,2013.

[17] Study to Determine Presence of TSNAs in NJOY Vapor[EB/OL]. [2009-12-09] http://vapersclub. com/NJOYvaporstudy. pdf.

[18] Goniewicz M L,Knysak J,Gawron M,et al. Levels of selected carcinogens and toxicants in vapour from electronic cigarettes[J]. Tobacco Control,2013,23(2):133-139.

[19] Taylor M J. The effect of puff profile and volume on the yields of e-cigarettes[R]. CORESTA ST 03,2013.

[20] Uchiyama S,Inaba Y,Kunugita N. Determination of acrolein and other carbonyls in cigarette smoke using coupled silica cartridges impregnated with hydroquinone and 2, 4-dinitrophenylhydrazine[J]. J. Chromatogr. A. ,2010,1217:4383-4388.

[21] Ohta K,Uchiyama S,Inaba Y,et al. Determination of carbonyl compounds generated from the electronic cigarette using coupled silica cartridges impregnated with hydroquinone and 2,4-dinitrophenylhydrazine[J]. Bunseki Kagaku,2011,60:791-797.

[22] Uchiyama S,Ohta K,Inaba Y,et al. Determination of carbonyl compounds generated from the E-cigarette using coupled silica cartridges impregnated with hydroquinone and 2, 4-dinitrophenylhydrazine,followed by high-performance liquid chromatography[J]. Analytical Sciences,2013,29(12):1219-1222.

[23] Martin S,Rawlinson C,Davis P. Chemical characterization of e-device aerosols[R]. CORESTA ST 02,2013.

[24] Lauterbach J H,Laugesen M,Ross J D. Suggested protocol for estimation of harmful and potentially harmful constituents in mainstream aerosols generated by electronic nicotine delivery systems[R]. Poster 1860 presented at the 51st Annual Meeting of the Society of Toxicology in San Francisco,2012.

[25] Lauterbach J H,Laugesen M. Comparison of toxicant levels in mainstream aerosols generated by Ruyan© electronic nicotine delivery systems(ENDS) and conventional cigarette products[EB/OL]. [2012-03-14]. http://www. healthnz. co. nz/ News2012SOTposter1861. pdf.

[26] eSmoking Institute. Examination of aerosols generated from evaporating Aromativ nicotine liquids[EB/OL]. http://en. esmokinginstitute. com/node/68.

[27] Lauterbach J H. Comparsion of mainstream cigarette smoke pH with mainstream E-cigarette aerosol pH[C]. 67th Tobacco Science Research Conference,2013.

[28] Williams M,Villarreal A,Bozhilov K,et al. Metal and silicate particles including nanoparticles are present in electronic cigarette cartomizer fluid and aerosol[J]. PLoS One,2013,8(3):e57987.

[29] 李寿波,朱东来,韩熠,等.电子烟烟雾质量浓度表征及影响因素[J].烟草科技,2018,51(4):35-40.

[30] 张霞,朱东来,李寿波,等.电子烟工作电压对气溶胶中关键成分释放量的影响[J].烟草科技,2017,50(9):42-48.

第6章

环境烟气理化特性及减少环境
烟气的方法

6.1　环境烟气气溶胶的来源和形成

环境烟气即环境烟草烟气(environmental tobacco smoke,ETS),CORESTA 将其定义为"陈化和稀释的呼出主流烟气与陈化和稀释的侧流烟气的混合物(the mixture of aged and diluted exhaled mainstream smoke and aged and diluted sidestream smoke)"。通常认为环境烟草烟气是由吸烟者吐出的主流烟气和烟支阴燃的侧流烟气在空气中经混合、稀释和陈化过程而形成的。由于主流烟气中某些成分在吸入人体后被吸收了,吐出的主流烟气以及侧流烟气在环境中又被空气稀释,再经陈化衰减,最后形成的环境烟草烟气与单一的主流烟气或侧流烟气已有很大差异。

ETS 是由气相物和粒相物组成的一种气溶胶。环境烟草烟气在形成过程中发生了多种物理和化学变化,如研究发现,环境烟草烟气中的烟碱几乎完全存在于气相中,而主流烟气中的烟碱基本上存在于粒相中,侧流烟气中约 80% 的烟碱存在于气相中,其余烟碱则存在于粒相中。这说明在环境烟草烟气形成时,烟碱应从粒相蒸发到气相中。研究还发现环境烟草烟气陈化时还会发生化学变化,如氮与氧缓慢反应生成 NO_2,有时持续几分钟,最长达数小时。在陈化过程中,环境烟草烟气中几乎所有成分都在衰减,只是其衰减速度有所不同。烟碱衰减较快,可被室内家具表面吸收;CO 和 CO_2 等气体衰减较慢,只与室内空气交换速度有关;悬浮颗粒和总碳氢化合物的衰减速度介于上述两类物质之间。

6.2　环境烟气气溶胶的表征方法和暴露评估

目前关于人体暴露在环境烟草烟气的研究方法主要有两种:一是通过确认和检测烟气或暴露烟气人体样品中的分子标志物,评估其暴露风险;另一种方法是通过目标物分析(target analysis)和非目标物分析(non-target analysis)测定烟气中各类化合物,从而预估其暴露风险。由于 ETS 气相物和粒相物性质上的差异,两者之间缺乏关联性,因而准确评价室内空气中环境烟草烟气的含量水平需要测定对两相都适合的标志物。在理想的环境烟草烟气标志物所具备的条件中,最关键的一条是环境条件在一定范围时,标志物必须与某一污染物或某一类污染物(如悬浮颗粒)保持相当稳定的比例关系[1]。美国国家研究委员会(National Research Council)对是否能够作为 ETS 标志物提出了以下 4 个方面的条件:①只跟吸烟有关系;②必须保证有足够的含量,使得能够在吸烟少的地方也可以检测到;③不同牌子的香烟释放的标志物相似;④吸烟所排放的主要污染物的比率在大众品牌的香烟和吸烟场所基本恒定。现有的分子标志物主要有气相中的尼古丁、3-乙烯基吡啶、2,5-二甲基呋喃,颗粒相中的可吸入颗粒物、茄尼醇粒相物、紫外或荧光颗粒物,人体样品(尿液和唾液)中的 4-(甲基亚硝胺基)-1-(3-吡啶基)-1-丁醇(NNAL)等。

尼古丁和 3-乙烯基吡啶(3-EP)由于容易采集和检测,并且大量存在于香烟的烟雾中,是目前研究较多的 ETS 标志物。尼古丁在烟气中的浓度较高,是最早用于指示吸烟环境和最常用的标志化合物之一。有研究发现尼古丁在 ETS 的气相中占 95%,颗粒物中占 5%[2],但由于其具有稳定性差、吸附性大的问题,难于广泛应用,因此把挥发性好且只在气相中存在的 3-EP 作为 ETS 标志物[3]。在不同的烟草中 3-EP 拥有相似的特性,因而被广泛应用[4]。此外,人体吸入尼古丁后经过代谢作用分解产生的中间产物可替宁,可通过排泄物、体液、头发采集测定。可替宁的半衰期比尼古丁长,前者可达到 18~20 h,后者只有 1~3 h,因此可替宁可以连续追踪,成为 ETS 暴露调查中鉴别吸烟真实度的良好指标[5]。

Kavouras 等[6]认为,在城市的室内外环境中 $n[C_{21}]$-$n[C_{33}]$ 正构烷烃具有 ETS 的特征,只能在气溶胶的颗粒相(<1.5 μm)中发现 iso/trans iso-C_{29}-C_{34} 支链烷烃,并且与烟草来源明显相关,因此可以用于说明城市室内外空气颗粒物和烟草颗粒物有关。芳香族化合物也被提出可以用于指示环境烟气[7],例如 Haefliger 等[8]用双质谱(two-step laser mass spectrometry,L2MS)分析环境烟气中的 PAHs,并以此区别于其他室内人为多环芳烃来源。但是环境中 PAHs 的来源非常广泛,而且其主要来源是机动车尾气,特别是在城市大气环境中,因而还没有被确定为 ETS 的标志物。

6.2.1 环境烟气气溶胶物理特性分析方法

6.2.1.1 可吸入悬浮颗粒物的评估

可吸入悬浮颗粒物是空气总体质量的一个非常必要的标志物,它来源于燃烧产物(包括烟气)、空气尘埃、滑石粉、杀虫剂尘埃、病毒、细菌等。研究表明在绝大部分允许吸烟的室内空间中,平均只有 50% 或更少的可吸入悬浮颗粒物来源于烟草烟气[9-12]。由于可吸入悬浮颗粒物不是烟草烟气特有的,因此可吸入悬浮颗粒物不是环境中环境烟草烟气水平的合适标志物。用烟草特有的标志物量化环境烟草烟气对可吸入悬浮颗粒物的影响是非常重要的。

紫外粒相物(UVPM)和荧光粒相物(FPM)在各种通风条件和采样时间下均与烟草烟气的可吸入悬浮颗粒物(RSP)保持一恒定的比例关系[13]。唐纲岭等[14]曾起草了用紫外吸收法和荧光法估测环境烟草烟气可吸入悬浮颗粒物的方法标准(目前已废止):使用已知体积的气泵系统,通过惰性碰撞器或旋风集尘器,分离出 4.0 μm 以上的颗粒,从而将可吸入悬浮颗粒物(RSP)与总悬浮颗粒物分离,然后将空气通过装有聚四氟乙烯(PTFE)滤膜的过滤器,RSP 被收集在滤膜上,用高效液相色谱仪(HPLC)紫外吸收法和荧光法测定 UVPM 和 FPM。该方法有效地降低了以可吸入悬浮颗粒物作为环境烟草烟气标志物所固有的不可控偏差的程度。

可吸入悬浮颗粒物的评估还可借助于环境标志物。茄尼醇,一种 C_{45} 类异戊二烯醇,在各种通风条件和采样时间下均与烟草烟气的可吸入悬浮颗粒物保持一恒定的比例关系[13]。大气中茄尼醇的独特性在于它是烟草烟气特有的且只存在于环境烟草烟气的粒相物中,茄尼醇的高分子量和低挥发性使之不会从样品采集膜上遗失,被认为是环境烟草烟气粒相物的一个比较好的标志物。茄尼醇约占环境烟草烟气可吸入悬浮颗粒物总质量的 3%[15,16],这样高的含量在实际的人群抽烟比例、频次条件下都适合于测定。唐纲岭等[17]曾起草了茄尼醇法用于可吸入悬浮颗粒物的估测方法标准(目前已废止),茄尼醇作为可吸入悬浮颗粒物的一种成分被收集在滤膜上，用甲醇萃取，萃取液经紫外检测器(波长 205 nm)的高效液相色谱仪分析，由茄尼醇的质量和被采集空气的体积计算出茄尼醇的浓度($\mu g/m^3$)，由空气中茄尼醇浓度和茄尼醇与环境烟草烟气可吸入悬浮颗粒物比值的经验值[16]，计算出环境烟草烟气可吸入悬浮颗粒物浓度。

6.2.1.2 颗粒物浓度评估与迁移测试

关于环境烟气颗粒物粒径分布的研究目前常用的设备有离线检测颗粒物质量浓度的碰撞式采样器(例如微孔均匀沉积式多级碰撞采样器)和在线监测颗粒物数浓度的分析仪器(如宽范围颗粒粒径谱仪)。

王文静[18]采用宽范围颗粒粒径谱仪(WPS)在线监测志愿者抽吸香烟时烟气排放颗粒物的数浓度，1000 XP WPS 在线监测得到的颗粒物粒径分布主要在 100 nm，呈积聚模态。不同香烟品牌会影响环境烟草烟气中颗粒物的数浓度，且达到最高值的时间有所差异。采样过程中烤烟型香烟燃放颗粒物的总数浓度在 30 min 时达到最大值，而混合型颗粒物数浓度分别在 10 min 和 50 min 时达到最大值(图 6.1)。

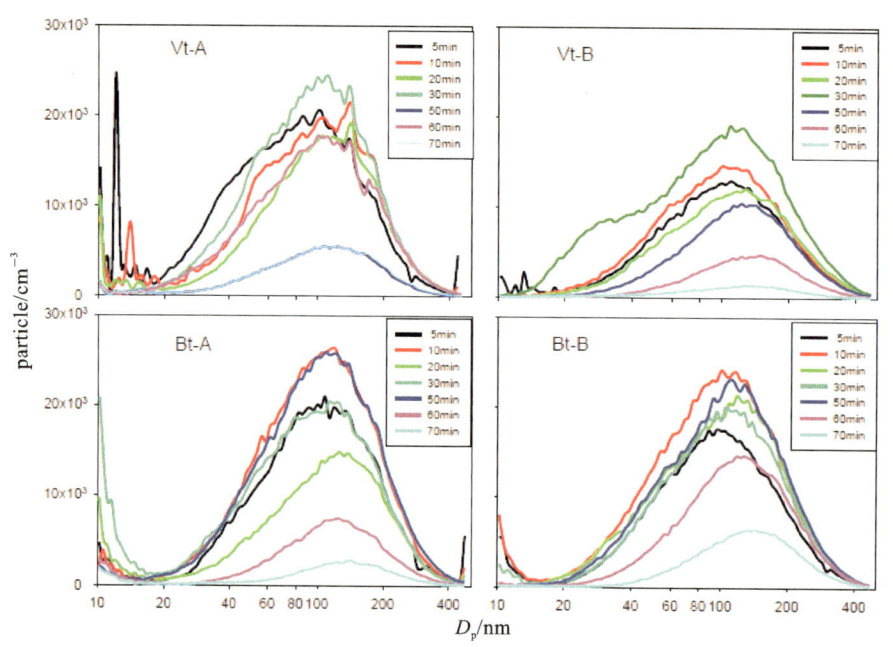

图 6.1　环境烟草烟气颗粒物在吸烟中随时间迁移数浓度的变化[18]

烤烟型 Vt(Vt-A、Vt-B)、混合型 Bt(Bt-A、Bt-B)

李耀东等[19]在 6.8 m×3.2 m×2.8 m 的试验间进行试验，采用 DMS500 扫描电迁移率粒径谱仪测量典型办公室内环境中环境烟草烟气悬浮颗粒物的数浓度和粒径分布变化，以及其对颗粒光散射的影响。结果表明，不同卷烟样品的烟气粒径分布曲线近似，都可以用对数正态分布函数来描述。4 种卷烟样品粒径分布及参数变化速率相似(图 6.2)，在 4800 s 内数中值粒径 CMD 平均值从 105 nm 增大至 155 nm，几何标准偏差 GSD 平均值从 1.58 减小至 1.45，CMD 和 GSD 的变化趋势近似符合指数函数。利用基于 Mueller 光散射理论的程序计算烟颗粒对散射光的影响，粒径分布的变化显著改变了颗粒散射光强度，CMD 最大使散射光强度增大 7 倍，GSD 引起的强度变化较小(图 6.3)。

胡玉琦[20]研究了单烟源和双烟源工况下的纳米与微米量级颗粒物在建筑物内的蔓延迁移特性。在密闭办公室内(590 cm×320 cm×280 cm)检测阴燃状态下环境烟草烟气中的不同空气动力学直径颗粒物，实验卷烟距离地面 1.10 m，采用在线颗粒物监测仪器(DMS500 快速粒径仪)监测纳米级微粒，得到了纳米颗粒物在迁移过程中的粒谱分布、累计浓度分布与衰减特性；采用光散射式快速粉尘仪(LD-5)连续在线监测微米量级颗粒物在不同空间位置处的质量浓度水平，使用了三种不同粒径大小($TSP/PM_{2.5}/PM_{1.0}$)的切割器，得到了微米颗粒物在迁移过程中的质量浓度分布、衰减特性及监测时间与烟量大小对室内颗粒物浓度的影响。实验发现卷烟阴燃亚微米颗粒物在被释放后的不同时刻具有不同的粒径谱分布形态(图 6.4)，

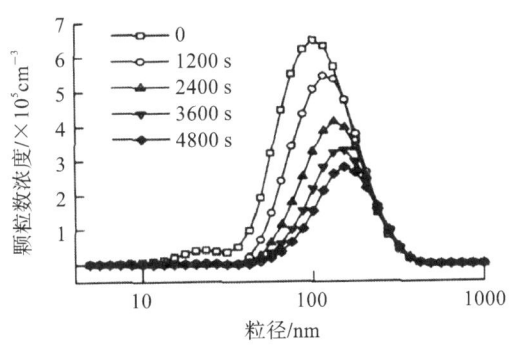

图 6.2 8 mg 焦油烤烟型卷烟环境中烟草烟气粒径分布的时间变化[19]

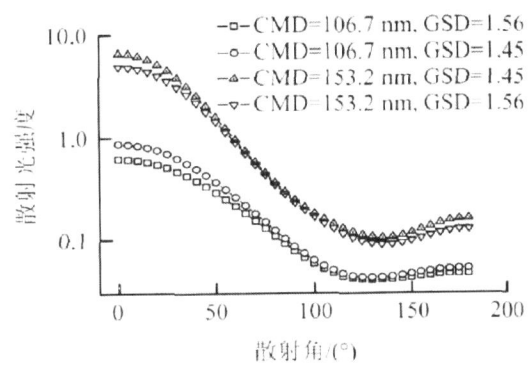

图 6.3 12 mg 烤烟型卷烟不同粒径分布的散射光强度[19]

在卷烟阴燃阶段表现为双峰偏态分布，在卷烟熄灭后表现为明显的单峰偏态分布。双烟源工况下，粒径在 $10 \sim 177.83$ nm 区间范围内的颗粒物以凹函数的方式衰减，且颗粒物衰减率随着粒径的增大而降低，在 $153.99 \sim 177.83$ nm 区间内某一特定大小颗粒出现线性衰减过程；粒径在 $177.83 \sim 486.97$ nm 区间范围内的颗粒物以凸函数的方式衰减，且颗粒物衰减率随着粒径的增大而增大。实验还发现污染源排放强度、与污染源的距离以及监测的时间长短均对室内空气中微米量级颗粒物浓度产生不同程度的影响。

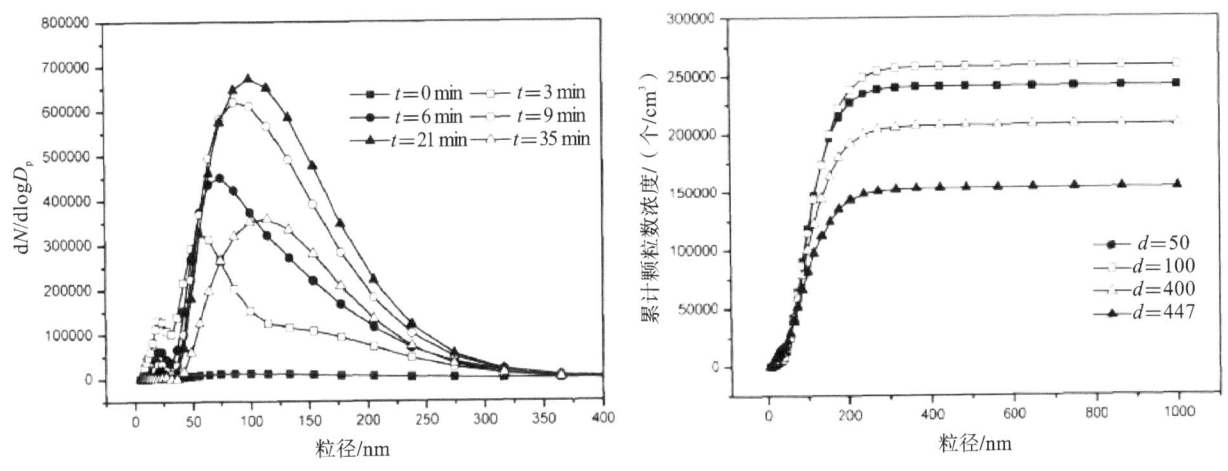

图 6.4 室内不同时刻烟颗粒粒谱分布和不同点位处颗粒物累计数量浓度[20]

6.2.2 环境烟气气溶胶化学成分及环境标志物分析方法

目前研究人员主要通过现场检测和环境舱模拟实验测定烟草燃烧所产生主流烟气和侧流烟气的组分

和数量,以及研究不同条件下以主要标志物为度量的 ETS 暴露。Scherer 等[21]研究德国黑默尔 30 个吸烟和非吸烟家庭 ETS 组分的暴露浓度发现,不吸烟者在吸烟家庭中苯的暴露浓度明显高于在不吸烟家庭中所处的浓度。Heavner 等[22]对美国 49 个吸烟及非吸烟家庭个人暴露浓度进行测定,并利用 ETS 生物标志化合物示踪源分摊技术估算出 ETS 对总挥发有机物(TVOC)的贡献为 5.5%,对苯和苯乙烯的贡献分别为 13.12% 和 12.6%。Martin 等[23]研究美国 50 种不同品牌香烟燃烧排放的挥发性有机物浓度,认为有害挥发性有机物的浓度和香烟焦油含量正相关。

6.2.2.1 环境烟气捕集-检测表征方法

环境烟草烟气主要通过溶液、吸附剂、滤膜等捕集后进行后续检测,其中吸附剂法较为常用,如填装吸附剂的采样管、SPME 等方式。一些组分如 1,3-丁二烯等具有高的反应活性,在采样过程中可能发生自由基猝灭、氧化和光化学反应,另外一些组分如烟碱容易被吸附在物体表面,影响采样的准确性。由于 ETS 这种复杂多变的特点,难于有一种单一的方法适合其所有组分的采样分析。

VOCs 的分析一般是先采用吸附剂吸附法采集样品,再通过热脱附或溶剂提取后进行 GC 或 GC/MS 定性定量分析。分析的关键在于采样吸附剂的选择,已报道的吸附剂有 Tenax GC、Tenax TA、Tenax-Carbotrap-Ambersorb XE340、Tenax-Carbotrap/Carboxen、Tenax GR-Carbotrap 和 Tenax TA-Carbosieve 等,不同吸附剂适用的 VOCs 见表 6.1[24]。由于吸附剂和分析方法的不同,VOCs 的测定结果存在较大的差异[25,26],为了提高吸附效果,通常采用多种吸附剂配合使用。田海英等[27]建立了以 Tenax TA、Carbosieve 和 Carbotrap 三复合吸附剂作捕集剂,采用热脱附/气相色谱/火焰离子化检测法测定 ETS 中的 1,3-丁二烯、异戊二烯、丙烯腈、苯、甲苯、苯乙烯、间二甲苯、乙苯、丙苯、1,3,5-三甲苯、柠檬烯的方法,方法的回收率为 85.9%~98.3%,检测限为 0.28~1.58 μg/m³,国产和进口、烤烟型卷烟和混合型卷烟之间 ETS 中这 11 种 VOCs 的含量差异不明显,均以异戊二烯含量最高。梁德民等[28]使用环境烟气舱模拟产生环境烟气,经采样管采样富集(图 6.5),经热脱附与多维气相色谱-质谱/嗅闻联用系统(ATD-MDGC-MS/O)检测,结合芳香稀释法测定化合物的稀释因子,用于不同类型卷烟 ETS 气味成分分析。采用 Tenax 吸附剂,检出的化合物种类最多,且吸附效果优于 Carbotrap 和活性炭。不同类型卷烟环境烟气的嗅闻评价结果具有差异性,从环境烟气中共分析出 66 种气味成分,关键气味成分包括三甲胺、N,N-二甲基乙胺、乙酸、3-甲基丁酸、3-乙烯基吡啶、3-甲基戊酸、甲基环戊烯醇酮、愈创木酚和麦芽酚等。

表 6.1 吸附剂采集的 ETS 中目标 VOCs

吸附剂	目标物	吸附剂	目标物
活性炭	己烷和十二烷之间的物质	Tenax-Carbotrap/Carboxen	芳香烃、饱和烃、氯代烃
XAD	烟碱及其衍生物	Tenax-Carbotrap-Ambersorb XE340	芳香烃、腈、胺、羰基化合物
Tenax GC	芳香烃、氯代烃	Tenax GR-Carbotrap	芳香烃、饱和烃、不饱和烃
Tenax TA	芳香烃、氯代烃、饱和烃	Tenax TA-Carbosieve	芳香烃、含氮杂环、腈

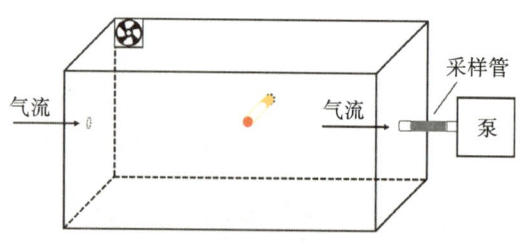

图 6.5 环境烟气采集示意图[28]

赵恒等[29]利用 1.8 m³ 的烟雾箱,在对流通风、密闭以及单边通风的条件下,利用固相微萃取(SPME)技术对环境烟草烟气(ETS)中的尼古丁、3-EP 和 2,5-二甲基呋喃等 3 种标志物在不同通风条件下的浓度变化进行分析。

张硕等[30]采用烟气捕集瓶采样,以环己烷为配标溶剂,建立了 ETS 中 3-EP 的分析(double-region atmospheric pressure chemical ionization,DRAPCI)方法,检出限(0.38 ng/L)和定量限(1.15 ng/L)低,在低浓度范围区域线性良好($R^2=0.9964$)。

6.2.2.2　直接采样表征方法

直接法就是将未经处理的室内空气直接送入分析仪器进行测定。当被测组分浓度较高,或者所用方法很灵敏时,直接采集少量样品就可满足分析需要。常用的采样容器有注射器、塑料袋和一些固定容器,如 Lofroth 等[31]将 ETS 收集于真空不锈钢罐中,然后采用 GC 法测定了 1,3-丁二烯、异戊二烯、苯的浓度,该法具有采集速度快、方便操作、真实反映 ETS 组分的优点,但对组分无浓缩效果,不适用于浓度较低组分的测定。

蒋成勇等[32,33]设计了一套 ETS 采集装置,并与经特殊改造后的 APCI 质谱离子源结合,构建了可以实现 ETS 样品直接进样的分析系统。以 ETS 标志物 3-乙烯基吡啶(3-EP)为目标分析物对分析系统的相关参数(标准气体样品挥发时间、样品引入条件及质谱条件等)进行优化,建立了可用于 ETS 直接进样分析的方法;并采用建立的方法对 ETS 中的丙烯腈、巴豆醛、吡啶和喹啉 4 种有机化合物进行了分析。与传统 ETS 分析方法相比,该方法无需任何样品前处理过程,并且操作简单、响应快速、灵敏度高、重复性好。

6.2.2.3　不同粒径颗粒上的化学成分表征

目前也研究借助于分级捕集器,关注烟气成分在不同粒径上的分布。不同粒径颗粒间的分配行为与化合物自身的理化性质和颗粒物吸附特征有关。例如,不同目标物质的饱和蒸气压、正辛醇水分配系数、正辛醇空气分配系数等都对目标物的分配行为有重要影响[34,35]。一般来说,挥发性较强的目标物质产生之后,会分配至细粒径颗粒上,之后在所有颗粒之间重新分配,倾向于汇聚至大颗粒上;而挥发性相对较小的目标物质则较难从颗粒上解吸和重新分配,最终的结果可能导致挥发性较小的目标物质主要累积在细粒子上[36]。实际上,细粒子的自身凝沉作用,也会对颗粒物上目标物的最终分配模式产生重要影响,导致部分细粒子相对数量减少,从而对目标物质的粒径分布结果产生表观影响。除此之外,烟气颗粒物可能随周边空气流动而产生迁移,这种迁移时间跨度相对于目标物质在气相及颗粒相中不同粒径之间的分配达到平衡所需要的时间要急促。

王文静[18]使用微孔均匀沉积式多级碰撞采样器(MOUDI)采集环境烟草烟气的分粒径的颗粒相样品和气相样品,研究了多环芳烃类(PAHs)和烟草特有亚硝胺类(TSNAs)的浓度水平、赋存状态、气溶胶粒径分布及排放强度,并找出其控制因子。环境烟草烟气中气态 PAHs 主要是低分子量 PAHs,以 23 环 PAHs 为主,而颗粒态 PAHs 是以 45 环为主的高分子量 PAHs。所研究的烤烟型与混合型香烟释放的颗粒态 PAHs、TSNAs 粒径分布特征是近似的,主要分布在 0.1～1.0 μm 的细颗粒。烤烟型香烟环境烟草烟气中气态与颗粒态 PAHs 浓度和释放量均低于混合型的值;烤烟型香烟烟气中气态与颗粒态 TSNAs 浓度均高于混合型,在烤烟型香烟烟气中单个目标物浓度顺序为 NNK>NAT>NNN>NAB,混合型烟气中的顺序则是 NNK>NNN>NAT>NAB(图 6.6)。并收集了暴露于环境烟草烟气中不同材质的衣服样品,聚酯纤维 B 的衣服(睡衣)对 PAHs 的吸附量最大((2800±2600) ng/g),而聚酯纤维 A 的衣服(实验服)对 TSNAs 的吸附量最大((45±10) ng/g)。

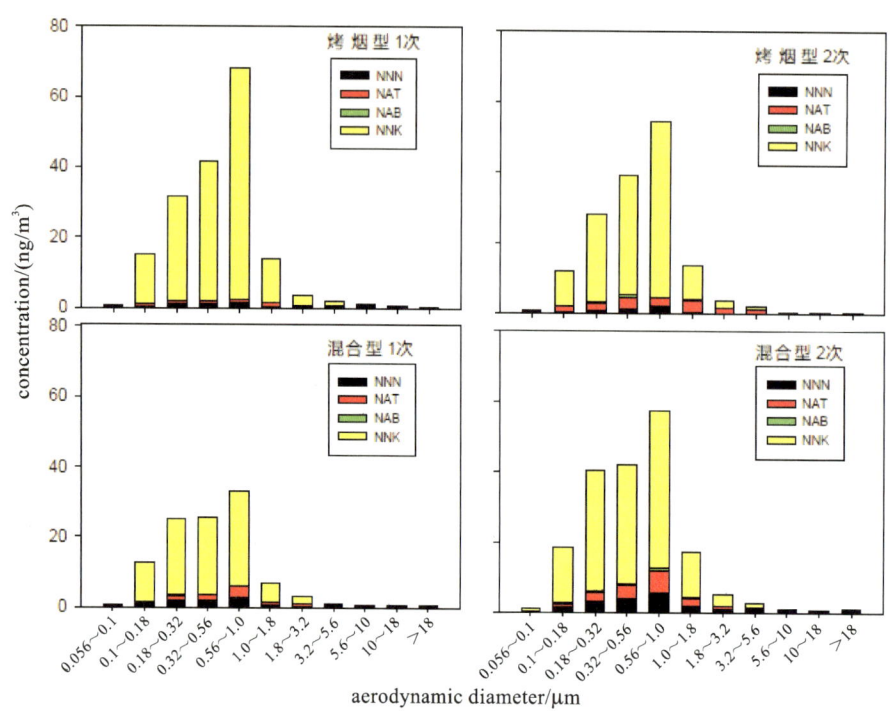

图 6.6 两种香烟类型环境烟草烟气中颗粒态 TSNAs 在不同粒径范围的分布[18]

6.3 环境烟气气溶胶的物理、化学特性

6.3.1 传统卷烟产生的环境烟气

环境烟草烟气中侧流烟气含量占环境烟草烟气总量约 85%，主流烟气含量占环境烟草烟气总量约 15%[37]。粒相中的主要成分有烃类、酚类、羰基化合物、有机酸、萜类和含氮化合物等，气相中的主要成分有常见气体、烃类、酯类、腈类和其他挥发性组分等（表 6.2）。这些化学成分的存在，尤其是其中某些有害成分决定着环境烟草烟气对人体健康的影响。

表 6.2 环境烟草烟气中主要的化学成分

类别	种类
气体成分	CO、CO_2、NO_x、NH_3
烟草生物碱及其衍生化合物	烟碱、3-乙烯基吡啶、麦斯明
挥发性酚类成分	苯酚、儿茶酚
挥发性醛类化合物	甲醛、丙烯醛
挥发性有机成分（VOCs）	苯、甲苯等
痕量化合物	多环芳烃、烟草特有亚硝胺、重金属

环境烟草烟气是与来自各种不同干扰源（如室内建筑材料、燃料、清洁剂和室外空气等）的化学物质混

合共存的。有人用气溶胶粒度分析仪对是否吸烟的两种密闭房间进行测定,发现两种房间中大于 1.1 μm 的颗粒物浓度基本不变,而吸烟室内小于 1.1 μm 颗粒物浓度增大了数十倍。进行类似的多次测定,发现除烟碱外,两种室内其他化学物质大致相同。

6.3.2　加热卷烟产生的环境烟气

与传统卷烟燃烧不同,电加热卷烟(EHC)不产生侧流烟气,环境烟气排放较少。从设计上来说,与传统卷烟相比,EHC 对室内空气质量(IAQ)的影响要小很多。为了评估非使用者暴露于 EHC 气溶胶的情况,Forster 等[38]、Goujon 等[39]评估了 EHC 对 IAQ 和残留烟味的影响。对已知气溶胶成分的分析包括 CO、CO_2、NO、NO_2、烟碱、甘油、3-乙烯基吡啶、多环芳烃、挥发性有机化合物、羰基化合物、烟草特有亚硝胺和可吸入悬浮颗粒物等。研究结果表明,EHC 气溶胶中仅个别成分含量水平超过了环境烟气测量值,但在实验室条件下,与传统卷烟相比,EHC 对室内空气品质的影响明显较低,同时 EHC 的残留烟味明显较低。

Kauneliene 等[40]使用电低压冲击器以 10 L/min 的流量测量了使用烟草加热系统(THS)俱乐部室内实时尺寸分离的颗粒浓度,空白背景、10 个用户使用 THS、30 个用户使用 THS 和俱乐部正常营业条件下,观察到的粒数浓度为 10^4 个/cm^3、5×10^4 个/cm^3、10^5 个/cm^3 和 10^6 个/cm^3 至 10^7 个/cm^3,说明了在室内接待环境中大量使用 THS,可能与空气质量恶化,以及对烟碱和乙醛以及颗粒物的接触增加有关。

Ruprecht 等[41]使用 Aethalometer 检测仪器在两个波长(880 nm 和 370 nm)处测量了 IQOS 加热卷烟产品在室内产生的黑炭(BC),在 IQOS 抽吸期间,370 nm UV 处 BC 的增加不太明显,但仍然是可测量的,与背景相比有统计学意义的增加($p < 0.05$)(图 6.7)。

6.3.3　电子烟产生的环境烟气

电子烟不燃烧烟草,也没有侧流烟气,但电子烟吸烟者呼出的气溶胶会对环境空间带来一些影响,目前,对电子烟气溶胶环境烟气的研究较少。2012 年,McAuley 等[42]比较了室内空间电子烟气溶胶和传统卷烟烟气的挥发性有机化合物、羰基化合物、PAHs、烟碱、TSNAs 和二醇类化合物等污染物浓度,并对污染物的风险进行了评估。结果显示,与传统卷烟相比较,电子烟产生非常小的污染物暴露量,电子烟气溶胶的环境烟气对人体健康没有显著危害。2014 年,Schober 等[43]研究了 9 名电子烟吸烟者对室内空气质量的影响,结果发现,抽吸电子烟 2 h 期间,室内空气中 $PM_{2.5}$ 的平均浓度为 197 μg/m^3,颗粒物的粒数浓度范围为 48620~88386 个/cm^3,颗粒物直径的最大值为 24~36 nm。相比抽吸电子烟之前,室内空气中检出 1,2-丙二醇、丙三醇和烟碱;有 11 种 VOCs 的浓度增加,其中包括在电子烟烟液中检出的苯甲醇、薄荷醇等香味化合物;11 种 PAHs 的浓度增加,它们的总浓度增加了 30%~90%,其中萘、蒽、芴、菲所占比例较大;12 种金属元素的浓度增加,其中铝的浓度增加了 2.4 倍。2013 年,Schripp 等[44]的研究表明,抽吸电子烟后,环境测试舱中的挥发性有机化合物和微粒/超细微粒检测量增加,主要的挥发性有机化合物是丙二醇、丙三醇、二乙酸甘油酯、香味物质和痕量的烟碱;颗粒物粒数浓度的最大值可达 3.0×10^5 个/cm^3,粒径分布在 30~100 nm 之间,并会随着陈化时间的增加而降低。认为抽吸电子烟可能会导致非吸烟者的被动吸烟,吸烟者吸入的气溶胶在肺部可能会发生沉积和蒸发后再呼出更微小的颗粒。2014 年,Czogala 等[45]报道,吸烟者抽吸电子烟 1 h 后,环境烟气中 $PM_{2.5}$ 的平均浓度为 (151.7 ± 86.8) μg/m^3,CO、甲苯等挥发性有机化合物的浓度没有增加,烟碱平均浓度是 (3.32 ± 2.49) μg/m^3;而吸烟者抽吸传统卷烟 1 h 后,环境烟气中 $PM_{2.5}$ 的平均浓度为 (819.3 ± 228.6) μg/m^3,烟碱平均浓度是 (31.60 ± 6.91) μg/m^3,CO、甲苯、乙苯、二甲苯的浓度有所增加。Czogala 的研究表明,电子烟气溶胶是环境烟气中烟碱的一个来源,相比于传统卷烟,电子烟产生的暴露量较小。

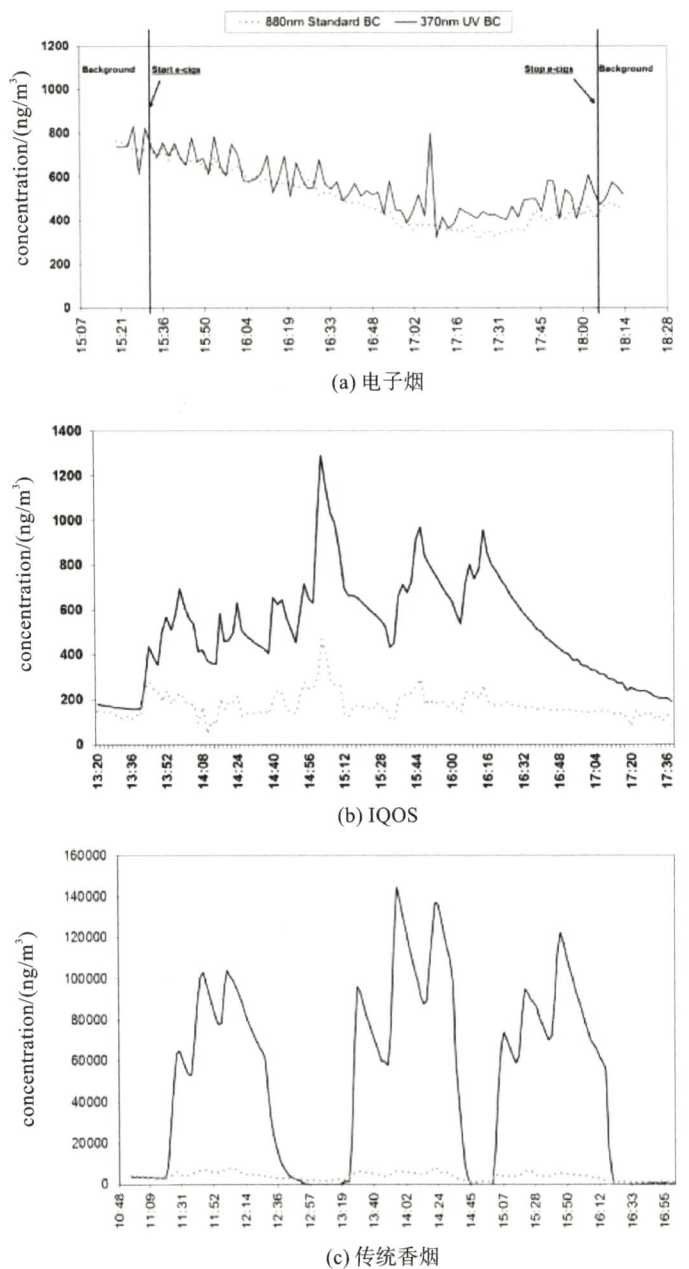

(a) 电子烟

(b) IQOS

(c) 传统香烟

图 6.7　电子烟、IQOS 和传统香烟抽吸期间的室内黑炭浓度随时间变化图[41]

6.4　减少环境烟气的方法

　　减少环境烟气的方法多种多样,到目前为止,最有效的减少环境烟气的方法是烟气释放源控制,即减少或消除烟气释放源,或者通过改变过程来减少污染。当不能消除烟气释放源时,进行分隔通常是一种有效的烟气释放源控制方法,例如,通过细分空间以便在物理上限制烟气的气体部分扩散到其他空间。如果不能进行烟气释放源控制或分隔,那么另一个有效的方法就是局部排风。也就是说,在烟气混入周围空气之前,立即排出尽可能多的烟气。如果吸烟者可能在特定空间的特定位置,局部排风可能是有效的,这取决于环境烟气在混入周围空气之前的"捕获"程度。采用洁净空气对空间进行稀释是另一种环境烟气控制方法。如果烟气已经扩散到整个空间,进行不同程度的稀释通常不是最理想的环境烟气控制方法,但其往往又是最实用的。在这些首先提到的方法中隐含的条件是,排出的烟气将不会被转移到任何邻近空间的进气口位置。空气净化是最后的污染物控制方法。图 6.8 所示的是减少环境烟气相关技术以及组合技术。

6.4.1　环境烟气分隔法

　　如图 6.8 所示,最简单的分隔是将一个可再分的开放空间分为吸烟区和非吸烟区,在过去这是很常用的,但在减少环境烟气暴露方面并不是特别有效。由于这种方法很容易与标识等一起使用,故其在现有公共场合很受欢迎。例如,餐馆里通常会指定一个吸烟区,这样非吸烟者就可以坐在吸烟区外面。然而在很多时候,虽然已经采用了这种开放的地面分隔方案,但未对暖通空调系统进行优化。受污染的空气,特别是在充分混合的房间里,很容易从一个区域扩散到另一个区域[47]。通常,这些空间具有高比例的回风再循环,因此,环境烟气会通过暖通空调系统进一步扩展到无烟区。然而,如果提供了大量的稀释和/或过滤,大多数空间人员从气味和刺激的角度来看空气是可以接受的。

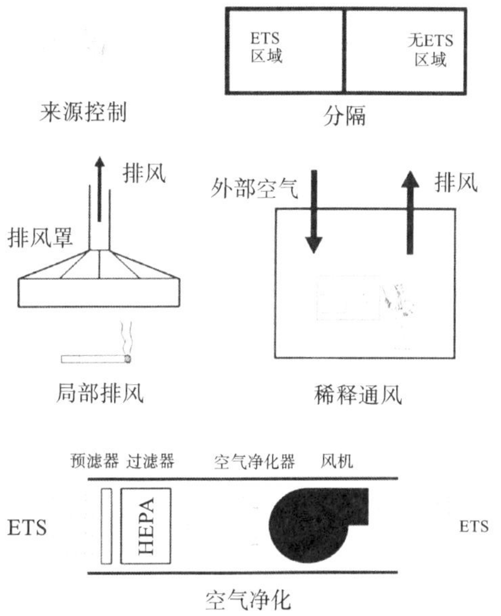

图 6.8　减少环境烟气相关技术以及组合技术[46]

　　物理分隔是另一种更有效的分隔方法。吸烟区和非吸烟区之间必须设有有效的环境屏障。但是,如果屏障构造不合理、空间之间的门被撑开,或者再循环暖通空调系统同时用于两个空间等,则物理分隔的目的很难达到。由于空间人员的视觉感知,尽管存在泄漏的物理屏障可能会在一定程度上增加空间人员的接受度,但不建议将这种泄漏屏障作为唯一的措施。进一步的分隔是将吸烟区和非吸烟区设在不同的建筑物中,即使两者之间仅通过几米的室外空气隔离。通常要求吸烟区和非吸烟区设有分隔的通风系统,且这些独立的通风系统不得将空气从吸烟区输送至非吸烟区。此外,还有一种分隔的方法是限制吸烟者或非吸烟者进入建筑物。通常,这是通过室内禁烟来实现的。在某些情况下,如住宅或私人俱乐部,业主/经营者可通过张贴在所有入口处的标志或通过其他方法将整个建筑物限定为非吸烟空间,非吸烟者必须选择是否要进入。

6.4.2　局部排风和补风

　　在消除和/或分隔烟气释放源之后,捕获尽可能靠近烟气释放源的烟气,然后将其排放到室外,是另一个较有效的烟气控制方法。然而,吸烟者可能遍布整个空间,且他们在吸烟时经常四处走动。但在某些具体场合,可以预测吸烟者最有可能停留的位置。例如,在餐馆里,大多数吸烟顾客都会坐在座位上,因此,提前确定桌子位置可以帮助设计师放置局部排风装置。如图 6.9 所示,可在这些桌子的上方设定排风罩。通过在烟气释放源上方或尽可能靠近烟气释放源的地方放置一个排风罩,可以在不使用送风射流穿过烟气释放源的情况下,增加对飘散烟气的"捕获",这样的排风罩应该是广口的。

6.4.3　外部空气稀释

　　由于空间内吸烟者的流动和空气混合,总是需要一定程度的稀释来帮助环境烟气空间进行通风。在许多情况下,稀释可能是唯一可行的环境烟气控制选择。稀释通风通过对环境烟气进行充分混合,降低环

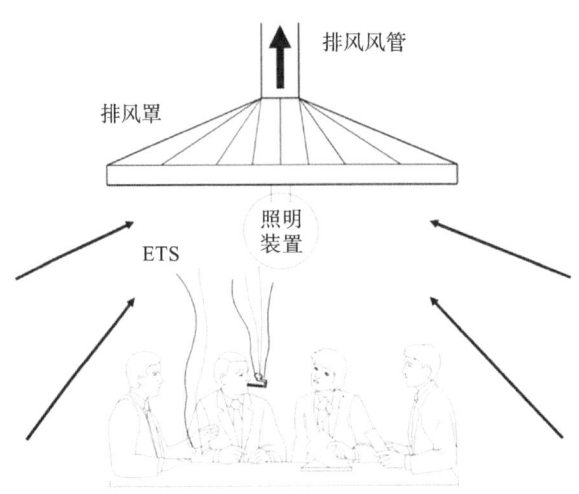

图 6.9　烟气释放源的局部排风和补风示意图[46]

境烟草烟气成分的含量。合理设计空气出口和入口位置,可以在某种程度上产生一定的置换流,提高空气稀释的效果。例如,通过将入口设置在较低的位置,且将排风口设置在较高的位置,可以使含有烟草烟气的空气更快地从房间的底部移动到天花板。在空间底部区域仍然会有空气混合和环境烟气暴露,应将这种暴露减小到一定程度。如果要使用水平方向输送的空气,例如利用开放的入口通道,则空气会产生一定程度的侧向置换流,气流下游的空间人员可能会受到更高程度的暴露。在可能的情况下,一次通过地板到天花板的置换流是对烟草烟气区域进行稀释的最佳选择,因为这样的空气流,可以使来自空间人员和烟草燃烧的热量及烟气污染物均上升(图 6.10)。

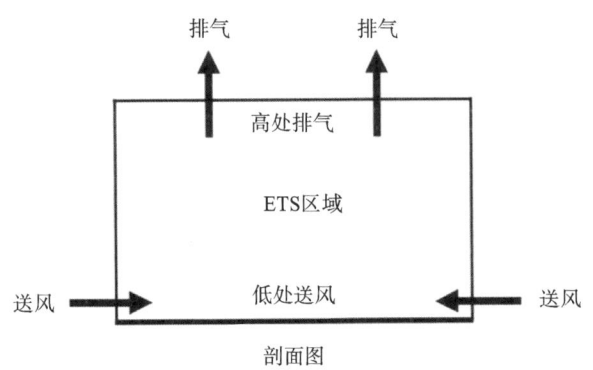

图 6.10　环境烟气空间底部送风和顶部排风的示意图[46]

　　与门口的气帘一样,出风口应仅在环境烟草烟气空间的门口附近使用。例如,附近的四向送风天花板扩散器将在门口方向产生空气射流,射流的动量可以克服门道上的负压差,将由射流一次风和室内含烟气空气混合组成的空气送出门口或无门的入口通道。大部分排风应从环境烟草烟气区域的其他部分抽出,以使室内气流的主要方向尽可能远离门口并回到室内。为了实现这一效果,可以选择一个带感应的单向空气出口,并将其设置在房间入口通道的上方。例如,高的侧壁送风格栅可以从下方吸入充满烟草烟气的空气,以减少烟草烟气迁移至出入口通道。

　　赵恒等[29]发现在模拟门窗全开的对流通风条件下,烟气稀释、扩散速率最大,尼古丁、3-EP 和 2,5-二甲基吡嗪 3 种烟气标志物的寿命分别是 1.31 h、1.5 h 和 1.32 h;而在模拟门窗全部关闭的密闭烟雾箱条件下,烟气的扩散、转化最慢,以上 3 种标志物的寿命分别达到 3.52 h、7.18 h 和 3.29 h。经过 8~10 h 的扩散、转化后,在烟雾箱内上述 3 种标志物仍然存在一定的浓度,主要原因是烟雾箱的壁对烟气的吸附,然后再解吸附,将烟气成分释放出来。

6.4.4　环境烟气的过滤与去除

控制环境烟气的另一种选择是过滤去除,暖通空调系统一般具备空气净化功能,以保证设备的正常使用及使用寿命,有效的空气净化可用于提供吸烟区所需的部分通风空气。原则上要求,空气不能有意地从吸烟区输送或再循环到非吸烟区,也不得将净化空气再循环或再转移到非吸烟区。但是,净化空气是可以再循环到相同的空间或其他环境烟气区域的。如图 6.11 所示,在从空间到空间存在预期的烟气梯度的情况下,将净化空气"跳过"至污染最严重的空间并最终排风,可能是有利的。

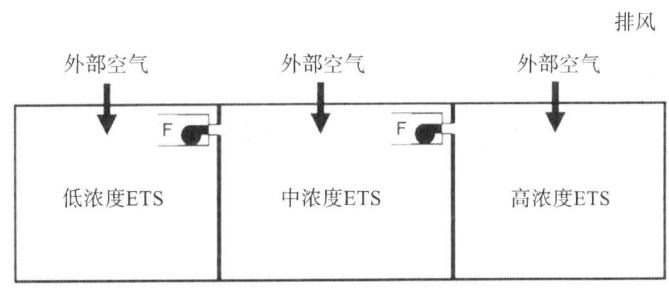

图 6.11　净化空气再循环到相同空间或其他环境烟气区域的示意图[46]

通常,建筑物内部和周围的空气总是含有各种尺寸的颗粒,从小于 $0.1~\mu m$ 的烟气成分,到大于 $100~\mu m$ 的过敏原。空气净化器需要与实际的需求相匹配。由于该颗粒的尺寸范围很大,并且混合物和浓度在任何特定空间中会随时间发生显著变化,因此很难选择一种特定的、可以一直有效应对多种不同应用的空气净化器。大多数暖通空调空气过滤器是一次性的,少数可能是可清洗的。但是,需要特别注意的是任何可清洗的空气过滤器最后都会因重复使用而导致性能降低,最终被替换掉。过滤器需要紧密安装在其过滤器框架中,在过滤器和框架之间应有良好的密封,并在检修门上设置垫圈,以最大限度地减少空气旁路。过滤器效率是指当使用经批准的"标准气溶胶"进行测试时,过滤器从给定的气流中去除颗粒的能力。由于微粒的尺寸变化很大,单独的过滤器效率不能充分描述其在实际应用中清除各种尺寸颗粒的能力,因此,应谨慎使用过滤器效率。容尘量是指过滤器保留所聚集颗粒的能力,其与该过滤器所需要的更换频率有关。与过滤器效率和容尘量相关的是过滤器的气流阻力,即在给定空气流量下,气流通过过滤器的压降。对于高效率的过滤器,压降会很大,并且会随着过滤器的使用"加载"而增加。过滤系统的风机需要克服该阻力及其他的气压损失,所以较高的气流阻力意味着更高的风机功率和增加的能耗。对于环境烟气场景,通过过滤器的初始气体压力损失为 $124\sim249~Pa$ 是常见的;而对于一般通风,$50\sim74~Pa$ 的气体压力损失则更为典型。在过滤器上安装过滤器监测的压差传感器,可以在必要时提醒对过滤器进行更换。过滤器初始和最终的气体压力损失,在很大程度上取决于所使用的特定过滤场景。对于环境烟气场景,由于气味累积,过滤器的更换频率可能需要比其他的压降所显示的更换频率更高。

气体通常比颗粒更难从空气中去除,因此,可用的装置往往更昂贵,需要更频繁地维护,并且通常具有较短的使用寿命。然而,由于这些装置的特殊性能,其在环境烟气场景中非常重要。通常,可提供一次性褶式气相过滤器,也可提供其他形式的过滤器,如环板和标准颗粒介质。当使用松散的吸附介质时,颗粒或小薄片通常放置在多孔塔盘中。这些粒状介质通常仅用于非常大的商业和工业应用,当介质达到饱和时,应及时更换或更新介质。此外,也存在其他的方法,例如污染物的湿式化学洗涤或燃烧,但是这些方法极其昂贵。大多数环境烟气依赖于现成的"干洗"[48]活性炭和/或高锰酸钾过滤器[49]。这些材料可从烟气中吸附气味,且具有较高的吸附容量,通常与高效过滤器结合使用,置于高效过滤器的下游。气相过滤器的吸附能力通常表示为其质量的百分比,例如 $20\%\sim40\%$,因此,可以使用进入气体的速率与过滤器单元中活性炭的量来估计其吸附能力的变化。但是,由于实际条件会发生变化,气体和颗粒过滤器的维护间隔可能会随着时间推移而变化,这需要维护人员根据对压降和气味的现场观察来确定。

参考文献

[1] National Research Council. Environmental Tobacco Smoke-Measuring Exposures and Assessing Health Effects[M]. National Academy Press, Washington, DC, 1986.

[2] Caka F M, Eatough D J, Lewis E A, et al. An intercomparison of sampling techniques for nicotine in indoor environments[J]. Environmental Science and Technology, 1994, 24(8): 1196-1203.

[3] 蒋成勇. 环境烟草烟气及卷烟主流烟气气相成分 APCI-MS/MS 快速分析方法研究[D]. 郑州：郑州烟草研究院, 2013.

[4] Vainiotalo S, Vaaranrinta R, Tornaeus J, et al. Passive monitoring method for 3-ethenylpyridine: A marker for environmental tobacco smoke[J]. Environmental Science and Technology, 2001, 35(9): 1818-1822.

[5] Haufroid V, Lison D. Urinary cotinine as tobacco-smoke exposure index: A minireview[J]. International Archives of Occupational and Environmental Health, 1998, 71(3): 162-168.

[6] Kavouras I G, Stratigakis N, Stephanou E G. Iso- and anteiso-alkanes: Specific tracers of environmental tobacco smoke in indoor and outdoor particle-size distributed urban aerosols[J]. Environmental Science and Technology, 1998, 32(10): 1369-1377.

[7] Morrical B D, Zenobi R. Determination of aromatic tracer compounds for environmental tobacco smoke aerosol by two step laser mass spectrometry[J]. Atmospheric Environment, 2002, 36(5): 801-811.

[8] Haefliger O P, Bucheli T D, Zenobi R. Laser mass spectrometric analysis of organic atmospheric aerosol s. 1. characterization of emission sources[J]. Environmental Science and Technology, 2000, 34(11): 2178-2183.

[9] Conner J M, Oldaker G B Ⅲ, Murphy J J. Method for assessing the contribution of environmental tobacco smoke to respirable suspended particles in indoor environments[J]. Environmental Technology, 1990, 11: 189-196.

[10] Ogden M W, Maiolo K C, Oldaker G B Ⅲ, et al. Evaluation of methods for estimating the contribution of ETS to respirable suspended particles[C]. Indoor Air 90: Preceedings of the 5th International Conference on Indoor Air Quality and Climate-International Conference on Indoor Air Quality and Climate, Ottawa, 1990, 2: 415-420.

[11] Proctor C J A. Multi-analyte approach to the measurement of environmental tobacco smoke[J]. Indoor Air Quality and Ventilation, 1990: 427-436.

[12] Spengler J D, Treitman R D, Tosteson T D, et al. Personal exposures to respirable particulates and implications for air pollution epidemiology[J]. Environmental Science & Technology, 1985, 19: 700-707.

[13] Nelson P R, Heavner D L, Collie B B, et al. Effect of ventilation and sampling time on environmental tobacco smoke component ratios[J]. Environmental Science & Technology, 1992, 26(10): 1909-1915.

[14] 国家烟草专卖局. 环境烟草烟气 可吸入悬浮颗粒物的估测 用紫外吸收法和荧光法测定粒相物: GB/T 21131—2007[S]. 北京：中国标准出版社, 2008.

[15] Tang H, Richards G, Benner C L, et al. Solanesol: A tracer for environmental tobacco smoke particles[J]. Environmental Science and Technology, 1990, 24(6): 848-852.

[16] Heavner D I, Morgan W T, Ogden M W. Determination of volatile organic compounds and

respirable suspended particulate matter in New Jersey and Pennsylvania homes and workplaces[J]. Environment International,1996,22(2):159-183.

[17] 国家烟草专卖局.环境烟草烟气 可吸入悬浮颗粒物的估测 茄呢醇法:GB/T 21133—2007[S]. 北京:中国标准出版社,2008.

[18] 王文静.环境烟草烟气中两类典型有机物的粒径分布及呼吸暴露[D].广州:暨南大学,2017.

[19] 李耀东,张启兴,王锋,等.环境烟草烟气粒径分布及其对光散射的影响[J].安全与环境学报, 2015,15(04):329-333.

[20] 胡玉琦.卷烟燃烧烟气产物特性及对建筑室内空气质量影响研究[D].合肥:中国科学技术大 学,2015.

[21] Scherer G,Ruppert T,Daube H,et al. Contribution of tobacco smoke to environmental benzene exposure in Germany[J]. Environment International,1995,21(6):779-789.

[22] Heavner D L,Morgan W T,Ogden M W. Determination of volatile organic compounds and ETS apportionment in 49 homes[J]. Environment International,1995,21(1):3-21.

[23] Martin P,Heavner D L,Nelson P R,et al. Environmental tobacco smoke (ETS):A market cigarette study[J]. Environment International,1997,23(1):75-90.

[24] 田海英,谢复炜,吴鸣.环境烟草烟气中VOCs的分析方法综述[J].烟草科技,2005(3):29-32.

[25] Sung-Ok Baek,Roger A Jenkins.与环境烟气相关的挥发性有机物的特性[J].中国烟草学报, 2000(6):7-18.

[26] Hinds W C,First M W. Concentrations of nicotine and tobacco smoke in public places[J]. New Eng. J. Med.,1975,292(16):844-845.

[27] 田海英,谢复炜,吴鸣,等.环境烟草烟气中VOCs的GC分析[J].烟草科技,2008(04):30-35.

[28] 梁德民,吴秉宇,安彤,等.热脱附-多维气相色谱-质谱/嗅闻法分析环境烟气中的气味成分[J]. 烟草科技,2024(04):24-31.

[29] 赵恒,孙彤舟,王珊珊,等.基于SPME技术的环境烟草烟气标志物的环境行为探究[J].复旦学 报(自然科学版),2013(06):845-851.

[30] 张硕,李明雷,王丁众,等.配标溶剂对双区大气压化学电离质谱分析环境烟气标志物3-乙烯基 吡啶的影响[J].烟草科技,2022(01):48-55.

[31] Lofroth G,Burton R M,Forehand L,et al. Characterization of environmental tobacco smoke [J]. Environ. Sci. Technol.,1989,23(6):10-14.

[32] Chengyong Jiang,Shihao Sun,Qidong Zhang,et al. Fast determination of 3-ethenylpyridine as a marker of environmental tobacco smoke at trace level using direct atmospheric pressure chemical ionization tandem mass spectrometry [J]. Atmospheric Environment,2013,67:1-7.

[33] 蒋成勇,王慧,孙世豪,等.APCI-MS/MS法快速测定环境烟气中的丙烯腈、巴豆醛、吡啶和喹啉 [J].烟草科技,2013(2):30-34.

[34] Ruelle P. The n-octanol and n-hexane/water partition coefficient of environmentally relevant chemicals predicted from the mobile order and disorder (MOD) thermodynamics [J]. Chemosphere,2000,40(5):457-512.

[35] Geyer H,Politzki G,Freitag D. Prediction of ekotoxicological behavior of chemicals: Relationship between n-octanol/water partition coefficient and bioaccumulation of organic chemicals by alga chlorella[J]. Chemosphere,1984,13(2):269-284.

[36] Zhang K,Zhang B Z,Li S M,et al. Calculated respiratory exposure to indoor size-fractioned polycyclic aromatic hydrocarbons in an urban environment [J]. Science of the Total Environment,2012,431(5):245-251.

[37] Guerin M R. Chemical composition of cigarette smoke[R]. Oak Ridge National Lab., TN (USA),1979.

[38] Forster M,Fiebelkorn S,Yurteri C,et al. Assessment of novel tobacco heating product THP1.0. Part 3:Comprehensive chemical characterisation of harmful and potentially harmful aerosol emissions[J]. Regulatory Toxicology and Pharmacology,2018,93:14-33.

[39] Goujon G C,Mitova M,Maeder. Indoor air quality assessment of the tobacco heating system THS 2.2,electronic cigarettes and cigarettes using a dedicated exposure room [DB/OL]. Atmos' Fair,http://www. pmiscience. com.

[40] Kauneliene V,Meišutovič-Akhtarieva M,Prasauskas T,et al. Impact of using a tobacco heating system (THS) on indoor air quality in a nightclub[J]. Aerosol and Air Quality Research,2019,19(9):1961-1968.

[41] Ruprecht A A,De Marco C,Saffari A,et al. Environmental pollution and emission factors of electronic cigarettes,heat-not-burn tobacco products,and conventional cigarettes[J]. Aerosol Science and Technology,2017,51(6):674-684.

[42] McAuley T R,Hopke P K,Zhao J,et al. Comparison of the effects of e-cigarette vapor and cigarette smoke on indoor air quality[J]. Inhalation Toxicology,2012,24(12):850-857.

[43] Schober W,Szendrei K,Matzen W,et al. Use of electronic cigarettes (e-cigarettes) impairs indoor air quality and increases FeNO levels of e-cigarette consumers[J]. International Journal of Hygiene and Environmental Health,2014,217(6):628-637.

[44] Schripp T,Markewitz D,Uhde E,et al. Does e-cigarette consumption cause passive vaping? [J]. Indoor Air,2013,23(1):25-31.

[45] Czogala J,Goniewicz M L,Fidelus B,et al. Secondhand exposure to vapors from electronic cigarettes[J]. Nicotine & Tobacco Research,2014(6):655-662.

[46] Brian A. Rock. Ventilation for Environmental Tobacco Smoke[M]. Atlanta,Georgia:Gulf Professional Publishing,2006.

[47] Cains T,S Cannata,R Poulos,et al. Designated "no smoking" areas provide from partial to no protection from environmental tobacco smoke[J]. Tobacco Control,2004,13:17-22.

[48] Muller C,England W. Achieving your indoor air quality goals:Which filtration system works best? [J]. Ashrae Journal,1995,37:24-32.

[49] Liu R T,Raber R R,Yu H S. Filter selection on an engineering basis[J]. Heating,Piping,and Air Conditioning,1991:37-44.